# 食品の乳化

― 基礎と応用 ―

■ 藤田　哲

Food Technology

FOOD EMULSIONS

Principles and Practice

■ 幸書房

# まえがき

　油と水はミキサーでいくら撹拌混合しても，すぐに分離してしまう．そこで，適当な乳化剤を加えると，見る間にエマルション(乳濁液)が得られる．筆者は，この現象を初めて見た時の驚きを忘れられない．しかし，このようにして作ったエマルションの油分が，やがて分離してしまうのに失望した人も多いはずである．水に脱脂粉乳を溶かして加熱し，ミキサーを使ってバターを乳化すると還元乳が得られる．この時全く乳化剤を使わなくても，冷蔵した還元乳は簡単には分離しない．このことは，牛乳に含まれる蛋白質が，食品エマルションの安定に重要な役割を果たしていることを示している．食品の乳化が簡単であったり，また食品によっては大変困難であったりするのは，多くの場合食品系が大変複雑なことによっている．そして乳化食品を製造する上で最も大切なことは，食品が安全で安定しており，美味で栄養機能が優れていることである．

　天然の食品も加工食品でも，単一の成分からなるものは非常に少なく，大部分の食品が，炭水化物，蛋白質，脂質の三大食品要素で構成されている．そして食品は水と気泡と溶質や粒状物質を含み，液状から半固体状をなしている．これらの複合された食品には，コロイド状態で存在するものが非常に多い．食品を全体的に見ても，また細胞の単位で見ても，コロイドでないものを探すことの方が難しい．最も単純なコロイドは，粒子状の分散相が，連続した液体や気体の相に含まれたものである．例えば，牛乳のような食品エマルションは，比較的単純な食品コロイドに属する．ケーキのバッターは複雑なエマルションでありまた泡でもあるが，焼き上げたケーキもまたコロイドの一種である．

　この本は，基礎編と応用編の2部構成にしてある．基礎編では，まずエマルションとは何か，エマルションを構成する分子やコロイド粒子間に，どの

ような相互作用があるか，また個々の構成物質のおおよその性質などを説明した．次に，油／水界面の性質と界面活性，エマルションの製法と性質，レオロジーなどについて解説し，最後にエマルションについての種々の測定法を紹介した．応用編では，食品エマルションを構成する原料，食品蛋白質，食用油脂，天然および合成乳化剤，多糖類などの性質と役割について解説した．そして，それらの物質間の相互作用についての実例と，それらの作用が実際の食品に与える効果を説明した．さらに2, 3の乳化食品について，乳化技術の実際を紹介した．

食品エマルションの生成と安定化に関して，蛋白質の重要な役割が解明されだしてから20年あまりになる．そこで本書では乳化される側の油脂と，乳化する側の脂質の界面活性剤，特にエマルションを安定化する食品蛋白質の作用に重点をおいた．食品系は一般に複雑な成分を含み，とりわけ蛋白質は食品を構成する脂質，炭水化物と種々の相互作用を示す．

食品の理解と新製品開発で忘れていけないことは，食品を一つの系として観察し研究する，食品コロイド学の知識と観点である．残念なことに日本では，この学問の教育はあまり行われていない．これでは「木を見て森を見ない」ことになる恐れがある．コロイド学は元来，きわめて実践的な学問分野であるが，日本ではおよそ「コロイド」と名が付いた本は売れないという．これはコロイド学の紹介が無味乾燥であったり，学者が現場を知らず，コロイドとしての食品研究が少なかったためであろう．この点で，イギリス・リード大学のE. Dickinsonの "*An Introduction to Food Colloids*"(1992)，『食品コロイド入門』は，食品物性理解の助けになる．翻訳書が幸書房から出版されているので，一読をお勧めする．

食品開発を志す研究者や技術者に大切な基礎は，食品化学と食品工学の知識である．さらに生物学，生化学，栄養学，生理学，衛生学の知識が加われば，技術者として十分な基盤を持つことができるだろう．食品エマルションに関しては，マサチューセッツ大学のD. J. McClementsの "*Food Emulsions, principles, practice, and techniques*"(CRC Press, 1999)は優れた参考書である．この本は，本書の作成で最も参考にした．国内では，食品乳化剤に関する本は多い．しかし，食品のコロイドやエマルションを，基礎から応用まで説明

まえがき

した本はほとんどない．外国ではこの関係が逆であり，食品エマルションとコロイドについては，毎年各所でシンポジウムが催され，多くの専門書が出版されている．これらに関しては巻末に紹介する．

　この本は，筆者と同じ農芸化学系の技術者，研究者を念頭に置いて書いた．筆者自身は数学が苦手であり，複雑な数式に出会うとしばしば読書意欲が減退する．そこで，本書ではできるだけ数式を用いないようにしたが，本来理論的思考には数式が不可欠である．第一部の2章と3章は数式なしでは，かえって難解かもしれない．その点で理工系の人には本書が物足りないであろう．実際に食品エマルションの研究や開発にたずさわれば，当然種々の困難や疑問に出会う．このような時に，本書のどこかの部分が参考になれば，それは筆者の望外の幸せである．

謝　辞

　本書の出版にあたっては，幸書房・夏野雅博氏から懇切な助言と意見をいただき，多くの不備な点を改善することができた．ここに心からの感謝を申し上げる．

　また，資料の使用を快諾していただいた CRC Press 社をはじめ，その他引用させていただいた多くの著者と著作権者に，深く感謝を捧げます．

　下記の基礎編の図は，CRC Press 社の許諾を得て，D. J. McClements 著の*"Food Emulsions, principles, practice, and techniques"* から引用した．

　図 2.3，2.5，3.2，3.3，3.5，3.6，3.10，3.11，3.14〜3.18，4.11，4.12，7.3，9.3，9.4，10.5

　2006年1月

藤　田　　哲

# 目 次

## 第一部 基礎編

### 1. 食品エマルションのあらまし ……………………………………3
  1.1 食品工業におけるエマルション，複雑な構造 ………………3
  1.2 食品エマルションの一般的特徴 ………………………………4
    1.2.1 エマルションとは何か，エマルションの定義と成り立ち ……4
    1.2.2 エマルションの製造と界面活性物質など …………………6
    1.2.3 エマルションの安定化と破壊 ………………………………8
  1.3 エマルションの基礎的な性質 …………………………………9
    1.3.1 分散相の体積分率 ……………………………………………10
    1.3.2 エマルション油滴の状態，粒度分布と油滴の総面積 ……10
    1.3.3 油滴界面の性質と電荷 ………………………………………13
    1.3.4 油滴の結晶性 …………………………………………………15
    1.3.5 エマルション粒子の位置づけ ………………………………16

### 2. 分子間の相互作用 …………………………………………………19
  2.1 はじめに …………………………………………………………19
  2.2 分子間相互作用の原因と性質 …………………………………20
    2.2.1 共有結合による相互作用 ……………………………………20
    2.2.2 静電相互作用 …………………………………………………21
    2.2.3 ファンデルワールス相互作用 ………………………………23
    2.2.4 立体斥力の相互作用 …………………………………………25
    2.2.5 全体として対の分子間に働くポテンシャル ………………25
  2.3 液体中での分子の構造形成 ……………………………………26

## 目　次

　2.3.1　混合の熱力学 …………………………………………………26
　2.3.2　混合によるエネルギー変化 ……………………………………27
2.4　分子間の相互作用と立体配置 …………………………………………28
2.5　高次の相互作用 …………………………………………………………30
　2.5.1　水　素　結　合 ……………………………………………………30
　2.5.2　疎水性相互作用 ……………………………………………………31

## 3. コロイドの相互作用 ……………………………………………………33

3.1　は　じ　め　に …………………………………………………………33
3.2　コロイドの相互作用と油滴の凝集 ……………………………………33
3.3　ファンデルワールス相互作用 …………………………………………36
　3.3.1　Hamaker 定数(関数) ………………………………………………37
　3.3.2　静電スクリーニング，遅延および界面膜の影響 ………………37
　3.3.3　ファンデルワールス相互作用のまとめ …………………………39
3.4　静電相互作用 ……………………………………………………………39
　3.4.1　表面電荷の発生 ……………………………………………………39
　3.4.2　表面付近のイオン分布 ……………………………………………40
　3.4.3　電荷を持った油滴間の静電相互作用 ……………………………43
　3.4.4　静電相互作用のまとめ ……………………………………………45
3.5　高分子の立体相互作用 …………………………………………………46
　3.5.1　蛋白質などの高分子乳化剤 ………………………………………46
　3.5.2　油滴間の対のポテンシャル ………………………………………48
　3.5.3　高分子の立体相互作用の性質と高分子乳化剤 …………………49
　3.5.4　高分子立体安定化のまとめ ………………………………………50
3.6　枯渇(離液)相互作用 ……………………………………………………51
3.7　疎水性相互作用 …………………………………………………………53
3.8　水和による相互作用 ……………………………………………………55
3.9　熱波動相互作用 …………………………………………………………56
3.10　全体としての相互作用ポテンシャル …………………………………58
　3.10.1　ファンデルワールスおよび静電相互作用 ………………………58

　　　　　　　　　　　　　目　次　　　　　　　　　　ix

　　3.10.2　ファンデルワールス，静電および立体相互作用 ……………60
　　3.10.3　ファンデルワールスおよび立体相互作用 ………………………61
　　3.10.4　ファンデルワールス，静電および疎水性相互作用 ……………62
　　3.10.5　ファンデルワールス，静電および枯渇相互作用 ………………64
　3.11　食品エマルション中のコロイド相互作用の予測 …………………………64

4. エマルションを構成する物質 ……………………………………………………67
　4.1　はじめに ……………………………………………………………………67
　4.2　油　　脂 ……………………………………………………………………68
　　4.2.1　油脂の分子構造と物理的性質 ………………………………………69
　　4.2.2　油脂の結晶 ……………………………………………………………73
　　4.2.3　油脂結晶の多形，結晶化と融解 ……………………………………76
　　4.2.4　油脂の化学変化 ………………………………………………………81
　4.3　水 ……………………………………………………………………………83
　　4.3.1　水の分子構造と組織化 ………………………………………………83
　　4.3.2　バルクとしての水の物理化学的性質 ………………………………85
　4.4　水　溶　液 …………………………………………………………………85
　　4.4.1　水とイオン性溶質との相互作用 ……………………………………86
　　4.4.2　水と双極子性溶質との相互作用 ……………………………………88
　　4.4.3　非極性溶質と水の相互作用(疎水性効果) …………………………90
　4.5　界面活性剤(乳化剤) ………………………………………………………92
　　4.5.1　界面活性剤(乳化剤)とは ……………………………………………92
　　4.5.2　界面活性剤の性質 ……………………………………………………93
　　4.5.3　界面活性剤の区分 ……………………………………………………96
　4.6　生体高分子(蛋白質と多糖類)の機能 ……………………………………99
　　4.6.1　生体高分子の特徴 ……………………………………………………100
　　4.6.2　生体高分子の構造と凝集の分子機構 ………………………………102
　　4.6.3　蛋白質と多糖類の物理的機能性 ……………………………………108

## 5. 界面の性質と界面活性 ……………………………………121
　5.1　はじめに ……………………………………………121
　5.2　分子から見た界面 …………………………………122
　　5.2.1　乳化剤の界面吸着 ……………………………123
　5.3　界面の熱力学 ………………………………………125
　5.4　わん曲した液体界面の性質 ………………………127
　5.5　ぬれと接触角 ………………………………………128
　5.6　表面張力と界面張力の測定 ………………………130
　5.7　溶液中での乳化剤の吸着 …………………………134
　5.8　界面吸着膜の形成と界面での競合吸着 …………136
　5.9　界面レオロジーと界面の構造 ……………………138

## 6. エマルションのホモジナイズ …………………………143
　6.1　はじめに ……………………………………………143
　6.2　ホモジナイザー ……………………………………143
　6.3　エマルション製造の物理 …………………………145
　　6.3.1　油滴の生成と細分化 …………………………145
　　6.3.2　油滴の合一と乳化剤の作用 …………………150
　6.4　食品に用いられるホモジナイザー ………………151
　　6.4.1　撹拌機と高速撹拌機 …………………………151
　　6.4.2　コロイドミル …………………………………154
　　6.4.3　高圧バルブホモジナイザー …………………155
　　6.4.4　超音波ホモジナイザー ………………………157
　　6.4.5　マイクロフルイダイザー ……………………158
　　6.4.6　膜乳化 …………………………………………158
　　6.4.7　ホモジナイザーの効率と選択 ………………161
　6.5　油滴細分化に関する因子 …………………………162
　6.6　解乳化 ………………………………………………164

## 7. エマルションの安定性 ……………………………………………167
### 7.1 はじめに ……………………………………………………167
### 7.2 エマルション安定のエネルギー論 ………………………168
### 7.3 クリーミング(重力による分離) …………………………170
#### 7.3.1 クリーミングの物理学 …………………………………171
#### 7.3.2 クリーミングの制御法 …………………………………175
#### 7.3.3 クリーミングの測定法 …………………………………177
### 7.4 フロック凝集 ………………………………………………180
#### 7.4.1 フロック凝集の物理 ……………………………………181
#### 7.4.2 フロック凝集の制御(凝集の防止) …………………182
#### 7.4.3 フロック凝集したエマルションの構造と性質 ………186
#### 7.4.4 フロック凝集の測定 ……………………………………189
### 7.5 合一 …………………………………………………………190
#### 7.5.1 合一の物理学 ……………………………………………190
#### 7.5.2 エマルション合一の防止 ………………………………193
#### 7.5.3 乳化剤の構造と環境条件の影響,合一の測定 ………194
### 7.6 部分的合一(油脂結晶による油滴の凝集) ………………195
#### 7.6.1 部分的合一の物理的背景 ………………………………196
#### 7.6.2 部分的合一の防止 ………………………………………197
### 7.7 オストワルド成長(Ostwald Ripening) …………………199
#### 7.7.1 オストワルド成長の物理 ………………………………199
### 7.8 転相 …………………………………………………………200
#### 7.8.1 転相の物理化学 …………………………………………201
#### 7.8.2 クリームの転相によるバター製造 ……………………203

## 8. エマルションのレオロジー …………………………………205
### 8.1 はじめに ……………………………………………………205
### 8.2 物体のレオロジー特性 ……………………………………206
#### 8.2.1 固体 ………………………………………………………206
#### 8.2.2 液体 ………………………………………………………208

8.2.3　塑性(プラスチック)エマルション ……………………………212
　　8.2.4　粘弾性物質 ……………………………………………………214
　8.3　レオロジー測定法 …………………………………………………214
　　8.3.1　回転ずり粘度計 ………………………………………………215
　　8.3.2　圧縮または引張試験 …………………………………………217
　　8.3.3　クリープ試験 …………………………………………………218
　　8.3.4　動的粘弾性測定 ………………………………………………219
　8.4　エマルションのレオロジー特性と微細構造 ……………………220
　　8.4.1　固い球体の希薄な分散液 ……………………………………220
　　8.4.2　液状球体の希薄な分散液 ……………………………………221
　　8.4.3　不定形粒子とフロック凝集した粒子の希薄な分散液 ……221
　　8.4.4　濃厚分散液のレオロジー ……………………………………222
　　8.4.5　フロック凝集した濃厚分散液 ………………………………223
　　8.4.6　連続相が半固体であるエマルション ………………………224
　8.5　エマルションのレオロジーに影響する主要因子 ………………225

# 9. エマルションとフレーバー ……………………………………………227
　9.1　エマルションのフレーバー ………………………………………227
　　9.1.1　エマルション中でのフレーバー分配と影響する因子 ……228
　　9.1.2　フレーバーの発散 ……………………………………………233
　　9.1.3　フレーバー分配係数と発散の測定 …………………………233

# 10. エマルションの特性測定 ………………………………………………235
　10.1　はじめに …………………………………………………………235
　10.2　乳化剤の効果測定 ………………………………………………235
　　10.2.1　乳化容量 ……………………………………………………236
　　10.2.2　エマルションの安定性 ……………………………………237
　　10.2.3　界面張力と界面レオロジー ………………………………238
　10.3　エマルションの微細構造と油滴粒度分布 ……………………238
　　10.3.1　顕微鏡観察 …………………………………………………239

|  |  |  |
|---|---|---|
| 10.3.2 | 静的光散乱による粒度分布測定 | 243 |
| 10.3.3 | 動的光散乱による粒度分布測定 | 245 |
| 10.3.4 | 電気パルス計測 | 246 |
| 10.3.5 | 遠心沈降法 | 247 |
| 10.3.6 | 超音波スペクトル測定 | 248 |
| 10.4 | 分散相の体積分率測定 | 249 |
| 10.5 | その他のエマルション測定 | 250 |

# 第二部　応　用　編
## 食品エマルションを構成する物質の性質と機能

## 第1編　食品蛋白質 ……………………………………255

### 1. 蛋白質利用の物理・化学的基礎 …………………255
- 1.1　はじめに …………………………………………255
- 1.2　蛋白質の構造と安定性 …………………………255
- 1.3　食品蛋白質の機能的性質 ………………………258
  - 1.3.1　蛋白質と水の相互作用 ……………………258
  - 1.3.2　水　溶　性 …………………………………259
  - 1.3.3　粘性と濃厚化 ………………………………260
- 1.4　蛋白質のゲル化 …………………………………260
- 1.5　乳化剤（界面活性剤）としての蛋白質 ………262
- 1.6　結　　論 …………………………………………263

### 2. 乳蛋白質 ……………………………………………264
- 2.1　乳蛋白質の構成 …………………………………264
- 2.2　カゼイン …………………………………………265
  - 2.2.1　カゼインミセル ……………………………265
  - 2.2.2　カゼイン分子の特徴 ………………………266
  - 2.2.3　カゼイン類の乳化作用 ……………………268
  - 2.2.4　エタノールの影響 …………………………272

## 目次

　　2.2.5　カゼイン類と乳化剤(界面活性剤)の併用 ……………………273
　　2.2.6　カゼイン類の起泡性 ………………………………………………274
　　2.2.7　カゼインミセルを用いたエマルションとホエー蛋白質 ……274
　　2.2.8　カゼインおよびカゼインミセルの凝集 ………………………276
　2.3　ホエー蛋白質 …………………………………………………………277
　　2.3.1　ホエー蛋白質の構造と性質 ………………………………………277
　　2.3.2　ホエー蛋白質利用上の機能 ………………………………………278

### 3. 卵蛋白質 …………………………………………………………………283
　3.1　卵蛋白質の概要 ………………………………………………………283
　3.2　オボアルブミンの性質と機能性 ……………………………………284
　　3.2.1　オボアルブミンのゲル化 …………………………………………284
　　3.2.2　オボアルブミンの起泡性 …………………………………………285
　3.3　その他の卵白蛋白質 …………………………………………………286
　3.4　卵黄蛋白質と脂質 ……………………………………………………287
　3.5　卵蛋白質の利用 ………………………………………………………289
　　3.5.1　起泡作用 ……………………………………………………………289
　　3.5.2　乳化作用 ……………………………………………………………289

### 4. 植物性蛋白質 ……………………………………………………………291
　4.1　大豆蛋白質 ……………………………………………………………291
　　4.1.1　大豆蛋白質の構造 …………………………………………………291
　　4.1.2　大豆蛋白質の機能性 ………………………………………………292
　4.2　小麦蛋白質 ……………………………………………………………293
　　4.2.1　小麦蛋白質の分類と構造 …………………………………………293
　　4.2.2　小麦蛋白質と小麦粉生地の機能性 ………………………………294

## 第2編　脂　　　質 ……………………………………………………………297

### 1. 乳脂(バター) ……………………………………………………………297
　1.1　バターとバターオイル(無水乳脂) …………………………………297
　1.2　乳脂の組成と特徴 ……………………………………………………298
　1.3　乳脂の利用 ……………………………………………………………301

1.3.1　乳脂の分別 ……………………………………………301
　　　1.3.2　乳脂の機能改善 ………………………………………302
　　1.4　乳脂とその他油脂のエマルションの特徴 …………………303
2. 牛乳の構造 …………………………………………………………308
3. 低分子乳化剤（界面活性剤） ………………………………………312
　　3.1　食品用乳化剤の概要 …………………………………………312
　　3.2　食品用乳化剤の種類と食品衛生法による規制 ……………313
　　3.3　食品用乳化剤の構造と機能 …………………………………316
　　　3.3.1　乳化剤の界面（表面）への吸着 ………………………316
　　　3.3.2　食品用乳化剤の非イオン性，イオン性，両性イオン性 ……319
　　3.4　食品用乳化剤各論 ……………………………………………320
　　　3.4.1　大豆レシチン（大豆リン脂質）………………………320
　　　3.4.2　モノグリセリドと蒸留モノグリセリド ………………322
　　　3.4.3　モノグリセリドの有機酸エステル（有機酸モノグリ
　　　　　　 セリド）……………………………………………………326
　　　3.4.4　多価アルコール脂肪酸エステル ………………………328
　　　3.4.5　ステアロイル乳酸ナトリウムとカリウム ……………333
　　　3.4.6　キラヤサポニン …………………………………………333
　　3.5　生体内で起こる脂質の界面活性作用の食品への利用 ……334
　　　3.5.1　生体内での脂質加水分解 ………………………………334
　　　3.5.2　脂質消化産物の示す高度な界面活性 …………………336
　　3.6　乳化剤利用上の留意事項 ……………………………………340
　　　3.6.1　食品加工では親水性親油性バランス（HLB）に頼り
　　　　　　 すぎないこと ……………………………………………340
　　　3.6.2　食品中で起こる乳化剤と食品成分の相互作用 ………341

# 第3編　エマルション構成成分間の相互作用

1. 蛋白質-低分子界面活性剤間の相互作用とエマルション ………345
　　1.1　蛋白質-低分子界面活性剤（極性脂質）の相互作用の概要 ……345
　　1.2　食品エマルション系での蛋白質／極性脂質の競合吸着 ……346

1.2.1　蛋白質／極性脂質間に相互作用のない場合の競合吸着 ……347
　　　1.2.2　蛋白質／極性脂質が相互作用する場合の競合吸着 ………349
　　1.3　個別界面活性剤による吸着蛋白質の置換…………………………351
　　　1.3.1　$\beta$-カゼイン／Tween 20/GMS・大豆油エマルション………351
　　　1.3.2　$\beta$-ラクトグロブリン／ショ糖脂肪酸モノエステル …………352
　　　1.3.3　$\beta$-カゼイン／卵黄レシチン・テトラデカンまたは
　　　　　　大豆油エマルション ……………………………………………352
　　　1.3.4　$\beta$-ラクトグロブリン／レシチン・テトラデカンま
　　　　　　たは大豆油エマルション ………………………………………354
　　　1.3.5　蛋白質／極性脂質の競合吸着のまとめ ……………………356
　　1.4　食品エマルション系での蛋白質-極性脂質の相互作用 …………356
　　　1.4.1　アニオン界面活性剤 ……………………………………………356
　　　1.4.2　非イオン界面活性剤 ……………………………………………359
　　　1.4.3　脂質／蛋白質複合体の界面での挙動 …………………………359
2. 蛋白質，多糖類，極性脂質などの関わる相互作用 …………………361
　　2.1　蛋白質-多糖類間の相互作用 ………………………………………362
　　　2.1.1　$\beta$-ラクトグロブリン／多糖類(デキストラン，デキ
　　　　　　ストラン硫酸エステル，アルギン酸プロピレングリ
　　　　　　コールエステル)によるエマルション …………………………362
　　　2.1.2　カゼインナトリウムエマルション／多糖類(キサン
　　　　　　タンガム，カルボキシメチルセルロース：CMC) …………363
　　　2.1.3　カゼインミセル／グァーガム・$\varkappa$-カラギーナン …………363
　　　2.1.4　カゼイン安定化エマルション／ペクチン ……………………365
　　　2.1.5　$\beta$-ラクトグロブリン／ペクチンによる酸性エマル
　　　　　　ション ……………………………………………………………368
　　　2.1.6　デンプンとデンプン誘導体／蛋白質／界面活性剤 …………370
　　　2.1.7　アラビアガム(多糖類／蛋白質複合体)とその代替物に
　　　　　　よるエマルション ………………………………………………371
　　2.2　多糖類-極性脂質間の相互作用 ……………………………………372
　　　2.2.1　高分子電解質-界面活性剤の相互作用とエマルション

　　　　安定化 …………………………………………………………372
　　2.3　蛋白質安定化エマルションへの無機塩の影響 ……………374
　　　2.3.1　カゼインナトリウムエマルションと塩化ナトリウム
　　　　　　または塩化カルシウム …………………………………374
　　　2.3.2　ホエー蛋白質エマルションと塩化カルシウム ………376
3. 食品エマルションの最近の研究 ……………………………………379
　　3.1　乳蛋白質とリン脂質間の相互作用 …………………………379
　　3.2　アニオン界面活性剤／ホエー蛋白質の熱処理による相互
　　　　作用 ………………………………………………………………380
　　3.3　コーン油エマルションへのマルトデキストリン濃度の影響 ……383
　　3.4　メイラード反応を利用した天然系乳化剤 …………………383
　　　3.4.1　$\beta$-ラクトグロブリン／分子サイズの異なるデキスト
　　　　　　ラン複合体 …………………………………………………384
　　　3.4.2　分離ホエー蛋白質／ペクチンの複合体 ………………384
　　3.5　食品エマルションへのキトサン利用，新しい食品乳化技術 ……385
　　3.6　分別レシチンによる油中水滴型（W/O）エマルションの
　　　　安定化 ……………………………………………………………386

## 第4編　食品エマルションの製造 …………………………………389

1. はじめに ………………………………………………………………389
2. 生クリームと代替物，ホイップクリームとコーヒークリー
　ム（ホワイトナー） …………………………………………………391
　　2.1　クリーム類の概要 ……………………………………………391
　　2.2　ホイップクリーム ……………………………………………392
　　2.3　コーヒークリーム（ホワイトナー） ………………………394
　　2.4　クリーム代替物の原料と組成 ………………………………395
　　　2.4.1　油脂の選択と組合せ ……………………………………396
　　　2.4.2　乳蛋白質 …………………………………………………398
　　　2.4.3　乳化剤の選択と組合せ …………………………………399
　　　2.4.4　エマルション粒子の表面積と蛋白質，乳化剤の吸着 ……400

2.5　クリーム代替物の製造と性質……………………………………401
　　2.5.1　クリーム代替物の製造法…………………………………401
　　2.5.2　ホイップクリームと起泡…………………………………405
**3. 食品用のダブルエマルション**……………………………………409
　3.1　ダブルエマルションの概要………………………………………409
　3.2　ダブルエマルションの調製と乳化剤の選択……………………410
　3.3　ダブルエマルションの安定性……………………………………413
　3.4　両親媒性高分子による安定化……………………………………414
　3.5　蛋白質-多糖類の相互作用…………………………………………414
　3.6　粘度増加による安定化……………………………………………415
　3.7　ダブルエマルションの製造例……………………………………416

参　考　書………………………………………………………………………418
　1. 食品乳化とコロイドに関するもの………………………………………418
　2. 食用油脂および食品用乳化剤(界面活性剤)に関するもの ……………419
　3. 蛋白質およびハイドロコロイドに関するもの…………………………420

あとがきに代えて………………………………………………………………421
索　　引…………………………………………………………………………423

# 第一部　基　礎　編

# 1. 食品エマルションのあらまし

## 1.1 食品工業におけるエマルション，複雑な構造

　ヒトが生まれて最初に味わう食べ物は母乳であり，成長につれて多くの食品エマルションの味をおぼえる．天然の食品や加工食品には，それらの全部か一部がエマルションであるもの，また製造の途中でエマルション状態をとるものが多い．エマルションは食品コロイドに分類され，それらには，牛乳，卵，クリーム，チーズ，ヨーグルト，アイスクリーム，ドレッシング，スープ，シチュー，たれ，豆乳，豆腐，バター，マーガリン，ケーキの生地など，多数の食品が含まれる．表1.1は食品エマルションの簡単な太古からの歴代記である．ゴーリン(A. Gaulin)が発明したホモジナイザー(均質機)で作られたホモジナイズ牛乳は，1900年のパリ国際万博ではじめて飲まれたという．

　100年前までは，ほとんどの食品が自家製であるか，小規模の家業としての製造が行われていた．明治時代後半からは，製粉，製糖，製油，醸造，缶詰など基礎食料の生産が行われた．大正時代には乳製品製造が本格化し，国産マヨネーズの生産は1924年のことであった．食品工業は，戦後には次第に大規模装置産業になり，品質の向上と価格の低下をもたらした．1960

表 1.1　食品エマルションの簡単な歴史

| 食　　　品 | 始まった時期 |
|---|---|
| ほ乳類の乳 | 紀元前約 2400 万年 |
| 家畜からの乳，バター，チーズ | 紀元前約 8500 年 |
| ソース | 15〜16 世紀 |
| アイスクリーム | 1740 年頃 |
| マヨネーズ | 1845 年頃 |
| マーガリン | 1869 年 |

[Becher, P.: *ACS Symp. Ser.*, **448**, 1(1991)]

年代から今日まで，食品機械技術の革新と発展につれて，多くの食品新製品が開発され，また既存の加工食品の品質改良とコストダウンが行われてきた．

エマルションの科学と技術は，化学，物理学，工学の多分野にわたる学際的な領域である．そしてエマルション食品の開発にとって，特に重要な二つの要件がある[1]．

**第一は，食品特性の科学的理解の充実である．**エマルションの全体としての物理・化学的性質と官能的性質の理解によって，系統的で信頼性の高い技術的基礎ができる．その上に立って，低コストで高品質な製品を生産することができる．

**第二は，食品の性質を特徴づける新しい分析手法の活用である．**エマルションの性質を知るための分析手法には多くの進歩がある．それらを活用することによって，食品の実態把握が容易になり，研究開発と品質管理が発展する．

## 1.2 食品エマルションの一般的特徴

詳しい説明に入る前に，エマルションの一般的な事項について解説する．

### 1.2.1 エマルションとは何か，エマルションの定義と成り立ち

牛乳や豆乳は低粘度の白濁した溶液であり，水中に細かい油脂が分散した代表的な水中油滴型(oil in water：O/W)エマルションである．これらに含まれる蛋白質を，酸や塩類で凝集させれば，粘弾性をもったゲルのヨーグルトと豆腐になる．マヨネーズは油分が65%以上の半固体状のO/Wエマルションである．バターやマーガリン，スプレッドは，油脂の中に水相が分散した，可塑性のある固体状の油中水滴型(water in oil：W/O)エマルションである．これらの食品エマルションは種々の食品成分からなり，独特の風味と食感を与えてくれる．図1.1のAはO/Wエマルション，同BはマーガリンのW/Oエマルションを示す．

エマルションは，2種の互いに混ざり合わない液相からなっており，普通は水相(水溶液)と油相(油脂)で構成されている．多くの食品エマルションの

1.2 食品エマルションの一般的特徴

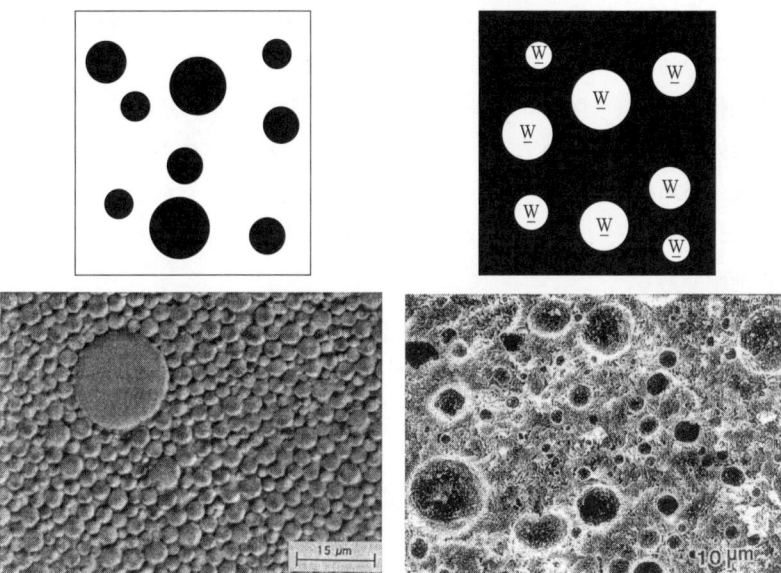

A：O/W エマルション　　　B：W/O エマルション（マーガリン）

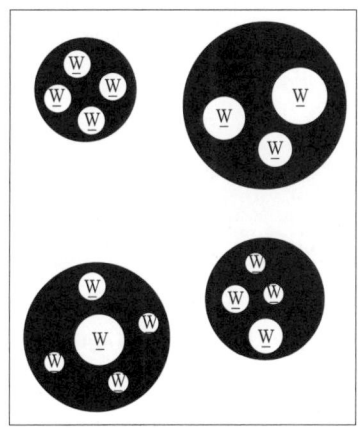

C：W/O/W
二重乳化エマルション

**図 1.1** エマルションの型
[A：Walstra, P.：*Encyclopedia of emulsion technology*, Vol. 1, Marcel Dekker(1983),
B：Moran, D. P. J. and Rajah, K. K. eds.：*Fats in food products*, p. 177, Chapman & Hall(1994)]

粒子径はおよそ 0.1〜1 000 μm の範囲にあり，スープなどでは肉眼で見える程度までの油滴を含む．これらの粒子を**分散相**と呼び，分散相を取り巻く相を**連続相**という．多くのエマルションは O/W 型であり，分散相は油脂で連続相は水溶液である．W/O エマルションは逆に油相が連続相であるが，油相が液状の場合はエマルションは，普通は極めて不安定である．食品の安定 W/O エマルションは，マーガリンのように，普通は油相が結晶を含む固体状の油脂である．

このほかに，やや特殊な例として，水相中に W/O エマルションが含まれる W/O/W エマルション，油相中に O/W エマルションが含まれる O/W/O エマルションがある．W/O/W エマルションは，油相部分に水が含まれるため，油脂の総量を減らした減エネルギー食品が得られる．

O/W エマルションの分散相は，油滴または結晶を含む油脂の粒子であり，連続相は種々の物質を含む水相である．分散相と連続相の境界を界面と呼び，食品エマルションの界面は，天然や人工の界面活性物質で構成されている．油脂は非極性(疎水性)であり，水は極性が強く両者は互いに混じり合わない．そこで，エマルションを安定化するためには，両者を仲立ちする物質が必要である．このような物質が界面活性物質であり，界面活性剤(乳化剤)やリン脂質，種々の蛋白質などにこの作用がある．このようにエマルションは，連続相，分散相，および界面領域の 3 種で構成されている．

### 1.2.2　エマルションの製造と界面活性物質など

安定な食品エマルションを得るには，大量の機械的エネルギーをつぎ込まなくてはならない．普通のエマルション製造工程では，ホモジナイザーなどによる機械的撹拌が行われて，油相が細分化され分散相が得られる．この時に油滴の表面積が拡大し，系の自由エネルギーが増加するが，ホモジナイズに要するエネルギーは，増加する自由エネルギーに比べ 1 000 倍以上である．純粋な油脂と水をホモジナイザーで処理して，油脂を細分化することはできるが，比重の小さい油滴は見る間に集合しながら浮き上がり，油相と水相が完全に分離する．油と水の分子には親和性がなく，互いに他を排除する性質があり，混合した液は熱力学的に不安定なためである．しかしここで，乳化

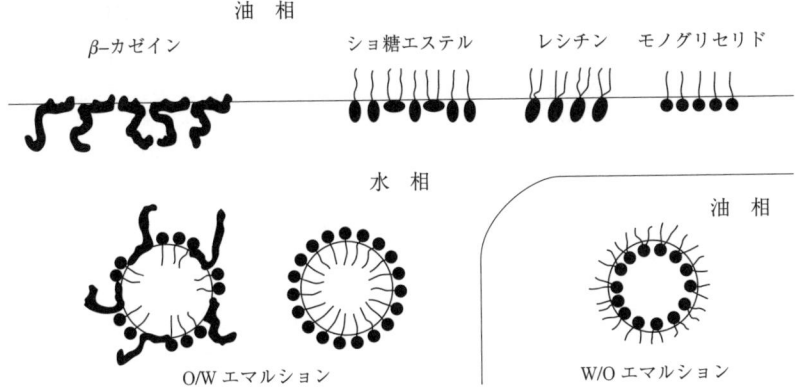

**図 1.2** 油／水界面に吸着する乳化剤とエマルション

剤を乳化(ホモジナイズ)の前に加えておくと，数日から数週間以上もエマルションを安定化させることができる．乳化剤は界面活性剤の仲間で，界面活性剤の分子は，ホモジナイズで新たにできた油と水の界面に吸着し，界面に一種の膜を作って油滴を保護し，エマルションをある期間安定化させる．

界面活性物質(剤)は同一分子(または粒子)内に，極性(水になじみやすい親水性)の部分と，非極性(油になじみやすい親油性または疎水性)の部分をもち，2種の溶媒になじむため両親媒性物質と呼ばれる．多くの洗剤や石けんは，最もなじみ深い合成界面活性剤である．天然の界面活性物質には，種々のリン脂質や糖脂質，油脂(トリグリセリド)が分解したモノ・ジグリセリド，十二指腸に分泌される胆汁酸塩などがある．普通の界面活性剤は，分子量が1000程度までの比較的小形の分子である．

蛋白質にも，同一分子内や集合体内に疎水性と親水性部分をもつものがあり，多くの蛋白質が界面活性作用を示す．特に，牛乳のカゼインなどには強い乳化作用があり，蛋白質も乳化剤と呼ばれる．乳蛋白質の乳化性のために，加熱した脱脂粉乳の水溶液に油脂を加え，ホモジナイズすると簡単に還元乳(加工乳)が得られる．多くの食品エマルションは，低分子の合成乳化剤または天然乳化剤と蛋白質の併用で作られ，また蛋白質が単独で乳化剤として用いられることも多い．

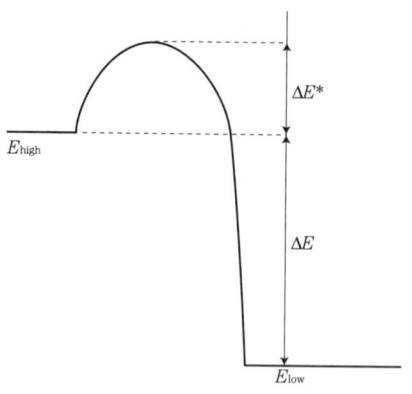

図1.3 熱力学的安定と動力学的安定

エマルションを安定化させるもう一つの因子に，種々のハイドロコロイド(水溶性高分子)がある．これらは乳化安定剤(シックナーまたは濃厚化剤)と呼ばれ，ペクチン，天然ガム質などの多糖類が主に用いられる．以上の乳化剤や蛋白質と安定剤を利用し，適切な乳化操作を施すことによって，熱力学的に不安定なエマルションの寿命を，大きく延長することができる．

### 1.2.3 エマルションの安定化と破壊

　油脂と乳化剤，蛋白質，シックナーなどの水溶液を加熱し，高エネルギーを与えてホモジナイズし，油脂を微粒子化して冷却すると，安定なエマルションが得られる．この時に分散相の表面積の飛躍的拡大によって，表面エネルギーが増加する．この操作によるエネルギー変化を図1.3に示した．得られたエマルションは動力学的な安定状態にあり($E_{high}$)，熱力学的な安定状態($E_{low}$)より，エネルギー状態が$\Delta E$高い．$E_{high}$から$E_{low}$に移るにはエネルギーの障壁($\Delta E^*$)があるので，見かけ上安定であり，$\Delta E^*$が大きいほどエマルションは安定化し準安定な状態を維持する．例えば市販されるクリームリキュールでは数年間，瓶詰コーヒーホワイトナーでは1年程度のシェルフライフがある．しかし，加熱などで$\Delta E^*$のエネルギーを越えるとエマルションの破壊が進み，本来の熱力学的な安定状態に戻ることになる．

　エマルションの安定性とは，時間の経過その他の物理・化学的影響に対する，エマルション破壊への抵抗性の大小で表される．エマルションを不安定化する要因を図1.4にまとめた．O/Wエマルションのクリーミングと，W/Oエマルションの沈降は重力による分離である．粒子間には引力や斥力などの相互作用があり，系には絶え間ないブラウン運動がある．エマルションには振動や撹拌などの外力が加わるし，油脂が結晶化すると界面膜が破られ

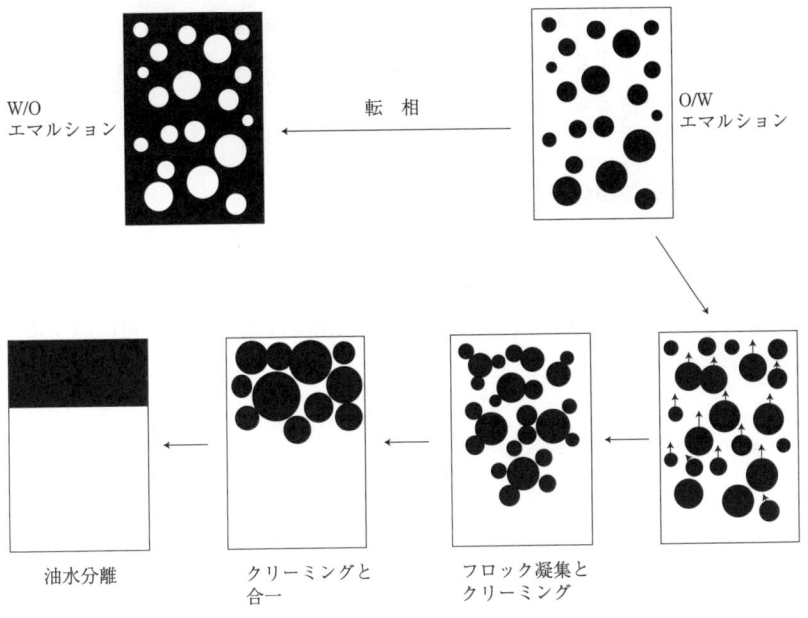

**図1.4** エマルションの不安定化
[文献1)および Friberg, S. E. and Larsson, K. eds.: *Food emulsions*, 3rd Ed., Marcel Dekker(1997)]

る．種々の原因による粒子間のフロック凝集(7.4節参照)や，粒子同士の合一で分離が促進される．また油滴は気泡に吸着しやすく，これも凝集・合一の原因になる．このほかに O/W と W/O 間の相の転換(転相)によってもエマルションは破壊される．

## 1.3 エマルションの基礎的な性質

　食品エマルションの組成はきわめて多様であり，油脂，水および界面活性物質だけで構成されるものではなく，多様な食品成分を油相と水相の両方に含んでいる．さらに，製造法や貯蔵・流通，利用の方法も異なる．そこで，エマルションの物理・化学的性質，安定性と破壊の現象は，非常に複雑な様相を示すことになる．しかし，物事の理解のためにはある程度の単純化が必要であり，種々の基礎的な知識を正確に，また体系的に理解しておかなけれ

ばならない．少なくとも，どのエマルションにも共通する一般的性質については，十分に理解する必要がある．なお，以下の説明では特に断らない限り，水中油滴型(O/W)エマルションについて述べる．

### 1.3.1 分散相の体積分率

エマルションの粒子の濃度は，分散相の体積分率($\phi$)として表現される．O/W エマルションでは，エマルションの分散油相($V_D$)の全エマルション相($V_E$)に対する比が，体積分率であり，混合乳化前の油と水の両相に対する油相体積の比に等しい．

$$\phi = V_D/V_E \tag{1.1}$$

分散相の体積分率はエマルションの濃度に当たり，エマルションの外見，テクスチャー，風味と食感，安定性に影響する．エマルションの実際では分散相を体積分率でなく，重量分率($\phi_m$)で表した方が便利な場合もある．この場合，連続相と分散相の密度をそれぞれ，$\rho_1$ および $\rho_2$ とすると，重量分率は次式で表される．

$$\phi_m = \frac{\phi \rho_2}{\rho_2 \phi + (1-\phi)\rho_1} \tag{1.2}$$

### 1.3.2 エマルション油滴の状態，粒度分布と油滴の総面積

エマルションに含まれる分散相(油滴または油脂粒子)の大きさは，そのテクスチャーと風味，安定性などに大きく影響する．そこで，エマルションを論ずる場合，粒子径(油滴径)の測定は必須であり，また，そのエマルションの粒度分布がどうであるかも重要である．また，エマルション油滴の総面積は，必要乳化剤量などの計算に必要である．

最近発達してきた膜乳化法を用いると，分散相の粒子径がほとんど同一なエマルションが得られる．同じ粒子径の分散相からなるエマルションを**単分散系**と呼ぶ．普通の乳化法であるホモジナイザーを用いると，エマルションの粒子径は大小の分布を持ち，このような系を**多分散系**という．単分散系のエマルションは，多分散系に比べて実験結果の解析が容易であるため，しばしば基礎研究に用いられる．しかし，実際のエマルションは多分散系であり，

## 1.3 エマルションの基礎的な性質

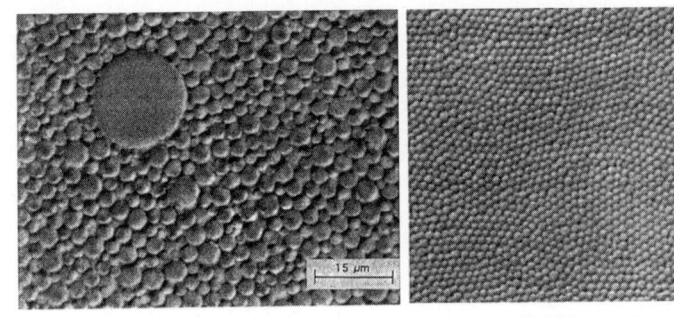

多分散エマルション　　　　　　単分散エマルション

**図1.5** 多分散と単分散エマルション
[Walstra, P. : *Encyclopedia of emulsion technology*, Vol. 1, Marcel Dekker (1983)]

この系の理解のためには平均粒子径と粒度分布の幅を知っておく必要がある.

エマルションの粒子数はきわめて多く,その粒子径は最小から最大まで連続的な分布を持つ.これらの粒度分布は,後述する種々の装置で積分の形で測定することができ,それを解析することで粒度分布が,分布表または図1.6に示す曲線やヒストグラムとして得られ,また平均粒子径が定まる.

これらの粒度分布を表す簡単な方法に,平均粒子径($d_L$)と標準偏差($\sigma$)があり,これらは次式で示される.

$$d_L = \sum n_i d_i / N \qquad \sigma = \sqrt{[\sum n_i (d_i - \overline{d})^2]/N} \qquad (1.3)$$

ここで,$n_i$は粒子数,$d_i$は粒子径,$\overline{d}$は平均粒子径,$N$は粒子数である.

多分散エマルション粒子の平均直径を表すには,長さ測定による平均粒子径以外に,粒子表面積,粒子体積,体積/表面積から計算する方法が行われる.これらは表1.2に示したとおり,すべて長さで示されるが,その意味する内容は異なる.この中で特に重要なのは$d_{VS}$(または$d_{32}$で表す.10.2.1項参照)で,$\sum n_i d_i^3 / \sum n_i d_i^2$の計算で求める体積/表面積・平均直径である.その理由は,直径$d$の球の体積を表面積で除した数値が$d/6$になるからである.そこで,体積分率を$d_{VS}/6$で除すると,エマルション単位体積当たりの連続相への接触面積$A_s$になる.この関係によって平均粒子径と体積分率から,エマルション全粒子の表面積の計算ができるので,大変有用である.幾つかのエマルション粒子径測定法があり,浸透圧を用いる場合は平均粒子径,沈

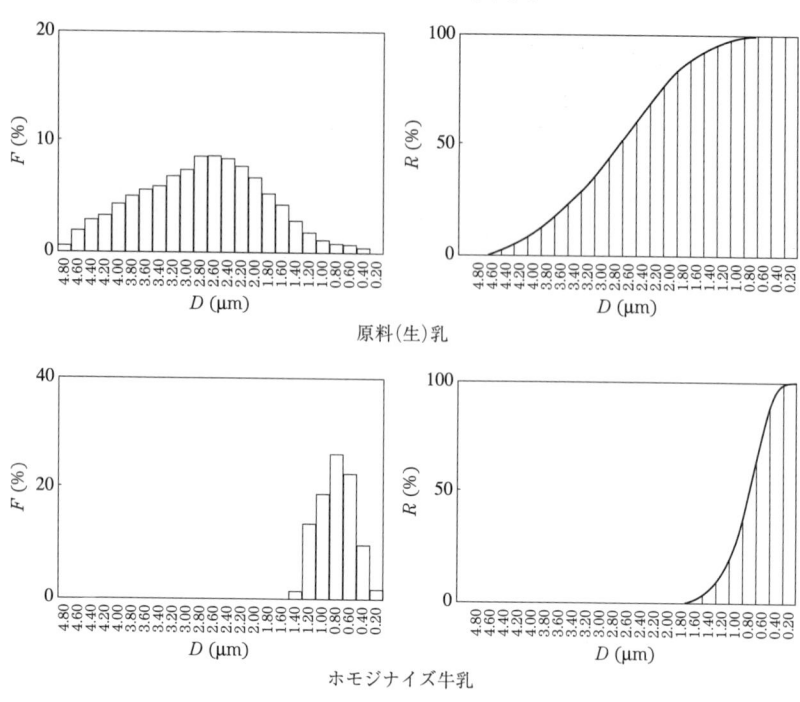

図 1.6 エマルション粒度分布のヒストグラムと積分曲線

表 1.2 平均粒子径を表す 4 種の方法[1]

| 平均の意味 | 記 号 | 定 義 |
|---|---|---|
| 長　さ | $\bar{d}$ または $d_L$ | $d_L = \sum n_i d_i / \sum n_i$ |
| 表面積 | $d_s$ | $d_s = \sqrt{\sum n_i d_i^2 / \sum n_i}$ |
| 体　積 | $d_v$ | $d_v = \sqrt[3]{\sum n_i d_i^3 / \sum n_i}$ |
| 体積／表面積 | $d_{vs}$ または $d_{32}$ | $d_{vs} = \sum n_i d_i^3 / \sum n_i d_i^2$ |

降法と光散乱法では表面積・平均直径が得られる．そこで，数値がどの意味の直径であるかを知っておくことは大切である[1]．

$$A_s = \frac{6\phi}{d_{vs}} \tag{1.4}$$

多分散エマルション油滴の粒度分布は，図 1.7-A のような正規分布を示す

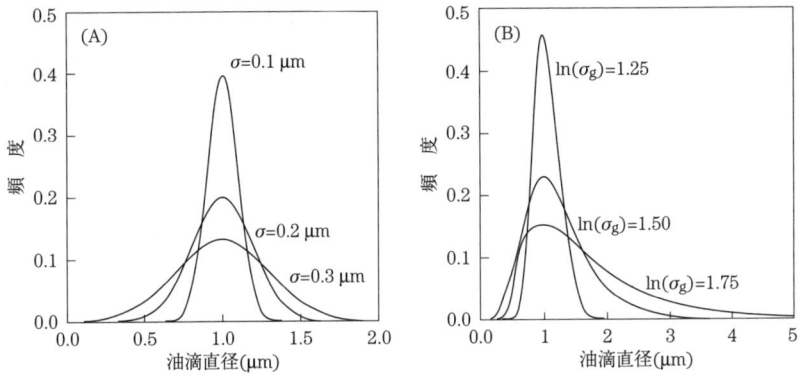

図 1.7 多分散エマルションの粒度分布

よりは，図 1.7-B のような対数正規分布を示すことの方が多い．また乳化方法が不適切であったり，凝集が起こった場合には，山が異なる二重の分布を示す場合がある．

### 1.3.3 油滴界面の性質と電荷

エマルション油滴の界面膜は，一般に nm 単位の厚さで非常に薄く，蛋白質および／または乳化剤，油脂，水から構成されている．界面領域のエマルション全体に占める体積は，油滴が細かくなるほど増加し，微細なエマルションでは無視できなくなる．この関係を表 1.3 に示した．油脂 1 g 当たりで表すと，油滴直径が 20 μm では，油滴数 2.6×10$^8$/g，表面積は 0.3 m$^2$/g，油滴表面中の油脂分子は 0.2% である．これらの数字は，直径が 0.2 μm で

表 1.3 水中に分散する油滴球の物理的性質に及ぼす油滴直径の影響[1]

| 油滴直径<br>(μm) | 油脂 1 g 当たり<br>の油滴数 | 油脂 1 g 当たりの<br>油滴表面積(m$^2$) | 油滴表面の<br>油分子の％ |
|---|---|---|---|
| 200 | 2.6×10$^5$ | 0.03 | 0.02 |
| 20 | 2.6×10$^8$ | 0.3 | 0.2 |
| 2 | 2.6×10$^{11}$ | 3 | 1.8 |
| 0.2 | 2.6×10$^{14}$ | 30 | 18 |

注：油脂の密度を 0.920 g/mL とし，油分子の長さを 6 nm とする．

はそれぞれ，$2.6 \times 10^{14}$/g，30 m$^2$/g，18% に増加する．界面領域の構造は吸着する物質によって変化し，その構成と構造，厚さ，レオロジー，電荷，界面張力などがエマルションの安定性に関与する．

エマルション油滴粒子表面の電荷の種類と量は，安定性その他の物理・化学的性質に影響する．分散する粒子が電荷を帯びるのは，一般に吸着した界面活性物質がイオン化しているか，またはイオン化し得る物質であるためである．乳化剤の中でイオン性のもの(食品用乳化剤は，非イオン性かアニオン性である)と，蛋白質がイオン化の主な原因であり，蛋白質は連続相の pH が変わると，等電点で電荷を失い，その上下で負または正に荷電する．油滴粒子上の電荷は，粒子同士や他の荷電した溶質などとの相互作用があり非常に重要である．同一電荷を持つものは反発し，反対電荷を持つものは結合しやすい．このような作用を静電相互作用と呼ぶ．

エマルション中の粒子は乳化剤系が同じであるから，同一の電荷を持ち互いに反発するので，電荷が多いほど凝集しにくくなる．これらの電荷で安定化されたエマルションは，pH の低下や，塩類添加によるイオン強度の上昇で不安定化されやすい．油滴が凝集するとエマルションの粘度が上昇し，またクリーミングが早まる．例えば，コップに入れた牛乳にレモンの搾り汁を加えてみると，数分後には牛乳は増粘し脂肪滴は凝集している．この現象は，レモンの酸性のために pH が下がり，吸着した蛋白質の等電点に近づくために，電荷による反発力(斥力)を失った脂肪滴が凝集することによる．

このような静電相互作用は，エマルション粒子と，他の電荷を持った物質間にも作用する．例えば，他の蛋白質，アルギン酸などの多糖類，界面活性剤，ビタミン，香料，塩類などである．静電相互作用によって，これらの物質がエマルション粒子と結合すると，食品の種々の性質に変化を与える．例えば，香料の場合には揮発が抑制され，酸化防止剤や酸化促進物質の場合は，油脂の安定性に影響する．このようにエマルション粒子の電荷は，食品エマルションの物理・化学的性質に影響し品質に関わるので，電荷の測定や制御の方法を知ることが大切である(10 章で説明する)．

### 1.3.4 油滴の結晶性

マヨネーズに冷蔵と室温保存を繰り返しても,乳化が破壊されないのは,原料の植物油が0℃付近で結晶しないためである.しかし,乳脂を多量に含むホイップクリームでこれを行えば,クリームは簡単に固化してしまう.濃厚なホイップクリームを起泡し続けると,クリームから水相が分離し,エマルションは水中油滴型(O/W)から油中水滴型(W/O)に転相してバターができる.このように常温で固体の油脂を含むエマルションは,機械的撹拌や温度の上下で,油脂結晶による不安定化を起こしやすい.クリーム,バター,チョコレートなどの油脂食品が,爽快な口溶けの食感を与えるのは,油脂結晶の融解で潜熱を奪うからであり,この種の油脂は食品の構成に重要である.

固体脂を含むO/Wエマルションは温度の上下で不安定化するが,バターやマーガリンでは油脂を融解させない限り,エマルションが破壊されることはない.これは発達した油脂結晶のネットワーク

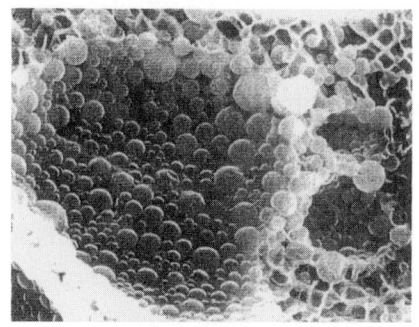

**図1.8** ホイップクリーム代替物の起泡後の電子顕微鏡写真
[Goff, H. D.: *Lipid technologies and applications*, Marcel Dekker(1997)]

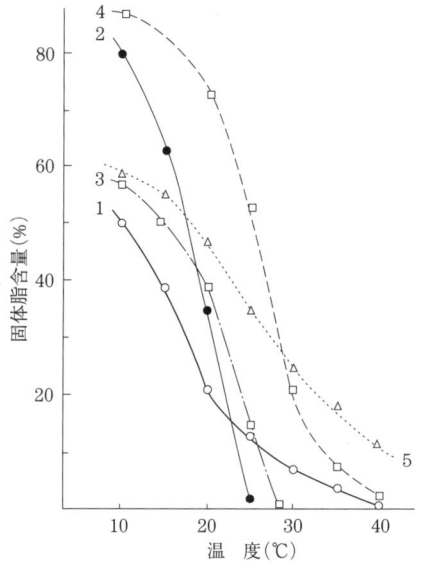

**図1.9** 各種食用固体脂の温度による固体脂含量の変化(SFC曲線)
1:乳脂,2:やし油,3:パーム核油,4:水素添加パーム核油,5:牛脂.

(網目)構造中に,水滴が保護されているためである.一見固体に見える通常の食用油脂は,常温で結晶した固体脂と液状の油脂からできている.そこで,

食用の固体脂を原料に用いる場合，重要な概念に固体脂含量(SFC: solid fat content)または固体脂指数(SFI: solid fat index)がある．食用固体脂のSFCは，乳脂では10℃で50%程度で30℃では6%前後であり，やし油では同じ温度でそれぞれ，80%と1%である．そこで，温度に対するSFC曲線の形状は，原料油脂の選択にとって重要である．さらに油脂の結晶状態は，加熱や冷却の条件や保存時間，油脂中に溶解する成分，油滴の大きさなどの影響を受けるので，これらの知識もエマルション製造に必要である．

### 1.3.5 エマルション粒子の位置づけ

牛乳など普通のエマルションが白濁しているのは，含まれる粒子がほぼすべての可視光を反射するためである．可視光線の波長は0.38〜0.77 μmであり，エマルションの粒子径は，一般には光学顕微鏡で見える範囲の0.3〜200 μm程度である．油滴の細分化が進んで0.3 μm程度の粒子径になると，長波長光が透過しやすくなり，反射光で短波長の光の比率が増してエマルションは青紫色を帯びる．粒子径が50 nm程度になると，可視光は透過して，エマルションは透明になる．このようなエマルションをマイクロエマルショ

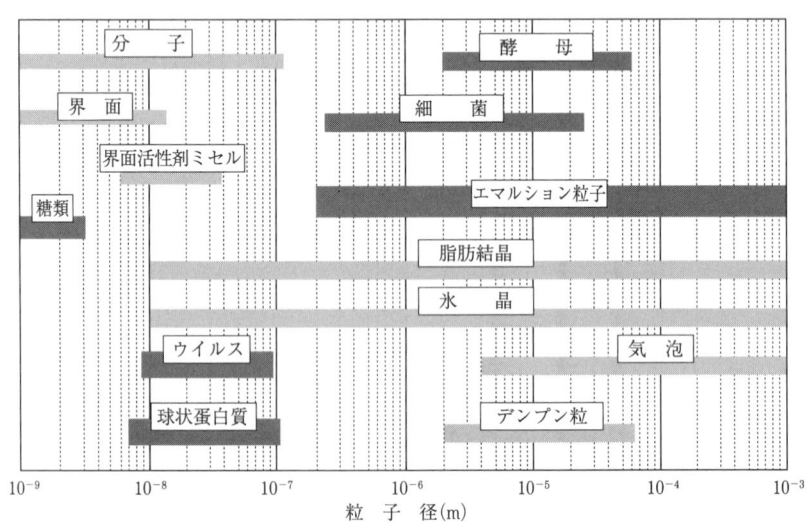

**図1.10** エマルション中に含まれる物質の大きさ[1)]

ンと呼ぶ．典型的なマイクロエマルションは，界面活性剤の作るミセルが油性物質を可溶化したもので，界面活性剤だけのミセルは粒子径が 6 nm 以上である．エマルションはエネルギーを与えなければ作れないが，ミセルのマイクロエマルションは，条件が整えば自然にできあがり，熱力学的に安定な系である．

多くの食品エマルションは多様な成分を含み，原子，分子，生体高分子，コロイド粒子，顕微鏡的微粒子，可視的粒子などからできている．これらの粒子の大きさを図 1.10 に模式的に示した．食品中の大小多様な物質は，相互作用その他の関係で関連し合っており，それらの総合として構成される食品エマルションは，きわめて複雑な系である．

## 文　献

1) McClements, D. J. : *Food emulsions, principles, practice, and techniques*, p. 1-16, CRC Press, Boca Raton (1999)

# 2. 分子間の相互作用

## 2.1 はじめに

　加工食品の組み立ては，思うほど容易ではない．経済面を別にしても，多くの物理・化学的な制約があり，経験に頼る面が多かった．しかし今日では，多くの測定機器とコンピューターの進歩で，従来，分からなかった生体高分子の性質が理解できるようになった．蛋白質の構造と特性の関係が分かり，植物ガムや微生物ガムを含め，これらのコロイド成分が，食品中でどのように作用するかも分かってきた．これらのコロイド分子同士や他の食品構成分子との相互作用についても，いろいろなことが分かってきた．そこで食品の製品改良や新製品開発では，食品の物理・化学的性質や官能的性質を，分子レベルで理解することの重要性が高まった．

　食品エマルションに含まれる一つの分子は，同一の分子に囲まれたり，混合物の成分として種々の分子に囲まれているかもしれない．また，電解質溶液の成分として反対電荷のイオンに接しているかもしれない．分子は，界面に吸着していたり，またカゼインミセルのように集合状態であったり，三次元の網目（ネットワーク）構造をとったり，他種分子と複合体を作っている場合もあるだろう．これらの状態を図2.1に模式的に示した．食品エマルションの物理・化学的性質は，これらの多様な構成分子の性質とそれらの相互作用に依存している[1]．

　食品を含む物質界は，存在状態が熱力学的に最も安定な状態をとろうとする．一方，多くの食品加工では，物質を自然状態からエネルギー状態の高い構造に変化させ，自由エネルギーが増加した状態にする．そこで食品エマルションを理解し，その品質を制御するには，エマルションを構成し種々の構造を作っている，種々の分子間に作用する力の原因と性質を知らなければ

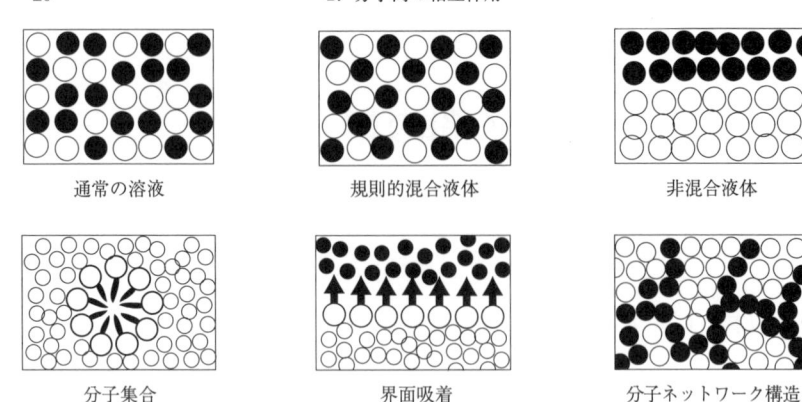

| 通常の溶液 | 規則的混合液体 | 非混合液体 |
| 分子集合 | 界面吸着 | 分子ネットワーク構造 |

図 2.1 食品エマルション中分子のとる種々の構成[1]

ならない．

## 2.2 分子間相互作用の原因と性質

食品に作用する自然力には，重力と電磁的な相互作用がある．電磁的な力は短距離で強く作用し，重力は力は強くないがどの場所でも普遍的に作用し，エマルションではクリーミングを起こす．分子間相互作用では，共有結合に関わるもの，静電引力によるもの，ファンデルワールス引力によるもの，立体的な斥力に基づくものがある[2]．

### 2.2.1 共有結合による相互作用

共有結合は原子核の最も外側の電子対が，2個以上の原子に共有される結合で，原子は元来の個別的な性質を失う．外殻にある電子の数は原子価であり，他の原子と何個の単結合を作るかを表す．結合に与る電子対を共有電子対と言い：で表す．例えば，C-H は C：H，C=C は C：：C と表すことができる．共有結合はそれに関わる電子の数によって，飽和の程度が異なる．共有結合内の電子の分布はその極性を支配する．例えば脂肪酸の分子鎖のように，共有電子対が原子間で均等に共有されていると，できた分子は極性を持たないが，電子が偏って共有されると極性が現れる．また，分子を構成する

共有結合の対称性は分子の極性を支配する．共有結合の原子価，飽和度，極性，強さなどの状態は，分子の三次元構造，高分子の柔軟性，化学反応性と分子の物理的相互作用を支配する．分子の極性と非極性の関係は，親水性と疎水性(親油性)の関係でもある．

化学反応では共有結合が壊れ，また作られる．加工食品の物理・化学的，官能的特性は，加工，貯蔵，調理などの過程で起こる，種々の化学および生化学的反応によって変化する．これらの反応には，脂質の酸化，蛋白質や多糖類の加水分解，蛋白質の橋かけ反応，アミノ酸と還元糖間のメイラード反応などがあり，反応は加熱や加圧など種々の物理的条件の影響を受ける．従来の食品エマルションに関する研究は，その物理的変化研究の側面に偏っていた．しかし，エマルションの加工と保存によって，物理的な変化と化学的な変化は同時に進行する．そしてエマルション内で起こる化学的な変化が，その物理状態変化の原因になることが分かった．エマルションを構成する種々の分子が，その系内でどのように存在するか，その分子と他の分子との相互作用がどうであるか，などを理解することが大切である．

### 2.2.2 静電相互作用

静電相互作用は，イオンや極性のある分子など，常に電荷を持つ分子間に起こる．イオンとは最外殻の電子を失ったか，あるいは得た原子または分子であり，正または負に荷電する．極性分子は全体としては電荷を持たないが，不均等な電子分布のために双極性を持つものである．ある原子は自分の共有結合の中に，他の原子から強く電子を引き込む性質があるため，その原子は部分的に負の電荷($\delta^-$)を持ち，他の原子は部分的に正の電荷($\delta^+$)を持つことになる．例えば$CCl_4$のように，この部分的電荷が分子内で対称性をもって分布すれば，互いに打ち消しあって双極性を失うが，そうでなければ双極性を持つ．例えばHClのCl原子は，その共有結合中にH原子よりも強く電

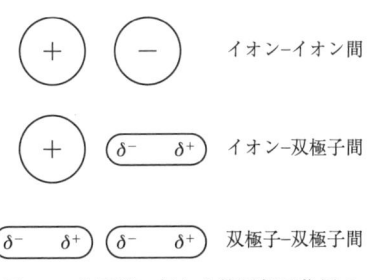

図2.2 分子間に起こる静電相互作用の模式図[1]

子を引き込む性質があるために，$H^{\delta+}Cl^{\delta-}$の双極子ができる．双極子の強さは双極子モーメント$\mu=ql$で表され，電荷と距離に比例して大きくなる．分子間に作用する主な静電相互作用は図2.2に示すように，イオン-イオン間，イオン-双極子間，双極子-双極子間の作用である．

2個の分子の相互作用は，分子間の対のポテンシャル$W(s)$で表され，これは分子を無限遠の距離から現在の距離$s$まで持ってくるエネルギーに相当する．これらの距離とポテンシャルの関係を，図2.3にファンデルワールスポテンシャル(図2.3-b)と比較して示した．

① この図で電荷が同じであれば$W(s)$は正になり斥力が働き，電荷が異なれば引力が働く(図2.3-aは引力を示す)．

② ポテンシャルの強さは，イオン-イオン＞イオン-双極子＞双極子-双極子の順になり，原子価が高いほど，双極子モーメントが大きいほど強まる．

③ 電荷を持った中心部の距離が近いほどポテンシャルは高まり，イオンや分子が小さいほど接近できるので作用は強くなる．

④ イオン-イオン相互作用の及

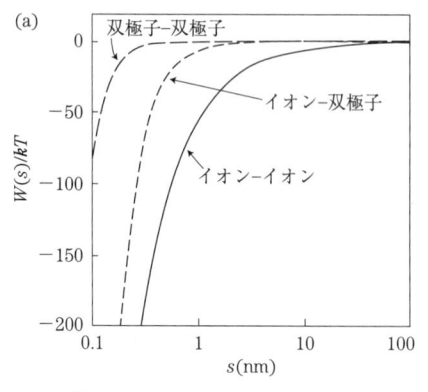

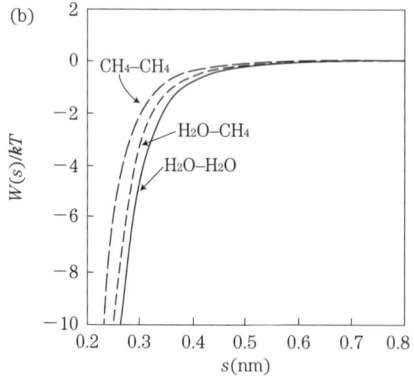

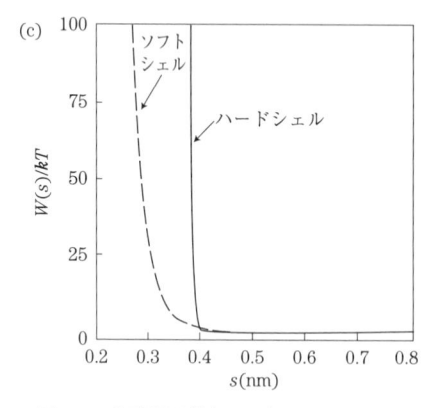

**図2.3** 分子間距離($s$：nm)に対する分子間の対のポテンシャルの関係[1]
(a) 静電相互作用，(b) ファンデルワールスポテンシャル，(c) 立体相互作用．

ぶ距離が最も大きく，イオン-双極子，双極子-双極子の順で距離が狭まる．
- ⑤ ポテンシャルの大きさは，電荷の間に介在する溶媒の伝導度に反比例する．
- ⑥ 双極子の電荷と反対の部分電荷を持つものが近くにあるときには，相互作用が最大になり結合が起こる．

蛋白質やリン脂質など多くの生体分子のイオン化は，その分子を含む水溶液のpHに支配される．そこで，これらの物質間の静電相互作用は，溶液のpHの影響を受ける．例えば，蛋白質はその等電点付近では，分子間に電気的な斥力がなくなるので，凝集しやすいが，pHが等電点から大きく外れるほど，反発して単一の分子として存在する．また水溶液中の塩類のイオン強度も，分散する蛋白質間の静電相互作用に影響し，塩類濃度が高まると斥力は弱まる．これは電荷を持った分散体の周囲を反対電荷のイオンが囲み，このために静電相互作用が弱められるためである．水，糖類，塩類，蛋白質，多糖類，有機酸，界面活性剤など，食品はイオンや双極子の分子からできているため，静電相互作用の影響は食品エマルションにとってきわめて重要である．特に水分子には強い双極子間の相互作用がある．

## 2.2.3 ファンデルワールス相互作用

ファンデルワールス力は，イオン，極性，非極性のすべての分子間に作用する力である．これらの分子間力は便宜上3種類に分けられる[3]．
- ① **分散力**：分散力とは，瞬間的にできる双極子と，その双極子に隣接する分子中に誘発される双極子との間の，相互作用によって起こる．分子中の電子は核の周囲を運動している．どの瞬間にも，正電荷を持った核と，負電荷を持った電子の不均一な電荷の分布が起き，瞬間的な双極子ができる．瞬間的双極子は電場を作り，隣接する分子を双極子化するので，両者の間に瞬間的な引力が起こる．平均的に見て，分子間の引力は有限であり，全体としての電荷はゼロである．
- ② **誘導力**：この力は，永久双極子に隣接する分子が，誘導によって双極子に変わり，それらの分子間の相互作用で起こる．分子が常に双極子で

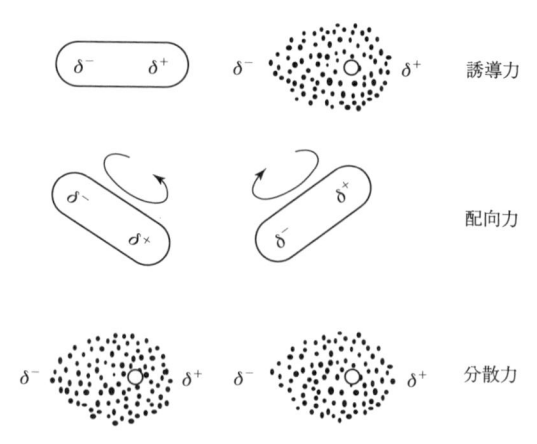

**図 2.4** ファンデルワールス相互作用は分子の電子的または位置的分極のいずれかを含んでいる[1]

ある場合，隣接する分子の電子の分布に影響して，その分子を誘導して双極子に変える．このために両分子間に引力が生じる．

③ **配向力**：この力は，常時回転する永久双極子間の分子間力である．平均的には回転する双極子は電荷を持たないが，それでも，一つの双極子は隣接する双極子の運動に影響するため，わずかであるが引力が働く．

双極子間の相互作用が大きければ，分子は配向して双極子間の静電相互作用になる．

これらの分子間力を図 2.4 に模式的に示した．これらが共同して，ファンデルワールス力として働き，それぞれの力の大きさは，分子の双極子モーメント分極率に依存する．大部分の生体分子では分散力が支配的であり，水では配向力が主に作用している．ファンデルワールス力は，3 種の力がすべて引力であり，力の大きさは距離の 6 乗に反比例し，近距離で作用する．また，分子間の溶媒の誘電率の増加で減少するので，この力が電磁現象に由来することが分かる．

ファンデルワールス力は，静電相互作用よりかなり弱いが，すべての分子間に作用するので，電荷を持たない分子にとっては重要な相互作用である．

### 2.2.4 立体斥力の相互作用

2個の原子や分子が近づいて，電子雲同士が重なり合うと，非常に強い斥力が働く．2個の分子の半径を合計した距離を$\sigma$とすれば，$\sigma$付近から内側では，距離のわずかな変化で斥力が急激に増加する．図2.3-cに示すように，分子が剛体であれば力は$\sigma$からほとんど垂直に立ち上がるが，実際は分子には多少は圧縮性があるソフトシェルなので，高次のべき関数的になる．

$$\text{ハードシェルの場合} \quad W_{steric}(s) = (\sigma/s)^{\infty}$$

$$\text{ソフトシェルの場合} \quad W_{steric}(s) = (\sigma/s)^{12}$$

距離が$\sigma$以上では立体斥力は無視できるほど少なく，以内では激しく分子同士が排除しあうことになる．

### 2.2.5 全体として対の分子間に働くポテンシャル

以上に述べた分子間力の，静電相互作用$W_E(s)$，ファンデルワールス力$W_{VDW}(s)$，立体相互作用の合計$W(s)$が，分子間に作用するポテンシャルになる．

$$W(s) = W_E(s) + W_{VDW}(s) + W_{steric}(s) \tag{2.1}$$

分子間力のうち静電相互作用がない，非極性の球形分子間の対のポテンシャルは次式で表され，図示すると図2.5の関係になる．

$$W(s) = -A/s^6 + B/s^{12} \tag{2.2}$$

$A$はファンデルワールス相互作用の寄与を表し，$B$は立体斥力の寄与である．ファンデルワールス引力は遠方から作用するが，立体斥力は分子がごく接近してから作用する．そこで，分子が近づくにつれて最初は引力（負）が働き，ごく接近すると斥力（正）が作用する．両者を合計したポテンシャルは距離$s^*$で最小になるので，外界から熱エネルギーや機械的エネルギーが加わらない限り，分子はこの状態に止まろうとし，分子の結合距離（$s^*$）と結合強度（$W(s^*)$）が与えられる．

物質中の分子は熱エネルギーによって，常に運動しており，熱エネルギー（$kT$）が高まると分子間の結合が失われる．分子の結合強度が十分に強ければ，例えば，イオン同士の静電結合の無機塩類では，分子は結合状態にとどまる．しかし，無機塩類の水中での結合強度は真空中の1/80程度と極端に弱く，容易に離散する．結合強度が弱い水や有機溶媒は結合しにくい．

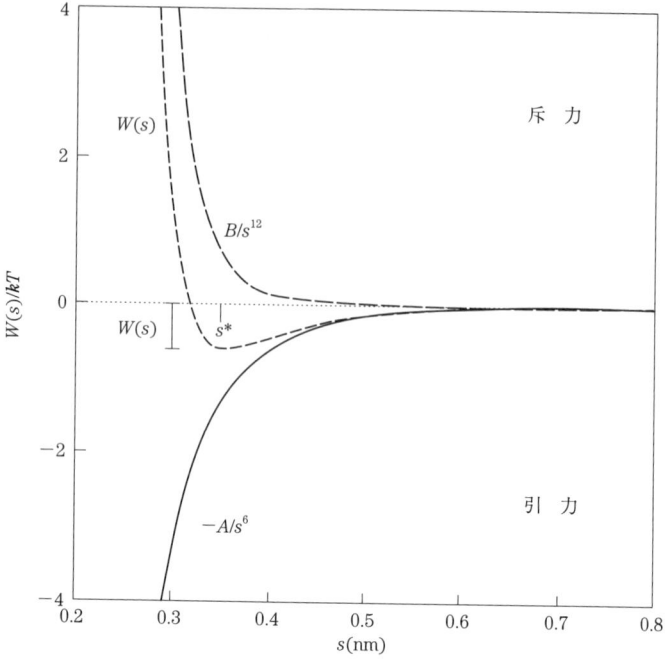

**図 2.5** 非極性球形分子の対に作用する分子間ポテンシャル[1]
曲線は次式で, 定数 $A = 10^{-77}$ J m$^6$, $B = 10^{-134}$ J m$^{12}$ として計算した.
$$W(s) = \frac{-A}{s^6} + \frac{B}{s^{12}}$$

## 2.3 液体中での分子の構造形成

### 2.3.1 混合の熱力学

　食品エマルションでは, 真空中にある分子の対とは異なって, 液体中に膨大な数の分子が存在する. ある分子について, 隣接する分子との相互作用と, 溶液内の分子全体としての構成に, 多くの相互作用がどのように与るかを知る必要がある. 多くの分子の平衡状態での挙動は, 統計的熱力学で表すことができる[2]. 一連の分子はそれらの系の自由エネルギーを最低化するように, 分子自体で自然に構造を作り配列する傾向がある. 一連の分子系の自由エネルギーは, エンタルピーとエントロピーによって支配される. エンタルピーについては, 上で述べた分子間相互作用エネルギーで表すことができ, エン

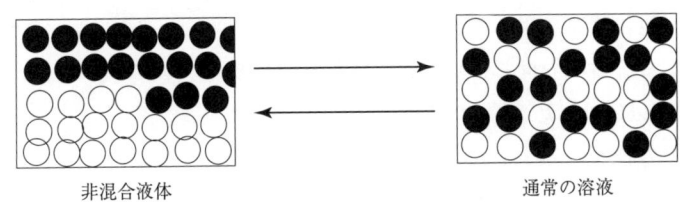

**図 2.6** 2種の非極性分子間相互作用の大きさと,混合のエントロピーに依存して,完全に混合するか否かの関係[1]
$\Delta G_{mix}$ が負では混合し,正では相分離する.
$$\Delta G_{mix} = \Delta E_{mix} - T\Delta S_{mix}$$

トロピーはある系がエネルギーを得て無秩序化に向かう傾向で定められる.

同じ大きさの2種の球形分子が混合された場合,その系の自由エネルギー変化は次式で与えられる.

$$\Delta G_{mix} = \Delta E_{mix} - T\Delta S_{mix} \tag{2.3}$$

ここで,$\Delta E_{mix}$,$\Delta S_{mix}$ はそれぞれ,混合の前後の分子間相互作用とエントロピーの差である.この場合変化した系が,溶け合わない液体であるか,混合物が互いに溶解し合う関係にあるかが問題である.$\Delta G_{mix}$ がプラス(正)であれば,双方の分子は混合できずに相分離を起こす.マイナス(負)であれば分子は互いに混合しあい,$\Delta G_{mix}$ がゼロに近ければ,分子同士が部分的に混ざったり,混ざらなかったりの状態であることになる.2種の分子が互いに混合し合えば,単純には通常の溶液であることを意味する(図2.6参照).しかしこの理論は,非極性か,わずかに極性のある分子には当てはまるが,イオン性や双極子の分子間には適用できないので,個々の場合について混合によるエネルギー変化を考える必要がある.

### 2.3.2 混合によるエネルギー変化

混合によって変化するエネルギー状態には,ポテンシャルエネルギー変化,エントロピー変化,自由エネルギー変化がある[3].

混合する2種の分子に親和性があるか否かで,ポテンシャルエネルギー変化の符号が異なる.ポテンシャルエネルギーの変化が負であれば,2種の分子は混合しあい,正であれば反発して分離する.エントロピー変化については,2種の分子に親和性がなく混合しない場合は,エントロピー変化はゼロ

であり，親和性の程度によってエントロピーは増加し，変化は常に正である．混合による自由エネルギー変化は，双方の分子の親和性が大きいほど負になり，混合しにくいほど正になる．

食品中の種々の分子は，大きさと形および柔軟性が異なり，また極性（親水性），非極性（疎水性），両親媒性であったり，結合状態にあるなど，それぞれ性質が異なる．そこで実際上，食品エマルションでは，単純な溶液，ミセル，分子のネットワーク構造，混合不能な液体などが見られる．そこでエネルギー状態にはさらに複雑な要素が加わる．食品系に熱力学を適用する別の問題点は，食品系には多くの運動エネルギーの障壁があり，系の自由エネルギーが最低状態になっていないことである．特にエマルションは熱力学的に不安定な系である．親和性のない液体間にエマルションができるのは，分子間相互作用による構造形成であり，相互作用エネルギーとエントロピー効果によっている．

## 2.4　分子間の相互作用と立体配置

水やメタンのような小形の分子は，比較的強い原子間の共有結合によって単一の構造をとる．大形の分子の多くは，飽和した共有結合間で回転するので，例えば，多糖類のように異なった立体構造をとり得る．さらに多糖類や蛋白質のような巨大な分子は，環境条件に応じて，自由エネルギーを最低にするような構造をとろうとする．分子の立体構造の自由エネルギーは，系の持つ相互作用エネルギーとエントロピーによって定まる．分子の相互作用は，同一分子内の異なった部分，および隣接する分子間で起こる．同様に，エントロピーについては，分子がとる多くの形態と，隣接する分子との相互作用によるエントロピー変化に支配される．

分子の立体配置の変化は，例えば図2.7のように，ハイドロコロイドのヘリックス構造の，温度上昇によるランダムコイル構造への変化や，蛋白質の熱変性によるアンフォールディング（分子が折り畳み構造を失うこと．4.6節参照）などである．この関係は次式で示される．

$$\Delta G_{h \to c} = \Delta E_{h \to c} - T \Delta S_{h \to c} \tag{2.4}$$

## 2.4 分子間の相互作用と立体配置

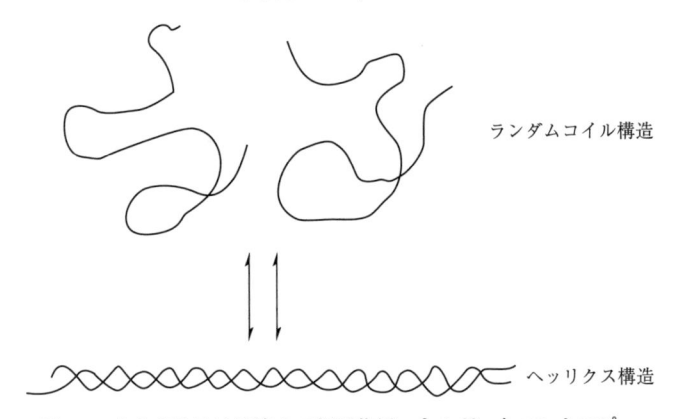

**図2.7** 生体高分子は溶液中で相互作用エネルギーとエントロピーの影響によって分子構造を変える
ヘリックス構造の分子は，一定温度以上でランダムコイル構造にアンフォールディングする．

ここで $\Delta G_{h \to c}$, $\Delta E_{h \to c}$, $T\Delta S_{h \to c}$ は，それぞれ，自由エネルギー，相互作用エネルギーおよびエントロピーの変化であり，$\Delta G_{h \to c}$ が負であれば分子はランダムコイル構造，正であればヘリックス構造をとる．

　ヘリックス構造では，分子内および分子間相互作用のエネルギーが最適状態であり，単一の構造をとるために，ランダムコイルよりはるかにエントロピーが低い．ランダムコイル状態では，分子は同様な低エネルギー状態の多様な構造をとる．低温では相互作用エネルギー項はエントロピー項より大きく，分子はヘリックス構造をとる．温度が上昇するとエントロピー項が増加して，相互作用エネルギー項より大きくなり，分子はアンフォールディングする．$\Delta G_{h \to c}$ がゼロの温度は，ヘリックスからランダムコイルへの転移温度である．同様な現象は，ラクトグロブリンなど球状蛋白質の変性（アンフォールディング）で起こっている．ここで実際上大切なことは，食品系では多くの運動エネルギーの障壁があるので，「分子は常に熱力学的に最も安定した構造をとるとは限らない」ことである[4]．

　溶液中での分子の柔軟性は，熱力学的および運動の要因によって定まる．多糖類ガムのように，柔軟性のある分子が示す多くの構造は，熱力学的にほぼ同等な低エネルギー状態にある．系の状態の安定化をはばむ運動エネルギ

一の障壁は，系の熱エネルギーに比べれば小さい．そこで，これらの条件が合致すると，分子はすぐに種々の構造間を揺れ動くことになり，柔軟性が示される．構造間の自由エネルギーが熱エネルギーより大きい場合には，分子はその自由エネルギーが最小の状態に止まる．食品エマルション中で起こる，この種の蛋白質や多糖類ガムなど，巨大分子の構造形態と柔軟性は，エマルションの性質を理解するために重要である．その理由は，分子の構造と柔軟性は，化学反応，触媒活性，分子間相互作用，溶解性，保水性，ゲル化，起泡などの機能性に関わるからである．

## 2.5 高次の相互作用

食品を含む生体成分中で起こる相互作用で，**水素結合**と**疎水性相互作用**は大変重要である．これらの相互作用は，多くの生体化学物質間の相互作用の説明に用いられる．これらの高次の相互作用は，種々の相互作用エネルギー（ファンデルワールス力，静電相互作用，立体斥力），およびエントロピー効果で成り立っている．

### 2.5.1 水 素 結 合

水，蛋白質，脂質，炭水化物，界面活性剤，ミネラルは，食品エマルションを構成する最も重要な分子である．エマルションの機能的性質に対して，水素結合は決定的な影響を持っている．水素結合は，酸素のような電子的に負の原子と，それに隣接する水素原子との間に起こる．水素結合にあずかる主原因は静電引力（双極子-双極子）であるが，ファンデルワールス力や立体斥力も貢献する．一般に，結合の強さは 10～40 kJ/mol で距離は 0.18 nm である．水素結合の実際の強さは，負電荷の強さと，供与側と受け入れ側の位置関係による．また水素結合は，水素原子が正の極性を強く示し，原子半径が短いために，他のほとんどの双極子-双極子相互作用よりも強い．このために水素結合を起こす分子は整列しやすい．水素結合の強さと方向性は，水の独特な性質によっている．

### 2.5.2 疎水性相互作用

疎水性相互作用は，食品エマルションの重要成分である脂質，界面活性剤，蛋白質の挙動を支配する．疎水性相互作用は，例えば長鎖の脂肪酸のような非極性基間に強く作用する．非極性分子は，比較的弱いファンデルワールス力結合を起こすが，疎水性相互作用の原因は，水分子が隣接する分子と比較的強く水素結合することによる．非極性分子が水中に入れられると，それに接した水分子は再配列し，系の相互作用エネルギーとエントロピーが変化する．これらの変化は熱力学的に不都合であり，系は水と非極性基の接触を最小にするように変化し，非極性基間に引力が働くように見えることになる．この現象は，水と油が混じらないこと，界面活性剤の疎水基が界面に吸着すること，蛋白質分子が凝集すること，界面活性剤がミセルを作ることの主な原因である．

### 文　献

1) McClements, D. J. : *Food emulsions, principles, practice, and techniques,* p. 17-37, CRC Press, Boca Raton (1999)
2) Atkins, P. W. : *Physical chemistry,* 5th Ed., Oxford University Press, Oxford (1994)
3) Israelachivili, J. N. : *Intermolecular and surfce forces,* Academic Press, London (1992)
4) Dickinson, E. and McClements, D.J. : *Advances in food colloids,* Chapman & Hall, London (1995)

# 3. コロイドの相互作用

## 3.1 はじめに

　食品エマルションは多様な構成成分を含むコロイド系で，原子から分子，凝集した分子，ミセル，油滴や気泡まで，大きさや形態の異なる物質を含んでいる．これらの成分の中で少なくとも1種類はコロイドに属する大きさ，数ナノメートル(nm)から数マイクロメートル(μm)の範囲に入っている．コロイド粒子の特性と粒子間の相互作用は，食品エマルションの最も大切な物理・化学的性質と官能的性質に関わる．そこで，これらの関係を知ることは，食品の研究と製造に関して大変重要であり，コロイドの相互作用の原因と性質を考えてみる．近年は，実験技術の向上とコンピューターモデリングの利用，学際的な科学知識の活用で，エマルションの科学に大きな進歩がもたらされた．コロイドの相互作用の理論的な発展には，E. Dickinson[1-5]，D. J. McClements[3,8]，J. N. Israelachivili[6,7]らの貢献が大きい．

　コロイド粒子間の相互作用は，粒子中に含まれるすべての分子と，また粒子間にある溶液分子との相互作用の結果である．そこで，コロイド粒子間の相互作用は一見したところ，静電相互作用やファンデルワールス力，立体斥力など，分子間の相互作用と類似する．コロイドの相互作用が分子のそれと異なるのは，コロイド粒子が分子よりはるかに大きい点である．エマルション粒子間の相互作用と，一般の食品コロイド粒子間の相互作用には同じ理論が適用される．

## 3.2　コロイドの相互作用と油滴の凝集

　エマルションの油滴が凝集するか，個々に分散するか，どのような性質の

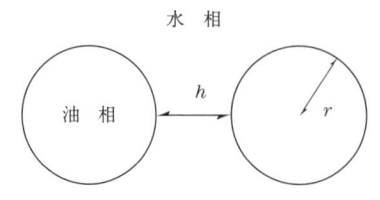

**図 3.1** 半径 $r$ のエマルション粒子の表面間の距離が $h$ である状態

凝集体ができるかを支配するのは，コロイドの相互作用である．多くの食品エマルションの物理・化学的性質と官能的性質は，油滴の凝集の程度と凝集状態の性質によって変化する．そこで，コロイド粒子間の相互作用，凝集状態および液体全体の特徴の理解が必要である．

離れた2個の分子間に作用する，対のポテンシャルと同様に，エマルションの油滴間の相互作用は，油滴間の対のポテンシャル($w(h)$)で表される．$w(h)$ は2個の半径 $r$ の油滴を無限遠の距離から，表面間の距離 $h$ にまで近づけるエネルギーである(図3.1)．この関係を便宜的に，引力と斥力のポテンシャルの和として次式で示した．

$$w(h) = w_{\text{att}}(h) + w_{\text{rep}}(h) \tag{3.1}$$

油滴間のポテンシャルは図3.2に示すように，引力と斥力の相互作用の関係から，次の4種類のモデルに分類される．

① 引力の相互作用がすべての距離 $h$ で作用する場合：斥力より引力が常に大きい場合には，油滴間に引力が働き油滴は凝集する(図3.2-A)．

② 斥力の相互作用がすべての距離 $h$ で作用する場合：引力に比べ斥力が常に大きい場合は，油滴は個々に分散する(図3.2-B)．

③ $h$ が比較的遠距離では引力の相互作用が作用し，近距離では相互作用が斥力になる場合：$w(h)$ は遠方からずっと負であるが，遠距離での相互作用は小さい．$h$ が短距離になると引力が大きくなり，相互作用ポテンシャルの極小値があって，さらに接近すると斥力が作用する(図3.2-C)．$w(h)$ の極小値が，熱エネルギーの $kT$ より大きい場合に油滴は凝集し，小さい場合には油滴は分散する．両者がほぼ同じであれば，部分的凝集と分散が起こる．相互作用ポテンシャルの極小値が十分に深いと，油滴は強いフロック凝集か凝固を起こし，極小値が浅いと油滴は緩いフロック凝集を示し，撹拌などのエネルギーで再分散できる．油滴がさらに接近すると強い斥力が働くので，合一が避けられる．

④ 遠方では斥力が働き，近距離では引力が作用する場合：図3.2-D に示

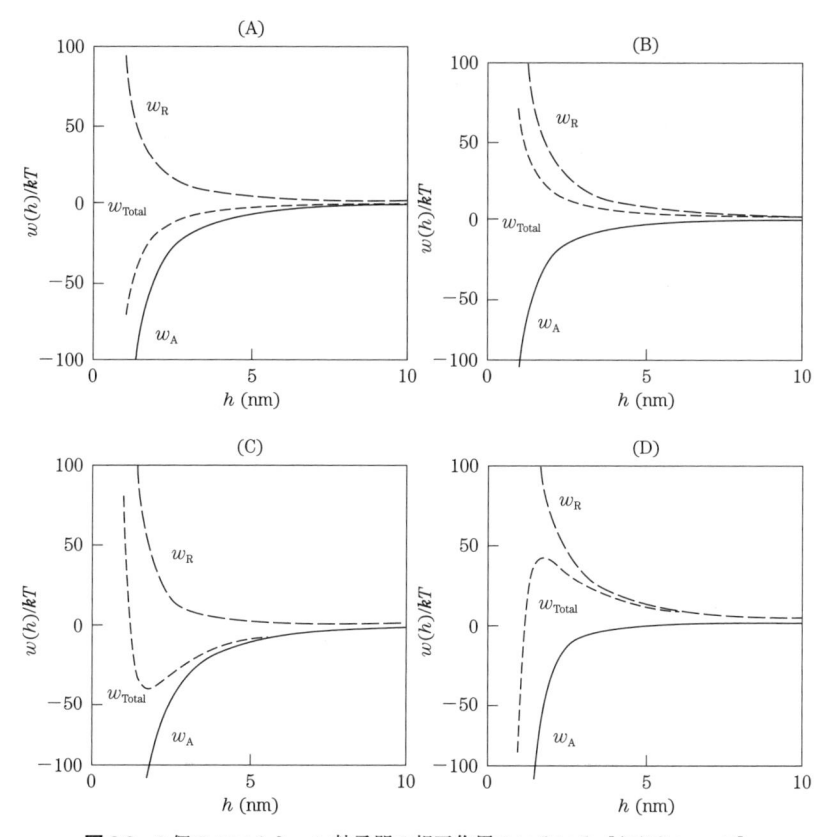

**図 3.2** 2個のエマルション粒子間の相互作用のいろいろ ［参考書 1, p. 41］
A：引力の相互作用がすべての距離 $h$ で作用．
B：斥力の相互作用がすべての距離 $h$ で作用．
C：比較的遠距離では引力，近距離では斥力が作用．
D：遠方では斥力，近距離では引力が作用．

す場合である．近距離になると油滴間にエネルギー障壁が働き，このポテンシャル極大値が熱エネルギー $kT$ より大きい限りそれ以上の接近を阻害する．この障壁より熱エネルギー $kT$ が大きくなると引力が働き，油滴は一気に凝集と合一に向かう．ポテンシャル極大値が $kT$ と等しい付近では，油滴はゆっくりと凝集に向かう．それは，油滴間の衝突のエネルギーによって，障壁を超えることが可能になるためである．

これらのモデルは単純化されてはいるが，食品エマルション油滴の，分散，

フロック凝集，合一などの現象の理解を深めてくれる．実際の食品エマルションでは，油滴間に働く相互作用は，この種のモデルよりはるかに複雑である．その実態は，第一に，種々な引力と斥力の相互作用があって，それらが全体としての相互作用ポテンシャルに関わる．第二に，食品エマルションは膨大な数の油滴と，他のコロイド粒子を含んでおり，それらの大きさ，形，性質が異なる．第三に，油滴を取り囲む溶液の組成は単純でなく，種々のタイプのイオンと分子を含む．実際のエマルション油滴間の相互作用は，これら他の成分と溶液の影響を受け，莫大な数に及ぶこれらの影響を，正確に数学的に計算することはできない．

それにもかかわらず，油滴間の相互作用を調べることで，食品エマルションの性質を予見する因子を得ることができる．単純なモデルの理解を重ねることで，より複雑なエマルション系の実態に近づくことができる．次に，エマルションの油滴間に働く主なコロイド相互作用を述べ，そして，これらの作用が全体としてどのようにエマルション安定性に関わるかを解説する．

## 3.3 ファンデルワールス相互作用

分子間に作用するファンデルワールス力は，2.2.3項で述べたように，分子が電子的または位置的に極性を持つことによって起こる．さらにファンデルワールス力は，エマルション油滴のように，多数の分子の集合体の間にも作用する．

2個の油滴間に作用するファンデルワールスポテンシャル $w_{\mathrm{vdw}}(h)$ は，図3.1のように油滴半径が同じく $r$ で表面間の距離が $h$ の場合，次式で表される．

$$w_{\mathrm{vdw}}(h) = \frac{-A_{121}}{6}\left[\left(\frac{2r^2}{h^2+4rh}\right) + \left(\frac{2r^2}{h^2+4rh+4r^2}\right) + \ln\left(\frac{h^2+4rh}{h^2+4rh+4r^2}\right)\right] \tag{3.2}$$

ここで $A_{121}$ は Hamaker 定数で，121 とは2個のエマルション油滴の液体1が，水相の液体2に隔てられていることを意味する．Hamaker 定数は実験

値から計算で求めることができる．油滴が至近距離に近づいて$r \gg h$になった場合，この式は次のように簡単になる．

$$w_{\text{vdw}}(h) = \frac{-A_{121}r}{12h} \quad (3.3)$$

この式は，コロイド粒子間のファンデルワールス相互作用が，分子間の場合(距離の6乗に反比例する)より，はるかに遠距離から作用することを示す．そこでこの相互作用は，エマルションの安定性に大きく影響する．

### 3.3.1 Hamaker 定数(関数)

対のエマルション油滴間の Hamaker 定数計算は，物質の誘電率や屈折率，電磁波の電子吸収周波数などを用いる複雑な仕事であるが，主要な数値は既知であり，およその数値はコンピューターで計算される．大きさの似た粒子間の Hamaker 定数は常に正であり，このためファンデルワールス相互作用は常に引力になる．Hamaker 定数は周波数に無関係な部分($A_{v=0}$)と周波数に依存する部分($A_{v>0}$)からなっている((3.4式))．そこで粒子間のファンデルワールスポテンシャルも，周波数依存性によって二つに分けられる((3.5式))．

$$A_{121} = A_{v=0} + A_{v>0} \quad (3.4)$$
$$w_{\text{vdw}}(h) = w_{v=0}(h) + w_{v>0}(h) \quad (3.5)$$

食品エマルションに対する Hamaker 定数は，一般に $0.75 \times 10^{-20}$ J 程度であり，約42%が周波数に無関係，58%が周波数依存性である．しかし，実際のコロイド粒子間には，次に述べる静電スクリーニングや遅延現象があって，このエネルギーはかなり減少する．

### 3.3.2 静電スクリーニング，遅延および界面膜の影響

Hamaker 定数第一項($A_{v=0}$)の周波数無関係項は静電相互作用，永久双極子を含む相互作用に依存する静電作用で起こる．そこで，ファンデルワールス相互作用のこの部分は，水相中に電解質があると，油滴の周りに対イオンが集まるために弱められる．この静電的スクリーン(覆い)によって，第一項が減少することで引力が減る．そこで，周囲の電解質濃度が高まると油滴が

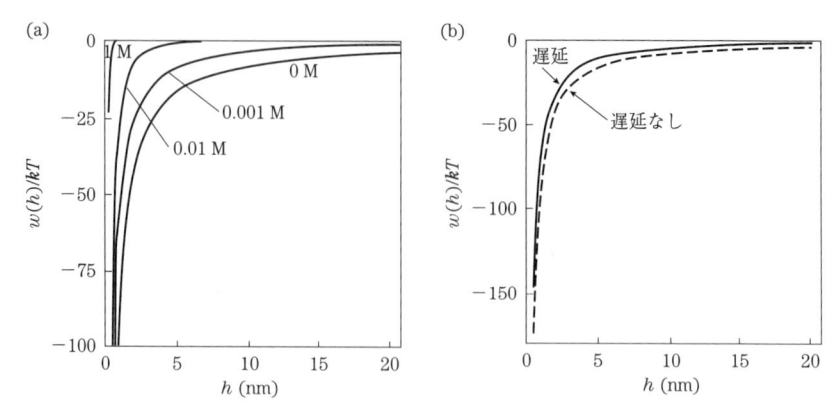

**図 3.3** 水中油滴型エマルション粒子間のファンデルワールス相互作用に対する静電スクリーニングおよび静電遅延の影響 [参考書 1, p. 45]
a は電解質の濃度を変えてスクリーニングの影響を見ている.

離れやすくなる．図 3.3-a に示すように，電解質濃度が高まると，ファンデルワールス相互作用の第一項が働く距離が短くなり，数 nm 以上の距離では作用しなくなる．一方，周波数依存性項は電解質の影響を受けないので，高電解質濃度では，ファンデルワールス相互作用はその 42% を失う．

　遅延現象とは，油滴間のファンデルワールス相互作用が弱められる現象で，電磁波が油滴間を往復するのに時間がかかるために起こる．ファンデルワールス相互作用の第二項は周波数依存性で，一方の油滴の瞬間的双極子が，他の油滴に双極子を引き起こす相互作用によっている．もし瞬間的双極子の有効作用時間が，油滴間の往復時間と似たものであれば，引力は減少してしまう．この効果は双極子間の距離が数 nm 以上になると顕著になり，20 nm 離れると遅延のない場合の 1/3 まで減少する．一方，周波数非依存性項の大きさは影響されない(図 3.3-b 参照)．

　実際のエマルション油滴の界面は，乳化剤や蛋白質の膜で覆われており，油／水界面膜は油脂や水相とは異なった物理・化学的性質を持っている．粒子の界面にある分子は，ファンデルワールス相互作用に大きな作用を及ぼす．そこで蛋白質などの界面膜があると，特に油滴が近づいた場合に，油滴間の相互作用は大きく変化する．スクリーニングと遅延がない，裸の油滴の場合

と比較すると，界面に水和した蛋白質の濃度が60％以上では，ファンデルワールス相互作用は増加し，10～40％では数分の1に激減する．

### 3.3.3 ファンデルワールス相互作用のまとめ
① 2個の油滴(または水滴)間の相互作用は常に引力である．
② 相互作用の強さは油滴間の距離に反比例して弱まるが，10 nm程度まで作用する．
③ 相互作用は油滴が大きいほど強まる．
④ 相互作用の強さは油滴および周囲の水相の物理的性質に依存する(Hamaker定数)．
⑤ 相互作用の強さは油／水界面の吸着層の厚さと組成に依存する．
⑥ 相互作用の強さは水中油滴型エマルションの電解質増加で減少する(静電スクリーニング)．

ファンデルワールス相互作用は，すべてのコロイド粒子間に働くので，常に考慮しておく必要がある．しかし，データ不足と，スクリーニングなど影響する要因が多いため，正確に計算することはきわめて難しい．ファンデルワールス力は比較的強く，遠方から働くので，エマルションは常に凝集する傾向を持つ．実際上多くのエマルションが凝集せずに安定を保つのは，ファンデルワールス力に打ち勝つ，種々の反発的な相互作用を利用しているためである．

## 3.4 静電相互作用

### 3.4.1 表面電荷の発生
多くの食品エマルションの油滴表面は電荷を持っている．これは，イオン性かイオン化しやすい乳化剤(蛋白質，界面活性剤，多糖類など)が，油滴に吸着しているためである．例えば，すべての蛋白質はカルボキシル基とアミノ基を持ち，水相のpHやイオン強度に応じてイオン化し，正または負に荷電する($-COOH \rightarrow COO^- + H^+$, $NH_2 + H^+ \rightarrow NH_3^+$)．アラビアガムや化工デンプンのように界面活性のある多糖類は，解離する酸性基を持ち，またイオン性界

面活性剤の親水基も荷電する．電荷の正負の符号と密度は，吸着する物質の種類と濃度，pH，イオン強度などの環境条件に依存する．エマルションの油滴の電荷は同じであり，これらの油滴が接近すれば斥力が働き，油滴の接近と凝集を阻害する．種々の塩類などのイオンは，食品エマルションの安定性に影響し，それらの役割の理解は食品技術者にとって重要である．

油滴の表面電荷に影響するイオンのタイプは，次の3種に分類できる．

① **電位決定イオン**：電荷を持った基が会合／解離を起こすタイプのイオンで，例えば，-COOH→-COO$^-$＋H$^+$の場合である．食品エマルションでは，最も重要な電位決定イオンはH$^+$とHO$^-$であり，これらが多くの蛋白質や多糖類の，酸基や塩基性基のイオン化を支配する．電位決定イオンの表面電荷に対する影響は，油滴周囲の溶液のpHによって定まる．

② **中性電解質イオン**：この類のイオンは，電荷を持った基の周囲に静電相互作用で集まる(例えば，Na$^+$イオンが負電荷をもつ-COO$^-$基の周囲に集まる)．中性電解質イオンは，荷電基の会合／解離を起こすよりは，静電スクリーニングによって荷電基の周囲の電場を弱める．イオン強度が高まると，ある種の中性電解質イオンは，荷電基のイオン化傾向を変化させる．これは，中性電解質イオンが油滴表面に吸着した荷電基の解離定数(p$K$値)を変化させるか，H$^+$，HO$^-$と競合する電位決定イオンに作用するためである(例えば，-COO$^-$＋Na$^+$→-COO$^-$Na$^+$)．中性電解質イオンの表面電荷への影響は，油滴周囲の溶液のイオン強度によって異なる．

③ **吸着イオン**：表面電荷は界面活性のあるイオンの吸着で変化する．食品エマルションで最も重要な界面活性イオンは，イオン性乳化剤で，界面活性剤，蛋白質，多糖類を含む．吸着イオンの表面電荷への影響は，イオンのタイプと濃度，および油滴界面への親和性に支配される．

### 3.4.2 表面付近のイオン分布

エマルション油滴間の静電相互作用を理解するには，荷電した表面に隣接したイオンの種々の構造を知る必要がある．荷電した表面が電解質溶液に接した場合，表面電荷と反対電荷の対イオンが引きつけられ，同電荷イオンは

## 3.4 静電相互作用

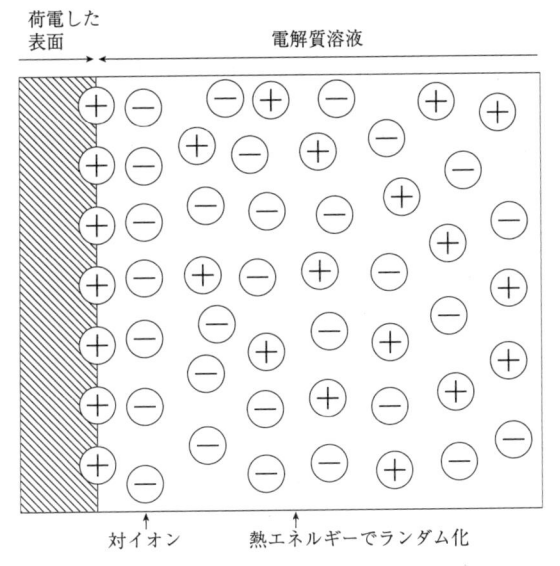

**図3.4** 荷電した表面付近のイオン分布

遠ざけられる．油滴表面近くのイオンは構造化の傾向があるが，熱エネルギーで無秩序化される．その結果，対イオン濃度は油滴表面で最大になり，表面から遠ざかるほど減少して溶液全体中の濃度まで下がる．一方，同種イオン濃度は表面で最低で，遠方ほど増加して溶液全体と同じ濃度になる．図3.4に模式的に示すように，荷電した粒子の表面は，対イオンの雲に囲まれた状態になっている．このように反対電荷が粒子を囲む状態を，電気二重層と呼んでいる．

　電荷を持った表面，それに接触する溶液の性質，表面にごく近い場所でのイオンの分布，これらの間の関係を知れば，エマルション油滴間の静電相互作用の強さが計算できる．表面電荷の濃度($\sigma$)は単位面積当たりの電荷の量であり，表面電位($\Psi_0$)は表面電荷をゼロから$\sigma$にまで高めるのに必要なエネルギーである．これらの大きさを決めるのは，表面に吸着した乳化剤の性質と濃度であり，また電解質溶液の性質(pH，イオン強度，温度)である．電解質溶液ではその誘電率と濃度，含まれるイオンの原子価が重要である．以上の要素を含めた表面付近の電位の計算は，Poisson-Boltzmann の式によって

行われる.

$$\frac{d^2 \Psi(x)}{dx^2} = -\frac{e}{\varepsilon_0 \varepsilon_R} \sum_i z_i n_{0i} \exp\left[\frac{-z_i e \Psi(x)}{kT}\right] \quad (3.6)$$

$n_{0i}$ は $i$ イオンの電解質溶液中の濃度(mol/m³), $z_i$ はその原子価, $e$ は単一プロトンの電荷, $\varepsilon_0$ は真空中の誘電率, $\varepsilon_R$ は溶液の比誘電率, $k$ はボルツマン定数, $\Psi(x)$ は荷電表面から $x$ の距離の電位である. この式の正確な計算はコンピューターで行える. しかし単純化を行えば, 表面電荷と対イオン間の静電引力が, 熱エネルギーに比べて弱い場合($z_i e \Psi_0 < kT$ で, $\Psi_0$ が室温の水中で 25 mV より低い場合)には, 次の Debye-Hückel の近似式が成り立つ.

$$\Psi(x) = \Psi_0 \exp(-\kappa x) \quad (3.7)$$

表面から $x$ の距離の電位は指数関数的に減少し, 減少率はデバイ(Debye)のスクリーニング長さ(デバイ長さ)と呼ばれる $\kappa^{-1}$ によって定まる. デバイ長さは次の式で表される.

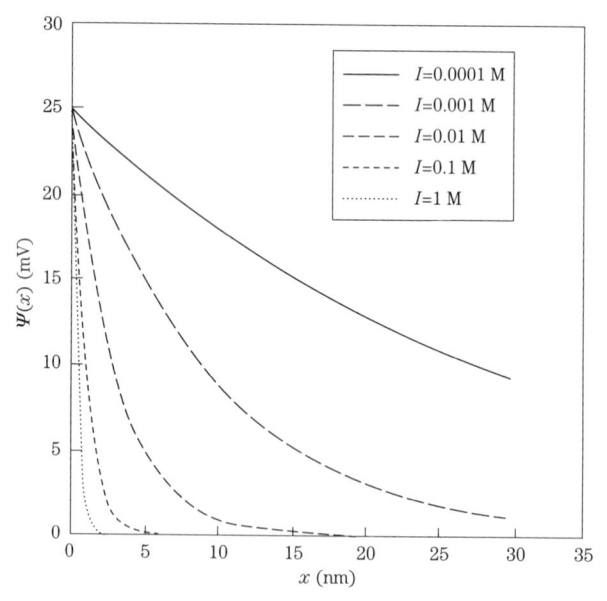

図3.5 荷電した表面付近の電場に対するイオン強度の影響
[参考書1, p. 52]
電気二重層はイオン性物質濃度の増加で縮小する.

$$\kappa^{-1} = \sqrt{\frac{\varepsilon_0 \varepsilon_R kT}{e^2 \sum n_{0i} z_i^2}} \tag{3.8}$$

 室温の水溶液では$\kappa^{-1}$は，ほぼ$0.304/\sqrt{I}$ nmであり，$I$はmol/Lのイオン強度である．例えば，NaCl水溶液のデバイ長さは，イオン強度が1M溶液で0.3 nm，100 mMで0.96 nm，10 mMで3 nm，1 mMで9.6 nm，0.1 mMで30.4 nmである．

 デバイ長さ$\kappa^{-1}$は電解質溶液の重要な性質で，荷電した油滴表面から電位$\Psi$が低下する様子を表す．$\kappa^{-1}$は電位$\Psi$が表面の値の$1/e$に減少する表面からの距離に相当する．この距離は，電解質溶液のイオン濃度と原子価によって変化しやすい．イオン濃度と原子価の増加で$\kappa^{-1}$は減少し，そのため図3.5に示すように，電位は距離につれて急速に低下する．表面に接する対イオン電荷の濃度が高まると，表面の近くで表面電荷が中和されるために，このような激しい変化が起こる．このような電解質溶液の影響は，後に説明するエマルションの安定性にとって重要である．

### 3.4.3 電荷を持った油滴間の静電相互作用

 食品エマルションの電荷を持った油滴は，デバイのスクリーニング長さ（デバイ長さ）で定まる厚さの対イオンの雲に囲まれる．類似する電荷を持つ2個の油滴が近づくと，対イオンの雲が重なり合い斥力の相互作用が起こる．この相互作用には2種の要素が作用する．一つは，種々の電荷を持った化学物質間に働く，引力と斥力の強さの変化に関連するエンタルピーであり，他は，油滴間の対イオンを狭い体積に押し込めるためのエントロピーの変化である．エントロピー要素は強い斥力であり，エンタルピー要素は弱い引力であって，相互作用の全体は斥力である．静電相互作用に主に貢献する要因はエントロピーであるから，温度の上昇でこの相互作用が強まることになる．

 表面電位が比較的低く（$\Psi_0 < 25$ mV），デバイ長さと表面間の距離が油滴の大きさよりかなり小さい場合（$\kappa^{-1} < r/10$，$h < r/10$：$h$は表面間の距離）は，類似する油滴間の対の静電ポテンシャルは次式で表される．

 一定の表面電位において

$$W_{\text{electrostatic}}^{\Psi}(h) = 2\pi\varepsilon_0\varepsilon_R r\Psi_0^2 \ln[1+\exp(-\kappa h)] \tag{3.9}$$

一定の表面電荷において

$$W^\sigma_{\text{electrostatic}}(h) = -2\pi\varepsilon_0\varepsilon_R r\Psi_0^2 \ln[1-\exp(-\kappa h)] \quad (3.10)$$

食品エマルションでは，最も小さい油滴の半径は 0.1 μm 程度であるから，この式は油滴間の距離がほぼ 10 nm 以下で，電解質溶液が 1 mM 以上の場合に用いることができる．

これまでは，油滴上の電荷はすべて均等に分布していると仮定してきた．しかし実際には，油滴のある部分が負に荷電し，別の部分が中性であったり，正に荷電することもあるだろう．このような場合，粒子間に引力が作用することもあり得る．

同様に荷電した2個の油滴が近づくと斥力が高まる．しかし，エマルション系によっては構造変化で斥力の程度が減少する場合があり，これを電荷調節という．構造変化は，例えば，イオン性乳化剤の吸着／脱着や，荷電基の会合や解離の場合で，油滴が接近すると斥力が通常値から変化する．

エマルション油滴を取り囲む水相の電解質濃度が低いと，対イオンは弱く，

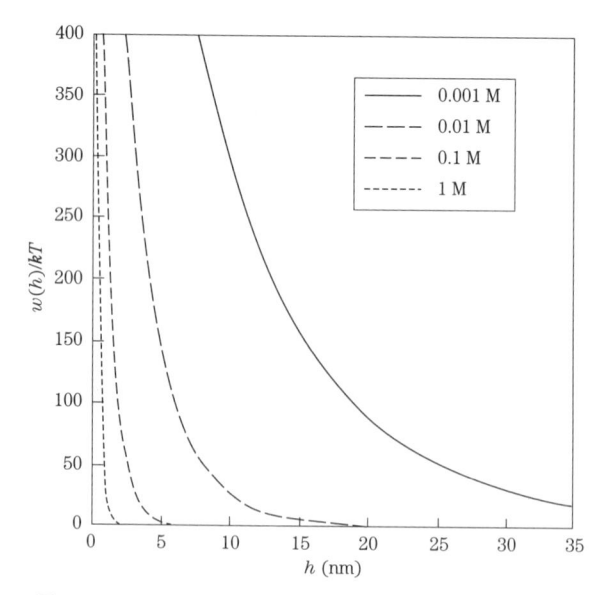

図 3.6 電解質濃度が高まると静電スクリーニングによって油滴間の静電斥力の大きさと距離が減少する．
[参考書1, p. 57]

表面電荷濃度と表面電位の関係は単純である．油滴表面の電荷濃度が一定であっても，電解質濃度が高まると静電スクリーニングによって，表面電位が弱められて油滴間の斥力は減少する．この関係を図3.6に示した．

**イオン間橋かけ**：食品エマルションの電荷を持った油滴間に，反対の電荷を持つ二価以上の金属イオン(Ca，Mg，Alなど)や，イオン性の多糖類，蛋白質が静電的に結合すると，油滴間に橋かけが起こる．高分子多糖類では，油滴が至近距離に接近しなくても結合が可能なので，特にイオン性の多糖類でこの傾向が顕著である(図3.7)．

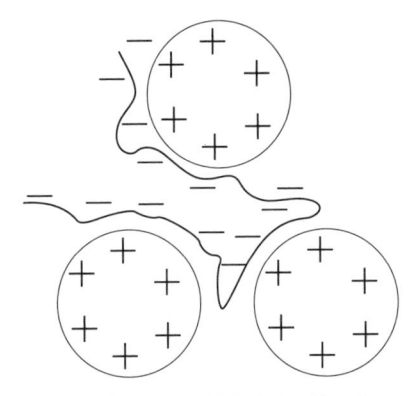

図3.7　多価イオン性高分子の橋かけによるエマルション油滴の凝集

## 3.4.4 静電相互作用のまとめ

① 静電相互作用は油滴の電荷の符号によって，斥力であったり引力であったりする．油滴の電荷が同じであれば斥力が働き，ほとんどのエマルションはこのケースである．

② 静電相互作用は油滴間の距離の増加で弱まり，水相の電解質濃度増加による静電スクリーニングのために，作用する距離が減少する．

③ 静電相互作用の大きさは油滴の大きさに比例する．

④ 相互作用の強さは油滴表面の電気的性質(面積当たりの乳化剤分子吸着量，その中でイオン化する基の数，$H^+$または$OH^-$など水相中の電位決定イオンの濃度)に依存する．

⑤ イオン性乳化剤の吸着／脱着，イオン化する基の会合と解離が起こる場合，油滴が接近すると，斥力は通常の値から変化する．

⑥ 水相に多価イオン分子がある場合は，イオン間の橋かけに留意すべきである．

以上の説明で，条件によっては静電相互作用の斥力は，ファンデルワー

ス相互作用の引力よりも強く，遠方から作用することが分かる．条件が整えば油滴の凝集を防ぎ，食品エマルションを安定化することができる．実際にこの現象は食品エマルションで利用されており，特に蛋白質で安定化したエマルションで効果は顕著である．食品エマルションの静電相互作用は，安定性以外に，物質の分配や化学反応など，食品の性質に多くの影響を与える．例えば，酪酸は揮発性であるが，静電相互作用でヘッドスペースとエマルション液との間で分配が起こる．また負に荷電したフレーバー物質は，正に荷電した油滴に結合し，揮発が抑制される．脂質の過酸化は，水相中の鉄などの多価イオンで促進される．この場合，油滴の表面が負に荷電していれば，鉄は油滴に付着し油脂の酸化が促進される．このように，食品エマルションにおける静電相互作用の知識は，食品科学者と技術者にとって重要である．

## 3.5 高分子の立体相互作用

### 3.5.1 蛋白質などの高分子乳化剤

ファンデルワールス相互作用は，常にエマルション油滴間に作用し，油滴が接近した場合に強い斥力が働かない限り凝集が起こる．油滴が十分な電荷を持った乳化剤分子を吸着していれば，静電相互作用の反発力によって凝集が避けられる．一方，電荷を持たない乳化剤で作られた多くのエマルションが，凝集せずに安定を保つことが知られており，ここでは上記とは異なる斥力が安定化に寄与している．これらの中で最も重要なものは，油／水界面に吸着する蛋白質などの高分子乳化剤による，立体安定化相互作用である．油滴の凝集が防がれるのは，立体相互作用の強さと作用範囲が，ファンデルワールス相互作用などの引力に打ち勝つためである．

食品工業で用いられる乳化剤には，低分子の界面活性剤と高分子の乳化剤がある．低分子の界面活性剤には，ポリグリセリンやショ糖などを親水基にする親水性乳化剤がある．一方，多くの食品エマルションには，高分子乳化剤の各種の蛋白質，ポリペプチド，多糖類が用いられる．これらのうちで乳化作用を有する高分子が，油／水界面でどのような配置をとるかは，高分子の濃度，構造，電荷などに依存する．エマルションの安定化に，どのような

## 3.5 高分子の立体相互作用

高分子乳化剤を利用するかは，食品技術者にとって重要課題である．

界面に吸着した乳化剤系は，その自由エネルギーを最小化するような立体配置構造をとる．実用的には，エマルションの界面で立体配置を支配する因子は，疎水性相互作用である．この作用の原因は，分子がその極性基と非極性基の接近を，最小にする分子配列をとる傾向をもつことによっている．そこで低分子の界面活性剤は炭化水素鎖を油相に，親水基の頭部を水相に出して配列する．カゼインのような柔軟性のある蛋白質は，主に疎水性アミノ酸の配列部分を油相に，親水性アミノ酸の配列部分を水相に出して配列する．ペプチド鎖の末端はテール（尾部），環状部分はループと称し，油相または水相に突きだし，中性部分はトレーンと称して界面に平行する．ホエー蛋白質のような球状蛋白質が界面に吸着すると，蛋白質の疎水性部分を可能な限り油相に付着させて配列する．蛋白質の吸着では，界面の環境に応じて分子の形態が変化する．多糖類など他の高分子乳化剤についても類似する現象が起こり，これらの変形には一定の時間を要する．以上の吸着現象を模式的に図

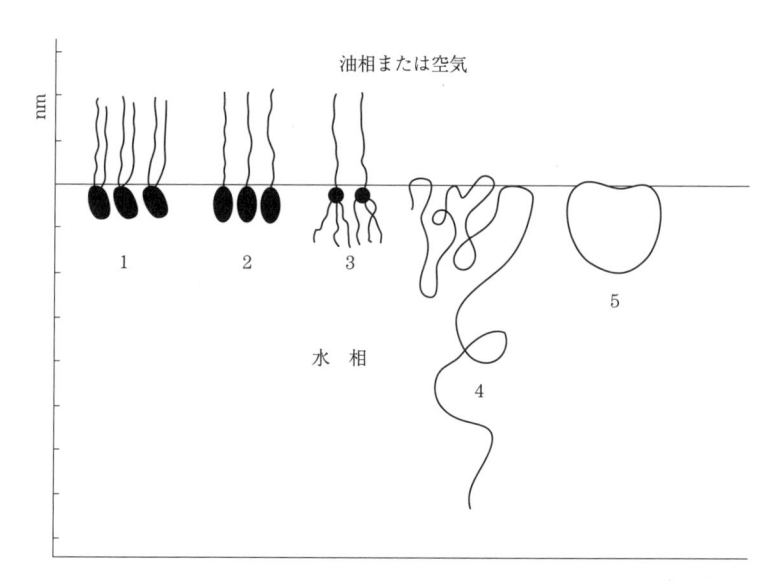

**図3.8** 油／水界面での界面活性物質の吸着模式図
1：レシチン，2：リゾレシチン，3：Tween，4：フレキシブルな蛋白質，5：球状蛋白質．
目盛りは1 nmであるが，各分子はおよそその大きさである．

3.8 に示した.

### 3.5.2 油滴間の対のポテンシャル

高分子の立体相互作用は，油滴に吸着した分子が重なるほどの距離で始まる．この関係は便宜的に二つの貢献要素，吸着分子の押し合いによる弾性部分と，分子の混ざり合いによる混合部分に分けて次式で示される．

$$w_{\text{steric}}(h) = w_{\text{elastic}}(h) + w_{\text{mix}}(h) \tag{3.11}$$

油滴に吸着した高分子膜が圧縮されないで，互いに混ざり合うとすると，相互作用は高分子の混合に起因する．しかし，この現象はファンデルワールス相互作用や静電相互作用のように，十分解析されていない．高分子の形態，吸着濃度，分子間の相互作用などによって，油滴間の相互作用が変化しやすいためである．安定なモデル系については理論式が出されているが，この相互作用に影響する主な要素は，高分子に対する溶媒効果，つまり溶媒である水との親和性である．

油滴の吸着高分子層が混じり合わずに互いに圧縮すると，相互作用は弾性に起因する．圧縮によって分子集団の体積が減り，立体構造エントロピーが減少し，再び拡大しようとするので斥力が働く．弾性による相互作用の大きさを計算することは，高分子の立体構造の変化が大きいので事実上困難である．しかし，次の経験的な関係式((3.12)式)が提唱されている．

$$\begin{aligned} w_{\text{elastic}}(h) &= 0.77 E \left( \frac{1}{2}\delta - \frac{1}{2}h' \right)^{5/2} (r+\delta) & (h' < \delta) \\ w_{\text{elastic}}(h) &= 0 & (h' \geq \delta) \end{aligned} \tag{3.12}$$

ここで，$E$ は吸着層の弾性率，$\delta$ は吸着層の厚さ，$h'$ は表面間の距離である．この式は，油滴間の距離が乳化剤層の厚さより大きいと，相互作用が無視できるほど小さいことを示し，$h'$ がゼロに近づくと反発エネルギーが急増する．$E$ の大きさは，界面の濃度に相当する高分子乳化剤溶液やゲルによって，近似的に測定することができ，また吸着層表面の弾性率は，種々の表面力測定装置で求めることもできる．

### 3.5.3 高分子の立体相互作用の性質と高分子乳化剤

エマルション油滴間の立体相互作用は，裸の油滴表面間の距離($h$)と吸着高分子層の厚み($\delta$)との関連で，3種の形態に区分される．

① 相互作用のない場合($h \geqq 2\delta$)：油滴の距離が大きいと高分子層は重ならないので，相互作用は起こらない．

② 相互侵入のある場合($\delta \leqq h < 2\delta$)：油滴が十分に接近して高分子吸着層が侵入し合うと混合による相互作用が起こる．この場合，溶媒の性質によっては，斥力であったり，引力が働いたりする．

③ 相互侵入と圧縮の場合($h < \delta$)：油滴が十分に近づいて高分子層が互いに圧縮し始めると，立体相互作用は，主として弾性による反発と一部は混合の作用で起こり，全体としては斥力が作用する．

相互侵入か圧縮であるかは，高分子の性質に依存する．カゼインや多糖類のように柔軟性のある生体高分子では相互侵入が起こり，小形の球状蛋白質では相互侵入よりも圧縮が起こりやすい．

図3.9に模式的に示すように，エマルションを安定化させるために，有効な立体相互作用を得る高分子乳化剤は，次の物理・化学的性質を持つ必要がある．

第一に，油滴の表面に強固に結合するセグメント(特定の性質をもった分子の配列)があって，高分子を表面に固定し，他のセグメントは水相中に伸びて油滴が接近するのを防ぐ．このことは乳化剤が両親媒性で，疎水性のセグメントで油相に侵入して脱着が起こらず，親水性セグメントは水相に十分伸

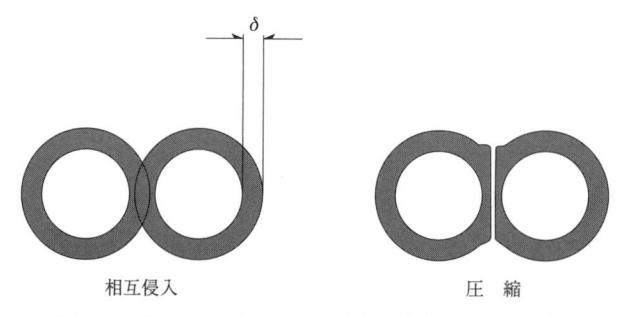

相互侵入　　　　　圧　縮

**図3.9** 立体相互作用で高分子吸着層($\delta$)に相互侵入による斥力が作用する場合と，圧縮による斥力が働く場合

びることを意味する．

　第二に，油滴を取り囲む連続相の溶媒効果が，セグメントに対して良好であれば，セグメントは溶媒中に伸び，混合による相互作用が強い斥力を示す．

　第三に，立体相互作用が作用する距離で，ファンデルワールス相互作用の引力に，十分匹敵する斥力である必要がある．電荷のない高分子であり厚い層を作る化工デンプンなどは，等電点状態の小形の球状蛋白質より，はるかに強いエマルション安定効果を持つ．油滴表面の吸着高分子濃度は十分に高いことが必要で，もし低濃度であると，高分子が隣接する油滴の双方に橋かけを起こし，凝集など不安定化の原因になる．蛋白質など多くの生体高分子乳化剤は電荷を持っており，この場合は静電および立体相互作用の斥力が働いて，エマルションの安定性が保たれる．

### 3.5.4　高分子立体安定化のまとめ

① 油滴間の距離が短ければ($h<\delta$)常に強い斥力が働く．しかし，水相のセグメントに対する溶媒効果に依存して，中間距離($\delta<h<2\delta$)では引力または斥力が働く．
② 相互作用の距離範囲は吸着層の厚さに比例する．
③ 相互作用の強さは油滴の大きさに比例する．
④ 相互作用の強さは，吸着した高分子乳化剤の分子構造に依存するので，多様な高分子乳化剤に対しては，初歩的理論で予測することができない．

　高分子立体相互作用の利用は，食品エマルションの最も一般的で重要な安定化法である．この相互作用は静電相互作用と異なり，大部分の乳化剤は高分子であるため，蛋白質を含むすべての食品エマルションで起こる．立体相互作用だけで安定化する食品エマルションもあり，また立体および静電相互作用の組合せで安定化するものもある．そこで，どの手段を用いてエマルションを安定化すべきかを，食品技術者が選定する必要がある．考慮すべき重要な特性は，pHとイオン強度の影響の差異である．エマルション油滴間の静電斥力は，pHや電解質濃度の影響によって，油滴表面の電荷減少やスクリーニングが起こり急激に衰える．一方，立体斥力は，pHや電解質の影響をほとんど受けない．他の大きな安定化要素との比較では，ファンデルワー

**表 3.1** 高分子立体相互作用と静電相互作用による食品エマルション安定化の比較

|  | 高分子立体安定化 | 静電安定化 |
| --- | --- | --- |
| pH | pH の影響を受けにくい. | pH に影響される, 高分子の等電点付近で凝集を起こす. |
| 電解質 | 電解質の影響を受けにくい. | 電解質濃度増加で凝集しやすくなる. |
| 乳化剤 | 多量の乳化剤が油滴の被覆に必要. | 乳化剤の量は比較的少量でよい. |
| 凝 集 | 弱いフロック凝集を起こすが可逆的. | 強いフロック凝集を起こし, 不可逆的. |
| 冷 凍 | 凍結／融解安定性あり. | 凍結／融解安定性が弱い. |

ルス引力に比べて, 近距離の静電斥力は弱いのが普通であり, 逆に立体斥力は近距離で強まる. このことはエマルションの凝集に関して, 静電斥力は熱力学的に不安定であり, 立体的に安定化した系は, 吸着層が分厚い限り熱力学的に安定であることを意味する. 高分子立体相互作用と静電相互作用の特色を表 3.1 に比較した[8].

立体的安定化のためには, 静電的安定化よりもより多量の乳化剤が必要である. 例えば, 油分 20% で粒子径 1 μm の水中油滴型エマルションの安定化には, 5% 以上の化工デンプンが必要であるが, ホエー蛋白質では 0.5% で同じ系の安定化が可能である.

## 3.6 枯渇(離液)相互作用

食品エマルションには多くの場合, 水相に界面活性剤ミセル, 蛋白質, 多糖類など, 小形のコロイド粒子を含んでいる. これらのコロイド粒子と油滴との間には引力の相互作用があり, しばしばエマルション不安定化の原因になる. この相互作用は図 3.10 に示すように, 油滴の外側を囲む狭い領域から, コロイド粒子を排除する(枯渇する)作用である. この狭い領域は, 油滴表面からコロイド粒子の半径($r_c$)にほぼ等しい距離の範囲である. この枯渇領域ではコロイド粒子の濃度は実際上ゼロであり, 周囲の連続相では一定の

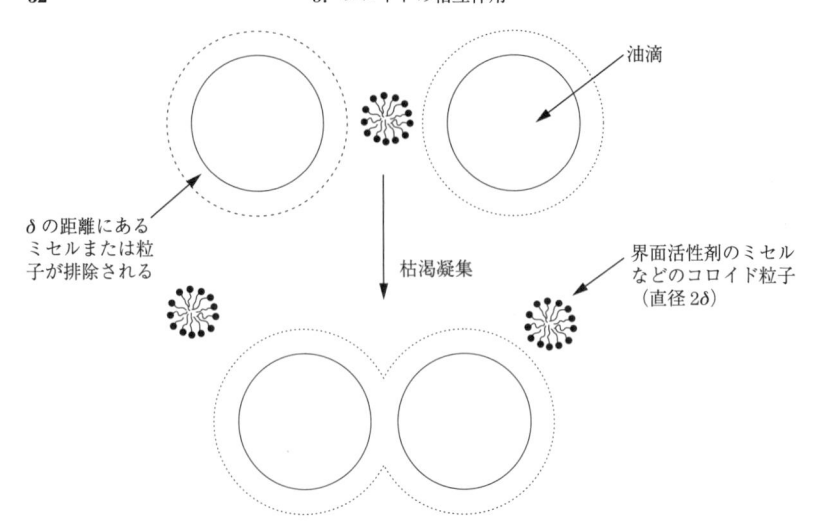

**図 3.10** 枯渇凝集の原理. 油滴が小形の非吸着コロイド粒子(例えば界面活性剤ミセル)に囲まれている場合に枯渇凝集が起こりやすい.

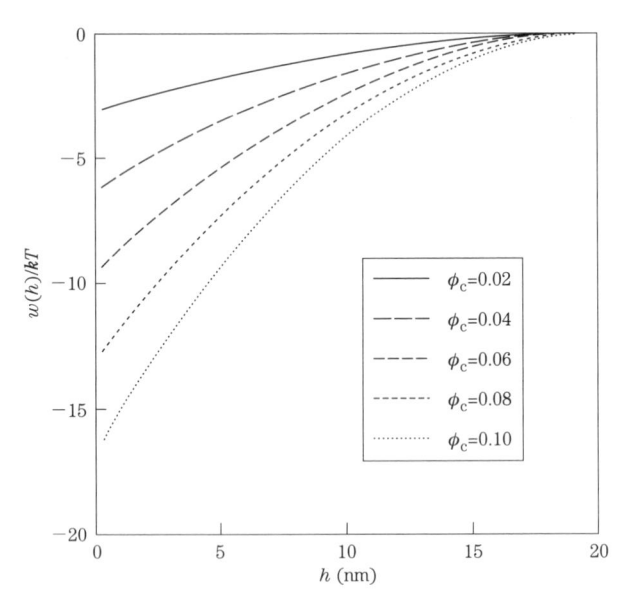

**図 3.11** コロイド粒子(例えばミセル)の体積分率($\phi_c$)が変化した場合の半径 1 μm の油滴間に働く枯渇相互作用の大きさ. ただし, ミセル半径を 10 nm とする.
[参考書 1, p. 67]

濃度がある．結果として，枯渇領域と外側の連続相の間に，浸透圧ポテンシャルの差異が起こる．そこで，枯渇領域の溶媒分子(水分子)が隣接するバルク溶液(一体としての溶液)に移動して，移動先のコロイド濃度を下げようとする．この作用の結果は，2個の油滴が凝集して枯渇領域の体積を減らし，油滴間に引力が働くことになる．このように浸透圧による油滴凝集の促進が起こる．

図3.11はコロイド粒子の体積分率が変化した場合の，エマルション油滴間の枯渇相互作用に及ぼす影響を示す(油滴およびコロイド粒子の半径が，それぞれ1 μmおよび10 nmの場合)．

枯渇相互作用は連続相のコロイドの濃度に依存して強まり，油滴が大きいほど増大する．浸透圧の影響はコロイド粒子の数に依存するので，この相互作用の強さはコロイド粒子が細かくなるほど増加する．また，相互作用の及ぶ距離は大形のコロイド粒子ほど長くなる．

枯渇相互作用は，エマルション水相のpHやイオン強度に影響されないかに見える．しかし，pHやイオン強度は，生体高分子であるコロイドの電荷に影響し，粒子間の相互作用，大きさなどの形態にも影響する．このため，バルク溶液のpHやイオン強度は枯渇相互作用に影響するが，水相の溶質が非イオン性であればほとんど影響しない．

## 3.7 疎水性相互作用

一般に疎水性相互作用の食品系への影響は大きい．この作用によって，蛋白質は一定の立体構造をとり，界面活性剤はミセルを形成し，また界面に吸着する．コロイド粒子間の相互作用の中で，エマルション安定性に対する疎水性相互作用の影響は大きい．例えば，蛋白質で安定化したエマルションでは，表面に疎水性部分があると，油滴のフロック凝集を促進する[9-11]．疎水性相互作用の影響は，油滴表面がなんらかの疎水性(非極性)をもつ場合に起こる．表面が乳化剤で完全に覆われていない場合(ホモジナイズでの乳化剤不足など)と，蛋白質など乳化剤の疎水性部分が水相に露出している場合である．疎水性相互作用の原因は，水の分子相互間には比較的強い水素結合があ

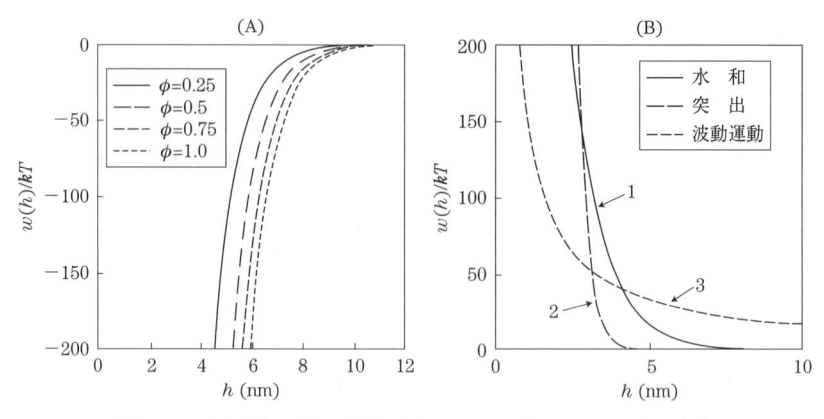

**図3.12** 疎水性相互作用(A)と水和, 突出, 波動運動相互作用(B)
[参考書1, p. 69, 70]

A：疎水性相互作用は引力で, 油滴表面が疎水性の場合に起こる. 油滴表面の疎水性部分の増大によって油滴間の引力が強まる. $\phi$は油滴表面の疎水性部分の全表面に対する分率.

B：(1) 水和基をもつ食品乳化剤間の相互作用. (2) 突出相互作用は低分子乳化剤の界面での脱着と吸着が油滴の接近で制限されて起こる. (3) 波動運動相互作用は界面の接近で運動が制約されて起こる.

るが, 水が非極性の分子とは結合しないことによる. 非極性物質と水は熱力学的に反発しあうため, 両者は接触面積を最小化しようとするので, 疎水性部分だけが集合する. 水中に分散した粒子に疎水性領域があると, その間に比較的強い引力を生じ, 食品エマルションにも影響が起こる.

過去に疎水性相互作用が軽視された理由は, それに対する定量的な理論がなかったためである. 最近の研究手段の発達で, 疎水性油滴表面間の対のポテンシャルに関する理論式が作られた[12]. また実験結果によると, 疎水性相互作用は比較的強く遠方から作用し, 表面間の距離減少によって指数的に増大する(図3.12-A参照). この相互作用は, 表面の疎水性, 界面張力, 油滴径, 油相体積分率に比例し, 温度上昇で強まる. 裸の非極性表面では, 疎水性による引力は80 nmの距離までファンデルワールス引力より大きいという実験結果がある[6].

疎水性表面が, 低分子乳化剤や蛋白質など両親媒性物質で覆われると, 全体としての引力はファンデルワールス力だけになる. しかし, 被覆が不完全であったり, 変性などで蛋白質の疎水性部分が水相に露出していると, 疎水

性相互作用が起こる．疎水性相互作用は高温で強まり，界面張力に比例するので，エマルションの加熱中に界面張力が増加するなどの変化があれば，安定性が損なわれる．エマルション水相にアルコールを少量添加すると，界面張力が低下し，疎水性相互作用が弱まる．

## 3.8 水和による相互作用

　水和相互作用は双極子やイオン性基の周囲で，水分子が構造を作るために起こる．大部分の食品乳化剤は，-OH, -COO⁻, -NH₃⁺など，水和する双極子またはイオン性基を持っており，あるものは水和したイオンと結合する(-COO⁻＋Na⁺→-COO⁻Na⁺)．2個の油滴が接近すると，極性基とそのごく近くの水分子間の結合は乱され，このために斥力が働く．水和相互作用の強さと範囲は，極性基と水分子間の結合の数と強さに依存し，水和の程度が大きいほど，斥力が大きく遠方まで作用する．油滴の接近で起こる相互作用は多いので，水和相互作用だけを実験的に求めることは難しい．研究の結果，水和相互作用は短距離で作用し，長距離では指数的に減少するが[6]，これが多くの相互作用エネルギーに，重要な影響を持つことは広く認められている．

　電解質濃度が高いと，油滴表面に吸着したイオン性基は，水和したイオンを表面に結合しやすくなる．これらのイオンは大量の水和水を持っており，強い斥力の水和相互作用を起こす．イオン半径と原子価はイオンの水和量を左右するので，イオンの結合はこれらの因子に依存する．半径が小さく原子価の高いイオンは，密に結合した水分子の厚い層で囲まれるため，表面に吸着するには水和層が除かれる必要があるので，油滴面への結合が弱い．イオンの水吸着力は一般に離液順列で表され，水和性の順に，一価カチオンではK⁺＞Na⁺＞Li⁺，アニオンではI⁻＞NO₃⁻＞Br⁻＞Cl⁻＞酢酸＞酒石酸＞クエン酸の順である．一旦イオンが表面に結合すると，油滴間に斥力を起こす水和相互作用は，イオンの水和に比例して高まる．この原因は油滴が近づいた場合に，表面に結合したイオンからの脱水和には，さらに大きなエネルギーを要するためである．したがって油滴間では，離液順列の下位(水和の少ない)イオンが，最も大きな水和相互作用を示す．このように，水相中のイオンの

種類と濃度を変えることで，水和相互作用を調節することができる．

水和相互作用は時に十分に油滴の凝集を防ぐことができる．水中油滴型エマルションは電解質濃度が高いと，静電スクリーニングによってフロック凝集を起こすが，逆に特定のイオンの結合で安定化することができる．電解質イオンは $H^+$ と $OH^-$ が競合するので，この効果は pH に依存する．例えば，比較的 pH が高く電解質濃度が 10 mM 以上と高めであると，$Na^+$ は負に荷電した表面基に吸着し，水和相互作用によって油滴の凝集を防ぐが，pH が下がると，$Na^+$ は高濃度の $H^+$ イオンによって置換され油滴は凝集する．

温度の上昇で極性基の水和は急速に減少するので，水和相互作用の強さは温度上昇で弱まる．水和相互作用は油滴表面の親水基の性質に依存し，また水相中のイオンの種類と濃度に依存して変化する．非イオン界面活性剤は pH とイオン強度に鈍感であり，一般に強く水和したイオンと結合しない(図 3.12-B 参照)．

## 3.9　熱波動相互作用

エマルションを覆う界面膜にはかなりの運動性がある．特に界面が低分子の界面活性剤を含むときは，分子の折れ曲がりエネルギーは系の熱エネルギーより小さいので，波動運動を起こしやすい．加えて界面活性剤分子は，常にねじれたり回転して，界面とバルク溶液(一体としての溶液)間で出入りを繰り返す．運動している界面同士が接近すると，エントロピーの閉じこめ現象による反発で，熱波動変化の相互作用が起こる．エマルションに起こるこの作用で，重要なものは突出運動と波動運動である．

界面に吸着した界面活性剤分子は，バルク水相内の界面活性剤分子と，絶えず入れ替わり出入りしている．**突出相互作用**は，低分子の界面活性剤を含む界面が接近した場合，界面活性剤分子の出入りが他の油滴の界面によって制限され，この状態がエントロピーに逆らうために起こる．この斥力の大きさは，界面活性剤が界面から突出できる距離に依存し，界面活性剤の分子構造に関連する．

**波動運動相互作用**は短距離で作用する斥力で，界面が波動運動する油滴が

## 3.9 熱波動相互作用

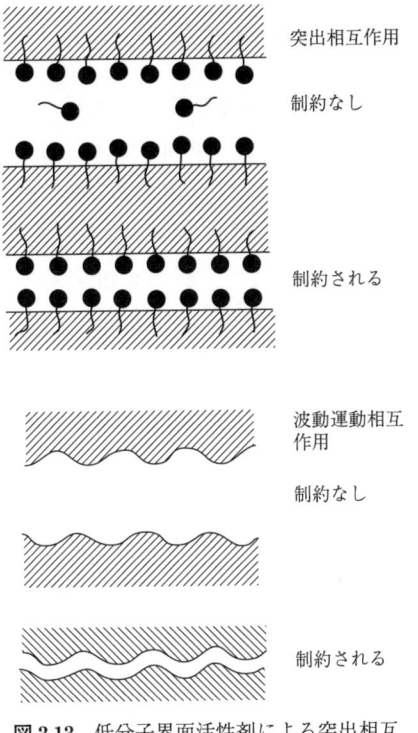

**図3.13** 低分子界面活性剤による突出相互作用と界面の波動運動相互作用

互いに接近したとき，他の界面の存在で運動が制約されて，エントロピーに逆らうために起こる．この作用の大きさは波動の振幅に依存する．これらの相互作用の原因を，模式的に図3.13に示した．

　界面の運動性は温度上昇で高まるので，双方の熱波動相互作用は温度によって強まる．しかし，温度上昇で極性基の水和は減少するので作用は相殺される．熱波動相互作用は，生体高分子乳化剤によるエマルションよりも，低分子界面活性剤で作られたエマルションの方がはるかに重要である．この作用は油滴の至近距離で作用するので，エマルションのフロック凝集の防止には役立たないが，油滴の合一防止にはかなりの役割を持つと考えられている．

　図3.12-B は油滴間に働く上記の水和相互作用，熱波動(突出，波動)相互作用の距離とポテンシャル変化を示している．

## 3.10 全体としての相互作用ポテンシャル

油滴間に作用する全体としての対のポテンシャル($w_{Total}(h)$)は，以上に述べた種々の引力と斥力のポテンシャルの和である．それらは，ファンデルワールス，静電，立体，枯渇，疎水性，水和および熱波動の相互作用である．しかし，特定の食品エマルションに対して，これらのすべての相互作用が，同じ重要度で作用するわけではなく，2～3の相互作用が全体を支配することが多い．例えば，ファンデルワールス相互作用と静電相互作用の組合せがDLVO理論である．

表3.2は食品エマルションに作用する，重要な相互作用の特徴をまとめたものである．

### 3.10.1 ファンデルワールスおよび静電相互作用

この関係は，電荷で安定化されたエマルションについて，以前から説明されてきたDLVO理論である．DLVOとは，この理論の成立に貢献した4人の科学者(Derjaguin, Landau, Verwey, Overbeek)の名前の頭文字を並べたものである．この理論では，対のエマルション油滴間の相互作用が，ファンデルワールス引力と静電斥力の和によるとした．この関係は図3.14に示したように，遠方では相互作用が無視できるが，ある程度近づくとファンデルワールス力が支配して引力が働き，第二の極小点をを示す．このポテンシャルが，

表3.2 エマルション油滴間に働く種々のコロイド相互作用の特徴(まとめ)

| 相互作用 | 引力/斥力 | 強さ | 範囲 | pHの影響 | イオン強度の影響 | 温度の影響 |
|---|---|---|---|---|---|---|
| ファンデルワールス | 引力 | 強 | 長 | 無 | 縮小 | 減少 |
| 静電 | 斥力 | 弱→強 | 短→長 | 有 | 縮小 | 増加 |
| 立体 混合 | 引力または斥力 | 弱→強 | 短 | 系依存 | 系依存 | 系依存 |
| 弾性 | 斥力 | 強 | 短 | 系依存 | 系依存 | 増加 |
| 枯渇 | 引力 | 弱→強 | 短 | 系依存 | 系依存 | 増加 |
| 疎水性 | 引力 | 強 | 長 | 無 | 有 | 増加 |
| 水和 | 斥力 | 強 | 短→長 | 間接的 | 間接的 | 減少 |
| 熱波動 | 斥力 | 強 | 短 | 間接的 | 無 | 増加 |

[参考書1, p. 75より作成]

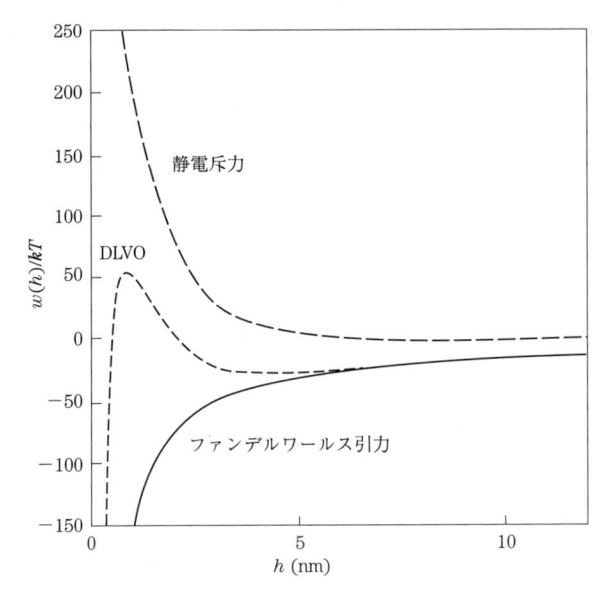

## 3.10 全体としての相互作用ポテンシャル

**図 3.14** 静電的に安定化された油滴間の対のポテンシャル（DLVO 理論）．ここでは相互作用が静電斥力とファンデルワールス引力だけと考えている．[参考書 1, p. 75]

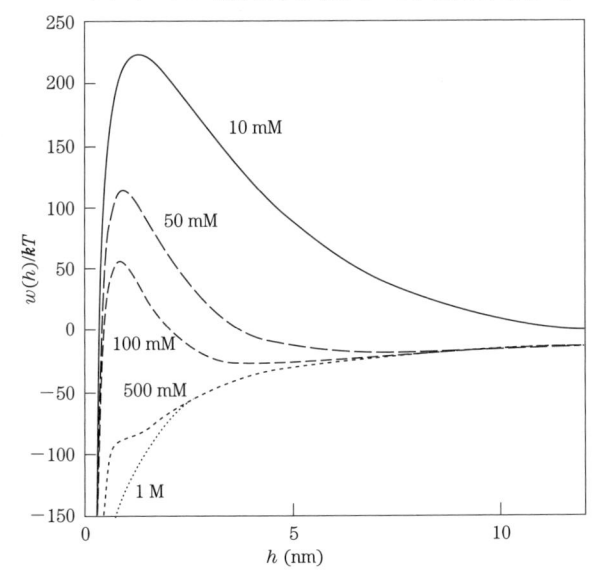

**図 3.15** エマルション油滴の凝集は，水相のイオン強度の増加によるスクリーニング効果で促進される．[参考書 1, p. 76]

熱エネルギー $kT$ より十分大きければ，油滴はフロック凝集するし，大差なければ凝集しない．さらに油滴が近づくと，静電斥力が支配的になりエネルギー障壁ができる．この障壁が熱エネルギーより十分に大きければ，それ以上の油滴接近が防がれて，強い引力の第一の極小による凝集と合一が避けられる(図 3.14)．

静電相互作用で安定化されたエマルションは，特に水相のイオン強度とpH 変化の影響を受けやすい．電解質濃度が低いとエネルギー障壁は大きく，油滴の凝集と合一が避けられるが，電解質濃度の増加で静電スクリーニングが進み，エネルギー障壁が減少して，エマルション安定性が失われる(図 3.15)．また蛋白質で安定化したエマルションでは，pH が蛋白質の等電点に近づくと電荷が失われ，エマルションは凝集し不安定化する[10]．

### 3.10.2 ファンデルワールス，静電および立体相互作用

DLVO 理論の欠点は，油滴がごく短距離に近づいた場合の斥力(高分子立体，水和，熱波動)の相互作用を考慮しないことである．そこでこの理論では，至近距離の油滴は凝集・合一することになっている．しかし，実際には多くのエマルションが，静電相互作用と，短距離で作用する相互作用で安定化されている．

ここで DLVO 理論の改良に，高分子立体相互作用を加えてみると，図 3.16 に示すようになる．この図と図 3.14 を比較すると，立体相互作用が加わった場合には，至近距離では油滴は強い斥力によって，フロック凝集することはあっても，合一は起こらないことが分かる．また吸着した乳化剤の層が，生体高分子のように厚いほど，ファンデルワールス相互作用に影響し，遠方から斥力が作用する．

実際の例として，蛋白質によって安定化されたエマルションでは，油滴間のポテンシャルは図 3.16 のようになる．油滴の電荷が大きいほど，またデバイ長さが十分大きいほど，エマルションの凝集は起こりにくい．一方，pH が蛋白質の等電点に近づき水相のイオン強度が高まると，ファンデルワールス相互作用が系を支配するが，至近距離で立体斥力が働くため合一は起こらない．

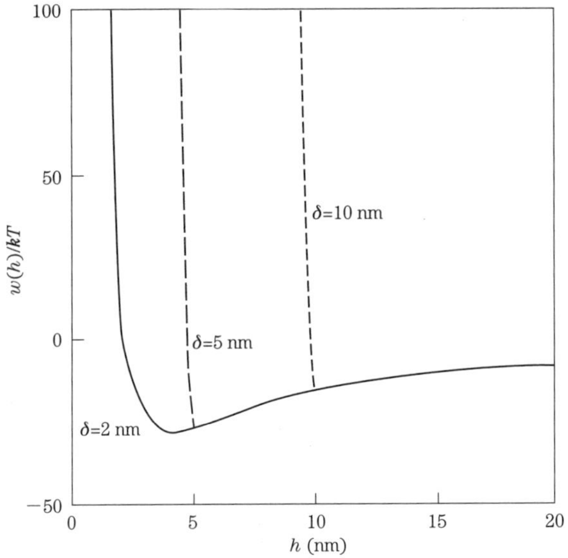


**図 3.16** 静電的に安定化された半径 1 μm，イオン強度＝0.1 M のエマルション油滴に，厚さ $\delta$＝5 nm および 10 nm の吸着乳化剤がある場合の立体斥力［参考書 1, p. 77］

### 3.10.3 ファンデルワールスおよび立体相互作用

エマルションの油滴が電荷を持たなくても，幾つかの短距離での斥力によって，凝集に対して安定なものがある．この種のエマルションには，ポリグリセリンやポリオキシエチレンを親水基にもった，非イオン性の界面活性剤(乳化剤)の例がある．便宜上，ファンデルワールス相互作用と，高分子立体相互作用だけを取り上げると，油滴間の距離および吸着層の厚さと，ポテンシャルの関係は図 3.17 のようになる．油滴が近づくとファンデルワールス引力が作用するが，さらに近づいて吸着層が重なると，高分子立体相互作用による強い斥力が作用する．吸着層の厚みの前にはポテンシャルの極小値があり，油滴はこの位置に存在しやすい．極小値の深さが系の熱エネルギーを超えると，油滴は凝集するかまたは離れる．吸着層の厚さが増加すると，極小値の位置は遠方になり深さが減少し，吸着層が十分に厚いと，油滴は凝集

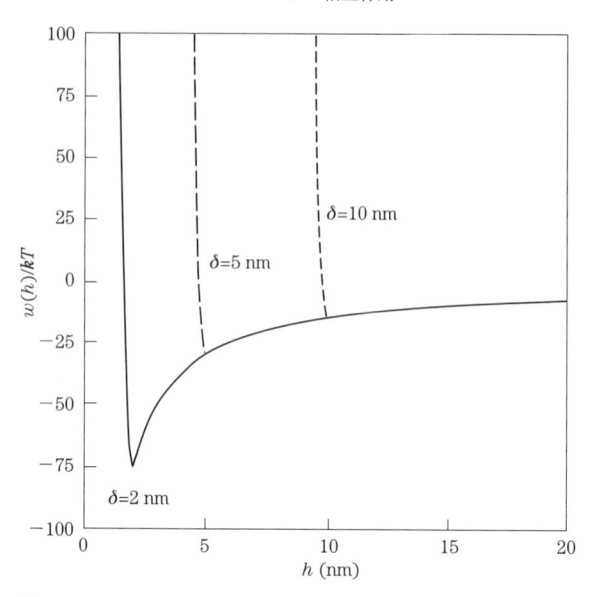

**図 3.17** 電荷のない油滴間に作用する厚さ 5 nm および 10 nm の吸着乳化剤の立体斥力. $\delta$ が大きいほど遠方で斥力が働く. [参考書 1, p. 78]

を起こさなくなる. 電荷を持たない高分子の多糖類では, フロック凝集を起こさない場合が生じるが, 電荷を持たない蛋白質では吸着層が薄く, 合一は防げてもフロック凝集は防げない.

### 3.10.4 ファンデルワールス, 静電および疎水性相互作用

多くの食品エマルションの油滴表面は, 製造や貯蔵, 消費の過程で, 部分的に疎水性になることがある. 典型的な例は, ホエー蛋白質で安定化されたエマルションが, 65℃ 以上に加熱されると, ホエー蛋白質分子は熱変性でアンフォールディングし, 分子内部の疎水性アミノ酸群が表面に露出する. このようなエマルション系では, 油滴間のファンデルワールス, 静電および疎水性相互作用のポテンシャルと, 距離の関係は図 3.18 のようになる. ここで $\phi$ は, 油滴表面の疎水性部分の全表面に対する分率であり, $\phi=0$ の場合はポテンシャルの和は図 3.14 と同じになる. 油滴表面の疎水性が高まると, エネルギー障壁が低くなり, エマルションは凝集する[12].

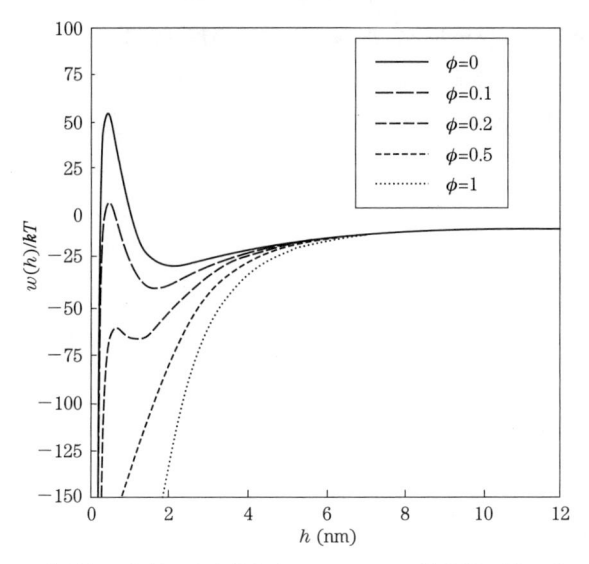

## 3.10 全体としての相互作用ポテンシャル

**図 3.18** 静電相互作用で安定化したエマルション油滴間の対のポテンシャルに対する $\phi$ の影響(油滴半径=1 μm, イオン強度=0.1 M) [参考書 1, p. 79]

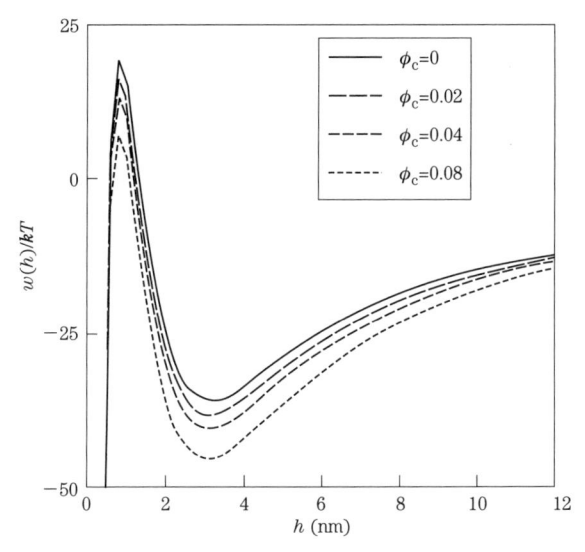

**図 3.19** 静電的に安定化したエマルションの対のポテンシャルに対する枯渇相互作用の影響. コロイド粒子の体積分率($\phi_c$)の増加で第二の極小が深くなり, 枯渇凝集が促進される. [参考書 1, p. 80]

### 3.10.5 ファンデルワールス,静電および枯渇相互作用

枯渇相互作用は,比較的多量の小形のコロイド粒子(界面活性剤ミセル,生体高分子など)を,エマルションの水相に含む場合に重要である[3]。油滴間の対のポテンシャルと距離の関係を図3.19に示した.コロイド粒子の濃度が低ければ,エネルギー障壁は比較的高く,ファンデルワールス力による凝集・合一を起こしにくい.しかしコロイド粒子濃度の増加で,第二の極小が深くなって油滴間の引力が増加し,またエネルギー障壁も低下するので,第一の極小値に落ち込み,強い凝集か合一が起こりやすくなる.このように,界面活性剤や生体高分子などが一定濃度を超えると,油滴間の枯渇凝集を促進するので注意が必要である[13].

## 3.11 食品エマルション中のコロイド相互作用の予測

食品エマルションの油滴間には,種々の引力と斥力の相互作用が起こる.以上に述べた知識から,特定のエマルションの安定性について,およその見当をつけることはできるだろう.しかし実際のエマルションでは,安定性の定量的な予測はきわめて困難である.その理由は,モデル系とは異なり,エマルションが無数の異なった油滴を含んでおり,さらに多様なコロイド成分と溶質を含むためである.これら成分相互間の相互作用は定量化できないし,多くの物理化学的パラメーターも分かっていない.また食品系は一般に熱力学的に安定した系ではなく,製造,貯蔵,消費の間に種々の環境からの影響を受けるからである.

このような制約があっても,油滴間に起こる種々の相互作用を知っておれば,食品エマルションに起こる種々の現象の理解に役立つであろう.そして,エマルションの処方や加工条件の改善が可能になるだろう.実際の場では,理論的な推定を行う前に,最近発達してきた種々の測定装置を使って,相互作用の現象を把握することが必要である.

### 文　献

1) Dickinson, E.: *An introduction to food colloids,* Oxford University Press, Ox-

ford(1992), 西成勝好, 藤田 哲, 山本由喜子訳：食品コロイド入門, 幸書房(1998)
2) Dickinson, E. : Recent trends in food colloids research, in *Food macromolecules and colloids,* Dickinson, E. and Lorient, D. eds., p. 1-19, Royal Society of Chemisitry, Cambridge (1995)
3) Dickinson, E. and McClements, D. J. : *Advances in food colloids,* Chapman & Hall, London (1995)
4) Dickinson, E. and Golding, M. : Rheology of sodium caseinate stabilized oil-in-water emulsions, *J. Colloid Interface Sci.,* **191**, 166 (1997)
5) Dickinson, E. and Golding, M. : Depletion flocculation of emulsions containing unabsorbed sodium caseinate, *Food Hydrocolloids,* **11**, 13 (1997)
6) Israelachivili, J. N. : *Intermolecular and surfce forces,* Academic Press, London (1992)
7) Israelachivili, J. N. and Wennerstrome, H. : Role of hydration and water-structure in biological colloidal interactions, *Nature,* **379**, 219 (1996)
8) McClements, D. J. : *Food emulsions, principles, practice, and techiniques,* p. 65, CRC Press, Boca Raton (1999)
9) Monahan, F. J., McClements, D. J. and German, J. B. : Disulfide-mediated polymerization reactions and physical properties of heated WPI-stabilized emulsions., *J. Food Sci.,* **61**, 504 (1996)
10) Demetriades, K., Coupland, J. N. and McClements, D. J. : Physicochemical properties of whey protein stabilized emulsions as related to pH and NaCl, *ibid.,* **62**, 342 (1997)
11) Israelachivili, J. N. and Pashiy, R. M. : Measurement of the hydrophobic interaction between two hydrophobic surfaces in aqueous electrolyte solutions, *J. Colloid Sci.,* **98**, 500 (1984)
12) Demetriades, K., Coupland, J. N. and McClements, D. J. : Physicochemical properties of whey protein stabilized emulsions as affected by heating and ionic strength, *J. Food Sci.,* **62**, 462 (1997)
13) Jenkins, P. and Snowden, M. : Depletion flocculation in colloidal dispersions, *Advan. Colloid Interface Sci.,* **68**, 57 (1996)

# 4. エマルションを構成する物質

## 4.1 はじめに

　食品エマルションは，多くの食品成分を含む複雑な系である．食品エマルションに含まれる物質は表 4.1 のように分類される．エマルションを構成する各成分間には，物理的，化学的な相互作用があり，一連の相互作用の結果が，製品の全体としての物理・化学的性質と官能的性質を決定する．したがってエマルションを構成する各成分の特性と作用，成分間に起こる作用や，各成分が全体に与える影響について知る必要がある．製品の開発にあたって，最適の原料を選ぶことが製造業にとって最も大切な仕事で，機能が安定し，供給に不安がなく，安価であることが望まれる．例えば，マヨネーズなど長い歴史のある食品エマルションでは，製法は科学技術というよりはむしろ技能に属する．このために，その原料に含まれる化学成分の詳細と，それらの正確な役割が理解されていないことが多い．

　近代的な食品工業では，安全で健康的な製品を安定的に大量生産し，安価に供給しなければならない．このためには，食品原料に関して，加工前，加工中，加工後の作用と性質の十分な知識が必要になる．この種の知識が食品工業にとって必要な理由は次のとおりである[1-5]．

① 工場に入荷する原料はバッチごとに変化することがある．原料に関する知識が十分であれば，条件が変わってもそれを調節することによって，安定的な最終製品を得ることができる．加工食品の品質，利便性の向上，多品種化

表 4.1　食品エマルションを構成する食品成分

| 多量成分 | 少量成分 |
|---|---|
| 水 | 乳化剤 |
| 油脂 | 無機質 |
| 蛋白質 | 増粘剤 |
| 炭水化物 | フレーバー |
|  | 色素 |
|  | 保存料 |
|  | ビタミン |

[参考書 1, p. 84]

のニーズは大きく，食品原料知識によってこの種のニーズに対応することが可能になる．

② 健康志向の高まりによって，健康上の理由から脂肪，コレステロールや塩分などを減らす傾向が強まった．例えば，無脂肪や低脂肪食品の食感が従来製品より劣るように，ある原料を減らすことによって，食品の性質が大きく変化することがある．このような欠点を克服するためには，新旧の食品原料を巧みに利用する必要があり，そのための原料の知識が欠かせない．

③ 社会がますます成熟する中で，独創的で利便性があり，理解しやすく，即席であっても高品質で，新鮮であるような，より洗練された調理済み食品が求められる．また消費者に，自分の健康は自分で守る習慣が定着し，健康増進効果の期待される機能性因子へのニーズが高まっている．これらの新規食品の開発で，食品乳化技術の占める役割は大きい．

## 4.2 油　　脂

生体に含まれ，有機溶媒に溶けるが，水には不溶かまたは溶けにくい物質を脂質という．主要な生体脂質は油脂であり，食品に含まれる脂質の大部分は油脂である．食用油脂の起源は多様で，植物体，種子，家畜，魚類などから得られ，大豆油，なたね油，コーン油，乳脂，牛脂，豚脂など原料名をつけて供給される．また油脂とは，室温で液体の「油」と室温で固体状の「脂（脂肪）」の総称である．これらの油脂は，食品に含有される見えない油脂と，調理用油のように見える油脂があり，日本では2000年の1人1日当たり平均供給量は85 g，摂取量は57.4 gであった．

油脂は三大栄養素の一つであり，栄養的価値の他に種々の生理活性作用を持つ重要な食品成分である．また油脂は食品にうま味とこくを与え，食品の物理的性質に影響して，食品の官能的性質を改善する．しかし，油脂の摂りすぎは肥満を招き，多くの生活習慣病の原因になる．一時は欧米で全カロリー摂取量の40％以上を占めた油脂摂取は，国際的な勧告量の30％に向けて大きく減少している．日本の平均油脂摂取量は微増を続けており，2000年

に全摂取エネルギーの約27%, 青少年では29% に達している.

　世界的に加工食品中の油脂含有量を減らす傾向が強まっており, また健康志向から, 油脂の不飽和脂肪酸／飽和脂肪酸比, リノール酸／リノレン酸・魚油の比($n$-6/$n$-3脂肪酸比)などを考慮した製品作り, DHAなど特定な機能性のある油脂の強化などが行われている. さらに油脂は油溶性成分のビタミン, 抗酸化物質, 天然保存料, フレーバー物質などの溶媒であり, 体内への運び手であって, この点でも栄養上重要な機能を果たしている.

　水中油滴型(O/W)食品エマルションの白濁は, 水相中に懸濁する無数の油滴の表面で光が乱反射するためで, また油中水滴型(W/O)エマルションも白濁して見える. これらの白濁は, 油水両相が溶け合わないことの結果である. エマルション中の油脂の結晶が, 食品のテクスチャーに与える影響は大きい. バターがパンに塗りやすいのも, 液状のO/Wエマルションであるホイップクリームが固まってケーキのトッピングやフィリングに使えるのも, 乳脂の結晶構造が原因である. 油脂結晶は吸熱して融解するので, 口に含むと熱を奪う. 特にカカオ脂は狭い温度範囲で急速に融解するので, チョコレートは爽快な口溶けを与える. 油脂中の固体脂の比率である固体脂含量(SFC)と温度の関係は, 食品エマルションの食感とレオロジーへの影響が大きい.

　多くの食品エマルションでは, 従来からの製品の風味やレオロジー特性を変えないで, 油脂量を減らすことは大変難しい. また, 脂質は加工食品の製造, 保管, 取り扱いによって酸化その他の変化を起こし, 風味を損なうことがある. このように食品中の脂質を製品目的に合わせて適切に制御するためには, 脂質化学に関する知識と, エマルション科学の知識が重要である.

### 4.2.1　油脂の分子構造と物理的性質

　油脂の化学構造は3個の脂肪酸とグリセロールがエステル結合した, トリアシルグリセロールである. 油脂の構成脂肪酸は多様であるため, 油脂は性質の異なる複数のトリアシルグリセロール分子の混合物である(以下, アシルグリセロールを慣用的にグリセリドと記す). 天然の油脂が1種の脂肪酸で構成される(単純トリグリセリド)ことはない. トリグリセリド分子は2種または3種の脂肪酸で構成される. これらの脂肪酸が, グリセロールの3個の水酸基

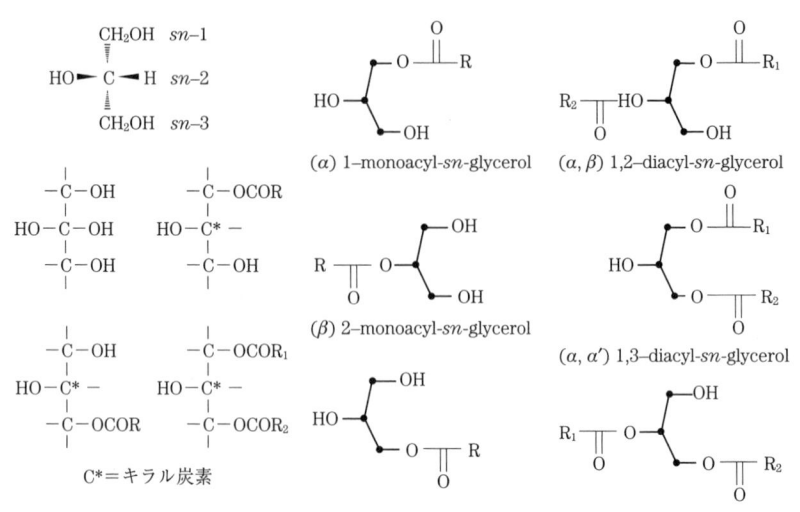

**図 4.1** グリセロール脂肪酸エステルの構造

油脂はトリグリセリドであり，単純トリグリセリド，混合脂肪酸トリグリセリドがある．ジグリセリドには，1,2-ジグリセリド（$\alpha,\beta$-ジグリセリド），1,3-ジグリセリド（$\alpha,\alpha'$-ジグリセリド）がある．モノグリセリドには，1- または 3- モノグリセリド（$\alpha$- または $\alpha'$-モノグリセリド），2- モノグリセリド（$\beta$-モノグリセリド）がある．市販のモノグリセリドは大部分が 1- または 3- モノグリセリドである．小腸内で消化されたトリグリセリドは，2-モノグリセリドと 2 分子の脂肪酸になる．2-モノグリセリドは，1- および 3- モノグリセリドより界面活性が大きい．下部のトリグリセリドは，乳脂の成分である 1- パルミトイル -2- オレオイル -3- 酪酸グリセロールを示す．

のどこに結合するかによって構造異性体ができ，それらの油脂分子の性質が異なる．表 4.2 は食用油脂の代表的脂肪酸を示す．また図 4.1 は，2 種または 3 種の脂肪酸から構成される油脂分子（混合脂肪酸トリグリセリド），および脂肪酸が 1 および 2 分子結合したモノグリセリド，ジグリセリドを示す．同一化学式の分子に幾つかの異性体があることが理解できよう[6]．トリグリセリドは図 4.1 の下部に示す二股のフォーク状の分子構造を持ち，グリセロールの 1，3 位の脂肪酸は同じ方向に伸び，中央の 2 位の脂肪酸は反対方向に伸びる．

## 4.2 油　脂

表 4.2 油脂を構成する主要な脂肪酸[6]

| 慣用名 | 名 | IUPAC名 | 炭素原子数二重結合数 | 融点 (℃) | 主要存在油脂その他 |
|---|---|---|---|---|---|
| 酪酸 | butyric | ブタン酸 | $C_{4:0}$ | −6 | バター |
| カプロン酸 | caproic | ヘキサン酸 | $C_{6:0}$ | −3.4 | バター，羊臭あり |
| カプリル酸 | caprylic | オクタン酸 | $C_{8:0}$ | 16.5 | バター，やし油，羊臭あり |
| カプリン酸 | capric | デカン酸 | $C_{10:0}$ | 31.4 | 毛髪，やし油，パーム核油 |
| ラウリン酸 | lauric | ドデカン酸 | $C_{12:0}$ | 43.5 | やし油，パーム核油，月桂樹 |
| ミリスチン酸 | myristic | テトラデカン酸 | $C_{14:0}$ | 53.9 | ナツメグ，やし油，動物油 |
| パルミチン酸 | palmitic | ヘキサデカン酸 | $C_{16:0}$ | 63.1 | パーム油，全動植物油脂 |
| パルミトレイン酸 | palmitoleic | cis-9-ヘキサデセン酸 | $C_{16:1}$ | 0.5 | 海産動植物油，牛・豚脂 |
| ステアリン酸 | stearic | オクタデカン酸 | $C_{18:0}$ | 69.6 | 動植物油脂 |
| オレイン酸 | oleic | cis-9-オクタデセン酸 | $C_{18:1}$ | 16.3 | オリーブ油，動植物油脂 |
| リノール酸 | linoleic | 全 cis-9,12-オクタデカジエン酸 | $C_{18:2}$ | −5.2 | 動植物油脂 n-6 脂肪酸 |
| リノレン酸 | linolenic | 全 cis-9,12,15-オクタデカトリエン酸 | $C_{18:3}$ | −11.2 | 動植物油脂 n-3 脂肪酸 |
| アラキン酸 | arachidic | イコサン酸 | $C_{20:0}$ | 75.4 | 落花生油 |
| アラキドン酸 | arachidonic | 全 cis-5,8,11,14-イコサテトラエン酸 | $C_{20:4}$ | −49.5 | 動物油，海藻 n-6 脂肪酸 |
| イコサペンタエン酸* |  | 全 cis-5,8,11,14,17- | $C_{20:5}$ | −80 | 魚油，海藻 n-3 脂肪酸 |
| ドコサヘキサエン酸* |  | 全 cis-4,7,10,13,16,19- | $C_{22:6}$ | −80 | 魚油，海藻 n-3 脂肪酸 |

*イコサペンタエン（エイコサペンタエン）酸およびドコサヘキサエン酸は IUPAC 名．

**表 4.3** トリオレイン，大豆油，水の物理化学的性質比較

|  |  | トリオレイン (20℃) | 大豆油 (25℃) | 水 (20℃) |
|---|---|---|---|---|
| 分子量 |  | 885.4 | 約880 | 18 |
| 融点 | ℃ | $\beta$形 4.9 | $-10$ | 0 |
| 密度 | kg/m$^3$ | 910 | 917 | 998 |
| 圧縮率 | m s$^2$/kg | $5.03 \times 10^{-10}$ |  | $4.55 \times 10^{-10}$ |
| 粘度 | mPa s | 約50 | 51 | 1.002 |
| 熱伝導 | W/m K | 0.170 |  | 0.598 |
| 比熱 | J/kg K | 1 980 | 1 841 | 4 182 |
| 熱膨張係数/℃ |  | $7.1 \times 10^{-4}$ |  | $2.1 \times 10^{-4}$ |
| 誘電率 |  | 3 |  | 80.2 |
| 表面張力 | mN/m |  |  |  |
| 20℃ |  | 約35.5 | 約35 | 72.8 |
| 25℃ |  | 約35 |  | 72.1 |
| 屈折率 |  | 1.46 | 1.47 | 1.33 |

　天然の油脂は種々異なったトリグリセリドの混合物である．反すう動物の牛脂や羊脂，および反すう動物の乳脂は構成脂肪酸が非常に多い．乳脂の場合は，確認されただけでも400以上のトリグリセリドを含む．しかし，植物油脂では一般に構成脂肪酸が少なく，トリグリセリドの種類も比較的少ない．また多くの植物油は，グリセロールの2位に多価不飽和脂肪酸が結合している．

　トリグリセリドは極性がきわめて小さい分子であり，最も重要な分子間相互作用は，隣接する分子とのファンデルワールス力と，重なりによる立体斥力である．バルク(一体的なかたまり)としての食用油脂の性質は，油脂を構成するトリグリセリドの分子構造と分子間相互作用に依存する．分子間引力の強さと，油脂が固化してできる分子配列の緻密さが油脂の融点，沸点，密度などに影響する．多くの植物油のように不飽和脂肪酸を多く含むトリグリセリドは，飽和脂肪酸の多い油脂のようには緊密な分子配列(充填)がとれない．そこでこの種の油は，飽和脂肪に比べて融点が低く低密度である．食品エマルションの必須構成成分である，油脂(トリオレインと大豆油)と水の20℃(大豆油は25℃)での性質を表4.3に示した．

　トリグリセリドの融点は，脂肪酸の飽和度が高いほど，鎖長が長いほど，また脂肪酸分子の配置が対称的であるほど高くなる．例えば，長鎖の飽和脂

肪酸が約 50% を占める牛脂の融点はほぼ 40℃ であり，やし油は 90% 以上が飽和脂肪酸であるが，脂肪酸鎖長が短いため融点は 25℃ 程度である．カカオ脂の 80% 以上は，2 位にオレイン酸(O)，1, 3 位にステアリン酸(S)とパルミチン酸(P)が結合し，分子構造は POS, SOS, POP と対称性が高く融点は 34℃ 程度である．カカオ脂をアルカリ触媒でエステル交換すると，対称性が失われ融点が低下する．オレイン酸が主成分であるオリーブ油は冬には結晶するが，リノール酸の多い大豆サラダ油は 0℃ 以下でも結晶しない．

### 4.2.2 油脂の結晶

油脂は温度変化によって結晶と融解を起こす．パーム油，乳脂，部分水素添加油脂(マーガリン，ショートニング)などの，脂肪の固化(結晶化)と融解は日常的に観察できる．大豆油やカノーラなたね油などの植物油は，結晶しないように思われがちであるが，低温に放置すると結晶ができる．サラダ油は植物油を 0℃ 以下に保って，析出する結晶を除いたものである．このように食用油脂は，エマルションの製造，流通保管，使用中の温度変化で，結晶と融解現象を起こし，エマルションの性質に影響する．油脂の結晶形は $\alpha$ (アルファ)，$\beta'$ (ベータプライム)，$\beta$ (ベータ) など，通常 3 種以上の種類があり，安定的な結晶($\beta$ 形)ほど融点が高い．表 4.4 は純トリグリセリドの $\beta$ 形結晶の融点を示す．

エマルションの状態変化の典型的な例は，O/W エマルションのクリームを低温で撹拌して，W/O エマルションのバターを造る工程である．この工程はバター脂の結晶なしでは成り立たない．ホイップクリームでは，気泡の周りに吸着した脂肪球が凝集して，起泡が完成する．さらに撹拌を続けることで乳化を破壊し，凝集した脂肪球と水を分離させ，油相に練りを加えてバターができる．この工程では微細な糸状や針状の乳脂結晶が重要

表4.4 純トリグリセリドの $\beta$ 形結晶の融点

| トリグリセリド | 融点(℃) |
|---|---|
| OOO | 5 |
| SOO | 24 |
| SSO | 38 |
| SOS | 42 |
| LLL | 47 |
| MMM | 58 |
| PPP | 66 |
| SSS | 73 |

L：ラウリン酸，M：ミリスチン酸，
O：オレイン酸，P：パルミチン酸，
S：ステアリン酸 [参考書1, p. 86]

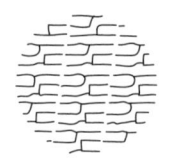

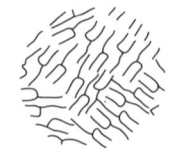

**図 4.2** トリグリセリドの結晶と融解

な役割を果たす．10℃ ではバターの乳脂結晶は乳脂全体の約 50% であり，20℃ では 22% に減少する．液状の乳脂は，結晶乳脂の網目構造中に取り込まれて可塑性を示し，また水滴がこの構造中に分散している．このような構造のために，バターをパンなどに塗布することができる．マーガリンも類似した構造になっている．マーガリン中の結晶脂肪が，多すぎれば塗布は困難になり，少なすぎればマーガリンは流動性を帯びる．

図 4.2 に，固体(結晶状)と液状の油脂分子の配列を模式的に示した．ある温度におけるトリグリセリドの物理的状態は，その自由エネルギー(エンタルピーとエントロピーからなる)に依存する．エンタルピー項($\Delta H_{S \to L}$)は，固体から液体に変化する場合のトリグリセリド分子間の相互作用全体の強さを表し，エントロピー項($\Delta S_{S \to L}$)は融解で起こった分子の秩序変化を表す．

$$\Delta G_{S \to L} = \Delta H_{S \to L} - T \Delta S_{S \to L} \quad (4.1)$$

分子間の結合は，分子が緊密充填する固体状態の方が液体より強く，$\Delta H_{S \to L}$ は正で固体の方が都合がよい．一方，液状分子のエントロピーは固体分子より大きく，$\Delta S_{S \to L}$ は正で液体の方が都合がよい．低温ではエンタルピー項はエントロピー項($T \Delta S_{S \to L}$)より大きく，固体状態の自由エネルギーは最低である．温度が高まるとエントロピー項が大きくなり，温度が融点を超えるとエントロピー項が支配的になり($T \Delta S_{S \to L} > \Delta H_{S \to L}$)，液体状態の自由エネルギーが最低になる．そこで油脂は低温では固体状で，融点以上の高温では液状を保つ．

**油脂の過冷却**：通常の食用油脂は，常温で液体の分子から，種々の融点をもつ固体の分子まで，異なったトリグリセリド分子を含む．液状の油脂は融点以下に冷却すると結晶するが，融点を過ぎても直ちに結晶は起こらない．これは液体から固体への相転移にあたって，図 4.3 に示す活性化自由エネルギーの障壁 $\Delta G^*$ が存在するためである．固体のエネルギー状態は液体より低いのだが，この障壁が高いほど結晶が起こりにくい．溶融した油脂の冷却では，固体脂が過飽和になりやがて結晶核ができるが，それ以前に融点以下に

## 4.2 油 脂

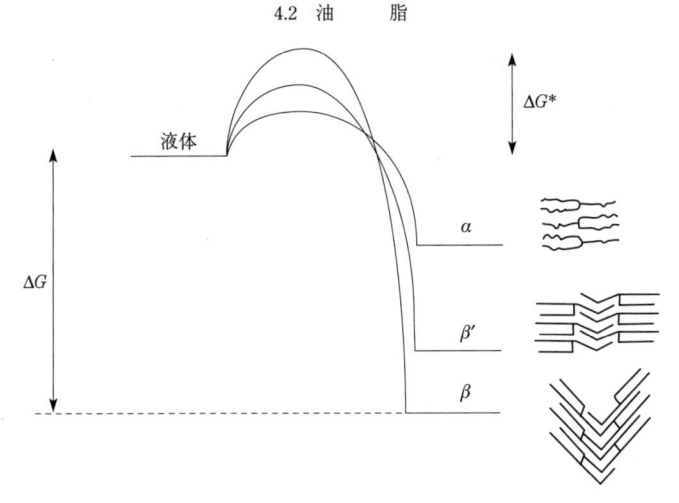

**図 4.3** トリグリセリド結晶の複雑性．活性化自由エネルギー障壁 $\Delta G^*$ を越えて結晶化が進む．エネルギー状態の低い $\beta$ 結晶が最も安定である．油脂の冷却で最初にできるのは $\alpha$ 結晶である．

なっても結晶しない現象を**過冷却**といい，この状態を**準安定**という．活性化エネルギーの大きさは，安定した結晶核が液状油脂中にできやすいか否かに依存している．過冷却温度は，本来の融点と結晶化が始まる温度の差で示され，その大小は油脂の化学構造，夾雑物，冷却速度，振動などの外力に依存する．不純物を含まない純粋の油の過冷却温度は 10℃ 以上になる．油脂の結晶化は過冷却，結晶核生成，結晶形成の 3 段階で起こる．

**結晶核生成**：液状の油脂中に安定した結晶核が生成すると，これを核にして結晶化が始まる．結晶核はトリグリセリド分子の衝突でできる集合体で，微細で規則的な結晶である．結晶核ができると自由エネルギーの変化が起こる．固体の方が熱力学的に安定であり，集合することで構成分子の自由エネルギーが低下し，結晶核生成が促進される（負の自由エネルギー増加）．一方，結晶核の生成で油中に新しい界面ができ，結晶生成は界面張力に逆らって行われるので，自由エネルギーの増加が起こる（正の自由エネルギー）．結晶核が微細な間は正の自由エネルギーが大きいので，結晶核は不安定であるが，一定の大きさに達すると全体としての自由エネルギーが負になり，結晶の成長が進行する．

このような結晶核生成の遅れは，油脂中に全く不純物がない場合の話である．結晶核は液状油脂中に分散するものであれば，油脂以外の不溶性の異物でもよい．例えば，微細な埃(ほこり)，容器壁，エマルション油滴の表面，気泡の表面，不溶性の乳化剤，モノグリセリドのミセルなどが油脂に存在すると，結晶核生成は同一組成の純粋油脂よりも高い温度で始まる．

**結晶の成長**：安定な結晶核が生成すると，結晶核の固／液界面に液中の分子が加わって結晶が成長する．結晶の成長速度は，液体内での固体脂の分子の拡散に依存し，また系の温度と分子の性質に影響される．分子は結晶の表面と出会うが，しかし結晶成長の場所で都合の良い形と大きさと方向性を持っている必要があり，出会った分子のすべてが結晶するわけではない．結晶の成長速度は，温度が高いと結晶表面への分子の出会いが律速因子であり，低温では液の粘度が高まるために拡散が律速因子になる．そこで，結晶成長は過冷却の初期に高まり，ある温度で最大になってから減速する．一方，結晶核の生成は結晶成長とは別に進むので，結晶成長は過冷却温度に比例して増加し，液の粘度に反比例して減速する．

### 4.2.3 油脂結晶の多形，結晶化と融解

トリグリセリドは幾つかの異なった結晶形態をとる．どの形態をとるかは，分子間力などの要因と，温度，冷却速度，機械撹拌，不純物などの要因に依存する．油を融点より十分低い温度で，急速に冷却すると小形の結晶が多数生成する．融点よりわずかに低い温度でゆっくり冷却すると，大形の結晶が生成しその数は少ない．この理由は，温度が大きく下がると結晶成長速度より，結晶核生成速度が大きくなるためである．急速冷却では結晶核が同時的に多数できて小形結晶が増加し，冷却速度が遅いと少数の結晶核がゆっくりと結晶に成長し，新しい結晶核生成が抑制されるからである．以上の現象から，食品エマルションの製造では，それがO/WであれW/Oであれ，冷却速度に留意すべきことが分かるだろう．また油脂結晶の大きさは，食品のレオロジーと官能的性質に与える影響が大きく，大きすぎれば口中で砂状や粒状感を呈する．

油脂は3個の脂肪酸を持つために，それらの配列のあり方の違いで，異な

4.2 油　　脂

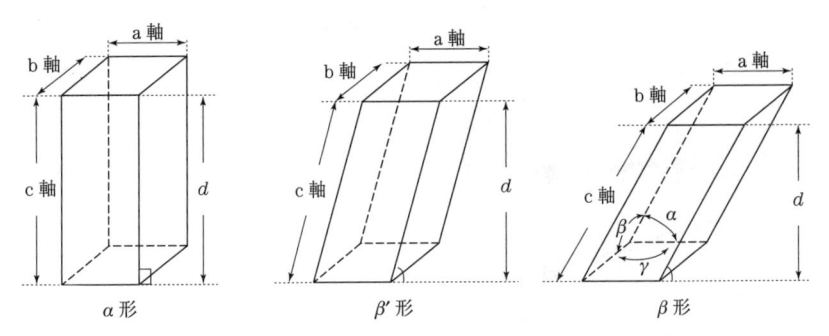

**図 4.4** 結晶の単位胞 [旭電化工業：油脂の基礎知識, p. 21 (1997)]

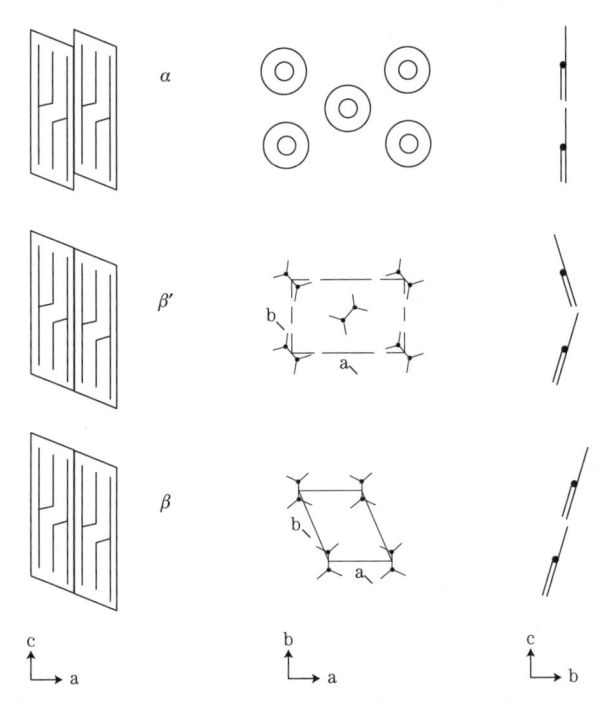

**図 4.5** トリグリセリド結晶多形の各面への投影模式図
[Lawler, P. J. and Dimick, P. S. : *Food lipids, chemistry, nutrition, and biotechnology*, Marcel Dekker (1998)]

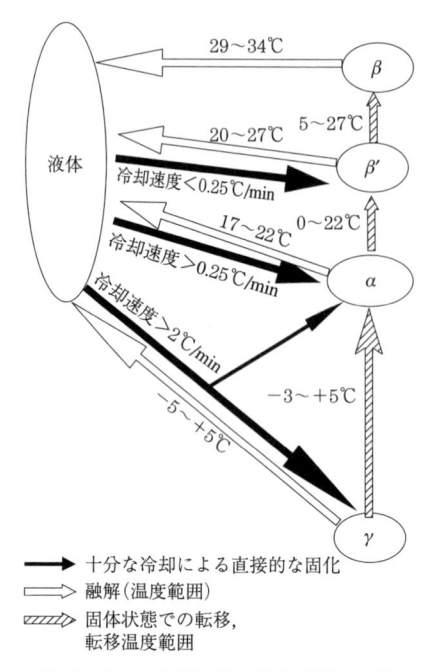

**図 4.6-A** 食用硬化油の結晶多形の転移
[*J. Am. Oil Chem. Soc.*, **73**, 1225(1996)]

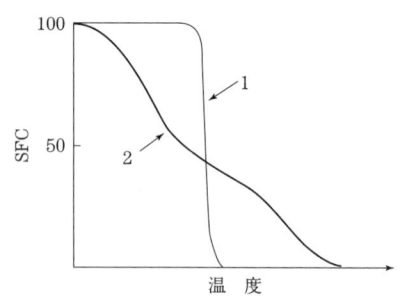

**図 4.6-B** 温度変化と純トリグリセリド(1),食用固体脂(2)の固体脂含量(SFC)の変化

った分子内立体配置をとることができる.分子の集合体である結晶中で,個々の分子がどのように配列するかによって,油脂の結晶構造が異なる.図 4.4 に結晶の単位胞を示すが,各軸(a, b, c)の長さと,軸間の角度($\alpha$, $\beta$, $\gamma$)によって結晶系が定まる.図 4.5 に ab 面への結晶の投影図を示したが,結晶構造によって,脂肪酸鎖の充填状態に粗密のあることが理解できよう.この現象を油脂の結晶多形という.油脂の結晶形も冷却速度に支配される.油脂がゆっくりと,過冷却の程度が少ない状態で冷却されると,油脂の分子は時間をかけて効果的に結晶内に組み込まれる.冷却速度が速いか,過冷却の程度が大きければ,分子は結晶内に効果的に配列する時間が不十分で,粗い構造の結晶が形成される.前者の結晶は高密度で融点が高く安定的で,後者はその逆で低密度で融点が低く不安定である.

 油脂を急速に冷却して当初にできた不安定な結晶は,安定な結晶形に変化する.主要な結晶形は不安定から安定な順に,$\alpha$,$\beta'$,$\beta$ の3種に大別される.このように同じ油脂の結晶形と融点が異なる現象が多形である.$\alpha$ は最も不安定で $\beta$ が最も安定である.油脂の結晶形変化の方向は一定で,エネルギー状態の高い(不安定な) $\alpha$ 結晶から,→$\beta'$→$\beta$ と安定性の大きい結晶に

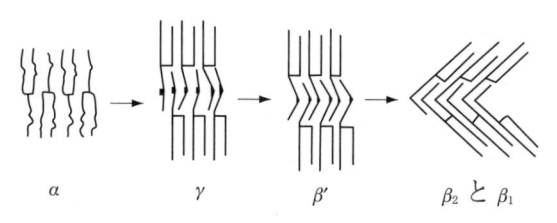

**図 4.7** カカオ脂のトリグリセリド(SOS)の5種の多形変化[7]

転移する．また α 結晶の前に，不安定なサブ α(γ) 結晶があるとされるが，これには実用的な重要性はない．図 4.6-A は，部分水素添加した食用油脂の結晶形変化であり，冷却条件で異なった結晶形が生成し，結晶による融点の差異があることを示している．図 4.6-B は単一脂肪酸の純トリグリセリドと食用硬化油の固体脂含量の温度による変化を示す．また前の図 4.3 は，結晶核生成の活性化エネルギーと，結晶後のエネルギー状態の模式図である．カカオ脂では，β′ の次に $\beta_2$ と $\beta_1$ 結晶があり，また，α の次に γ 形の結晶があるとされる．図 4.7 はカカオ脂のトリグリセリドである SOS の多形変化を模式的に示す[7]．

食品エマルションの開発では，結晶形の知識は大切である．油脂結晶の形状は結晶形によって異なり，α はもろい透明な板状で約 5 μm，β′ は細かい針状で長さ 1 μm 程度であり，β は粗い板状結晶で 5〜50 μm と幅がある．油脂の β′ 結晶は微細な針状結晶で網目構造をなす．バター，マーガリンが β′ 結晶であれば，組織は滑らかであり光沢がある．カカオ脂の結晶多形は通常の食用油脂に比べて複雑である[8]．

**食用油脂の結晶化と融解**：トリグリセリドの融点は，構成する脂肪酸の鎖長と不飽和度，および脂肪酸の相対的な結合位置によって異なる．食用油脂は数多くの異なったトリグリセリド分子の混合物であり，それぞれの融点が異なるので，単純トリグリセリドに比べて，融点は幅があり不明確である．高融点トリグリセリドは，低融点の成分に溶解するので，食用油脂の融点は，構成トリグリセリドの融点の重みつき平均とも異なる．例えば，融点が 73℃ のトリステアリンと 5℃ のトリオレインの 50 : 50 混合物は，60℃ ではトリステアリンの 10% がトリオレインに溶解する．

複雑な混合物の油脂を冷却してできる結晶の構造と性質は，冷却速度と温度によって著しく変化する．急速冷却では，構成脂肪酸が違ってもトリグリセリド結晶はほぼ同時的に成長し，各トリグリセリドが互いに均一に分布した固溶体をつくる．冷却速度が遅い場合には，融点の高いトリグリセリドから順に結晶し，部分的に融点の異なる不均一な混晶ができる．脂肪の結晶ができると，個々の結晶は凝集して三次元的な網目構造を作る．この時，結晶は部分的に融けあって，網目構造が強化されるとみられる．そして，この網目構造中に毛管現象で液状油を取り込む．また時間がたつと，オストワルド成長(7.7節参照)の現象によって，細かい結晶は融解し大形結晶が成長する．

**エマルション中での結晶化**：食品エマルション中での油脂結晶の役割は，エマルションがO/Wであるか，W/Oであるかによって異なる．バターやマーガリンでは油相が連続相であり，結晶の量と網目構造の性質が，エマルション安定性とテクスチャーに影響する．多くのO/Wエマルションでも，例えば，クリームの場合は油脂結晶化の影響が大きい．脂肪の結晶がエマルション膜を破って油滴から突き出すと，他の油滴との接触でそれを傷つけて，串刺し状態の部分的融合(合一)が起こる．また，このためにエマルションの粘度が上昇する．エマルションが凝集すると，油滴径が大形になったのと同様な効果を生み，クリーミングが促進される．また，液状油と結晶間の界面張力はきわめて低いので，油滴間につながりができ，合一によるエマルション破壊につながる．この現象は，バター製造の最も重要な段階である．

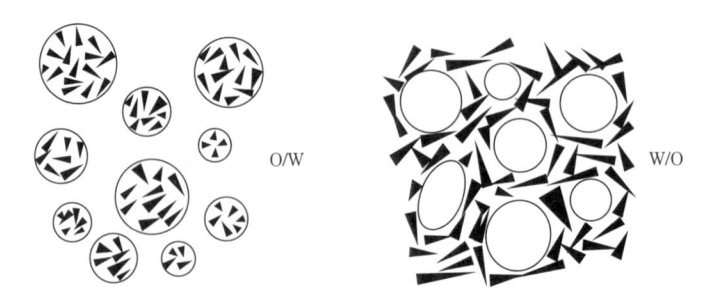

**図4.8** 水中油滴型(O/W)と油中水滴型(W/O)(マーガリン)エマルションの構造模式図

### 4.2.4 油脂の化学変化

　エマルション中で最も起こりやすい油脂の化学変化は，油脂の加水分解と酸化である．バルク油脂の酸化については多くの研究がなされたが，しかし，エマルション中での油脂の酸化に関する研究は初期の段階にあり，現象把握は不十分である．

**油脂の加水分解**：油脂の加水分解は水の存在下で起こり，高温や酵素(リパーゼ)により脂肪酸が分離し，変敗臭と称する異味と異臭が発生する(加水分解変敗)．炭素数16以上の脂肪酸は無臭であり油脂の風味に影響しにくいが，脂肪酸は低分子になるほど，加水分解臭(バターの変敗臭，やし油の石けん臭)が強まる．このためバター，やし油，パーム核油では保管に注意を要する．加水分解臭はラウリン酸で0.07％，カプリン酸で0.02％以上で感じられる．油脂中に遊離脂肪酸があると，加水分解が促進され，さらに遊離脂肪酸が増加する．例えば，1％の遊離脂肪酸を含む油脂は，単なる放置によって1.5％に増加する．また油脂に含まれる遊離脂肪酸が増えると，油相への水分溶解量が増加して，加水分解を促進する．加熱によって加水分解速度は増加し，温度10℃の上昇で速度はほぼ2倍になる．

　油脂加水分解酵素のリパーゼは，製品を汚染した微生物，特にカビが原因になることが多い．冷蔵庫中に長期間放置したバターやマーガリンには，時折変敗が観察される．一方，発酵乳やチーズでは，油脂の軽度の加水分解で独特の香味が得られる．また，脂肪酸は油脂よりはるかに界面活性が大きく，エマルションの油／水界面に吸着するので，酸化を受けやすくなる．

**油脂の酸化**：脂質の酸化は，多くの食品の品質劣化に大きな影響があり，加水分解変敗とは異なる異味異臭を発する(酸化的変敗)．油脂と酸素の反応は，加水分解に比べてはるかに複雑である．油脂の酸化反応は光と重金属によって促進され，脂肪酸の不飽和結合の位置に起こる．二重結合が2個以上ある脂肪酸は酸化されやすく，多価不飽和脂肪酸ほど容易に酸化される．食用油脂の酸化は，油脂中に溶解した酸素によるもので，酸素が絶たれれば進行しない．さらに油脂酸化の進行で発生する過酸化物には，動物試験で発ガン性その他の害作用が多数報告されている．

　油脂の酸化は次の3段階で進行する．「酸素の吸収→過酸化物の生成→過

酸化物の分解による二次的酸化生成物の生成」である．酸化反応は2種類に大別される．空気中の酸素分子によるラジカル機構によって進行する酸素酸化反応(自動酸化)と，一重項酸素やオゾンによる非ラジカル的酸化反応である．後者の酸化反応は，通常の食品加工の条件では起こりにくい．

**食用油脂の自動酸化**は空気中の酸素によって，室温でかなり長い時間が経過して油脂が酸化され，過酸化物を生ずる反応である．この反応は非常に複雑であるが，単純化して述べると次のように考えられる．自動酸化は，図

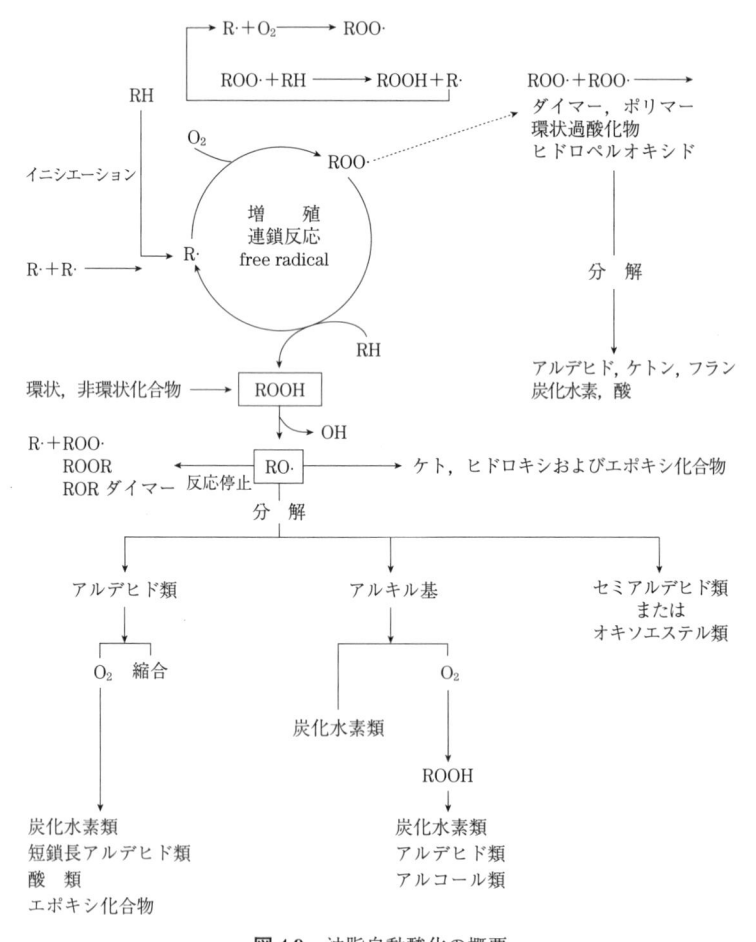

**図 4.9** 油脂自動酸化の概要
[Fennema, O. R. ed. : *Food chemistry*, 3rd Ed., p. 257, Marcel Dekker(1996)]

4.9に示すように一種の連鎖反応であって，まず何らかの作用で脂質(RH)が脱水素されて，ラジカルR・が発生する(イニシエーション)．ラジカルR・は酸素と反応してペルオキシラジカル(ROO・)になる．ROO・は他の脂質からH

$$(-CH=CH-) \longrightarrow (-CH=C-)\cdot$$

を引き抜いて，ヒドロペルオキシド(ROOH)になり，新たにペルオキシラジカルを作る．この二つの反応を連鎖的に繰り返すことで，脂質の酸化が進行する(増殖連鎖)．一方で，2個のペルオキシドが衝突して橋かけ反応を起こしたり，酸化防止物質によってペルオキシドが捕捉されると，安定な生成物ができ，自動酸化が収束する(ターミネーション)．

空気にさらされた油脂が自動酸化を起こすまでに一定の誘導期間がある．この理由は，油脂中の天然の酸化防止物質の存在や，十分なラジカル生成に時間がかかるためである．ラジカルの発生を促進する要因は，光(特に紫外線)，熱，酸素(空気)，金属イオンである．ヒドロペルオキシドも，熱，光，重金属イオンなどで二次的酸化生成物に分解し，中間的な鎖長を持ったアルコール，アルデヒド，ケトンが生成する．これらの生成物には界面活性作用を持つものがある．食用油脂の酸化は，脂肪酸の不飽和結合の増加で激しくなる．不飽和脂肪酸の自動酸化の速度を比較すると，オレイン酸を1とした場合，リノール酸は27，リノレン酸は77と報告されている[6]．

## 4.3 水

食品エマルションの物理・化学的性質および官能的性質に対する，水の影響はきわめて大きい．水分子の独特な構造と性質は，他の原料分子の溶解度，分子構造，相互作用に影響する．なお，水と水溶液の性質，水と食品安定性など品質との関連については，Fennemaの解説が優れている[10]．

### 4.3.1 水の分子構造と組織化

水分子は2個の水素が1個の酸素と共有結合しており，酸素原子は電気的陰性度が強く，水素に結合した電子を引きつける．このため各水素原子に部分的な正電荷($\delta^+$)と，酸素原子の非結合電子対に，2個の部分的負電荷($\delta^-$)

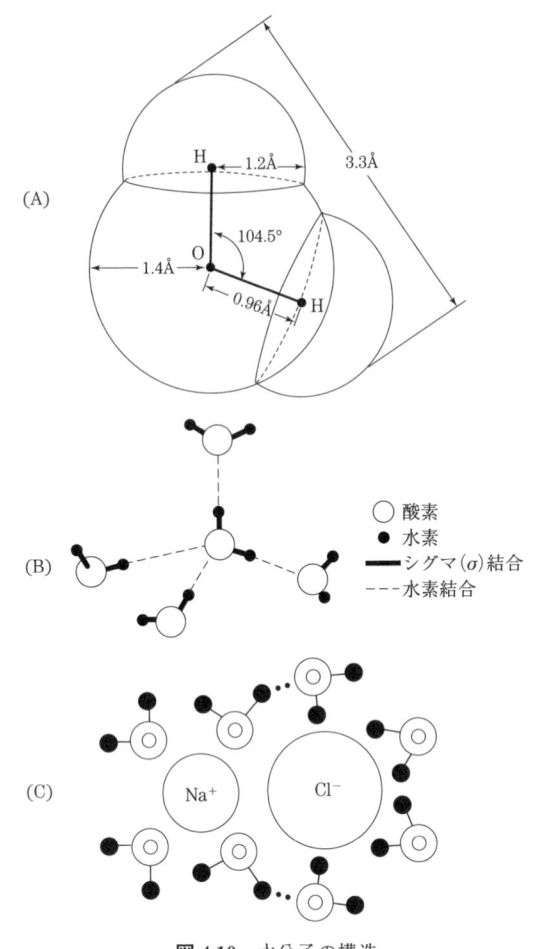

**図 4.10** 水分子の構造
A：水蒸気の構造
B：水の水素結合による四面体配列構造．
C：塩化ナトリウムイオンに結合した水分子．

をもつ．そこで図 4.10-B に示すように，水分子は正負各 2 個の電荷によって，正四面体の頂点同士で，隣接する 4 個の水分子との間に(O-H$^{\delta+}$⋯O$^{\delta-}$)の水素結合を作る．水の水素結合の強さは 13〜25 kJ/mol(5〜10 $kT$)である．この大きさでは，熱エネルギーによる分子の無秩序化に抗して，水分子の配列が十分可能になり，三次元構造の大きな集合体ができる．

固体状態では水分子の水素結合は4個であるが，室温の液体状態では水分子の水素結合数は3〜3.5個であり，温度上昇につれて減少する．水素結合数3個の水分子は運動性に富み，水素結合は離合を繰り返して常時入れ替わる．水分子は水分子以外に，炭水化物，有機酸，蛋白質など，他の極性分子，イオンとも水素結合する．これらの相互作用の強さは，電気的陰性度と供与体または受容体の配向性に依存して，2〜40 kJ/mol（1〜16 $kT$）である．多くのイオンは，水分子と比較的強いイオン-双極子相互作用を持ち，水の構造と物理化学的性質に影響する．このような水分子のイオンまたは極性物質との相互作用は，食品エマルションの多くの性質に影響する．

### 4.3.2 バルクとしての水の物理化学的性質

水分子は不均一な部分電荷分布によって，高い誘電率を持ち，電場では容易に極性を示す．$CH_4$，$NH_3$，$H_2S$など水素を含む同程度の大きさの分子に比べて，水の氷点と沸点は高く，蒸発のエンタルピーは大きく，表面張力は高い．水分子を一体に結びつける強い水素結合を壊すには，多量のエネルギーを必要とする．水および氷の密度が比較的低いのは，水分子が隣接する4個の分子と水素結合し，それ以上緊密な充填構造をとらないためである．水の粘度が低いのは，水分子の水素結合が高度に動的なためである．

氷晶の生成が，食品エマルションの物理化学的性質に与える影響は大きい．例えばアイスクリームのように，O/Wエマルション中の氷晶は，製品の食感とテクスチャーを与える．アイスクリームが一旦溶けて再凍結すると，結晶が大きくなりすぎて，製品のざらつきが増して品質が低下する．多くの食品は凍結・解凍による品質低下の対抗策を講じているが，O/Wエマルション食品ではこの点で，特に原料の選択が大切である．他の多くの物質と異なり，水は結晶で体積が増加し氷の密度は水より低い．

## 4.4 水 溶 液

食品エマルションの水相は，糖類，蛋白質，多糖類，界面活性剤，無機塩類，酸類，香料など，種々の水溶性物質を含むのが普通である．これらの物

質と水の相互作用で溶解度，分配係数，揮発性，化学反応性などが左右される．そこで，溶質と水の相互作用，およびその製品品質への影響の理解が大切である．水と溶質間の相互作用の強さは，イオン-水＞双極子-水＞非極性物質-水の順に弱まる．

　溶質が純水に溶解すると，水の構成と水分子間の相互作用が変化し，溶質の性質に応じて密度，圧縮率，融点，沸点などが変わる．溶質に隣接する水分子は，例えば，**結合水**になるなど大きな変化を受ける．しかし結合水も，動きは遅くなるがかなり急速にバルク水と入れ替わっており，結合水の移動速度は相互作用の強さに反比例する．溶質に結合する水の分子数は，水の性質が溶質によって大きく変化するので，正確な測定は困難であり，測定法によって数値が異なる．

### 4.4.1　水とイオン性溶質との相互作用

　食品エマルションに含まれる溶質には，塩類，酸類，塩基，蛋白質，多糖類など，イオン性およびイオン化する物質が多い．これらの物質のイオン化の程度は，溶液のpHに支配されるので，水との相互作用はpHに影響される．イオンと水分子の双極子との相互作用は，水分子の双極子同士の相互作用より強い．そこでイオンに隣接する水分子は，イオンと反対の電荷をイオンに向けて(例えば，正のイオンに対しては，水分子は$\delta^-$基を向けて)配列する．塩化ナトリウムの例を図4.10-Cに示した．イオン-双極子相互作用は比較的強いので，イオン表面付近の水分子の運動性は，バルク水分子に比べて顕著に低下する．イオンに隣接する水分子の滞留時間は約$10^{-8}$秒(s)で，バルク水の$10^{-11}$sのほぼ1000倍になる．イオンの表面は最も電荷が大きいので，それから遠ざかるほど相互作用は弱くなる．バルクの水に比べて，イオン性溶質に結合した水は動きにくく，圧縮性が少なく，高密度で，氷点は低く，沸点は高めになる．

　イオン濃度の増加でその電場の強さが高まり，電場の影響を受けて運動と構造が変化する水分子が増加する．イオンが形成する電場の強さは，イオンの電荷をイオン直径で除した数値で定まるので，電荷が大きく小形な分子ほどそれが強まる．水分子への影響が比較的遠くまで及ぶイオンは，$Li^+$，

表 4.5 溶質と水の相互作用[10]

| 相互作用の<br>タイプ | 代表的な例 | 水 - 水，水素結合と<br>比較した結合の強さ |
|---|---|---|
| 双極子 - イオン | 水 - 遊離イオン<br>水 - 有機分子と荷電基 | 大きい |
| 双極子 - 双極子 | 水 - 蛋白質 NH<br>水 - 蛋白質 CO<br>水 - 側 鎖 OH | ほぼ同等 |
| 疎水性水和 | 水和したアルキル基 | かなり小さい |

$Na^+$, $H_3O^+$, $Mg^{2+}$, $Ca^{2+}$, $Al^{3+}$, $OH^-$ などである. これらに比較して, $K^+$, $NH_4^+$, $Cl^-$, $Br^-$, $I^-$, $NO_3^-$ などは影響の範囲が狭い. しかしこの中では, $K^+$ はかなり影響範囲が大きい. イオンに結合する水分子の数は**水和数**といい, 小形で多価のイオンの水和数は, 大形で一価のイオンよりも多い.

　純水にイオン性溶質が加えられると, 水分子の正四面体配列が乱され, イオン近傍の水分子に新しい構造をとらせる. 溶質の存在で, イオンによって新たに構成される構造と, 失われる水本来の構造のバランスに依存して, 全体としての水分子の構造秩序は減る場合と増える場合がある. 小形で電荷の多いイオンは強い電場を構成し, イオンには構造強化の働きがある. 一方, 大形で電荷の少ないイオンの電場は弱く, イオンによって作られる構造が, 乱された水の四面体構造の秩序を補えないため構造性は弱まり, この種のイオンは構造破壊の作用を示す.

　イオン性溶質の水全体への影響は溶質濃度に依存し, 溶質濃度が低ければ水への影響は少なく, 全体としての溶液の性質はバルクの水に類似する. 中程度の溶質濃度では影響が現れ, 高濃度では水分子全体に影響が及ぶので, 水の性質はバルク水とかなり異なってくる. 生体高分子の溶解度は, イオン性溶質の濃度が高まると低下して, 一定濃度を超えると析出し塩析の現象が起こる. これは高分子と塩類の間で, 水和可能な水分子の取り合いが起こり, 高分子が脱水和されるためである.

　エマルションの水相に電解質が加わると, 油滴間の相互作用に種々の影響を及ぼす. それらの作用は無機物から高分子まで, イオンによって性質が異なるが, 次のものがある.

① イオンは油滴間の静電相互作用にスクリーニング効果を持ち，ファンデルワールス相互作用に影響する．
② 多価イオンは荷電した油滴間に橋かけを起こす．
③ イオンは水の構造を変化させるため，疎水性相互作用に影響する．
④ イオンは溶液中の生体高分子の大きさを変化させ，高分子の立体相互作用と枯渇現象に影響する．
⑤ 水和したイオンが油滴表面に吸着する場合には，油滴同士の水和による斥力が強まる．

### 4.4.2 水と双極子性溶質との相互作用

食品原料の中には，アルコール，ショ糖，蛋白質，多糖類，界面活性剤など，双極子を持つ分子や，双極子を含む基を持つ分子が多い．水はこれらの分子と双極子-双極子の相互作用を起こす．水とこれらの双極子間の相互作用は，水素結合の供与体($-O-H^{\delta+}$)と受容体($^{\delta-}O-$)の関係である．水とこの種の双極子性溶質との水素結合の強さは，水-水の結合の強さと類似する．そこで，双極子性溶質に水を加えると，それに隣接する水分子の受ける運動性と構造の変化は，イオン性溶質に比べて少ない．水の構造に対する双極子性溶質の影響は，既存の水分子間の正四面体構造中への入り込みやすさに依存する．図4.11に模式的に示すように，水の構造の中央に容易に入り得る分子は，図中左側の構造のように，大きさと形および$\delta^+$と$\delta^-$の配置が適当なものである．双極子性溶質が適当な形と大きさを持ち，水素結合の受容体と供与体の位置関係が，隣接する水分子と結合しやすい状態であると四面体構造に入り込む．この種の溶質は，水の全体としての構造に対する影響がわずかであり，水に非常に溶けやすい．反対に双極子性溶質が水分子に比べて，形と大きさが異なったり，周囲の水分子と水素結合の位置関係が不具合な場合は，水の正四面体構造に適合しない．不和合性の溶質に隣接する水分子は正常な構造が壊され，エネルギー状態は不安定になり，水分子の物理化学的性質が大きく変化する．そこで，水の四面体構造に不和合な双極子性溶質は，水への溶解度が低い．

双極子性溶質の影響はその濃度によって大きくなる．低濃度では，ほとん

## 4.4 水溶液

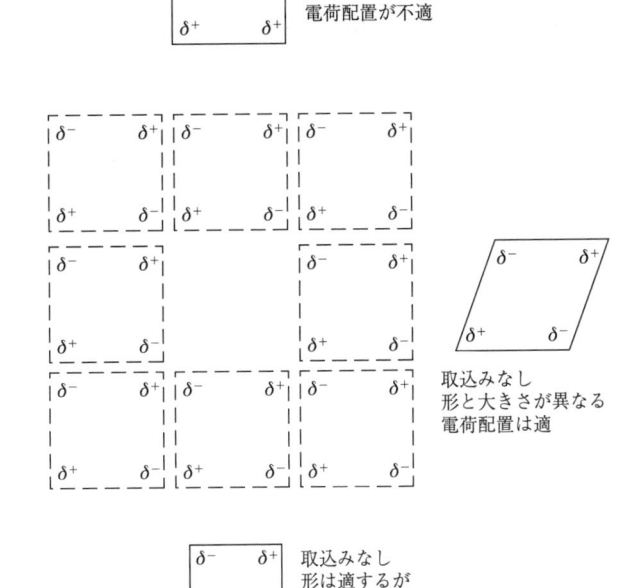

**図 4.11** 双極子性溶質の水分子構造中への取込みは，双極子性溶質の形態と水素結合の位置関係によって異なる．［参考書1, p. 101］

どの水はバルク水と同様な性質を示すが，高濃度になると溶質によって性質が変化した水が増加する．水と強い相互作用を持つイオン性溶質に比べて，双極子性溶質の影響は弱いので，イオン性溶質と同程度の影響を起こすためには高濃度を必要とする．

　食品エマルションの中で，双極子性溶質と水の相互作用の影響は重要である．例えば，双極子を持つ界面活性剤(乳化剤)の親水基の水和は，エマルションの凝集を阻止する．非イオン界面活性剤の親水基の水和性は，油滴の凝集を阻害してエマルションを安定させ，脱水和するとエマルションの凝集が促進される．蛋白質と多糖類の三次元構造と相互作用は，分子内および分子間の水素結合に影響されている．低分子の双極子性溶質の溶解度，分配，揮発性はそれを取り囲む溶媒との和合性に依存しており，溶媒との相互作用が

大きいほど溶解度が高く，揮発性が低くなる．

### 4.4.3 非極性溶質と水の相互作用（疎水性効果）

　非極性溶質と水は水素結合を作ることができないので，両者間の相互作用は，水–水の相互作用よりはるかに弱い．非極性(疎水性)分子を純水に加えると，水分子はそれを囲む新しい構造を作り，構造を取り囲む水分子との水素結合数が最大になるように配列する．このような，疎水性分子に隣接する水分子間の構造変化と物理化学的性質変化を，**疎水性水和**と呼んでいる．比較的低温では，この構造は水分子が4本の水素結合でつながって，疎水性分子を取り巻いた「かご形」であると考えられている(図4.12)．この構造はバルク水の構造より大きいが，高度に動的で，水分子の滞留時間は $10^{-11}$ s の単位である．非極性溶質を囲む水の分子間構造と相互作用の変化は，非極性基の溶解性と相互作用に重要な影響を与える．

　水中での非極性溶質の動きは，類似する非極性溶質に囲まれていた環境から，水に囲まれた環境への移動であるといえよう．非極性溶質が非極性溶媒から水に移されると，系のエンタルピーとエントロピーが変化する．エンタルピー変化は分子の相互作用全体の変化により，エントロピー変化は溶質と溶媒分子の組織構造変化によっている．そこで系の自由エネルギー変化は次式で表される．

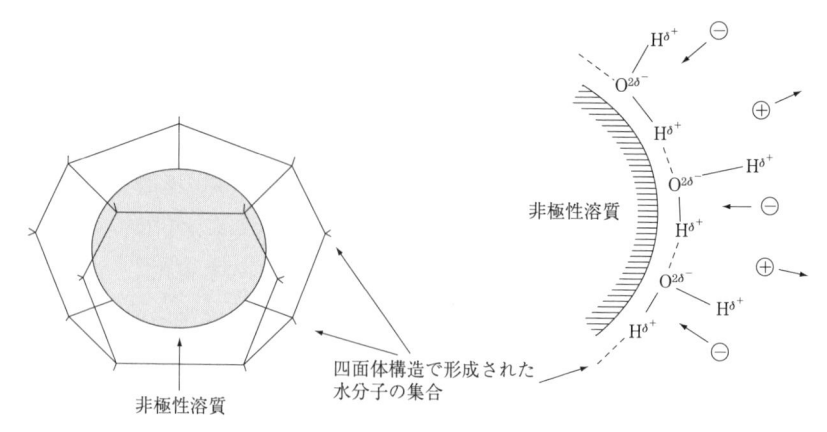

**図4.12** 非極性溶質を取り囲む水の分子構造模式図 ［参考書1, p. 102］

## 4.4 水溶液

$$\Delta G_t = \Delta H_t - T\Delta S_t \tag{4.2}$$

自由エネルギー $\Delta G_t$ へのエンタルピー，エントロピーの貢献は温度に依存する．温度が例えば15℃以下と低い場合には，非極性溶質の周囲にかご状の構造を作る水分子の水素結合数は，バルク水よりもわずかに多く，$\Delta H_t$ は負になって移動しやすくなる．一方，非極性溶質に直(じか)に接する水分子は，バルク水より規則性ができるため，エントロピーは正になって移動に逆らう．全体としてはエントロピー項がはるかに大きく，非極性溶質を水に移すことは熱力学的に不都合である．

温度が上がると分子の運動性が高まり，かご形構造中での秩序は次第に失われる結果，水分子上の部分電荷の一部は非極性基に向き，周囲の水分子との水素結合が不可能になって結合数が減る．ある温度になると，かご形構造中の水分子の水素結合が，バルク水の結合よりも少なくなる．この温度以上では $\Delta H_t$ は正になって，移行は不都合になる．温度の上昇で不規則性が高まり，かご形構造中の水分子とバルク水との間のエントロピー差は減少する．そこで温度の上昇では，エントロピーの影響が減少してエンタルピーの影響が高まる．全体としては温度の上昇で，非極性溶質は有機溶媒から水中に移しにくくなる．

非極性分子をその集合体から水中に移す自由エネルギー $\Delta G$ は，水と液体としての非極性分子間の界面張力 $\gamma$ と増加する面積 $\Delta A$ で表される($\Delta G = \gamma \Delta A$)．非極性溶質を含む水溶液の自由エネルギーを減らすことは，水と非極性基の接触面積を減らすことで可能になり，これを**疎水性効果**と呼んでいる．水中で非極性分子が強く会合する傾向は，接触面積を最小化する作用であり，この作用が**疎水性相互作用**である．食品エマルションでは多くの疎水性効果が認められる．それらは油／水の非混合性に始まり，蛋白質のフォールディング(折り畳み)，蛋白質の凝集，界面活性剤のミセル形成，油／水および気／水界面への乳化剤吸着，疎水性粒子の凝集などである．

水中での非極性溶質間の疎水性相互作用は，イオンの存在の影響を受ける．イオンには水分子の構造組織に対して，構造を強化するものと，構造を破壊するものがある．疎水性相互作用の主な駆動力は，非極性溶質に隣接する水分子とバルク水の間の構造組織の差異であり，バルク水中の水分子構造はそ

の強さを変える．構造強化イオンは疎水性相互作用の強さを減らし，構造組織の差が減少するので，非極性溶質の溶解度を増し，構造破壊イオンはその逆に働く．なお，疎水性相互作用の強さは温度に依存して高まる．

## 4.5 界面活性剤(乳化剤)

### 4.5.1 界面活性剤(乳化剤)とは

　界面活性剤は界面に強く吸着する性質があり，分子量1 000程度以下の比較的低分子の物質で，低濃度で表面張力を顕著に低下させる．界面活性剤はほとんどすべての工業分野で，その製造工程中に用いられ，また多くの最終製品に含まれる．家庭で用いられる代表的な界面活性剤は，石けんと洗剤である．食品では界面活性剤を乳化に用いることが多いので，**乳化剤**と呼ばれるが，乳化は界面活性剤機能の利用の一分野である．

　界面活性剤は水と油性物質になじむ**両親媒性**の分子である．この意味は，分子が性質の異なる二つの部分からできており，一方は水との親和性があり，他方は油性物質に親和性を持つことである．界面活性剤は強い**親水性**の**頭部**と，油に親和性の強い**親油性**の**尾部**を持つ．個々の界面活性剤の性質は，親水基(頭部)と親油基(尾部)の性質に依存する．エマルションに対する界面活性剤の役割は，その生成と安定化の促進である．一方で界面活性剤はエマルションの性質に種々の影響を及ぼす．それらの作用は，蛋白質およびデンプンなどの多糖類との相互作用，界面活性剤ミセルの形成，油脂結晶構造の変化などである．

　界面活性剤の親水基の種類は，イオン性(アニオン性，カチオン性，両性)，非イオン性に分類される．食品用の界面活性剤の多くは非イオン性で，親水基にグリセロール(グリセリン)，ショ糖，ソルビトールなどの多価アルコール類を用い，疎水基としては飽和，不飽和脂肪酸をエステル結合させたものである．化学合成品としては，モノアシルグリセロール(モノグリセリド)，ショ糖脂肪酸エステル，ソルビタン脂肪酸エステル，ポリオキシエチレンソルビタン脂肪酸エステルなどがあり，天然物としては，両性界面活性剤のレシチンがある．天然のアニオン界面活性剤には，日本では許可されていない

## 4.5 界面活性剤(乳化剤)

**表 4.6** 界面活性剤のテール(尾部)グループを構成する飽和および不飽和の直鎖カルボン酸

| 分子式 | IUPAC名 | 慣用名 |
|---|---|---|
| $C_{12}H_{25}CO_2H$ | ドデカン酸 | ラウリン酸 |
| $C_{14}H_{29}CO_2H$ | テトラデカン酸 | ミリスチン酸 |
| $C_{16}H_{33}CO_2H$ | ヘキサデカン酸 | パルミチン酸 |
| $C_{17}H_{35}CO_2H$ | ヘプタデカン酸 | マルガリン酸 |
| $C_{18}H_{37}CO_2H$ | オクタデカン酸 | ステアリン酸 |
| $C_{18}H_{35}CO_2H$ | cis-9-オクタデセン酸 | オレイン酸 |
| $C_{18}H_{33}CO_2H$ | 全 cis-9,12-オクタデカジエン酸 | リノール酸 |
| $C_{18}H_{31}CO_2H$ | 全 cis-9,12,15-オクタデカトリエン酸 | リノレン酸 |

[参考書 2, p. 46]

**表 4.7** 一般的な界面活性剤の例

| 種類 | 実例 |
|---|---|
| 非イオン | モノグリセリド, ショ糖脂肪酸エステル, ソルビタン脂肪酸エステル, ポリグリセリン脂肪酸エステル, ポリオキシエチレンソルビタン脂肪酸エステル(Tween類), サポニン類 |
| アニオン(陰イオン) | 石けん, 有機酸モノグリセリド, ステアロイル乳酸ナトリウム, 大豆リン脂質, ドデシル硫酸ナトリウム(SDS, 非食品用) |
| カチオン(陽イオン) | 食品用はなし |
| 両性イオン | ホスファチジルコリン(レシチン), 卵黄レシチン |

が,脂肪酸ナトリウムなどの塩類がある.カチオン界面活性剤は食品には用いられていない.表 4.6 に界面活性剤の尾部を構成する主要な飽和および不飽和脂肪酸を示し,表 4.7 に一般的な界面活性剤の例を示した.このほかに天然系界面活性剤を含めて種々のものがあるが,詳細は第二部・応用編で説明する.

### 4.5.2 界面活性剤の性質

水に溶解した界面活性剤は,一定の濃度を超えると自然に会合し,熱力学的に安定な**会合コロイド**を形成する.これを界面活性剤の**自己会合性**と呼ぶ.界面活性剤の会合コロイドは分子の構造によって,ミセル,ベシクル,脂質二重層など多様な構造をとる.これらの構造を模式的に図 4.13 に示した.

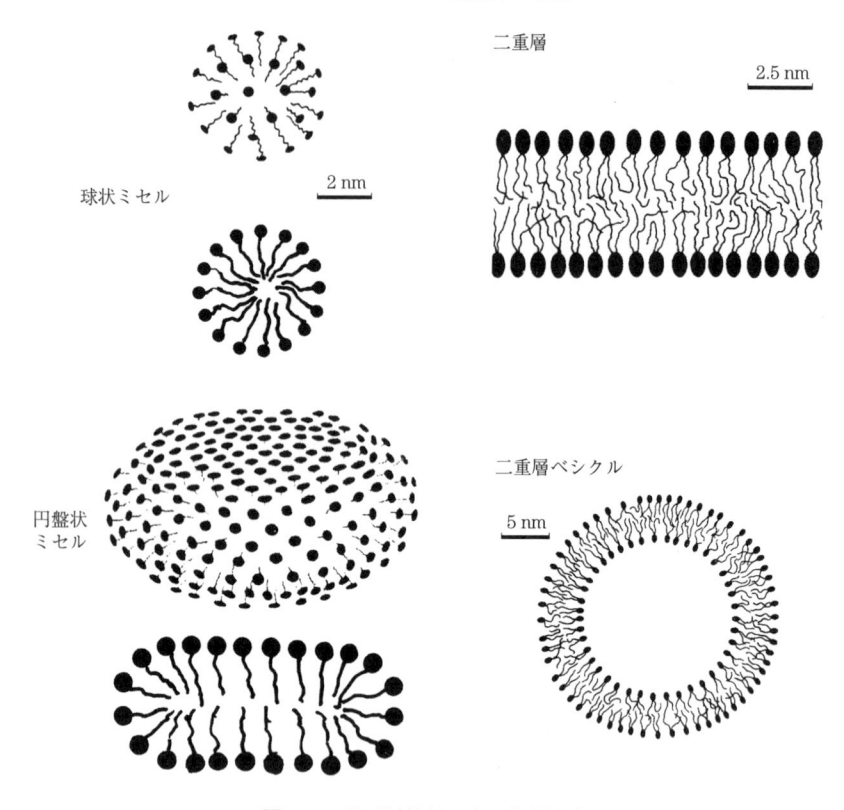

94  4. エマルションを構成する物質

球状ミセル　2 nm
二重層　2.5 nm
円盤状ミセル
二重層ベシクル　5 nm

**図4.13**　界面活性剤の自己会合模式図

　界面活性剤が会合する理由は，疎水性の尾部が水相に接触する面積を最小化するためであり，会合の形態は分子の極性と構造に依存する．会合コロイドは物理的相互作用で集合しておりそのエネルギーは弱いので，構造はきわめて動的でフレキシブルであり，温度，pH，イオン強度などの条件で変化する．

**臨界ミセル濃度**：界面活性剤水溶液は希薄である間は，ほとんど単分子で溶存するが，濃度がある限界を超えると分子が会合してミセルを形成する．この濃度を臨界ミセル濃度(critical micelle concentration : cmc)と呼ぶ．cmc を超えると加えた界面活性剤はすべてミセルになり，単分子界面活性剤の濃度は一定に保たれる．環境条件が一定であれば，ミセルを構成する界面活性剤分

子の数と，ミセルの構造はほぼ一定に保たれ，濃度を増やすとミセルの数が増加する．cmc 以下の界面活性剤溶液は，濃度に依存して表面張力，イオン性界面活性剤の電導度，浸透圧などが変化するが，cmc 以上ではこれらの物理化学的性質はほぼ同水準を保つ．最も顕著な現象は表面張力の変化で，濃度に依存する表面張力の低下は cmc 以上で不変になることである．両親媒性の界面活性剤単分子は強い界面活性を持つが，ミセルは表面が親水基で覆われ分散しており，界面活性に直接影響しないためである．

**可溶化**：非極性物質は水に不溶かまたは難溶であるが，界面活性剤ミセルがあると，その疎水基中に溶解包含されて溶解する．この現象を**可溶化**という．非極性物質を可溶化したミセルは膨張し，この状態の分散液を**マイクロエマルション**と呼ぶ．例えば，透明なミセル溶液を作るショ糖脂肪酸エステル溶液に，非極性の $\beta$-カロテンを加えて撹拌すると，橙色の透明溶液が得られる．カロテン分子がミセル中に拡散し，平衡に達するまでに時間はかかるが，得られた可溶化溶液は熱力学的に安定な系である．非極性物質の可溶化量は，界面活性剤濃度に比例して増加する．しかし，被可溶化物質に対する界面活性剤の必要量は，通常のエマルションよりはるかに多量である．可溶化現象は食品工業に重要であり，油溶性の色素やビタミンの水溶化，油性原料からコレステロールの除去，非極性物質の膜透過などに利用される．どの界面活性剤を可溶化剤として選ぶかは食品によって異なる．

**界面活性剤の曇り点**：近く食品への使用が許可されるとみられる，ポリオキシエチレン(ポリエチレングリコール)のエーテル基を親水基にする界面活性剤(Tween 類)は，温度の上昇で濁りを生ずる．高温で親水性のエーテル基の水和が失われて，親水基の斥力が弱まるためミセルが凝集し，大形化して光を散乱するためにこの現象が起こる．これらには，さらに高温になると沈殿を起こすものもある．この現象を起こす温度を界面活性剤の**曇り点**(または**曇点**（どんてん）)と呼ぶ．ポリグリセリン脂肪酸エステルの親水基は，グリセリン(グリセロール)がエーテル結合で重合したものであるが，重合度の高い場合は曇り点を示す．曇り点が水の沸点以上の場合があり，このようなポリグリセリン脂肪酸エステルは，食塩の存在で曇り点を示しやすくなる[11]．アニオン界面活性剤や，ショ糖脂肪酸エステルのように親水基が糖である非イオン界面

活性剤は，高温で溶解性が高まり曇り点の現象はない．

**乳化作用**：食品工業に多く利用される界面活性剤の用途は乳化である．このため食品工業では界面活性剤をもっぱら乳化剤と呼ぶが，実際には乳化以外の多くの食品用途に多量の界面活性剤が使われる．そこで，食品用の界面活性剤のすべてを乳化剤と呼ぶのは適当でない．乳化剤は，食品エマルションの生成と安定化の目的で，広く食品工業で用いられ，広義には蛋白質や多糖類も乳化剤に含まれる．

界面活性剤はエマルションの製造で，ホモジナイズの結果できる油滴の界面に，速やかに吸着し保護膜を作る．油滴界面は親水性になり，隣接する油滴との衝突による凝集を防ぐ作用が働く．油／水界面に吸着した界面活性剤は，分子の親水基で水相に接し疎水基を油相に入れて配列し，疎水性領域と親水性領域の接触を最小化する．このために界面張力が低下する．界面張力の低下によって，油相と水相の混合のためのエネルギーが減少し，ホモジナイズの効果が向上する．

一旦油滴に吸着した界面活性剤は，それがイオン性であれば同一符号の静電相互作用で反発し，非イオン性であれば立体斥力，水和などの斥力で，油滴同士の凝集を防止する．乳化における界面活性剤の主要な作用は，瞬間的に起こる吸着，十分な界面張力の低下，新生した界面の保護の3種である．しかし，エマルションの水相中の過剰な界面活性剤ミセルの存在は，エマルションの不安定化を起こす場合がある．例えば，枯渇凝集の原因になったり，可溶化作用によって油相を運搬し，油滴間の油相交換を起こしたり，蛋白質で安定化したエマルションでは蛋白質脱着の原因になる．多くの食品エマルションは蛋白質で安定化するので，必要以上の界面活性剤添加は禁物である．

### 4.5.3　界面活性剤の区分

多種類の界面活性剤の中から，新規に製造しようとする食品に対し，どれを選ぶかはそれほど容易な問題ではない．安全性，コスト，一定した性能への信頼性，使いやすさ，安定性，食品中の他成分との相互作用，最終製品のシェルフライフへの影響など，考慮すべき事項は多い．このような事情から，界面活性剤をその物理・化学的性質に基づいて仕分けする試みがなされた．

その代表的なものに，バンクロフト(Bancroft)の法則と HLB 値がある．

**バンクロフトの法則**：Bancroft(1913)は，乳化剤の溶解性の差異が使用したエマルションのタイプを決めるとした．油溶性の乳化剤は油相を連続相にして，W/O エマルションを作り，水溶性の乳化剤は水相を連続相にして，O/W エマルションを作るとするものである．この法則は多くの界面活性剤に当てはまる．しかし例外も多く，例えば，多くの両親媒性分子は水と油の双方に溶解するが，界面活性が無かったりエマルションを安定化しない．この理論は分子構造の要素が取り入れられていない点で，欠陥があった．

**HLB 値(親水性親油性バランス，hydrophile-lipophil balance)**：HLB は半経験的な概念で，界面活性剤の親水性・親油性の物差しである．HLB とは最も単純には，その界面活性剤が，相対的に水と油のどちらの相に「ぬれる」かを判断する数字ということができる．HLB 値が高いほど水にぬれやすく，親油基よりも親水基が優位にあり，低い HLB の界面活性剤はその逆である．HLB の高い親水性界面活性剤は，水中油滴型(O/W)エマルションを安定化し，低 HLB の親油性界面活性剤は，油中水滴型(W/O)エマルションを安定化する．HLB が 6～8 の界面活性剤は，水にも油にもなじみにくい．HLB が 3 以下および 18 以上になると界面活性は弱まり，界面に吸着するよりは，むしろ油相または水相に溶存するようになる．

　HLB の概念を作った Griffin によると，HLB≒7 を中心に 8～18 は O/W，6～4 は W/O のエマルションを作るのに適する．界面活性剤が含む親水基，親油基の構造と数から，経験則によって HLB 値を計算することができ，また実験的に求めることができる．HLB の計算式は下記のようであり，代表的な基数を表 4.8 に示した[12]．この式は界面活性剤混合物の最適なモル比を計算するために用いられる．界面活性剤混合物の HLB は二番目の式のように，代数計算で求めることができ，また必要とする HLB を，2 種以上の界面活性剤の混合で得ることができる．単一の界面活性剤を用いるより，異種または同種の異なった HLB の界面活性剤を組み合わせた方が，安定なエマルションを得やすいことから，このことは有用である．

$$HLB = 7 + \sum(親水基の基数) - \sum(親油基の基数)$$
$$A，B 混合界面活性剤の HLB = A\text{-}HLB x + B\text{-}HLB(100-x)$$

表 4.8 HLB を計算するための基数

| 親水基 | 基数 | 親水基 | 基数 |
| --- | --- | --- | --- |
| $-SO_4Na^+$ | 38.7 | $-OH$ | 1.9 |
| $-COO^-H^+$ | 21.2 | $-O-$ | 1.3 |
| 第三アミン | 9.4 | エチレンオキシド | 0.33 |
| ソルビタンエステル | 6.8 | | |
| グリセロールエステル | 5.25 | 親油基 | 基数 |
| エステル | 2.4 | | |
| $-COOH$ | 2.1 | $CH-$, $-CH_2-$, $-CH_3$ | 0.475 |

HLB 値とエマルション安定性との関連では, HLB が極端に高いか低い場合と中間的な 6〜8 の場合に, 油滴の凝集が起こりやすい. 高すぎたり低すぎたりすると界面活性が弱く, 界面に緻密に配列しないため, 凝集に対する保護作用が低下する. 一方, 中間の HLB 6〜8 では油／水間の界面張力が低くなり, 小さなエネルギーで界面活性剤膜がかく乱されるので, 油滴は凝集しやすくなる. そこで, O/W エマルションでは界面活性剤の HLB がほぼ 10〜12, W/O エマルションでは HLB が 3〜5 程度の時に, 最もエマルションが安定化する. その理由は, HLB がこの範囲の界面活性剤は界面活性を保ちながら, エマルションの破壊を起こすほどには界面張力を低下させないためである.

HLB の概念は比較的単純なモデル系では有効であるが, 複雑な食品系では役立たないことの方が多い. HLB は界面活性剤の分類には便利であるが, 食品エマルションの配合に HLB 値を用いることは問題の解決にならず, むしろ問題の複雑化を起こすことが多い. この理由は, 食品エマルションが, 低分子の界面活性剤だけで安定化されているわけではなく, 食品蛋白質が主要な安定剤になっているためである. HLB の概念は, 界面活性剤分子の機能的性質を全く考慮していない. 同じ界面活性剤でもポリオキシエチレン基のように温度によって親水性が異なったり, 分子構造によっては, デンプンなど他の食品成分と相互作用を示すためでもある.

**界面活性剤の分子構造と充填**：界面活性剤の構造と, 単分子膜に配列した場合の充填状態との関連について, 充填パラメーター($p$)がある.

$$p = v/a_0 l \tag{4.3}$$

## 4.6 生体高分子(蛋白質と多糖類)の機能

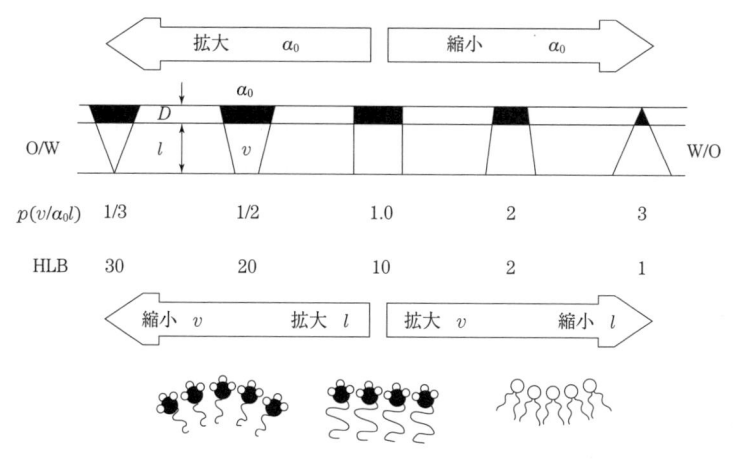

**図 4.14** 界面活性剤の分子構造と界面での配列,HLB との関連
充填パラメーター: $p = v/a_0 l$
[Israelachivili, J. N.: *Colloids and Surfaces A*, **91**, 3 (1994)]

$v$ は疎水基(尾部)の体積で,$l$ はその長さであり,$a_0$ は親水基(頭部)の断面積である.界面活性剤が会合して単分子膜を作る場合,分子は最も効果的な充填状態をとり,エネルギーが最低になるような面構造を作る.$p=1$ であれば会合膜は平面になり,$p<1$ であれば凸面,$p>1$ の場合は凹面になる.$p$ が 1/3 より小さければ界面活性剤は球状ミセルを作り,1/3~1/2 であれば楕円球などになり,1.0 であれば二重層を作る.$p$ が 1 を超えると逆ミセルが形成される.これらについて概念的な模式図を図 4.14 に示した.

## 4.6 生体高分子(蛋白質と多糖類)の機能

食品エマルションの重要な原料に,生体高分子の蛋白質と多糖類がある.これらの原料は食品の栄養上の重要性以外に,食品中で種々の機能を発揮する.例えば,エマルションや泡状の食品に粘性を与え,ゲルを形成する.蛋白質とデンプンやガムなどの多糖類は,エマルションを安定化させるばかりでなく,外見やテクスチャーを改善し,また栄養や風味の点でも重要な構成要素である.市場では多数の機能性を持った生体高分子製品が販売され,それぞれの機能が食品に利用されている.

### 4.6.1 生体高分子の特徴

 生体高分子の蛋白質では，アミノ酸のペプチド結合による単一の鎖に，イオン性，非イオン性の側鎖がつき，それらの配置と数によって蛋白質の二次，三次構造が定まる．多糖類では単糖類がエーテル結合で連結している．蛋白質は一般にアミノ酸が100個以上(分子量で1万以上)であり，多糖類には分子量が数百万の巨大分子をなすものがある．

 蛋白質と多糖類の機能的な性質は，分子の構造と分子量，柔軟性，極性，相互作用などによって変化する．生体高分子の性質は，分子鎖を構成するモノマー(単量体)のアミノ酸や単糖類の性質，数および配列に支配される．モノマーによって，その極性(イオン性，双極性，非極性)が異なり，分子量，相互作用，官能基が異なる．デンプンやセルロースのように，高分子が単一のモノマーからなる場合をホモポリマー(単独重合体)と呼び，異種のモノマーで構成されるとコポリマー(共重合体)という．コポリマーには，蛋白質，アラビアガムなど多くのガム質が含まれる．

 これらの生体高分子の分子量は数千～数百万で，そのモノマーは共有結合で連結し，結合の位置で分子が回転できるので，溶液中では種々の形態をとることになる．生体高分子は一般に，その環境中で自由エネルギーを最小化するような構造をとる．例えば，蛋白質のヘリックス構造は構造内の水素結合が最大になる．このように生体高分子は，与えられた環境内で安定化するために好都合なように分子内と分子間の相互作用を最大にして，安定性を保とうとする．しかし，多くの食品系は種々の活性化エネルギーを与えられており，平衡に達していない系であるため，生体高分子は準安定状態にある．

 一般に水中の生体高分子は，図4.15に示すように，比較的堅固な構造の球状，繊維状または棒状構造，動的で柔軟性のあるランダムコイル状の，3種の構造をとる．蛋白質は基本的に一本鎖状の構造であり，球状や棒状構造の分子内部では，$\alpha$-ヘリックス，$\beta$-シート状などの構造ができている．多糖類の場合はアミロースのような一本鎖構造と，アミロペクチンのような枝分かれした構造がある．多くの生体高分子は，すべてが一様な構造ではなく，部分によって上記3種の構造のどれかを持つ場合が多い．また蛋白質の熱変性のように，ヘリックス(らせん)構造からランダムコイルに変わったり，球

4.6 生体高分子(蛋白質と多糖類)の機能

一次構造／二次構造／三次構造／四次構造

球状蛋白質
β-ラクトグロブリン

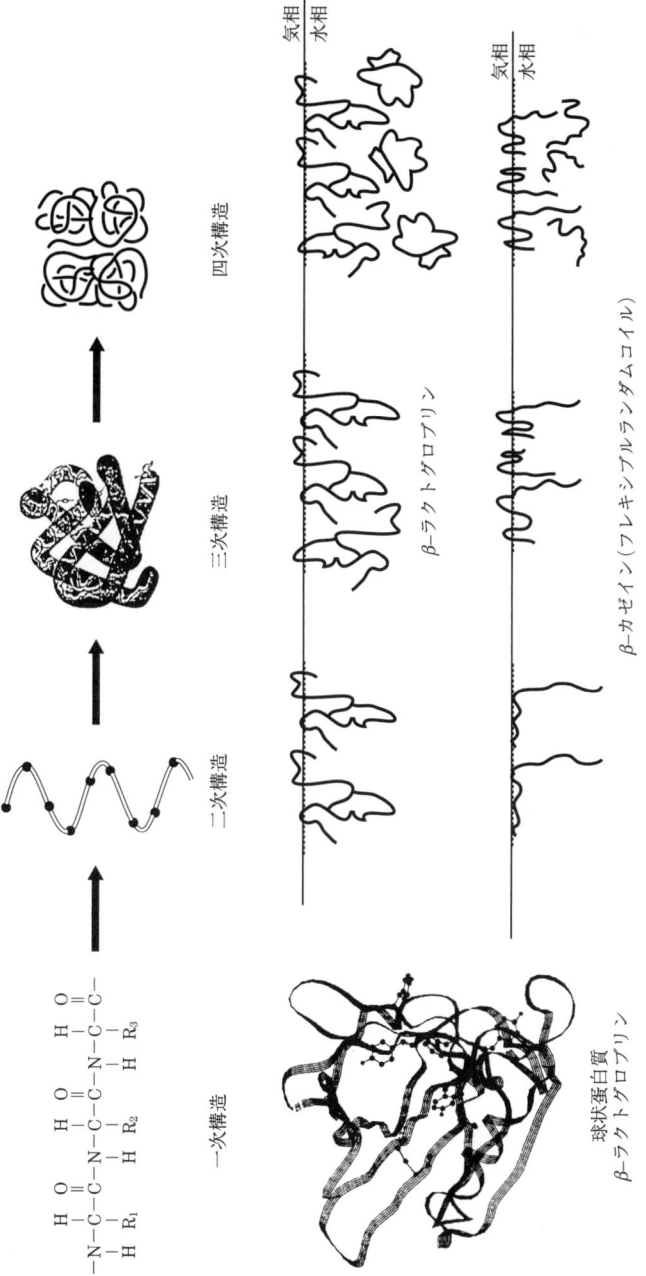

β-ラクトグロブリン(フレキシブルランダムコイル)

β-カゼイン(フレキシブルランダムコイル)

図 4.15 蛋白質の構造と表面での吸着. 水中の濃度増加で吸着量が増加し, 表面張力が低下する.

状構造をとったりと環境条件で構造が変化する．蛋白質の環境による変化，特に加熱変性やpHなどによる蛋白質の機能特性変化の知識は，食品加工にとって重要である．

**蛋白質のフォールディングとアンフォールディング**：水溶液中の蛋白質は特有の立体構造を示す．天然の球状蛋白質ではポリペプチド鎖はフォールディング(折り畳み)されて，しっかりした塊状構造を作る．ある種の蛋白質はサブユニットと称する蛋白質が，共有結合や非共有結合で会合して存在する．このような構造を蛋白質の四次構造という．天然の球状蛋白質が環境の変化でほぐれる現象を，アンフォールディングと称する．これらの立体構造は蛋白質の機能性に関連し，特にアンフォールディングの起こしやすさに関連する．球状蛋白質が界面に吸着すると，アンフォールディングを起こすことが多く，凝集して界面張力の低下につながる．またアンフォールディングによる凝集で，三次元のネットワーク構造のゲルを形成する場合がある．

生体から取り出され，変化を受けていない蛋白質を**ネーティブ**(native)な蛋白質と呼ぶ．熱やpH，イオン強度などの影響を受けて，構造，性質や機能が変化した蛋白質を**変性蛋白質**という．食品加工では酵素剤などを除くと，蛋白質はかなりの変性を受け，ネーティブな状態を保持する蛋白質は少ない．変性やアンフォールディングした蛋白質は，ネーティブ状態の三次構造が変化し規則的構造を失う．アンフォールディングが進むと，蛋白質はほとんどランダムコイル構造になる．ネーティブ状態の蛋白質は，最も自由エネルギー状態が低いと考えられている．このことは，球状蛋白質の変性程度が少ないと，環境条件の復元でネーティブな状態に戻る場合があることで分かる．

### 4.6.2 生体高分子の構造と凝集の分子機構

水溶液中の生体高分子内部と，隣接する生体高分子間には種々の相互作用が働く．特に蛋白質のとる分子構造と凝集には，分子の相互作用とエントロピーが関与する．蛋白質の三次構造や四次構造を決定する分子的な要因は，主に**疎水性相互作用**，**水素結合**，**静電相互作用**，**ファンデルワールス力**，**ジスルフィド結合**，**立体配置エントロピー**である．

**疎水性相互作用**：蛋白質のフォールディングと三次構造を維持する主な原因

は，疎水性相互作用である．多くの蛋白質分子はかなりの量の非極性のアミノ酸(バリン，ロイシン，イソロイシン，フェニルアラニンなど)を含み，また，多糖類にも主鎖に非極性基を結合したものがある．生体高分子の非極性部分は疎水性相互作用で集合して，水との接触を最小化する．蛋白質では，疎水性アミノ酸部分が集合してフォールディングされ(折り畳まれ)，アミノ酸の極性部分は主として表面に配列し，球状構造をとる．しかし，すべての疎水性アミノ酸が内部にあるわけではなく，一部は表面に位置することもある．フォールディングで接近したアミノ酸間には，水素結合，静電相互作用などによる相互作用が起こる．らせんの棒状構造をとる高分子では，らせんの内側に疎水基を配列して，水との接触を減らす．両親媒性の生体高分子は，疎水性領域同士で凝集したり，油脂のような疎水性界面に吸着して水との接触を最小化する．

**水素結合**：生体高分子の蛋白質と多糖類は，水素結合を起こしやすいモノマーを持っている．蛋白質の分子はペプチド鎖の上に，多くの供与体と受容体を持っており，アミド基とカルボニル基の間に，>N-H$^{\delta+}$…$^{\delta-}$O=C<の水素結合を起こす．フォールディングした蛋白質内では，水素結合が可能なほとんどの基は結合し，また他の極性原子や溶媒とも水素結合する．水分子は小形で供与体にも受容体にもなるので，蛋白質分子内に入って水素結合し，極性基間の水素結合を媒介する．

水素結合はかなり強い分子間相互作用で，このために分子内には，ヘリックス，シートや折れ曲がりの構造ができる．一方，蛋白質の極性モノマーが，周囲の水分子と水素結合する場合は，蛋白質構造の規則性が弱まる．そこで，蛋白質など生体高分子は，分子が全体的に分子内水素結合で規則構造をとる場合と，外部分子との水素結合でランダムコイルをもった構造をとる場合がある．ある条件下の生体高分子がどのような構造をとるかは，水素結合の強さと他の相互作用(疎水性，静電，立体構造)の強さとの相対的関連によって定まる．図4.16に球状蛋白質の構造模式図を示した．

$\alpha$-ヘリックス構造はペプチド鎖の最も安定した規則構造で，引き続くアミノ酸間に水素結合が起こり，ペプチド鎖は1回転で3.6個のアミノ酸を含む．$\alpha$-ヘリックス構造が続かなくなるのは，アミノ酸の側鎖が大形，極性

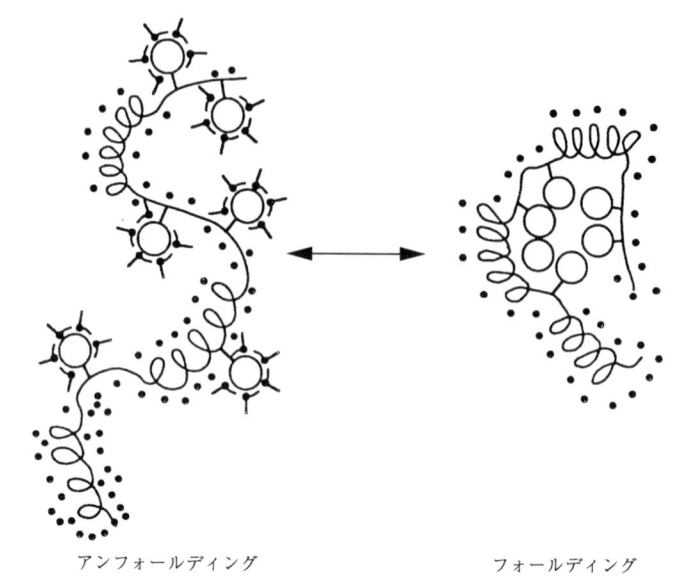

**図 4.16** 蛋白質のフォールディングとアンフォールディング[10]
アンフォールディングした蛋白質の疎水基は水分子(⊥)で疎水性水和される．
••は水和した水分子を示す．

で電荷が大きい場合と，プロリンとヒドロキシプロリンの位置で，ペプチド鎖が折れ曲がる場合である．β-シート構造は，ペプチド鎖の異なった部分が互いに平行に並び，水素結合はペプチド鎖と垂直方向に形成される．蛋白質の折り畳み構造で，ペプチド鎖が折れ曲がる部分も水素結合で安定化し，極性側鎖を持つ表面のアミノ酸がこれに関わることが多い．$\alpha$-ヘリックスと$\beta$-シートの規則的構造は，非水溶媒中で安定である．水溶液中では，規則構造は低温で安定し，高温ではエントロピーが増大してランダムコイル構造をとりやすくなる．また，溶液のpHや電解質も構造に影響する．

　蛋白質の三次構造に関わるのは水素結合だけではない．蛋白質分子の内部はほぼ非極性であり，疎水性相互作用が作用している．

　一般に生体高分子のセグメント(鎖状の高分子内の類似性の大きい最小単位のモノマー集団)は，他の分子のセグメントと強い水素結合を作りやすく，このため分子間の連結部分ができる．連結部分は水素結合によるヘリックスやシート構造を示し，ガム質などの多糖類水溶液では，分子間部分凝集によって

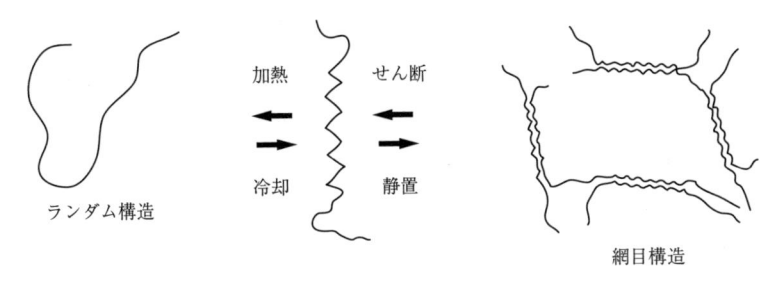

**図4.17** キサンタンガムの網目構造形成の可逆性

網目構造ができる．一般に，このような結合は低温で安定化し，高温では解消する．図4.17に多糖類の網目構造の模式図を示した．

**静電相互作用**：蛋白質の構成アミノ酸には，正電荷を持つアルギニン，リジン，プロリン，ヒスチジン，末端アミノ基と，負電荷を持つグルタミン酸，アスパラギン酸，末端カルボキシル基がある．また多糖類にも硫酸基，カルボキシル基，リン酸基，アミノ基を持つものがある．このため分子内と分子間で，静電引力や斥力が働く．蛋白質の電荷を持ったアミノ酸の大部分は分子の表面に分布し，蛋白質の性質に影響する．蛋白質分子内部にある電荷を持ったアミノ酸は，反対電荷のアミノ酸と分子の対を作るか，内部に強い水素結合を形成している．

生体高分子の全体としての電荷は等電点を境に，pHに依存して変化するので，静電相互作用はpHの影響を受ける．つまりpHが等電点より下がるほど蛋白質分子は正に荷電し，等電点より高いpHでは負に荷電する．また静電相互作用は，静電スクリーニング効果の存在で，水溶液中の電解質の質と濃度の影響を受ける．

生体高分子が同符号の電荷を多く含むと，それらの斥力のために高分子は伸びた構造をとりやすい．逆に，生体高分子が分子内に多量の正負の電荷を持つ場合は，引力で集合してコンパクトな構造をとることになる．そこで蛋白質は等電点で最も緻密な構造をとり，等電点の上下でpHの差が拡大するほど，ほどけた構造をとりやすくなる．同じ電荷を持った生体高分子間には斥力が働くので，水中で分散して存在し，異種の電荷を持った生体高分子間には引力が作用して凝集する．蛋白質のフォールディングとアンフォールデ

ィングに対して,静電相互作用の寄与はさほど大きくなく,フォールディングの全自由エネルギーの10%程度とされている.しかし,この程度の大きさでもpHなどの条件によっては,アンフォールディングの原因になる.

**立体斥力の相互作用**:原子や分子同士がごく近距離に近づくと,その電子雲が重なるために強い斥力が働く.立体斥力の相互作用は,高分子中のモノマーの立体的分布を強く制限する.これは二つの基が同一場所を占めることができないからである.蛋白質で安定化したエマルションの凝集が起こりにくいのは,蛋白質分子間の立体斥力に負うところが大きい.

**ジスルフィド結合**:例えば,$\alpha$-ラクトアルブミンやリゾチームは8個のシステインを含む.球状蛋白質はシステインを含み,スルフヒドリル基(-SH)の酸化によるジスルフィド結合(-S-S-)によって,ペプチド鎖が橋かけされる.ジスルフィド結合は分子構造と分子間の凝集に影響し,蛋白質の分子内では分子の三次構造に関わり,分子間では凝集に関与する.例えばホエーの主要蛋白質の$\beta$-ラクトグロブリンは5個の-SH基を持ち,その4個がS-S結合している.一般に-SH基やS-S結合は蛋白質分子内にあるので,簡単に蛋白質同士が結合することはない.ラクトグロブリンなどの蛋白質の熱変性で凝集が起こるのは,アンフォールディングによって露出した分子内の-SH基間に,ジスルフィド結合が起こるためとされる.$\alpha$-ラクトアルブミンの球状構造が熱に対して安定なのは,8個の-SH基のすべてがS-S結合しているためであり,ラクトグロブリンよりもはるかに熱変性しにくい.

$-S^+$イオンはアルカリ性では求核性で(電子供与性が強い),ジスルフィド結合を交換する性質がある.交換反応は蛋白質のペプチド鎖間や,$\beta$-メルカプトエタノールなど他の硫黄化合物との間で起こる.しかし,-SH基は等電点以下ではイオン化しないので,これらの交換反応はpH 6以下の酸性では起こらない.次に交換反応の例を示す.

$$\text{Prot-SH} + \text{R-SH} \longrightarrow \text{Prot-S-S-R} + 2\text{H}$$
$$\text{P}_a\text{-S-S-P}_b + \text{R-SH} \longrightarrow \text{P}_a\text{-SH} + \text{R-S-S-P}_b$$
$$\text{P}_a\text{-S-S-P}_b + \text{R-S-S-R} \longrightarrow \text{P}_a\text{-S-S-R} + \text{R-S-S-P}_b$$

ここで,$P_a$と$P_b$は同一蛋白質のペプチド鎖で,PおよびRは他の蛋白質またはチオール化合物である.アンフォールディングした球状蛋白質のゲルで

は，特に pH が高い場合に，スルフヒドリル基が減少してジスルフィド結合が増加する．

**立体配置エントロピー**：溶液中の生体高分子の構造と凝集を支配する因子に，立体配置エントロピーがある．フォールディングに逆らう主な因子は，アンフォールディングした蛋白質が示す，種々の立体配置に関するエントロピーである．ヘリックスやシートなどの部分的な二次構造の形成は，エントロピーの減少を意味し，立体配置が制約されて自由度を失うのでエントロピー的には不都合である．一方，柔軟性に富むランダムコイル生体高分子は，多くの異なった形態をとり，立体配置エントロピーは球状蛋白質よりも大きい．温度が上がると立体配置エントロピーに関わる自由エネルギーが増加し，疎水性結合に打ち勝つために，高温では蛋白質のアンフォールディングが起こる．しかし分子内に強い S-S 結合などがあると，ランダムコイル構造がとりにくくなる．

**蛋白質-水，蛋白質-蛋白質の相互作用**：水中の蛋白質と水分子の相互作用で，水は蛋白質と種々の結合を起こし，蛋白質の性質に大きく影響する．フォールディングした蛋白質内部には 3% 程度の水が含まれ，極性基と水素結合して構造の安定化を助けている．また，水分子は蛋白質分子の周囲に水和層を作る．蛋白質分子の表面のアミノ酸は，内部のアミノ酸より多量の水分子と結合する．蛋白質に水を加えると，イオン化する極性アミノ酸の1分子は3〜7個の水分子と水和し，イオン化しない極性アミノ酸は2〜3個，非極性アミノ酸はほぼ1個の水分子と結合する．

結合水の量は pH に強く依存する．極性アミノ酸を囲む水和は水素結合の形成によるが，非極性アミノ酸の周囲では疎水性効果によっている．水和した水分子の物理化学的性質はバルク水とは異なる．しかし，水和層の水分子は極小の時間でバルク中の水分子と入れ替わっている．蛋白質の結晶化では水分子が取り込まれ，その量は 25〜80% であるとされる．また，配列してゲルを形成した蛋白質は，その網目構造中に水を取り込んでいる．この場合，取り込まれた水の物理化学的性質は，バルク水と同じと考えられている．

蛋白質分子の三次構造を支配する力と同じ力が，蛋白質分子間での相互作用でも作用する．ある蛋白質分子が個々に分散するか，隣接する分子と凝集

しているかは，分子間の引力と斥力のバランスによる．温度，pH，溶媒などの変化でこのバランスが変わると，蛋白質の凝集が起こる．ネーティブ蛋白質間の凝集の例としてカゼインサブミセルがあり，非極性領域間の疎水性相互作用によってこの凝集が起こる．また，加熱変性したホエー蛋白質は，疎水性相互作用で凝集する．

電荷を持ったアミノ酸間では，静電相互作用で引力か斥力が働き，その状況は pH によって変化する．等電点の蛋白質は全体としては電気的に中性であるが，蛋白質は正・負の電荷を持つので，凝集しやすくなる．pH が等電点から離れるほど蛋白質の電荷は高まり，互いに反発する．静電相互作用はイオン強度の影響を受けて減少し，$Ca^{2+}$ など多価の金属イオンの存在では，分子間に橋かけを起こし凝集する．カゼインミセルは，セリンにエステル結合したリン酸基が Ca を介して橋かけし，多数のサブミセルが会合している．また，蛋白質中のシステイン基間では，酸化によるジスルフィド結合で，分子間の橋かけが起こる．

**まとめ**：このように生体高分子の水溶液中での構造と凝集は，分子内と分子間に働く引力や斥力の相互作用の強さに支配され，また立体配置エントロピーに依存する[13]．この状態は，蛋白質では，フォールド状態かアンフォールド状態か，凝集しているか単独かである．生体高分子はその自由エネルギーを最低にする傾向があり，自由エネルギーは上記の種々の分子の相互作用とエントロピーに支配される．しかし，大部分の食品系は平衡に達していないので，生体高分子の自由エネルギーが最低状態でなく，準安定状態を保っている．多くの活性化エネルギーの存在が，平衡に達することを阻んでいるためである．例えば，β-ラクトグロブリンを高温に加熱すると，アンフォールディングで分子間に凝集が起こるが，低温にしても凝集したままで元に戻らない．また，ホエー蛋白質の粉末化では，工程によって分子形態に差が生じ，これがロット間の品質差異の原因になる[14]．

### 4.6.3 蛋白質と多糖類の物理的機能性

食品エマルション中の蛋白質の物理的機能性は，その水との相互作用に支配される．例えば，溶解度，分散性，乳化性，粘性，起泡性，ゲル化能など

である．そして蛋白質が機能するには，完全に溶解して(時には分散し)水相中に均一に分布している必要がある．したがって粉体原料を用いる場合は，分散・溶解に留意しなければならない．特に吸湿性の大きい生体高分子粉末では，分散，湿潤，溶解が問題で，溶解前に粉体の糖類と混合しておくとか，油相に分散しておくなどの工夫を要する．粉体の蛋白質に対する水和は，まず荷電した極性基で起こり，次いで電荷のない極性基，非極性基と続く．

生体高分子の水溶性は，蛋白質-水の相互作用の項で説明したように，分散媒の水との親和性に支配される．水との親和性が少なく，生体高分子間の相互作用が強い場合は，水溶性が低い．生体高分子の水溶性は，前項で述べた種々の相互作用の影響を受けるが，最も影響力の大きいものは，疎水性相互作用と静電相互作用である．生体高分子の表面に非極性基が多いと，表面の疎水性で水溶性が低下する．球状蛋白質が熱変性でアンフォールドされると，不溶性になり凝集するのはこのためである．

静電相互作用は，表面に電荷を持った生体高分子の水溶性を大きく支配する．静電相互作用は分子表面の正負の電荷による．蛋白質はpHが等電点より高ければ負，低ければ正の電荷を持つ．同一電荷を持つ蛋白質では斥力が働くが，ある特定のpHが2種の蛋白質の等電点の中間にあれば，両者間に引力が働く．蛋白質表面のイオン化した極性基は強く水和され，分子間に短距離での水和斥力が働く．

生体高分子の水溶性は，電解質イオンの種類と濃度に影響される．低イオン強度の電解質は，高分子間の静電相互作用のスクリーニング(遮へい)を起こす．このため等電点では分子間の正負領域の静電相互作用が弱められ，溶解性の増加効果があるが，等電点から遠ざかると静電相互作用が弱められる．中間的なイオン強度では，イオンは高分子表面に結合し，短距離の水和斥力を増加させて溶解度を増やす．イオン強度が臨界点を超えて高まると，生体高分子はイオンに水和水を奪われて凝集し，塩析現象を起こす．

溶液の温度も生体高分子の溶解度に大きく影響する．温度は種々の相互作用とエントロピーに影響する．一般に高温では，疎水性結合が促進され，水素結合が弱まり，水和斥力が減り，静電相互作用が強まり，立体配置エントロピーが増大する．温度上昇による生体高分子の溶解度は，与えられた条件

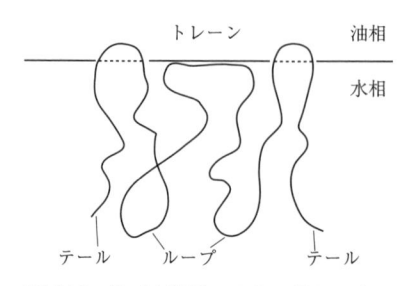

**図 4.18** 油／水界面へのランダムコイル蛋白質の吸着

下で，どの相互作用が優位であるかに依存して変化する．

**蛋白質によるエマルション生成**：蛋白質が極性領域と非極性領域を持つ両親媒性分子であると，油／水または気／水界面に疎水性効果で吸着する．このような高分子が水中に分散していると，非極性基は熱力学的に不都合で，疎水性面があると吸着し，極性部分を水相に向けて配列する．吸着によって油／水の接触面積が減少し，界面張力が低下する．多くの食品蛋白質は，非極性領域をかなり多く持っており，界面活性がある．生体高分子の多糖類は，ほとんどが極性基からできており，界面活性は無いかまたは弱い．例外としては，疎水性蛋白質を含むアラビアガムや，化学的に修飾されたデンプン類がある．蛋白質分子が柔軟なランダムコイルであるか，球状蛋白質であるかで吸着の様相は異なる（図 4.15 参照）．

ランダムコイル蛋白質分子は，非極性基が支配的なセグメントが油相中に，極性基が支配的なセグメントは水相中に，中性的なセグメントは界面に平衡に吸着する．有名な蛋白質吸着のトレーン，ループ，テール(train, roope, taile)構造である(図 4.18)．ランダムコイル蛋白質の典型例は，S-S 結合を持たない β-カゼインである．柔軟性の大きいこのランダムコイル分子は，吸着が速やかである．吸着した蛋白質膜は開かれた構造で，濃度増加で吸着量が増え，吸着層は厚くしかも低粘度である．

球状蛋白質構造は強固で吸着速度は遅く，分子表面の非極性領域で油相に吸着し，極性領域を水相に向けて配列して一定の膜構造を作る．一般に，球状蛋白質の吸着膜は薄く，緻密な構造をとりやすく，粘弾性は高めであるので，破壊に対する抵抗性がランダムコイル蛋白質より大きい．

乳化剤としての蛋白質は，ホモジナイズによって新たにできた油／水界面に吸着して蛋白質の保護膜を作り，油滴間の凝集を防がなければならない．ここで凝集防止に作用する主な分子間の相互作用は，短距離での立体斥力である．油滴の保護膜が十分厚ければ，蛋白質間の立体斥力で凝集が避けられ

る．また静電斥力も凝集防止に関与するが，等電点付近や高イオン強度の条件ではあまり役立たない．

**生体高分子によるエマルション安定化**：エマルションに対する生体高分子の役割には，乳化作用以外に，増粘による安定化作用がある．例えば蛋白質には，ゼラチンのような増粘剤・ゲル化剤やカゼインがあり，多糖類では化工デンプンなどの糊剤，植物ガム質などの天然多糖類が用いられる．これらは一般に顕著な水和性を持ち，ハイドロコロイドと呼ばれる．液状食品の粘度を高めて濃厚感をだし，エマルションでは油滴の上昇分離(クリーミング)を，微粒子分散液では沈降を防止する．生体高分子の増粘性は，基本的にその分子量に依存し，分子の枝分かれ，立体構造，フレキシビリティー(柔軟性)が影響する．

水溶性生体高分子の希薄溶液を，電荷のない球状粒子の分散液と考えた場合，その粘度は次式で示される．

$$\eta = \eta_0(1+2.5\phi) \tag{4.4}$$

ここで$\eta$は分散液の粘度，$\eta_0$は純溶媒の粘度，$\phi$は分散相の体積分率である．希薄水溶液中の生体高分子の体積は，実際の高分子体積よりはるかに大きい．この理由は，生体高分子が熱エネルギーによって水中で急速に回転しており，生体高分子のおよその長さを直径にする球体内の水分子を抱き込んで，球状の領域を作っているためである．そのために図4.19-aに示すように，水中

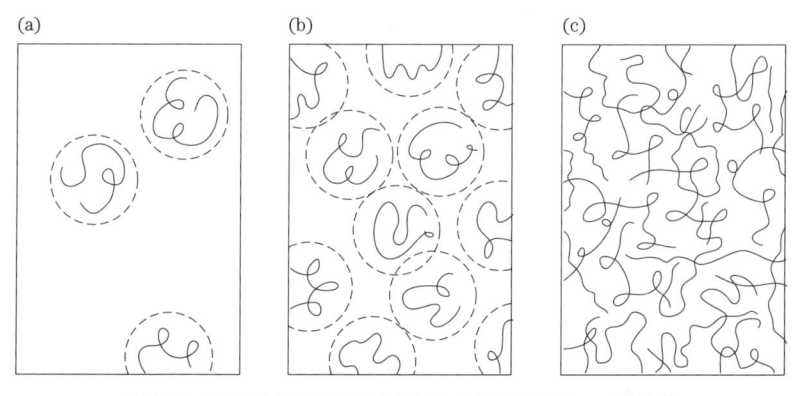

**図 4.19** 高分子水溶液の構造に対する高分子濃度 $c$ の影響[13]
a：稀薄な溶液($c<c^*$)，b：コイルの重なりの開始($c \approx c^*$)，c：準濃厚溶液($c>c^*$)．破線は稀薄な溶液中で個々の分子が占める平均の体積を示す．($c^*$は臨界濃度)

の高分子はその実際体積よりはるかに大きい体積を占める．ハイドロコロイ
ドが低濃度であっても，大きな増粘効果を示すのはこのためである．分子量
が大きく，広がりをもって水中に分散できる生体高分子ほど，高粘度を得る
ことができる．小形で枝分かれの多い生体高分子の増粘性は弱い．

　水溶性生体高分子溶液が希薄であれば，個々の分子の球状領域の間に相互
作用が起こらない．濃度が高まって一定の臨界値を越えると，水を抱えた球
状領域間に相互作用が起こり（図4.19-b），溶液の粘度が急上昇を始める（図
4.19-c）．この臨界濃度付近の濃度を準濃厚溶液と呼んで，本来の濃厚溶液と
区別する．この状態では分子間に相互作用はあっても，球状領域は水分子で
囲まれている．さらに高分子濃度が高まると，分子が互いに絡み合って自由
に動けなくなり，ゲルの性質を示す濃厚溶液になる．生体高分子を利用した
食品エマルションは，準濃厚溶液の範囲で用いられることが多い．

　生体高分子溶液の見かけ粘度を回転粘度計などを用いて測定すると，回転
速度を上げてずり速度が高まると粘度が低下する**ずり流動化**が見られる．こ
の現象は，ずり面に高分子が配列するか，ずりによって分子間の相互作用が
乱されて弱まるためである．生体高分子のレオロジー特性は，食品エマルシ
ョンの機能性に重要な影響を与える．例えば，高粘度のサラダドレッシング
には糊剤（糊料）が用いられ，注ぐときには流動し，サラダ上ではある程度の
保形性が保たれる．これはずり流動化の一例である．また，生体高分子溶液
の多くは，撹拌すると粘度が次第に減少するチキソトロピーを示す．これは
生体高分子間の弱い相互作用がずりで破壊されて流動化し，ずりがなくなる
と分子間の相互作用が復活して結合し，ゲルや固体状の性質に戻る現象であ
る．

　食品エマルションに用いる生体高分子は，多様で種々の機能をもつ．カゼ
インは直径が100 nm以上の大形のミセルをなし，ゼラチンは長いフレキシ
ブルな構造である．デンプン，植物性ガム質，微生物ガム質は巨大な水溶性
高分子である．カゼインをアルカリ処理したカゼインナトリウムは，水溶性
があり強い乳化力がある．ゼラチンは親水性で粘性は高いが，乳化性はほと
んどない．アラビアガムはその特異的構造で乳化性があるが，普通の親水性
ガムには乳化性がない．エマルションに用いる生体高分子は，製品テクスチ

## 4.6 生体高分子(蛋白質と多糖類)の機能

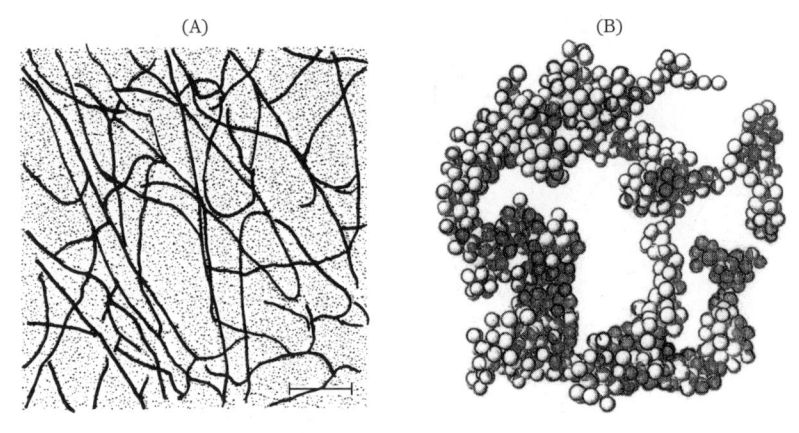

**図4.20** 繊維状ゲル(A)と微粒子ゲル(B)
A：キサンタンガム(バーは 100 nm)
B：粒状ゲル模型．このような凝集単位が集合してゲルを作る．
[Dickinson, E. and Bergenståhl, B. eds.: *Food collolds, proteins, lipids, and polysaccharides*, p. 117, p. 296, Royal Society of Chemistry (1997)]

ャー，口当たり，安定性を考慮して選択すべきである．
**生体高分子のゲル化**：種々の固さにゲル化した食品エマルションは多い．例えば，種々のデザート，卵製品，プディング，ヨーグルト，チーズなどである．ゲル化の方法は，加熱後冷却の熱変化，pHまたはイオン強度の変化，熱変性，橋かけ反応や橋かけ剤の利用その他である．ゲルは，粒状ゲルと繊維状ゲルの2種に大別される．デンプンゲルは前者であり，寒天ゲルは後者である．粒状ゲルは，隣接する球状蛋白質が表面上の特定部位で凝集して三次元の網目構造を作り，その内部に水を含んでいる．一般に粒状ゲルは，網目構造が比較的疎で，光を散乱するため不透明で，細孔の空隙部分が大きく，毛管力による水の保持が弱いため離水を起こしがちである．繊維状ゲルは分子鎖が細いため，光を透過して散乱しにくいので透明性があり，細孔径が小さいため保水性が高く離水しにくい．

　食品ゲルには加熱によってゲル化するものと，冷却でゲル化するものがあり，また温度変化でゾル-ゲル転移の起こる可逆的ゲル化と，熱的に不可逆なゲルがある．同じ蛋白質のゲルであっても，ゼラチンは可逆性の冷却固化ゲルで，卵白は熱不可逆な加熱固化ゲルである．ゲルが可逆的であるか否か

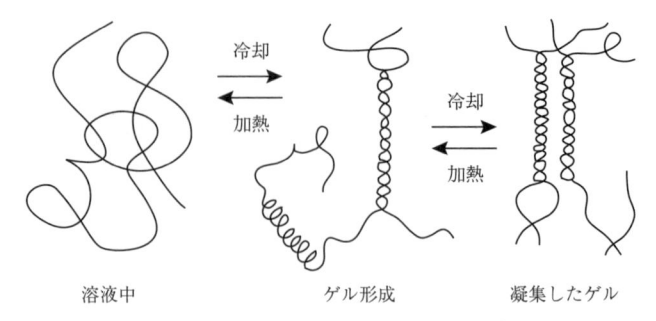

**図 4.21** カラギーナンのゲル化メカニズム
[Nussinovitch, A.: *Hydrocolloid applications*, p. 49, Chapman & Hall (1997)]

は，ゲルを構成する分子の結合構造変化および，ゲル化による分子内構造や分子間構造の変化によっている．ゲルが生体高分子間の非共有結合で安定化しているか，ゲル化の前後で分子の構造があまり変化しない場合は，ゲルは可逆的である．反対にゲルが分子間の共有結合で構成されていたり，ゲル化で分子構造の変化が大きい場合は，ゲルは不可逆的である．

例えば，ゼラチンやカラギーナンなど，ある種の蛋白質と多糖類のゲルでは，強い水素結合によるヘリックス構造で接合した網目構造を作るものがある．図 4.21 はゲル化温度の前後での加熱と冷却による，カラギーナンのゲル構造変化を模式的に示している．カゼインや変性ホエー蛋白質のように，多量の非極性基を持つ蛋白質では，分子が疎水性相互作用で会合する．静電相互作用も蛋白質のゲル化に影響し，この場合，pH やイオン強度がゲル化を支配する．pH が等電点から離れるほど分子間に斥力が働き，多量の無機塩を添加した場合や等電点では蛋白質の凝集が起こる．二価のカルシウムイオンの添加で，分子間に橋かけが起こりゲル化が促進される．例えば，アルギン酸ナトリウム水溶液にカルシウムを加えると，直ちにゲル化が始まる．チオール基を持つ蛋白質分子間では，ジスルフィド結合でゲル構造が強化される．

食品エマルションの水相がゲル化すれば，油滴はゲルの網目構造中に取り込まれて安定化する．また，食品エマルションの油滴に吸着した乳化剤の蛋白質やアニオン界面活性剤と多糖類間に相互作用があると，ゲル構造はさらに強化されてゲル強度が増加する．逆にエマルションの乳化剤膜とゲル間の

相互作用がないと，エマルションが壊れてゲルは弱められる．ゲル網目構造の空隙に比べて，エマルションの粒子径が大きすぎると，エマルションの破壊が促進される．

**蛋白質-多糖類間の相互作用**：カゼインのように疎水性領域の大きい蛋白質は，乳化剤としてエマルションや起泡に多用される．多糖類は蛋白質に比べて界面活性が低いため，乳化剤としては滅多に使われないが，エマルションや泡の安定剤としてよく使われる．この点で，エマルション粒子の蛋白質膜と多糖類との相互作用の理解は重要である．蛋白質-多糖類間の結合的相互作用で，油滴の表面は厚くて強い立体的な膜が形成され，エマルションは安定化する．しかし，この相互作用によって油滴間に橋かけが起こると，油滴が凝集してクリーミングが促進される．蛋白質と多糖類が反発する相互作用では，分散した油滴をゲルの網目構造中に動かさずに保って，安定化する場合もある．さらに多糖類は高分子であるため，エマルションの枯渇(離液)凝集の原因になる(油滴粒子間の距離が近くなりすぎると，高分子が油滴表面間の水相域から排除され，凝集が促進される)[15,16]．

　2種以上の生体高分子の混合水溶液は，相分離を起こすことがある．原因には，複合コアセルベーションと呼ばれる現象と，熱力学的不和合性がある．複合コアセルベーションは，生体高分子が溶媒を多量に含んだ部分と，脱溶媒された部分の分離が自然に起こり，2種の生体高分子が共沈する現象である．熱力学的不和合性は水相が2相分離し，ほとんどが蛋白質からなる水相と，多糖類からなる水相に分かれる現象である．

　ゲル化が起こると分離の速度と程度は減少するが，内部の部分的不均一のためにコロイド系は不安定になる．蛋白質-多糖類の相互作用の強さと性質によって，両者の混合ゲルは，互いに入り込んだ均一な網目構造をとるか，相分離した部分が混在する不均一な網目構造を作る．

**蛋白質-多糖類の反発的相互作用**：異種の生体高分子を含む溶液で，高分子上に化学的に構造の異なるセグメントがあって，負の相互作用が働く場合は，分子は互いに排除し合う．高分子濃度が高まって，両者間に分子レベルでの斥力が働くと，水相は2相に分離する．この現象は準濃厚溶液以上の濃度の，蛋白質／多糖類の混合溶液で起こりやすい．この関係を図4.22に示した．$P_0$

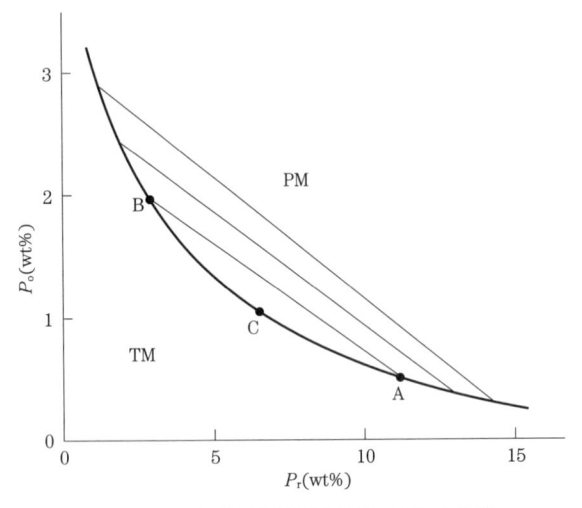

**図 4.22** 蛋白質／多糖類水溶液の不和合性[16)]
$P_o$ は多糖類濃度, $P_r$ は蛋白質濃度. TM は混合域, PM は部分混合域で相分離が起こる. 直線 AB の A 点と B 点は両者共存が可能な高蛋白質と高多糖類相を示す. C は臨界点である.

は多糖類濃度で, $P_r$ は蛋白質濃度であり, TM の領域では両者が混合し合って巨視的には均一に見える(分子レベルでは均一分散ではない). 曲線 ACB 上では濁りが発生し, PM 領域では相分離が起こり, 蛋白質が主な相と多糖類が主な相に分かれる. 一般にこのような相分離は, 両生体高分子の濃度が合計で 4% 以上で起こる. 図 4.22 は, カゼインとアルギン酸ナトリウムの混合液の例に近い.

蛋白質／多糖類間の不和合性はゲル化にも影響する. 例えば, 10% ゼラチン溶液に 0.2% のデキストランを加えると, ゼラチン分子間の橋かけが促進され, 急速なゲル化が起こる. この種のゼラチンのゲル化促進は, マルトデキストリンでも起こる. 血清アルブミンと寒天の相互作用では, 蛋白質の熱変性の有無がゲル構造に影響する. カゼインとアミロースの不和合性で, デンプンゲルの性質が変化するなど, 最近は蛋白質／多糖類の不和合性を利用して, 新しい食感と機能を持ったゲルの開発が行われている.

**蛋白質-多糖類の結合的相互作用**：アニオン性の多糖類は, 等電点以下の pH で正に帯電した蛋白質と静電的に結合して, 不溶性のコアセルベートを作る.

## 4.6 生体高分子(蛋白質と多糖類)の機能

この条件ではエンタルピーは発熱的で，蛋白質は巨大分子の多糖類に次々に結合して，複合体の電荷は減少する．静電結合による複合体同士は，特に蛋白質が部分的に変性している場合，疎水性結合や水素結合で会合しやすく，この種の複合体は機能性を失う．他方，可溶性の蛋白質／多糖類複合体もできる．球状蛋白質とアニオン性多糖類の可溶性複合体は大部分，全体として負の電荷を持つ．カルボキシル基を持つ多糖類は，等電点以上の pH の蛋白質と結合しない．しかし硫酸デキストランなど，電荷の大きい硫酸基を持つ多糖類は，血清アルブミン，ミオグロビン，ゼラチンなどと，等電点以上で可溶性の複合体を作る．この時，球状蛋白質が部分的に変性していることが必要と思われ，側鎖のアミノ基と多糖類が結合すると見られる．この点で，アルギン酸塩の方がペクチンより反応性が大きい．

蛋白質／多糖類複合体は，食品のテクスチャー改良などで，すでに工業的に利用されている．水溶性のある $\varkappa$-カゼインと $\varkappa$-カラギーナンの複合体は，デザート乳製品の安定化に用いられてきた．この複合体によって，カゼインのカルシウムによる中性域での沈殿が防止できる．$\varkappa$-カゼインは他のカゼインと異なり，正の電荷を持ったアミノ酸に富む領域を持っており，カゼインミセルの表面に配列し，負の電荷を持つ多糖類と相互作用を起こす．静電相互作用によるゼラチン／アラビアガム，ゼラチン／ジェランガムの複合体はコアセルベートを形成し，エマルション油滴のマイクロカプセル化に用いられる．ゼラチンは等電点以下の pH で，アルギン酸やペクチンと静電相互作用で複合しゲル化する．蛋白質-多糖類の結合的相互作用は，食品にとって有利な場合と，コアセルベーションや沈殿など不利な場合がある．

蛋白質と多糖類の最も強い永続的な相互作用は，蛋白質と多糖類のある部分が共有結合して，両親媒性の複合体ができる場合である．静電相互作用による複合体は pH やイオン強度の影響を受けやすいが，共有結合複合体の利点は，広範囲な水相条件で安定的に作用することである．蛋白質のアミノ基と多糖類の還元基間のメイラード反応で，食品内にこの種の複合体が生成し得る．アラビアガムは天然の多糖類／蛋白質複合体で，pH 変化や温度の影響を受けず，良好な界面活性を示す．この親水性ガムは，疎水性アミノ酸に富む蛋白質を 2% 含み，そのセリンとヒドロキシプロリンが，アラビノガラ

クタンと共有結合している．ゼラチンはアルギン酸のプロピレングリコールエステルと結合する．これらの両親媒性複合体は，酸性や高イオン強度に耐える水溶性の界面活性剤である．これらの複合体が乳化剤として機能するためには，適当な疎水性領域があり，油／水界面に急速に吸着できる必要がある．

以上の実例については，第二部・第2編2.1節で紹介する．

## 文　献

1) Hollingsworth, P. : Food research : Cooperation is the key, *Food Technol.*, **49** (2), 67(1995)
2) Sloan, A. E. : Top ten trends to watch and work on, *ibid.*, **48** (7), 89(1994)
3) Sloan, A. E. : America's appetite '96 : The top ten trends to watch and work on, *ibid.*, **50** (7), 55(1996)
4) Sloan, A. E. : Top ten trends to watch and work on 3rd biannual report, *ibid.*, **55** (4), 38(2001)
5) Sloan, A. E. : Top ten functional food trends : The next generation, *ibid.*, **56** (4), 32(2002)
6) 藤田　哲：油脂の基礎化学，食用油脂—その利用と油脂食品—, p. 122-127, 幸書房(2000)
7) Sato, K. : Kinetic aspects in polymorphic crystallization and transformation of fats in mixed and dispersed systems, in *Physical properties of fats, oils and emulsifiers*, Widlak, N. ed., p. 33-48, AOCS Press, Champaign, Ill.(1999)
8) 藤田　哲：ココアバター，食用油脂—その利用と油脂食品—, p.109-114, 幸書房(2000)
9) Gunstone, F. D. : Chemical properties, in *The lipid handbook*, Gunstone, F. D. et al. eds., p. 449-484, Chapman & Hall, London(1986)
10) Fennema, O. R. ed. : *Food chemistry*, 3rd Ed., p. 17-94, Marcel Dekker, New York(1996)
11) 葛城俊哉，石飛雅彦：ポリグリセリン脂肪酸エステルの構造・組成と機能, *FFI* ジャーナル, **180**, 35-44(1999)
12) Davis, H. T. : Factors determining emulsion type : Hydrophile-lipophile balance and beyond, *Colloids and Surfaces A*, **91**, 9(1994)
13) Dickinson, E. and McClements, D. J. : *Advances in food colloids*, p. 27-80, Chapman & Hall, London(1996)
14) McClements, D. J. : *Food emulsions, principles, practice, and techniques*, p. 111-116, CRC Press, Boca Raton(1999)

15) Dickinson, E., 西成勝好, 藤田 哲, 山本由喜子訳:食品コロイド入門, p. 188-191, 幸書房(1998)
16) Dickinson, E. and McClements, D. J. : *Advances in food colloids,* p. 81-101, Chapman & Hall, London(1996)

# 5. 界面の性質と界面活性

## 5.1 は じ め に

　液体の表面には，想像上の皮膚のようなものがあって，この皮はできるだけ表面を縮ませて，その中に含まれる液体を塊に保とうとするかに見える．シリコンの上で水滴が球状になるのも，雨滴が楕円球であるのも同じ現象である．液体と気体の界面に起こるこのような現象が表面張力であり，これが混合しない2種の液体間に起これば界面張力である．界面は異なった分子で構成され，気体／液体，液体／液体以外に，固体／気体，固体／液体，固体／固体間にも界面がある．食品エマルションでは主に油／水界面が論じられるが，エマルション中には，気泡，氷晶，油脂結晶など種々の界面がある．

　古典力学では，表面張力とは，表面を単位面積だけ広げるのに必要な仕事と定義している．可逆的な仕事と自由エネルギーは熱力学的に等価であり，そこで，純液体の表面張力 $\gamma$ は次式で定義される．

$$\gamma = (\partial G/\partial A)_{p,T,n} \tag{5.1}$$

ここで，$G$ はこの系の Gibbs の自由エネルギー，$A$ は表面積，$p$ は圧力，$T$ は絶対温度，$n$ は系の物質量である．表面張力は，エネルギー／面積($J/m^2$ または $N/m$)の単位を持つことが分かる．純水の $\gamma$ は 20℃ で 72.8 mN/m で，純エタノールは 22 mN/m である．純トリグリセリドと純水の界面張力は約 25 mN/m であるが，通常の植物油と水の界面張力は 10 mN/m 程度と小さい．この理由は，油脂の精製は困難で，不純物として少量のモノ・ジグリセリド，脂肪酸など界面活性物質を含むためである．界(表)面張力は温度が上がると直線的に低下する．

## 5.2 分子から見た界面

　油／水界面は平板で油／水は画然と分かれており，厚さは極小と考えられがちである．この仮説は便利ではあるが，実際の界面は非常に動的な性質を持っている．界面を分子の次元で見ると，油と水の分子は互いに分子直径の2～3倍の範囲で入り交じっており，急激な密度変化は1 nm以下の幅の間で起こっている(図5.1参照)．油相／水相の構成変化は突然変わるのではなく，中間的な混合部分を経て連続的に変化する．そして，界面域の厚さと動力学は，界面に関係する液体分子間(油／油，油／水，水／水)の相互作用に依存する．特に油相と水相の相互作用が強く反発的であると，一方から他方への分子の突出ではエネルギー消費が高まり，界面域の厚さは狭くなる．植物精油などが油相であると非極性が弱まり，油／水間の反発が低下して部分的な混合が多くなり，界面域の厚みが増加する．

　トリグリセリド(油脂)分子は水分子と水素結合を作らないので，純粋な両

連続体理論　　　　　　　　　　分子理論

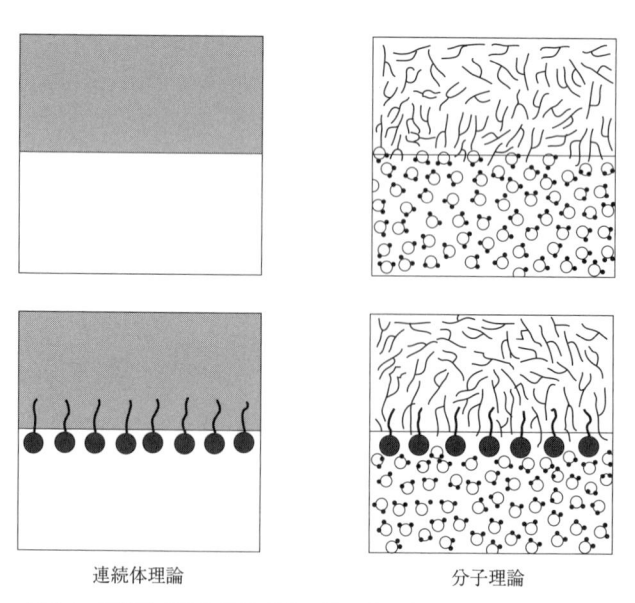

**図5.1** 連続体理論と分子理論で見た油／水界面と界面活性剤の吸着．油と水の分子は界面で入り交じっている．

者を混合することは非常に困難である．両者の接触面積を増加させるためには，エネルギーを与える必要があり，そのエネルギー量は次式で表される．

$$\Delta G = \gamma \Delta A \tag{5.2}$$

ここで $\Delta G$ は，混合しない液体の接触面積を $\Delta A$ だけ増加させる自由エネルギーで，$\gamma$ は両液間の界面張力である(気体／液体の界面では $\gamma$ は表面張力である)．界面張力は，界面で作用する分子間力の不均衡によって起こり，界面張力が高いほど液相分子間の不均衡が大きい．界面での分子間力の不均衡は，食品エマルションで起こる多くの現象を支配する．油滴や水滴が球形になるのも，乳化剤に界面活性があるのも，油脂や氷の結晶核の生成も，毛管現象が起こるのも，分子間力の不均衡に由来している．

### 5.2.1 乳化剤*の界面吸着

　食品エマルションは種々の界面活性物質を含んでおり，それらは界面に吸着して界面の性質を変化させる．界面活性のある分子が界面に吸着すると，その分子がバルク(一体としての液相)内にある場合より，自由エネルギーが顕著に減少する．吸着／非吸着時の自由エネルギーの変化は，分子の相互作用エネルギー変化と，種々のエントロピー効果によって定まる．相互作用エネルギーの変化は，一つは界面での会合の結果であり，他は乳化剤分子自体に起因する．

　油と水が直接接触していた状態が，乳化剤の介在で，乳化剤の非極性部分と油の間の接触と，極性部分と水との接触に置き換わる(図5.1参照)．このことはエネルギー的に好都合である．乳化剤には極性部分と非極性部分があるので，水中に分散する場合，非極性部分は疎水性効果によってエネルギー的に不都合である．乳化剤が界面に吸着することによって，極性部分と水の間の相互作用が高まり，非極性部分と水との接触が最小化して，共にエネルギー的に安定化する．乳化剤などの両親媒性分子の界面吸着の主要な駆動力は，疎水性効果であり，これに水和，静電相互作用，立体相互作用，水素結合などの作用が加わる．

---

＊ 狭義の乳化剤は界面活性剤の1種であり，主に乳化の目的で用いる化合物であるが，以下の文中では，蛋白質を含め広く乳化に用いられる物質を意味する．

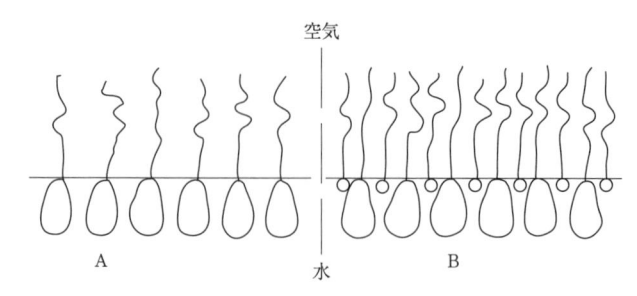

**図 5.2** 界面活性剤の配列と界面活性
A：大豆リゾレシチン，B：大豆リゾレシチン／リノール酸等モル混合物．
25℃の表面張力は，A=37.9 mN/m，B=27.8 mN/m．

　吸着に関わるエントロピー効果は，吸着した乳化剤分子の体積が，分子のバルク中で占める体積よりもはるかに小さいことと，分子の回転が制限されることによる．吸着エネルギーが熱エネルギーより十分大きければ，分子は界面に強く結合して高い界面活性を示す．このように，両親媒性物質は，その非極性部分と油相との接触および，極性部分の水との接触を最大化して，系全体の自由エネルギーを最小化する．

　界面活性物質の界面吸着で起こる自由エネルギーの減少は，界面張力の低下と同義である．界面張力の低下は，界面を広げるために要するエネルギーが減ることを意味する．界面張力の低下の程度は，界面活性剤がどれだけ油／水間の接触を遮れるかに係っており，親水基と水間，および疎水基と油間の相互作用の大小に依存する．界面活性剤は種々の分子構造を持ち，**界面活性剤分子が界面に緻密に配列できるほど，界面張力は低下する**．またエマルション粒子の曲面が，界面活性剤が緊密充填した単分子層の曲面と一致すれば，界面張力は最低になる．この現象を図 5.2 に模式的に示した．蛋白質はその構造から界面の吸着が疎であり，界面活性剤ほどに緻密に配列できない上，親水性領域にも非極性基を持つので，界面張力の低下は大きくない．

　界面活性剤の分子量は一般に 1 000 以下で，生体高分子よりはるかに低分子であり，油／水界面では，親油基の尾部を油相中に入れ，親水基の頭部を水中に突き出す．界面への吸着は蛋白質でも起こるが，柔軟性のあるランダムコイル蛋白質と，球状蛋白質では吸着の様相が異なる．ランダムコイル蛋白質は，濃度に依存して構造が容易に変化し吸着量が増え，吸着層は厚くな

るが，球状蛋白質の吸着量は少なく層も薄い．蛋白質は吸着によってその分子構造が変化するが，球状蛋白質の変化は遅く，吸着直後はネーティブ状態で，時間をかけてアンフォールディングし，非極性アミノ酸と油相の相互作用を最適化する．吸着した低分子の界面活性剤は，バルク中に分散する界面活性剤と常に置換している．しかし，蛋白質の吸着と脱着，再配列と変形過程は，通常の観察時間より長いため，不可逆的と見なされることが多い．

## 5.3 界面の熱力学

気相／液相，液相／液相の2相，$\alpha$と$\beta$が観念上の界面域$\sigma$で隔てられているとする．この界面内に仮説上の平面XYを考え，これをGibbsの分割面という(図5.3)．この分割面は実在しないが，面をはさんで一方の物質の過剰濃度が，他方の物質の欠乏濃度と同じであると考えると便利である．気／液界面では，過剰濃度は界面上の水の量に対応し，その量は界面の直上のバルク蒸気相の濃度よりも大きい．この界面の位置がGibbsの分割面である．

**気／液界面**：界面活性剤の水溶液の表面がその蒸気と接している場合，界面活性剤はバルク水相内と気相に分散し，表面に配列する．界面活性剤($i$)の

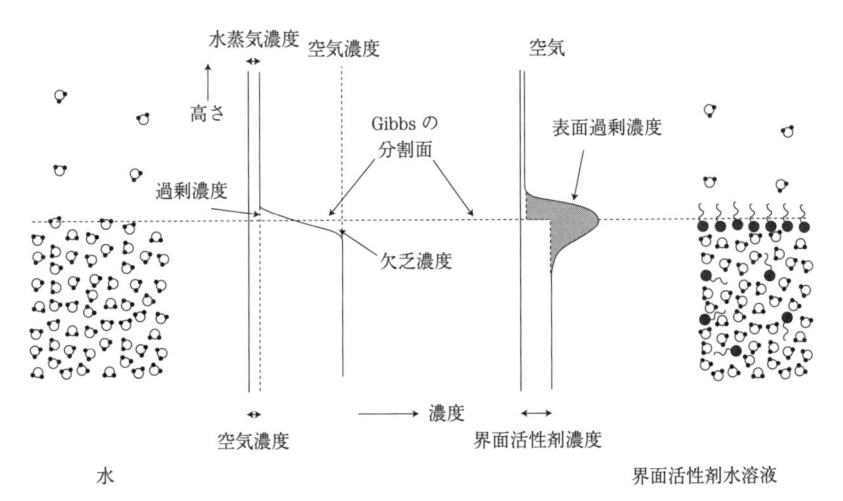

**図5.3** 水と界面活性剤水溶液の界面および表面過剰濃度($\Gamma$)

過剰濃度($n_i$)は,系全体の界面活性剤量からバルク内の界面活性剤を除いた量で,図5.3の灰色部分に相当する.表面に蓄積した界面活性剤分子を表面過剰濃度($\Gamma$)と呼び,この数値は界面分割面で分割された界面活性剤濃度(吸着量)である($\Gamma = n_i/A$).食品エマルションの$\Gamma$は数 mg/m²(2~4 mg)である[1]).界面活性剤分子はGibbsの分割面に集中しているのではなく,分割面を中心に分布している.Gibbsの分割面に厚さはなく,分子は一定の大きさを持つからである.

**表面過剰濃度の測定**:表面過剰濃度の測定は,水溶液中の界面活性剤濃度を徐々に増加させて,対応する表面張力を測定して求めることができる.表面の界面活性剤濃度は,バルク水相中の界面活性剤濃度に比例して増加し,それに伴い水と空気の接触が弱まり表面張力が低下する.界面活性剤が一定濃度に達すると,界面への界面活性剤吸着が飽和し,表面張力はそれ以上低下しなくなる(図5.4).低分子の界面活性剤では,界面への吸着が飽和する濃度と,バルク溶液内で界面活性剤が会合しミセルを作る濃度(臨界ミセル濃度,cmc)がほぼ一致する.

界面活性剤の濃度増加および表面張力の低下と,表面の界面活性剤量(表面過剰濃度)の間には,熱力学的計算で有名なGibbsの吸着等温式が成り立つ.

$$\text{非イオン界面活性剤では} \quad \Gamma = -\frac{1}{RT}\left(\frac{d\gamma}{d\ln(x)}\right) \quad (5.3)$$

$$\text{イオン性界面活性剤では} \quad \Gamma = -\frac{1}{2RT}\left(\frac{d\gamma}{d\ln(x)}\right) \quad (5.4)$$

ここで,$\gamma$は表面張力,$R$は気体定数,$T$は絶対温度,$x$は界面活性剤の濃度である.イオン性界面活性剤の気体定数を2倍にするのは,分子が解離するためである.この関係は低イオン強度の場合に成り立つ.

界面活性剤の表面過剰濃度はこの式で求められる.実験で界面活性剤濃度と表面張力との関係を求め,cmc以前の傾斜$d\gamma/d\ln(x)$を計算すれば,この式から容易に吸着量が得られる.界面への界面活性剤吸着量(表面過剰濃度)を知ることは,食品エマルションの製造で重要である.エマルションの全油滴の表面積測定を行えば,安定化に必要とする界面活性剤の最少量を求

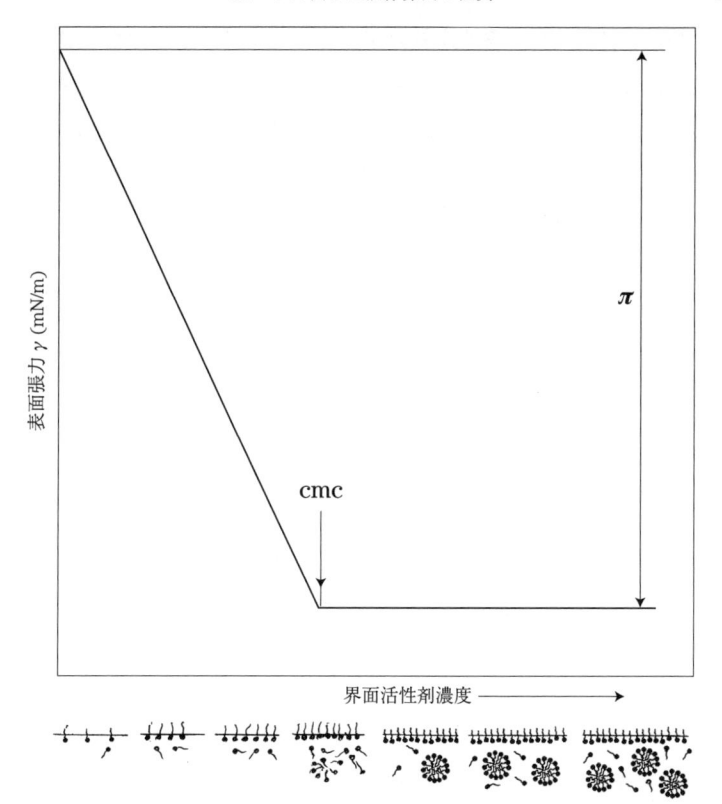

**図 5.4** 界面活性剤濃度と表面張力の関係. cmc 以上の濃度でミセルが形成される.
π：表面圧（水の表面張力 − γ）

めることができる．$\Gamma$ が小さいほど少量の界面活性剤で広い界面を覆うことができる．純水の表面張力と界面活性剤水溶液の表面張力の差は表面圧で，表面圧は食品エマルションの生成と安定性に関係する．

## 5.4 わん曲した液体界面の性質

　食品エマルション中では，油滴の界面はわん曲しており，平面とは異なった性質を示す．エマルション粒子は，油／水界面での接触面積を最小化するため，界面張力によって縮まろうとする．液滴が縮小すると内部の分子が圧

縮されて圧力が上昇し、周囲からの圧力とバランスする。平衡状態では液滴内の圧力は周囲より高まり、その圧力は次式のように界面張力($\gamma$)と液滴の半径($r$)で定まり、界面張力に比例し液滴の半径に反比例する．

$$\Delta p = 2\gamma/r \tag{5.5}$$

この数値は半径が数 μm の液滴では問題にならないが、微細粒子になると影響が大きくなり、油粒子から水中への油の移動が高まる．$S$ を油滴中の油の水溶性，$S^*$ をバルク油の水溶性，$\nu$ を油のモル体積とすると次の関係が成り立つ．

$$\frac{S}{S^*} = \exp\left(\frac{2\gamma\nu}{rRT}\right) \tag{5.6}$$

一般の食用油では(モル体積約 1 L，$\gamma = 10$ mJ/m$^2$)，油滴半径が 0.01，0.1，1，10 μm の場合，$S/S^*$ はそれぞれ 2.24，1.08，1.01，1.0 になる．この関係は後に説明するが，エマルション油滴，油脂結晶，氷晶の安定性およびオストワルド(Ostwald)成長(小形の油滴から大形油滴への油分子の移動)にとって重要である．

液滴の界面張力と表面張力の大きさは，曲率半径が分子径より十分大きい 10～100 nm では，液体の粒子径には無関係である．一方，界面活性剤(乳化剤)の形態は界面の曲率に影響を与える．これは親水性の頭部と親油性の尾部の体積の相対比が異なることで，緊密に配列した界面活性剤が，平面，凸面，凹面のどれかの形態をとるためである．エマルション粒子の曲率と界面活性剤の曲率が一致すると，油／水の接触は極小になり，界面張力は顕著に減少する．逆に両者の曲率が不一致であるほど，界面張力は増加する．このように乳化に用いる界面活性剤の形態によって，界面張力が変化する．

## 5.5 ぬれと接触角

ある液滴が，他の相の表面に自由に広がることができるか(第二の相をぬ(濡)らすか)広がれないかは，日常生活でも工業的にも重要である．糊剤，潤滑油，食品被覆剤はぬれやすさが必要であるが，防水容器はぬれにくさが大切である．油性物質を水に落とすと，レンズ状に浮く(ぬれにくい)か，単

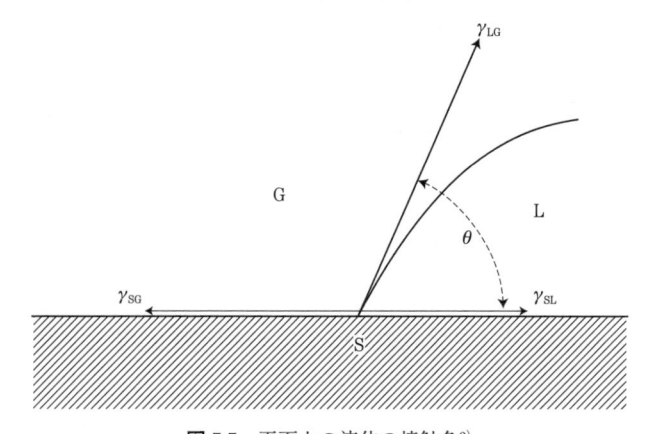

**図 5.5** 平面上の液体の接触角[2)]
水平な固体面(S)に固着した液滴(L)が,蒸気(G)と平衡にある状態.
接触角 $\theta$ は3種の張力, $\gamma_{SG}$, $\gamma_{SL}$, $\gamma_{LG}$ によって定まる.

分子層の薄膜に広がる(ぬれやすい)かの現象を示す.この時,水の上の油の拡散係数 $S$ は次式で与えられる.

$$S = \gamma_w - \gamma_o - \gamma_{ow} \tag{5.7}$$

ここで,$\gamma_w$ は気/水,$\gamma_o$ は気/油,$\gamma_{ow}$ は油/水の間の張力で,液体同士が互いに飽和する以前の状態の数値である.この係数が正ならば伸展が起こるので,$n$-オクタン($S>0$)は水の上に広がるが,$n$-ヘキサデカンや食用油($S<0$)は広がらない.拡散係数は不純物に対して極端に敏感で,油中に不純物が増えると,$\gamma_{ow}$ が減って $S$ が増加する.

表面張力 $\gamma$ に密接に関連する数値に**接触角**($\theta$)がある.接触角は二つの相の境界が,第三の相に出会う点(3相が交差する場所,固体(S)/液体(L)/空気(G),または固体/液体/液体による)の角度である.図5.5は固体平面に付着した液滴の接触角を示す.固体表面に平行に働く単位距離当たりの力を解いて,次のヤング(Young)の式が得られる.

$$\cos\theta = (\gamma_{SG} - \gamma_{SL})/\gamma_{LG} \tag{5.8}$$

ヤングの式は広く用いられ,もっともらしい結果を与えるが,固体を含む二つの張力を個々に測定できないので,実験的に証明するのは困難である.(5.8)式は平滑な平面を想定しているが,実際の固体表面はざらついていて化学的に均一でない.このような欠点はあるが,ヤングの式はぬれを表現す

るために有用である．$\theta$ の値が小さければ，固体粒子は液体中に容易に分散することができる．油が水面に広がるのは，その接触角が実際上ゼロに近い場合である．油／水界面に吸着された固体粒子の場合は，ヤングの式は次のように表される．

$$\cos\theta = (\gamma_{po} - \gamma_{pw})/\gamma_{ow} \tag{5.9}$$

ここで，$\gamma_{po}$, $\gamma_{pw}$, $\gamma_{ow}$ は，それぞれ，粒子／油，粒子／水，油／水間の張力を意味する．固体粒子は，$\cos\theta$ が正の数値($\theta<90°$)ならば，液相によってぬらされる．ホモジナイズ牛乳のカゼインミセル(蛋白質粒子)では，$\gamma_{po}=10$ mN/m，$\gamma_{pw}=0$ mN/m，$\gamma_{ow}=20$ mN/m 程度とされる．これらの数値を(5.8)式に導入すると，接触角は 60°程度になり，カゼインミセルが常に乳脂肪球の外側に位置することが分かる[2]．また，エマルションの油滴面に突出した油脂結晶がある場合も，油／水／固体の系である．以上の考察は各相が溶け合わないとした場合に成立する．しかし，各成分がわずかに溶解する場合は，平衡に達すると界面張力は減少し，吸着した粒子の形態が変化することがある．接触角は専用の顕微鏡装置で測定することができる．

## 5.6 表面張力と界面張力の測定

表面張力と界面張力の測定には，過去に多用された du Noüy 法など，多数の方法がある．以下に，広く用いられ比較的簡単な 4 種の方法，毛管上昇法，ウイルヘルミー(Wilhelmy)のプレート法，垂滴法，滴下容量法について簡単に説明する．

**毛管上昇法**：この方法は図 5.6 に示すように，鉛直な毛管内で起こる液体の上昇による．水や炭化水素など，接触角 $\theta$ が 90°以下のすべての液体で毛管上昇が認められる．水銀のように接触角が 90°以上の液体では，毛管内の液面の下降が起こる．平衡に達すると，液の表面張力は上昇した垂直部分に相当する．$2\pi\gamma R\cos\theta$ は上昇した液柱の重量と同じであり，円筒(液柱)の高さ $h$ と半径 $R$ によって，次の近似式が成り立つ．

$$2\pi\gamma R\cos\theta = \pi R^2 h\Delta\rho g \tag{5.10}$$

$\Delta\rho$ は液体と蒸気の間の密度差であり，(5.10)式を書き換えると，次式が得

られる．

$$\gamma = Rh\Delta\rho g / 2\cos\theta \quad (5.11)$$

この方法を正確に行うためには，液体が完全に毛管をぬらしていることが必要である．その理由は接触角がゼロでなく，再現性のある測定が困難なためである．高さ $h$ はカセトメーターを用いてメニスカス(表面張力により凹状になった部分)の底で測る．この場合，その高さ以上のメニスカス分の静水圧が数値に含まれないので，補正として $1/3R$ を $h$ に加える．毛管上昇法は一般的な方法の中で最も正確であるが，純粋な液体の表面張力の測定に限られ，界面張力の測定には適さない．

**ウイルヘルミーのプレート法**：この方法は，天びんの竿につるした清潔

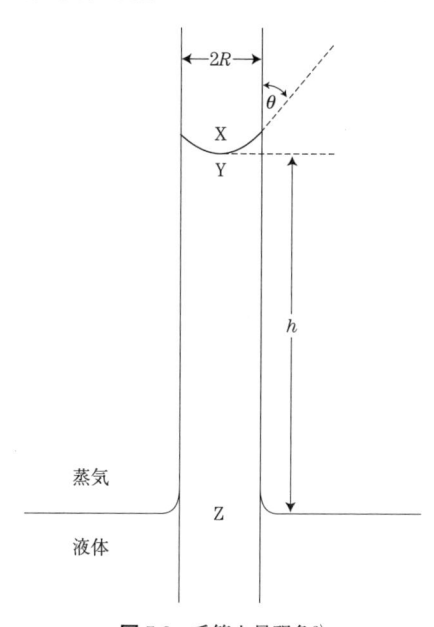

**図5.6** 毛管上昇現象[2)]
半径 $R$ の毛管の中を上昇した高さ $h$ の液柱．平衡に達すると，XとYとの間のラプラスの圧力の差異は，XとYとの静水圧の差に等しい．$\theta$ は管の表面に対する液体の接触角．

なすりガラスか白金の薄板の下部を，図5.7のように測定する液の表面に浸す．白金板はアルコールランプで赤熱後に用いる．測定する液面を徐々に下げ，液から薄板が離れるときの力 ($F_{max}$) を天びんで測定する．接触角がゼロであり，$m$ が薄板の重量，$l$ と $t$ が長さと厚みとすれば，表面張力は次式で与えられる．

$$\gamma = (F_{max} - mg)/2(l+t) \quad (5.12)$$

蛋白質など界面活性物質の吸着の時間的変化を測定する場合には，液面から薄板が離れない方がよいので，この場合は静止法を用いる．この場合，薄板を一定の位置に浸して保持するために必要な引張りの力を，時間経過を追って測定する．測定では薄板の浮力に対するわずかな補正を行う．

油／水間の界面張力測定では，薄板を空気／油の界面の下の油／水界面にまで下げる．この場合，界面活性物質は油／水界面にのみに吸着し，空気／

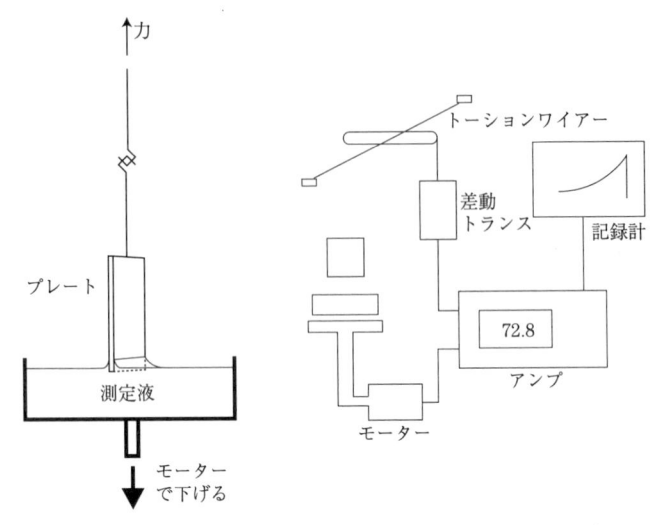

**図 5.7** ウイルヘルミーのプレート法表面張力測定装置

油界面に吸着させてはならない．その理由は，空気／油界面の既知の界面張力を，得られた油／水界面の張力から差し引かなければならないからである．この測定法の難しい点は，薄板と液体との接触面の接触角をゼロにしなければならないことである．ウイルヘルミー法では，自動測定装置が販売されており，この方法は，平衡までの数時間にわたる測定に適している．

**垂滴法**：この方法は，管の先端から下がる液滴の形から界面張力を測定する．図 5.8 に示すように，液滴を写真，投射，またはビデオ撮影し，液滴の赤道面での直径 $d_e$ と，底から $d_e$ の高さにある首の横断面の直径 $d_s$ を測定すると，表面張力は次式で求められる．

$$\gamma = d_e^2 \Delta\rho g / H(S) \tag{5.13}$$

ここで，$\Delta\rho$ は相間の密度差，$H(S)$ は一定の関数で，$S = d_s/d_e$ である．コンピューターや画像処理装置の性能向上によって，すべての液滴の形態を測定し計算することが可能になった．$d_s$ と $d_e$ の正確な測定がこの装置で容易にできる．垂滴法の測定の主な限界は光学系の質である．垂滴法は，空気／水または油／水の界面張力を，数分間で測定できる点で便利である．

**滴下容量法**：垂滴法に類似する滴下容量法は，容量 $V$ が既知である液滴を，半径 $R$ の毛管から滴下させるか，水相の下部から油滴を上昇させる．界面

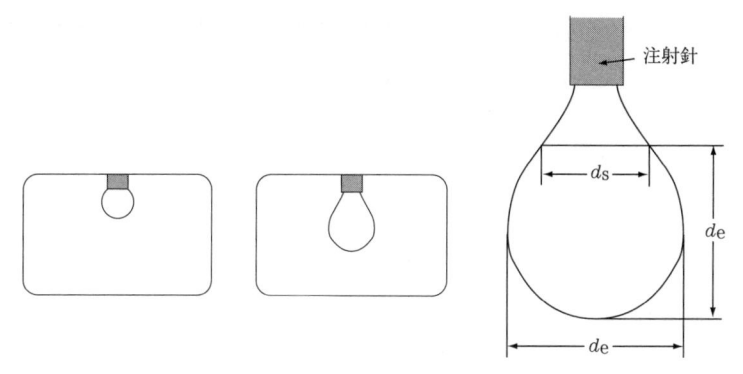

**図 5.8** 垂滴法による界面張力測定[2)]

張力は次式で与えられる．

$$\gamma = (V\Delta\rho g / 2\pi R) f(R/V^{1/3}) \tag{5.14}$$

ここで $f(R/V^{1/3})$ は，表面張力の知られている液体を作り，経験的に求めた $R/V^{1/3}$ の関数である．この方法は完全な方法ではないが，空気／水または油／水界面の張力の測定に便利で信頼性があるので，純粋な液体と界面活性剤溶液について広く用いられる．この方法は，ペリスタポンプ，光電式滴下測定装置と時間調節装置を用いて自動化されている．精度を上げるために，最後の 5% の液滴は徐々に速度を落として，数分間以上かけて落とす必要がある．しかし蛋白質膜のように，界面が時間をかけて形成され老化するものでは，滴下容量法はウイルヘルミー法や垂滴法に比べて正確でない．その理由は，滴下の時の表面の粘弾性による誤差が，不明確なためである．

表面張力と界面張力の測定では，装置を徹底的に清潔にする必要がある．水を入れたビーカーに指先を浸せば，$\gamma$ は 10% 程度低下する．使用器具の洗浄に洗剤を使う場合は，実験の前に，残存する界面活性物質を完全に除去する必要がある．さらに，張力の測定は ±0.5℃ 以下の一定温度範囲で行わなければならない．

水にエタノールを加えると表面張力が大きく低下する．清潔なコップに強い酒を入れると，液がメニスカスの上でガラス壁を伝わって上昇し，液滴になって滴り落ちる．エタノールが優先的に空気と酒の界面で蒸発し，表面のアルコール濃度が下がり，表面張力が増加して，液を側面からコップの壁に

押し上げるためである(マランゴニ効果).アルコール添加で表面張力が下がるので,アルコール飲料を泡立たせるのは,通常の飲料よりも容易である.二酸化炭素の入ったアルコール飲料は,ソフトドリンクよりも細かい泡ができ,クリームリキュールではアルコールのために,ホモジナイズ牛乳よりエマルションは細かくなる[2].

## 5.7　溶液中での乳化剤の吸着

　乳化剤(界面活性物質)の界面への吸着速度は,それが食品エマルション原料として適するか否かの点で,極めて重要な因子である.吸着とは,溶解した分子(または分散微粒子)が界面に配列し,界面での濃度がバルク溶液中の分子(または微粒子)濃度よりも,濃厚になっている現象である.乳化剤の吸着速度は,乳化剤分子の大きさ,形態,相互作用などの性質,バルク溶液中の濃度と粘度,温度,撹拌の有無などの条件に支配される.低分子乳化剤(界面活性剤)については,吸着は動的で可逆的であり,分子の溶液中での移動,吸着と脱着(離脱)は,測定する時間よりはるかに短時間で瞬間的に行われる.そこで,溶解した小形分子の吸着は,熱力学的な平衡式の形で表すことができる.しかし,蛋白質など高分子の乳化剤や微粒子の吸着過程は,表面での脱着や再配列の時間的経過が,普通の観察時間内で終わらないことがあるので,不可逆的と見なされることが多い.

　温度が一定の静止した液体で,吸着に対するエネルギー障壁がない場合,乳化剤の界面吸着は分子の拡散に支配され,初期の吸着速度は次式で示される.

$$\frac{d\Gamma}{dt} = c\sqrt{\frac{D}{\pi t}} \tag{5.15}$$

$\Gamma$ は表面過剰濃度,$D$ は拡散係数,$t$ は時間,$c$ はバルク溶液中の乳化剤初期濃度である.この式を積分して,時間の関数としての $\Gamma(t)$ を得る.

$$\Gamma(t) = 2c\sqrt{\frac{Dt}{\pi}} \tag{5.16}$$

表面過剰濃度は $\sqrt{t}$ に対して原点を通る直線になる.拡散係数は分子が小さ

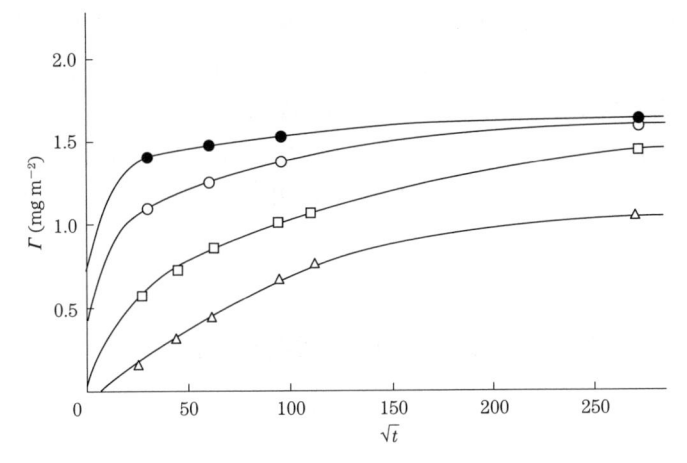

**図 5.9** オボアルブミンの気／水界面での吸着の動力学．異なる初期濃度での吸着量 $\Gamma$ と，吸着時間 $t$ の平方根の関係を示す．
△ $10^{-4}$ wt%, □ $10^{-3}$ wt%, ○ $10^{-2}$ wt%, ● $10^{-1}$ wt%.
[De Feijter, J.A. and Benjamins, J.: *Food emulsions and foams*, p. 74, Royal Society of Chemistry (1987)]

いほど増加するので，低分子の乳化剤ほど，またバルク溶液中の乳化剤濃度が高いほど，吸着速度が大きい．吸着が進むと界面が乳化剤で飽和し，$\Gamma$ は一定値に達する．この関係を図 5.9 に示した．実際は液内に対流があるので，吸着速度は (5.15) 式よりも大きくなる．

　乳化剤が油／水界面に吸着して界面張力が下がる様子は，市販植物油を用いて簡単に実験することができる．植物油はトリグリセリドからなっているが，少量のモノグリセリド，ジグリセリド，リン脂質を含む．精製油ではリン脂質が除かれているが，なお界面活性の強いモノグリセリドと，弱い界面活性を持つジグリセリドを微量含んでいる．純粋な植物油の油／水間の界面張力は，時間がたっても変わらないが，市販植物油では上記の不純物が界面に吸着して，界面張力が数分間から数時間にわたって低下する．

　実際には乳化剤が界面に達しても，分子の吸着にはエネルギー障壁があり，直ちに吸着するわけではない．その理由は，界面と乳化剤分子間の反発的相互作用や，すでに吸着した乳化剤との反発があり，また球状蛋白質のように，界面に疎水性部分を向けている時だけ吸着できるものもある．さらに低分子界面活性剤はミセルを形成し，ミセル表面は親水性であるので界面活性がな

い．単分子で分散する界面活性剤が界面に吸着するので，ミセルが崩壊して単分子がバルク溶液に補給される．この点でミセルの形成と崩壊の動力学も吸着に関係する．界面活性剤の界面への吸着は，界面張力の測定その他種々の方法で行うことができる．特に吸着の動力学は，放射性同位体を含む界面活性剤で調べることができる．また，UV，IR，蛍光スペクトルを利用して測定することもできる．

## 5.8　界面吸着膜の形成と界面での競合吸着

食品エマルションの界面膜には，主に次の4種がある[3]．
① **固体微粉末**による乳化には，マスタードやスパイス粉末が用いられ，固体の微粒子が連続相にぬれやすいか，分散相にぬれやすいかによって，O/WまたはW/Oの乳化液が得られる．
② **フレキシブル(柔軟性)生体高分子**による乳化には，例えば，$\beta$-カゼイン，カゼインナトリウム，化工デンプンなどによる方法があり，吸着膜は厚く連続相にぬれやすいので，O/Wエマルションは安定化する．
③ **球状蛋白質**で界面活性をもつものは，比較的緻密で薄い吸着膜を作る．
④ **低分子界面活性剤**は一般に緻密に界面に吸着し，薄い吸着膜を作る．しかし場合によっては，界面活性剤濃度が高まると多重の吸着層を作り，エマルションを顕著に安定化する場合もあり得る．

食品エマルションが単一の乳化剤で構成されることは少なく，普通は界面活性を持つ種々の物質を含んでいる．エマルション製造の容易さ，安定性，テクスチャーなどの特性は，界面の性質に支配される．食品エマルション界面の構成は，界面活性物質の種類と濃度，それらの界面への親和性，製造法，pHやイオン強度など溶液の条件，経過時間などの影響を受ける．

界面の構成は，ホモジナイズ工程での種々の界面活性物質の吸着速度と，ホモジナイズ後に起こる変化に依存する．ホモジナイズによる乱流で分割された油滴界面に，低分子乳化剤が最初に瞬間的に吸着する．その後はバルク溶液中の界面活性物質で，界面に親和性の大きいものがあれば，最初に吸着した低分子乳化剤と置換することがある．また，ある乳化剤によって作られ

たエマルションに，その乳化剤より強い界面活性をもつ物質を添加すると，元の乳化剤が置換される．例えば，油滴に吸着したカゼイン分子は，臨界ミセル濃度(cmc)以上の濃度の親水性乳化剤(ショ糖脂肪酸モノエステル，ドデシル硫酸ナトリウム，Tween類など)と容易に置換する．

低分子乳化剤の界面吸着は可逆的で，バルク溶液中の乳化剤と入れ替わる．一方，吸着した蛋白質が時間の経過で変性し，隣接分子と強く結合すれば，低分子界面活性剤による置換が抑制される．多くの球状蛋白質は吸着後に変性する．例えば，$\beta$-ラクトグロブリンを微アルカリ条件で加熱変性すると，変性で露出したスルフヒドリル(SH)基間のジスルフィド結合で分子間結合が起こり，この種の置換は困難になる．しかし温度を高めると，低分子界面活性剤による蛋白質の置換が促進される．

エマルション原料の熱履歴では，特に変性した球状蛋白質の吸着への影響が大きい．例えば，70℃で熱変性した$\beta$-ラクトグロブリンは，油／水界面への吸着濃度が増加する．これは，熱変性によるアンフォールディングの結果，蛋白質内部の非極性アミノ酸やSH基が露出するためである．結果として，表面疎水性の増加で界面への親和性が増加し，蛋白質間の疎水性結合およびジスルフィド結合が増加する．

蛋白質の吸着と低分子乳化剤の吸着では，界面への親和性に関して，**吸着**

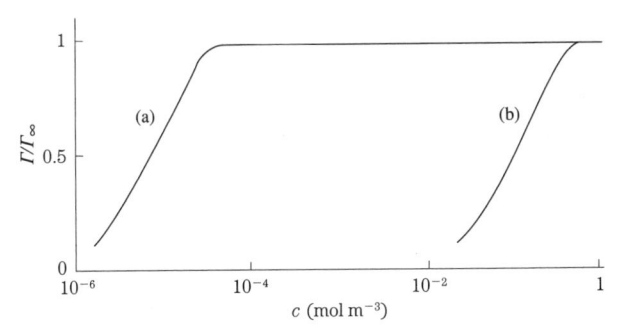

**図5.10** 気／水界面における蛋白質と低分子界面活性剤の吸着等温線の比較．単分子膜の被覆率$\Gamma/\Gamma_\infty$と溶液の濃度$c$との関係を示す．
a：$\beta$-カゼイン，b：ステアリン酸ナトリウム．
[Walstra, P.: *Foams : physics, chemistry and structure*, p. 3, Springer-Verlag(1989)]

効率と**界面活性**の区別を理解する必要がある[4]．図 5.10 から理解できるように，$\beta$-カゼインはステアリン酸ナトリウム(石けん)より，モル濃度で約 1/10 000(重量濃度で約 1/100)の量で界面に飽和吸着する．この点で $\beta$-カゼインは，低分子乳化剤より低濃度で効率よく吸着し「吸着効率」が高い．しかし界面張力の低下は少ない．このように乳化剤は高分子であるほど「親和性の増大」が起こる．しかし，両溶液の表面圧，$\varPi = \gamma_0 - \gamma$(ここで $\gamma_0$ は界面活性剤がない場合の界面張力)の差は大きく，石けん溶液の界面張力は 2〜3 mN/m であるが，蛋白質は 16 mN/m 程度と界面活性は低い．**吸着効率**は界面を飽和するのに必要な最低の乳化剤量であり，**界面活性**は飽和吸着時の界面張力低下の最大値である．低分子乳化剤の吸着は通常 1 か所で，強いエネルギーで結合する．蛋白質は，多数の弱い結合部位(非極性アミノ酸)で吸着するので，全体としての結合エネルギーは大きく，吸着効率が高まる．

エマルション中で，ある界面活性物質の量が相対的に少ない場合，油滴が大形で全表面積が少ないと，その物質の占める割合は高い．しかし，油滴が細かくなるほど，その物質の影響は限定的になる．また蛋白質の場合には，pH やイオン強度の影響で，吸着が抑制される場合がある．

## 5.9 界面レオロジーと界面の構造

界面レオロジーとは，液面に吸着した蛋白質など，膜の機械的性質と流動特性を研究する学問である．界面の吸着層の粘弾性(レオロジー)は，その性質が食品エマルションや泡の生成，安定性，テクスチャーに影響する．エマルションを撹拌すると，種々の力によって油滴の表面には種々の変形が起こる．これらの変形には，油滴の表面全体が影響されないとしても，応力による部分的な**界面ずり変形**と，風船のように伸び縮みが起こる**界面膨張変形**がある．このとき油滴界面は，固体の性質に似た弾性を示し，また液体に似た性質の粘性を示す．このように実際上，大部分の油滴界面は，粘弾性をもっている．

実際の油／水界面は数 nm の厚さをもっているが，レオロジー特性の検討には，これを二次元の平面と見なすのが便利である．界面レオロジー特性の

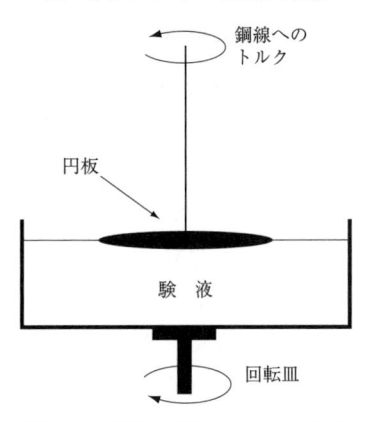

**図 5.11** 界面のずりレオロジー測定

界面ずり変形で起こる,界面粘性($\eta_i$)と界面弾性率($G_i$)は次式で与えられる.

$$\eta_i = \tau_i/\dot{\sigma}_i, (\tau_i = \eta_i \dot{\sigma}_i) \tag{5.17}$$

$$G_i = \tau_i/\sigma_i, (\tau_i = G_i \sigma_i) \tag{5.18}$$

ここで,$\tau_i$は界面ずり応力,$\dot{\sigma}_i$はずり速度,$\sigma_i$は界面ずりひずみである.また界面膨張変形は次式で表される.

$$d\gamma_i = \varkappa_i A(d\gamma/dA) \qquad d\gamma_i = \varepsilon_i(dA/A) \tag{5.19}$$

ここで,$\varkappa_i$は界面膨張粘度,$\varepsilon_i$は界面膨張弾性率,$A$は表面積,$\gamma_i$は界面張力である.

　エマルション油滴の合一に対する安定性は,油/水界面の変形と破壊に対する抵抗性に依存する.乳化剤によって強い粘弾性をもつ界面膜が形成されると,膜は破壊に耐え合一を起こしにくい安定エマルションを得ることができる.したがって界面レオロジーの測定法が重要であり,種々の乳化剤処方を比較して,界面特性への影響を知る必要がある.

**界面のずりレオロジー測定**:気/水界面や油/水界面のずり粘性やずり弾性は,図5.11に模式的に示す円板形の粘度計で測定できる.測定試料を回転する円筒容器に入れ,上方から針金でつり下げた円板を界面に付着させ,温度を一定に保って回転させる.このとき円板にかかるトルクを針金のねじれで測定する.試料が固体状,液状,粘弾性物質と異なっても,それぞれに適

した方法で測定が可能である．液状の場合は，容器を連続的に回転させてトルクを測定する．固体状の試料では，容器を一定の角度動かして発生するトルクを測る．粘弾性試料では，容器を連続的に一定の頻度と角度で往復させて，発生するトルクを測定する．

　生体高分子による界面膜に比べて，界面活性剤膜の界面ずり粘性や弾性は数オーダー低めである．これは，蛋白質などが種々の相互作用や化学結合で，互いに絡みあうことが多いためである．界面のレオロジーは，乳化剤分子の濃度，大きさ，吸着分子間の相互作用に依存する．界面ずりレオロジー測定は，乳化剤の吸着速度，競合吸着の様相，界面での分子の構造と相互作用を知る手がかりになる．特に，乳化剤の界面張力測定や放射能利用による測定との組合せで，種々の知見が得られる．

　蛋白質からなる界面膜の表面レオロジーは，その分子構造，pH，イオン強度などで変化する．乳蛋白質では，球状蛋白質のホエー蛋白質でできた膜は，不定形分子の$\beta$-カゼインより，界面膜の粘弾性が大きい．カゼインの種類による粘弾性の差も大きく，強い順に$\kappa$->$\alpha$->$\beta$-カゼインとなっている．蛋白質による界面張力低下は，時間をかければ一定値に達するが，界面ずり粘性は通常の測定時間では定常値に達しない．界面張力は一重の吸着で一定値になり，多重吸着でも変わらないが，界面レオロジーは吸着によって徐々に変化するためである[5]．

**界面の膨張レオロジー測定**：表面のずり膨張粘性は泡の安定性に影響する．このレオロジー測定は，主に界面(表面)に伸び縮みを与え，対応する界面張力の増減の測定で行われる．幾つかの測定法があるが，例えば図 5.12 に示す桶法では，桶状の容器にウイルヘルミーの薄板を浸し，その両側に仕切板(可動障壁)をおいて界面を収縮・拡大して界面張力の変化を測定する．界面のずり膨張レオロジーは，乳化剤の吸着速度に影響される．界面が拡大しているときには，単位面積当たりの乳化剤濃度が減少するので，界面張力が増加しエネルギー的に不具合である．膨張の弾性率や粘性の大きさは，拡張に対する表面の抵抗性の大きさの指標である．乳化剤が周囲にあるならば，表面膨張に対応して乳化剤が吸着し界面張力を低下させる．そこで界面膨張レオロジーは，界面への乳化剤吸着速度に依存し，乳化剤吸着速度は濃度，分

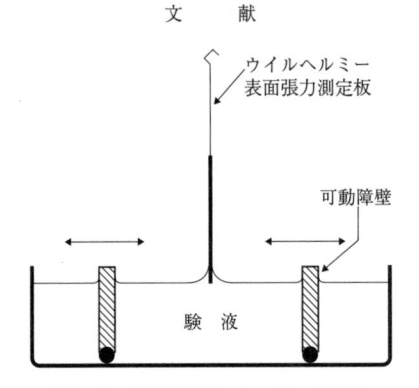

**図 5.12** 界面膨張レオロジーの測定

子構造，溶液の物理的条件によって定まる．乳化剤吸着速度が大きいほど膨張への抵抗が少なく，膨張の界面弾性と粘性が低下する．逆に界面が縮小する場合は，乳化剤は脱着してひずみが減少し，離脱速度が界面のレオロジーに影響する．

**界面構造の分析**：エマルションの油滴界面での乳化剤の分子構造とその配列は，エマルション全体の性質に影響する．そこで，吸着膜の厚さ，乳化剤分子の界面での充填状態など，界面構造を解明すれば，エマルションの安定性に関する有効な情報が得られる[6]．このような界面構造を知るために多くの方法があり，主に光またはX線など放射線の界面での散乱を利用する．これらの手段で，界面膜の厚さ，界面膜内での乳化剤濃度などが分かり，乳化剤による膜厚の比較，膜内での分子構造の変化などが分かる．鋭敏な示差走査熱量分析(DSC)を利用して，吸着蛋白質の構造変化に関わる吸熱を，非吸着蛋白質と比較する方法もある．また，プロテアーゼの作用が吸着蛋白質のどこまで及ぶかも，蛋白質膜構造の解明に用いられる．さらに，電子顕微鏡や原子間力顕微鏡なども，膜の微細構造の観察に利用できる[7]．

## 文　献

1) Dickinson, E., 西成勝好，藤田　哲，山本由喜子訳：食品コロイド入門，p. 51, 幸書房(1998)
2) Dickinson, E., 西成勝好，藤田　哲，山本由喜子訳：同書，p. 35-45.
3) McClements, D. J. : *Food emulsions, principles, practice, and techniques*, p. 142-143, CRC Press, Boca Raton(1999)

4) Dickinson, E., 西成勝好, 藤田　哲, 山本由喜子訳：食品コロイド入門, p. 155-159, 幸書房(1998)
5) Dickinson, E., 西成勝好, 藤田　哲, 山本由喜子訳：同書, p. 82-85.
6) Dalgleish, D. G. : Conformations and structures of milk proteins adsorbed to oil-water interfaces, *Food Res. Int.*, **29**, 541(1996)
7) McClements, D. J. : *Food emulsions, principles, practice, and techniques*, p. 156-159, CRC Press, Boca Raton(1999)

# 6. エマルションのホモジナイズ

## 6.1 はじめに

　エマルションとは，連続相の液体中に液体の小滴が，コロイド状に分散した系である．食品エマルションでは，水相がゲルであったり，油滴が多量の油脂結晶を含む場合もある．天然の食品エマルションの典型的な例は牛乳であるが，生乳(原料乳)がそのまま飲まれることはまれで，殺菌やホモジナイズの処理がなされ，長時間の安定性が与えられる．
　食品エマルションの製造には，ほぼ例外なく乳化機(ホモジナイザー)が用いられる．一般の食品エマルションは，例えば，マヨネーズやドレッシングのように，元来別々に存在している植物油，蛋白質，食酢，多糖類などを配合して製造される．製品としての食品エマルションには，特定の風味と食感，レオロジー特性が要求される．これらの製品特性は，配合原料の種類，量と比率，乳化方法などの製造条件によって変化する．新製品開発や製品改良などの仕事では，原料知識以外にエマルション製造の物理学的原理，製造機械の特徴とその効果に影響する因子を十分に理解しなければならない．

## 6.2 ホモジナイザー

　乳化の前処理工程を含めた乳化機の選定と使用法は，どのような原料を用い，何を作るかによって異なる．普通は乳化の前工程で，用いる原材料を水相か油相のどちらかの，最も溶解または分散しやすい相に混合する．油溶性の乳化剤，ビタミン，色素，酸化防止剤は油相に溶解させ，水溶性の乳化剤，蛋白質，多糖類，糖類，無機塩，色素，ビタミン，酸化防止剤は水に溶解する．各相を個別に撹拌し，必要があれば加熱して十分に溶解させる．この時

第一段階　　　　第二段階

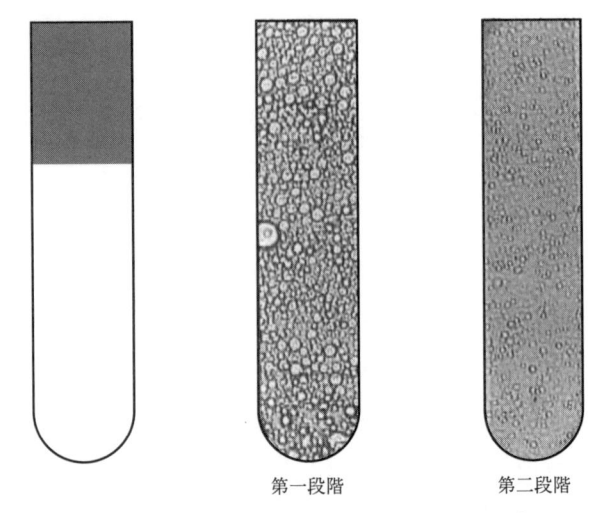

図 6.1　O/W エマルションの 2 段階ホモジナイズ

の溶解・分散はエマルション生成に重要で，例えば，粉体の蛋白質を乳化剤に用いる場合には，水和を完了させておく必要がある．油相に油脂結晶などの固相を含む場合も，加熱して完全に溶解させておかなければならない．このように乳化の前段階では，油水両相が溶液状態であることが必要である．

元来混合しない油水両相から，エマルションを生成する工程がホモジナイズであり，この操作を行う機器がホモジナイザー(均質機，乳化機)である．水中油滴型(O/W)エマルションでは，油滴の細分化は，機械的操作で多量のエネルギーを消費して行われる．最も簡単なホモジナイズは，適当なかき混ぜを手で行うことである．家庭でのマヨネーズ作りでは，手作業である程度安定なエマルションが得られ，冷蔵すれば数日間の使用に耐える．また，サラダドレッシングや還元牛乳は家庭用ミキサーで作ることができる．しかし，貯蔵安定性が重要な加工食品の製造では，種々のホモジナイザーを用いる．

通常のホモジナイズは，2 段階以上で行うことが多い．最初の段階は油水両相をほぼ均一に混合する工程であり，次いで分散相の粒子径を細分化する工程である．一般に第一の工程は，高速撹拌機などで粗い粒子径のエマルションを作る工程で，予備乳化と呼ばれる．次いで高圧でバルブを通過させるホモジナイザーか，強いせん断を与えるコロイドミルなどを用いる．図 6.1

はこの2段階の乳化を模式的に示す．多くの食品エマルションでは，第二の細分化でエマルションが完成するが，さらに第三のホモジナイズを行う場合もある．高圧バルブ式のホモジナイザーでは，ホモジナイズを繰り返すことで，粒度分布の幅が狭まる．牛乳は搾った生乳がすでにエマルションであるため，直接ホモジナイズする．生乳の粒子径は1～12 μmの大小の乳脂肪球を含むが，ホモジナイズで1 μm程度に細分化すると，油滴は分離しなくなる．油水両相を直接的に1回で細分化する装置もある．例えば，超音波乳化機，マイクロフルイダイザーなどのホモジナイザー，膜乳化装置などである．

　マーガリンやバターのような油中水滴型(W/O)エマルション製造では，普通は予備乳化を行い全体を撹拌しながら，連続装置で急冷して急冷可塑化する．このとき，冷却と練りで微細な油脂結晶ができて，エマルションは安定化する．W/Oエマルションを液体のまま保持することは，特殊な乳化剤を用いない限り困難である．

　製品に要求される期間にわたって，実用的に安定したエマルションを作るには，細分化された油滴の凝集や合一を避ける必要がある．そのためには，ホモジナイズを行う時に，乳化剤量が適切であり，油滴に吸着した乳化剤が保護膜を作り，油滴間の接近による合一を防ぐことが大切である．エマルションの粒子径は，乳化食品の風味や外見，テクスチャーに影響する．そこで，目的にするエマルションに必要な粒度分布範囲を定め，ホモジナイズ工程でそれを実現しなければならない．

## 6.3　エマルション製造の物理

　ホモジナイザーで細分化するエマルションの粒子径は，油脂から油滴への分裂と，油滴の合一という，相反する物理的変化のバランスに依存する．分裂を促進し，合一を防止するには，乳化に用いる界面活性物質(乳化剤)と，乳化工程の条件選択が重要である．

### 6.3.1　油滴の生成と細分化

　O/Wエマルションの製造には，種々の乳化機が用いられ，それぞれホモ

早い吸着

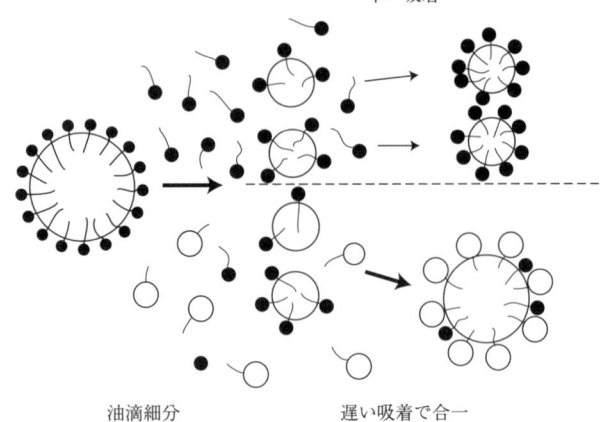

油滴細分　　　　　　　遅い吸着で合一

**図 6.2** ホモジナイズ後，乳化剤の吸着速度が遅いと油滴は合一する．

ジナイズの方式が異なる．しかし油滴のできかたは多くの乳化機で類似している．このことは，油相に水相が分散する W/O エマルションも同様である．第一段階のホモジナイズ初期には，バルクの油相と水相が入り乱れ，結果としてかなり大きめの大小の油滴(または水滴)が，水相(または油相)中に分散する．さらに撹拌を続けるか，第二段階のホモジナイズを行うと，大形の油滴がさらに細分化される．細分化された油滴表面に，直ちに乳化剤が吸着すれば，油滴の合一は避けられる．乳化剤が不十分であるか，吸着速度が遅ければ油滴は合一して大形になる(図 6.2)．

**界面力**：油滴が細分化されるか否かは，油滴をそのままに維持しようとする界面力と，ホモジナイザーによる破壊力のバランスに依存する．エマルションの油滴は，水相との接触を最低にするために球状構造をとる．球状構造を変化させて小球に分割すると，油水の接触面積が増加するが，分割するためにはエネルギー投入が必要である．油滴を球形に保つ界面力は，ラプラス圧 (Laplace pressure, $\Delta P_L$) と呼ばれ，球面から中心に向かって作用する．

$$\Delta P_L = 4\gamma/d \tag{6.1}$$

$\gamma$ は油／水間の界面張力，$d$ は油滴の直径であり，ラプラス圧は油滴直径に反比例して増加する．油滴の細分化には，ラプラス圧より大きな力が必要であり，油滴が細かくなるほど細分化に大きなエネルギーを要する．界面張力

6.3 エマルション製造の物理

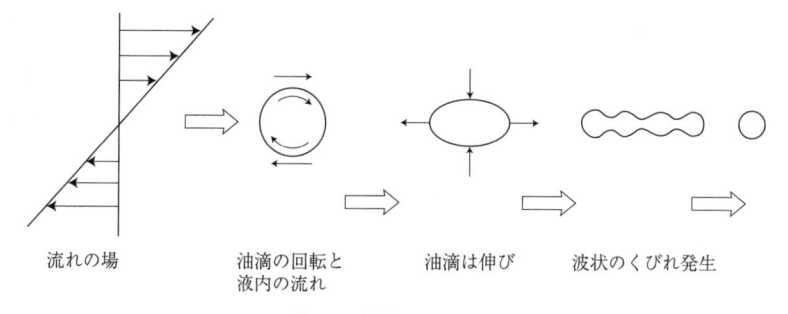

図6.3 層流による乳化

（流れの場／油滴の回転と液内の流れ／油滴は伸び／波状のくびれ発生）

が 10 mN/m で，直径が 1 μm の油滴のラプラス圧は約 40 kPa で，界面での圧力勾配は $\Delta P_L/d \fallingdotseq 40 \times 10^9 \mathrm{Pa/m}$ に達する[1]）．

　油滴の破断力は，ホモジナイズされる液体の層流，乱流，キャビテーションによって与えられ，その大きさは用いるホモジナイザーによって異なる．このとき破断力は界面力より大きく，作用する時間は油滴の破壊時間より長くなければならない．ホモジナイザー内部のエマルションの流動は極めて複雑であり，数学モデル化は困難であるため，油滴が受ける破断力の正確な計算はできない．

**層流による乳化**：層流は比較的低速の流れで，一定の傾向をもって起こる．せん断流からなる単純な層流で破断が起こる場合，速度ゼロ面の上下で逆方向の流れがあれば，面上の油滴は回転し内部の油も回転する．強い流速下では，油滴の上下は逆方向に引張りを受けるので，球は伸長して小球に分断される．この様相は高速度撮影で見ることができる(図6.3)．エマルション粒子が破断されるか否かは，破断力／界面力の比に依存し，この比はウェーバー数(Weber number：We)で示される．

$$\mathrm{We} = せん断応力(G\eta_C)/界面力 = G\eta_C d/2\gamma \quad (6.2)$$

ここで $G$ はせん断速度，$\eta_C$ は連続相の粘度である．油滴の細分化が起こる点は臨界 We 値である．撹拌によるせん断応力が小さく，細分化が起こる臨界 We 以下であれば油滴に変化がなく，臨界 We 以上になれば油滴の細分化が起こる．臨界 We での油滴の直径は最大 $d$ ($d_{max}$) である．乳化剤がない場合には，臨界 We の数値には，分散相の粘度 $\eta_D$ と連続相の粘度 $\eta_C$ の比の影響が大きい．$\eta_D/\eta_C$ が 0.1～1.0 の間では，臨界 We は 1 であるが，0.05 以下

と5以上では急激に増加する．水相の粘度が油相の粘度よりやや大きいか同程度では，せん断の効果が現れやすい．それは油相の相対粘度が低過ぎると油滴の伸長が容易で細分されず，逆に油相の粘度が高ければ変形に時間がかかり，変形のせん断の場から油滴が離れるためである．系に乳化剤が加わると，界面でのレオロジー条件が変わり，界面の粘性で油滴は伸長しにくくなり，界面張力から予測したWeよりも細分化が困難になる．

$$d = 2\gamma We/G\eta_c \qquad (6.3)$$

せん断による細分化で得られる油滴の最大直径は，(6.3)式で与えられる．油滴径は界面張力に比例し，せん断応力に反比例する．界面張力の低下と強力なせん断で，より細かいエマルションが得られる．また連続相の粘度が低い場合は，より早いせん断(強い撹拌)が必要なことを示している．そこでこの種のエマルション生成には，コロイドミルのように速度の遅いせん断型の乳化機は適していない[2]．

**乱流による乳化**：高速回転式のホモジナイザーなどで，液体の流速が一定限度を超えると，液体の粘度に由来する乱流が起こる．乱流は液相の内部で，流れの方向や速度が位置と時間によって，急速にランダムに変化するのが特徴である．乱流中では種々の大きさの渦が発生する．乱流の渦に伴う非常に強いせん断と圧力の勾配によって，油滴の細分化が起こる．渦で起こされるせん断と圧力の勾配は，渦が大きいほど弱く，小さいほど強力になるが，細かくなりすぎると油滴の細分化に適さなくなる．乱流中の中規模の渦が，最も油滴の細分化に関与し，渦に隣接する油滴は変形して細分化される[2]．等方的な乱流の条件では，ウェーバー数は次式で表される[3]．

$$We = 乱流力/界面力 = C\rho_c^{1/3}\varepsilon^{2/3}d^{5/3}/4\gamma \qquad (6.4)$$

$$d_{max} = C'\gamma^{3/5}/\varepsilon^{2/5}\rho_c^{1/5} \qquad (6.5)$$

ここでCは臨界ウェーバー数に関連する定数，$\rho_c$は連続相の密度，$\varepsilon$は力の密度である．またC'は系の次元に関する定数である．この式では，乱流による油滴の細分化に関して，両液相の粘度が油滴径に影響しない．しかし実際には，分散相と連続相の粘度が粒子径に関連し，$\eta_D/\eta_C$が0.1～5の間で最大油滴径（$d_{max}$）が最低になる．この範囲は層流の場合とほぼ一致する．層流および乱流利用の乳化では，ハイドロコロイドなど濃厚化剤の利用で，

$\eta_\mathrm{D}/\eta_\mathrm{C}$ を変化させ油滴径を調節することができる．一方，油相の量を増したり，濃厚化剤の添加で粘度を上げすぎると，乱流を弱めホモジナイズの効果が低下する[4]．

　乱流による乳化時間を延長すると，油滴が渦に接触する機会が増加し，エマルションの粒子径は減少する．通常の乳化操作では，エマルションの粒度が平衡に達するまで，ホモジナイズ工程を続けることは少ない．しかし，油滴の細分化には時間を要するので，乱流乳化ではある程度十分な時間をかける必要がある．油滴の粘度が高いほど，変形に時間がかかるので，細分化には長時間を要する．乱流の渦は大小多様なため，得られるエマルションの粒度分布は，幅の広い正規分布をなすのが普通である．

**キャビテーションによる乳化**：水中を高速度で動く物体面には，圧力の急激な低下部分が生じ，その圧力が飽和蒸気圧より低ければ，そこに水蒸気の気泡が発生する．下流側で圧力が戻ると，水蒸気が液化して気泡がはじけて消滅するが，この時周囲の水がぶつかり合って強い衝撃波が起こり，局部的に著しい高圧が発生する．これがキャビテーションである．キャビテーションは，超音波や高圧バルブのホモジナイザーによる乳化の最重要な現象であり，泡に隣接する油滴は瞬間的に変形して細分化される．キャビテーションによる衝撃波は，極めて短時間であり分散して発生するので，ホモジナイザー自体を損傷することはない．

**油滴の細分化と乳化剤**：油／水間の界面張力が低下するほど，界面力が減少して油滴の細分化は容易になる（(6.1)式）．例えば，乳化剤の添加で界面張力が 50 mN/m から 5 mN/m に低下すれば，層流乳化でも粒子径は 1/10 程度になるはずである．しかし，実際には他の多くの因子があって，乳化剤の効果は損なわれる．できた瞬間の油滴界面は乳化剤の吸着量が少なく，界面張力が十分低下していない．経時的に乳化剤の吸着量が増すと，再び油滴は細分化されやすくなる．低分子の乳化剤の吸着速度は速いが，巨大分子の蛋白質を乳化に用いると吸着に時間がかかる．また，油／水界面にできる乳化剤の被膜は，油滴の変形を保護する作用があり，細分化が抑制される．このような阻害因子によって，油滴直径は理論式ほどに細分化されることはない[5]．

### 6.3.2 油滴の合一と乳化剤の作用

エマルションは一見静止した系と思われるが,非常に動的な系であって,油滴は常に運動し互いに衝突し合う.特にホモジナイズ直後の流体中では,油滴同士の衝突が激しく,油滴への乳化剤吸着が不十分であると,油滴は衝突によって合一しやすい.そこで,新しくできる界面に見合った量の乳化剤の存在が必要になる.油滴同士が衝突する時間間隔より,乳化剤の吸着時間が短いほど油滴の細分化が可能になる.

希薄なエマルションの層流と乱流については,これらの時間関係の推定式が,Walstra によって確立されている[2,4].表 6.1 に示す式は,希薄なエマルションでのみ成立するが,ホモジナイズに関して有用な情報を与えてくれる.乳化剤の吸着時間を衝突時間よりはるかに短くすれば,油滴の合一を避けることができる.これを実現する条件は,層流と乱流の場合,エマルション分散相の体積比減少,油滴径増加,乳化剤の表面過剰(吸着)濃度減少,乳化剤濃度増加である.

ホモジナイズ中に乳化剤が油滴に吸着する機構は,同一のホモジナイズ条件では,吸着速度が速い乳化剤ほど,小形の油滴を作る.大部分の食品乳化剤の吸着速度は,合一を完全に阻止できるほど早くないので,ホモジナイズで得られる油滴径は理論値よりも大きくなる.ホモジナイズによる新しい油滴界面を,速やかに乳化剤で保護するには,その濃度以外に乳化剤自体の構造と物理・化学的性質が影響する.

ホモジナイズ中の乳化剤の役割は,第一に,油/水界面の界面張力を低下させ,油滴の変形と細分化のエネルギーを減らすこと.第二は,油滴の界面

**表 6.1** 層流および乱流下での乳化剤吸着時間と油滴の衝突時間[2,4]

|  | 層 流 | 乱 流 |
|---|---|---|
| 吸着時間 | $\tau_{abs} \approx \dfrac{20\Gamma}{dm_c G}$ | $\tau_{abs} \approx \dfrac{10\Gamma}{dm_c}\sqrt{\dfrac{\eta_c}{\varepsilon}}$ |
| 衝突時間 | $\tau_{coll} \approx \dfrac{\pi}{8G\phi}$ | $\tau_{coll} \approx \dfrac{1}{15\phi}\sqrt[3]{\dfrac{d^2\rho_c}{\varepsilon}}$ |

$\Gamma$:表面過剰濃度,$G$:せん断速度,$\varepsilon$:力の密度,$d$:油滴径,$\rho_c$:連続相密度,$\phi$:分散相の体積分率,$m_c$:乳化剤濃度(mol/m$^3$),$\eta_c$:連続相の粘度.

に吸着して，油滴同士が合一するのを防ぐことである．できるだけ微細なエマルションを得る要件を次に示す．

① エマルションの分散相に見合った，十分な乳化剤が存在すること．
② バルク相から界面への乳化剤の吸着速度が速いこと．
③ 油滴の衝突する時間間隔に比べて乳化剤の吸着時間が短いこと．
④ 界面張力低下能が大きいこと．
⑤ 油滴間の衝突による合一に対して，乳化剤膜の保護効果が大きいこと．

以上の要件があげられるが，これらには矛盾する因子が含まれる．例えば，油滴の保護作用は蛋白質が良好であるが，巨大分子であるほど吸着速度は遅い．

## 6.4 食品に用いられるホモジナイザー

食品エマルションの製造には，目的に応じて種々のタイプのホモジナイザーが開発されている．それぞれの装置には長所と短所があり，エマルション製品の加工に関して，最適な装置を選ぶ必要がある．ホモジナイザー選択の基準は，原料が何であるか，目的とするエマルションの量，エマルションの粒子径，最終製品のテクスチャーなど物理・化学的性質，装置の購入価格とランニングコストなどである．

### 6.4.1 撹拌機と高速撹拌機

撹拌機は，油相と水相を直接ホモジナイズする手段として，食品工業で多用されている．一般に撹拌速度は可変であり，撹拌子の形態はエマルションの物理的性質に応じて種々のタイプがある．乳蛋白質に富むエマルションなど乳化が容易なものでは，プロペラ型，パドル型など比較的低速で運転されるものがある．一方，乳化が簡単でない食品や，微細なエマルションを要する場合は，高速撹拌機が用いられる．

高速撹拌機は，数 dL のエマルションを得る実験室用から，数トンの産業用まで種々の規模のものがあり，多くの食品工業で用いられている．回転部分は液中に露出したものや，タービン状で円筒で囲まれたものなどがある．

152　　　　　　　　　6. エマルションのホモジナイズ

速度は毎分数百回転から1万回転程度で，回転速度は小型の機械ほど高速である．撹拌羽根の回転で，接線方向，放射方向，および回転の流体速度勾配ができ，油／水界面をかく乱して油滴を作り，撹拌を続けると次第に細分化する．撹拌機のデザインはホモジナイズ効果に大きく影響し，多くのメーカーから種々の工夫を凝らした装置が販売されている．

　高速撹拌には，タービン撹拌翼が用いられることが多い．タービンを凹凸のあるステーターの内部で回転させると，上下に圧力差を生じて，液は急速に下から上に流れ，ステーターとタービンの間にせん断，乱流，渦と衝撃が

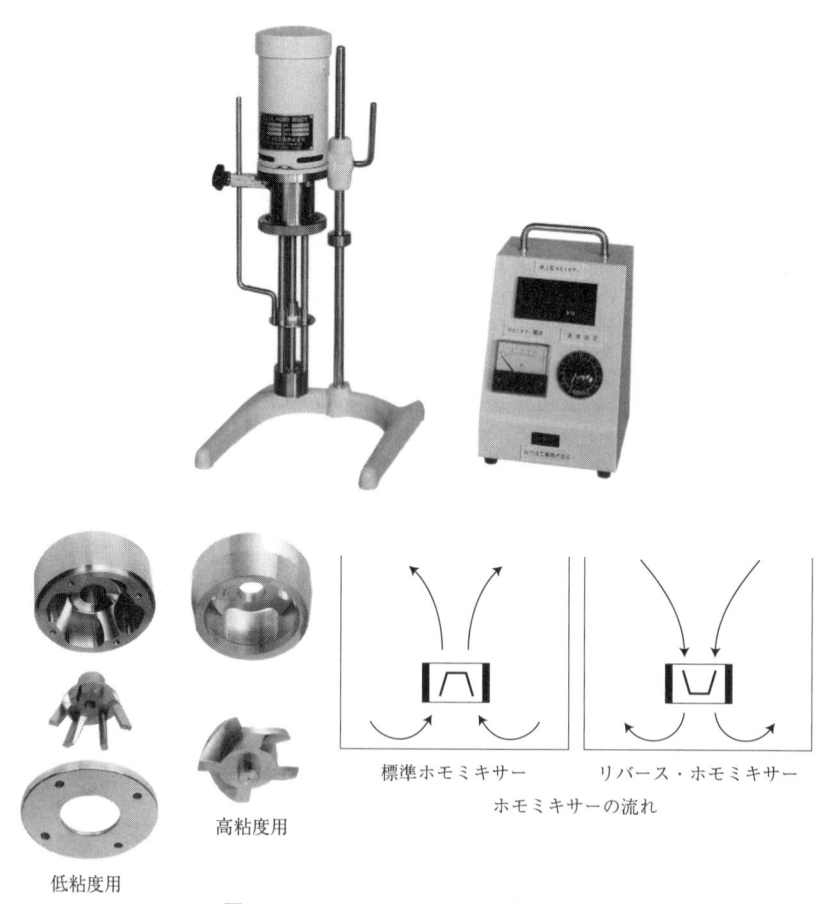

低粘度用　　　高粘度用　　　標準ホモミキサー　　リバース・ホモミキサー
ホモミキサーの流れ

図 6.4　ホモミキサー［みづほ工業㈱提供］

① 連続撹拌

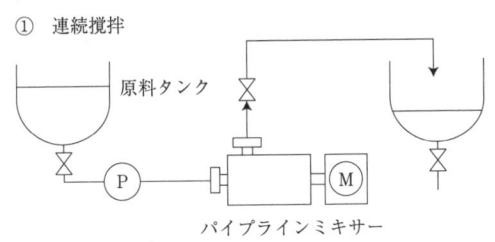

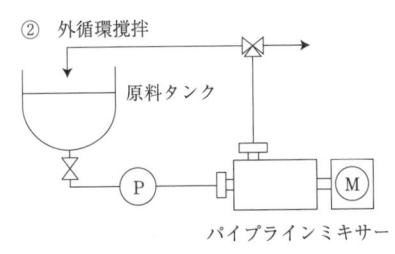

② 外循環撹拌

**図 6.5** パイプラインミキサーと使用例 [みづほ工業㈱提供]

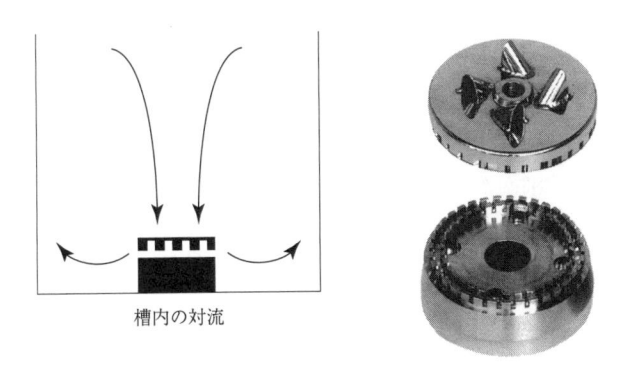

槽内の対流

**図 6.6** ウルトラミキサー [みづほ工業㈱提供]

発生し，油滴の変形と細分化が起こる(液流を上から下に流すものもある)．液面には円板状の転流板を付けて，液流を反転させ上部に飛び散らない方式をとる．図6.4にローターステーター型のホモミキサーを示した．この装置はバッチ式であるが，同じ原理を用いて連続乳化が可能なパイプラインミキサーがある(図6.5)．連続乳化では，あらかじめ粗なエマルションを作っておく．最近はウルトラミキサー(図6.6)と称して，下向きの回転円板に三重のスリットと，上向きの固定円板に二重のスリット持つ撹拌機があり，強いせん断が得られる．

バッチ式の撹拌機では，最初から油水両相を入れてホモジナイズする方法，水相を撹拌しながら油相を徐々に加える方法などがある．高速撹拌を続けると多量の機械エネルギーが注入され，液温の上昇があるので，温度の影響を受けやすい原料のときは温度調節を要する．

### 6.4.2 コロイドミル

コロイドミルは，マヨネーズや中～高粘度のドレッシングなど，比較的高粘度の乳化食品製造に用いられる．原理は石臼(いしうす)と類似し，固定された円板または傾斜した円筒のステーターと，高速で回転するローター間の狭い間隙を液が通過する時に，油滴は強いせん断を受けて細分化される．図6.7はコロイドミル装置と細分化作用模式図である．コロイドミルのローターとステーターの間隙は50～1000 μmで，回転数は毎分1000～20000である．装置メーカーが多種類のコロイドミルを販売しているが，細分化の原理はほぼ同様である．油相と水相を混合して，あらかじめ粗なエマルションを作っておくか，または連続式パイプラインミキサーで乳化しておき，それをコロイドミルの上部から連続的に注入する．ミルの間隙が狭いほど，またミル内の滞留時間が長いほど，油滴が細分化される．

コロイドミルの処理量は，数リットル(L)/hから20000 L/h程度の製造機まで多様である．通常コロイドミルは，油滴径が1～5 μmのエマルションの製造に用いられる．油滴径を小さくするほど，加えるエネルギーが増加し処理量は減少するので，製造コストが高くなる．そこで，要求される製品の性質に応じて，ローターとステーターを選び，コストを最低化する運転条

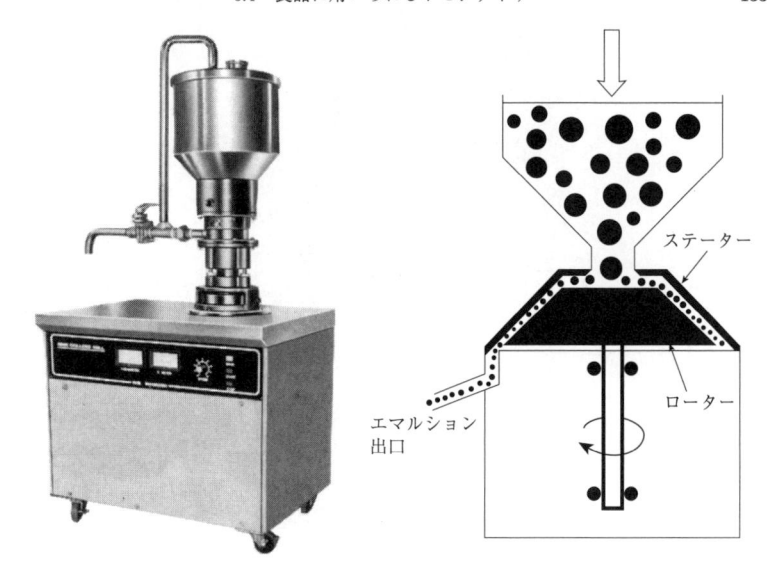

**図 6.7** コロイドミル［㈱日本精機製作所］
中〜高粘度のエマルション製造に用いる．

件を選定しなければならない．高粘度のエマルションでは，温度の上昇を避けるため，適当な冷却が必要になる．コロイドミルは，次に述べる高圧バルブホモジナイザーでは処理できない，中〜高粘度エマルションに適する．この装置はマヨネーズの他に，ミートペーストやピーナッツバターなどの製造にも用いられる．

### 6.4.3 高圧バルブホモジナイザー

高圧バルブホモジナイザーは，乳業など多くの食品工業で最も広く用いられている．マントン-ゴーリン(Manton-Gaulin)型と呼ばれるホモジナイザーで，低粘度から中程度の粘度の液体処理に適する．原理は，粗なエマルションにプランジャーポンプを用いて高圧をかけ，バルブの狭い間隙から押し出して細分化する．バルブの内部および後方では，激しいせん断，キャビテーション，乱流が発生して，油滴は細分化される．ホモジナイズ牛乳は最も代表的な応用例で，元の粒子径が 1〜15 μm，平均 4 μm の生乳の脂肪球は，ホモジナイザーで平均粒子径が 1 μm 程度に細分化される．牛乳以外のホモ

156   6. エマルションのホモジナイズ

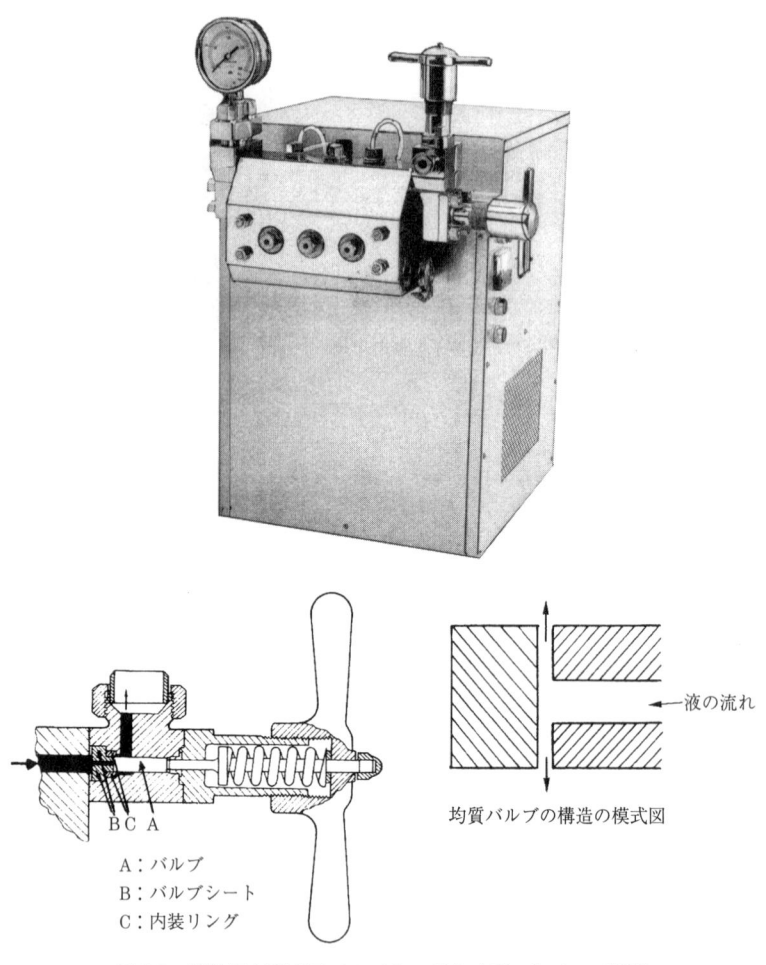

A：バルブ
B：バルブシート
C：内装リング

均質バルブの構造の模式図

液の流れ

図 6.8 試験用小型高圧バルブホモジナイザーとバルブ機構

ジナイザー処理では，高速撹拌機などを用いて，一次乳化(予備乳化)したエマルションを用いる．

　プランジャーポンプは 3〜5 連で，最大 50 MPa(最近はさらに高圧のホモジナイザーが実用化されている)程度の高圧を発生する．バルブは先端が平面やコーン(円錐)状など種々の形があり，バルブに相対して台座の役目をする内装リングがある．バルブは内部に強いバネが装着されたハンドルの先端に付

いている．バルブと内装リングのスリット(間隙)は 15～300 μm で，バルブをねじ込むと内部圧力が高まり，出口との圧力差が高まる．スリットを通過する液体は秒速 100～140 m 程度の速さで，細分化は $10^{-4}$ 秒以下で行われる．油滴の細分化は強いせん断力と乱流で行われ，バルブ通過後の低圧側に生じる激しい乱流が，細分化に最大の貢献をしているとみられている．市販のバルブホモジナイザーは，直列に 2 個のバルブをつけたものが多い．2 段目のバルブは通常，1 段目のバルブの 10～30%

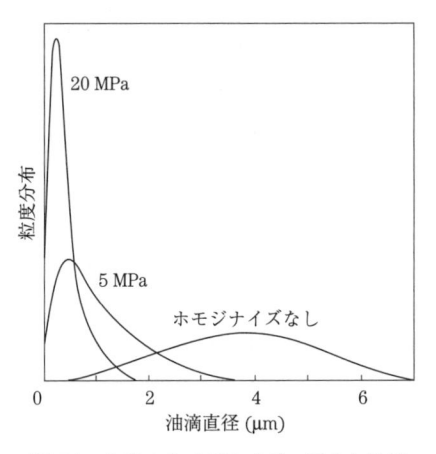

**図 6.9** 生乳のホモジナイズ，圧力と粒度分布
[Walstra, P. *et al.*: *Advanced dairy chemistry*, Vol. 2, *Lipids*, 2nd Ed., p. 135, Chapman & Hall(1995)]

の圧力をかけて用いる．この目的は，最初の細分化後の油滴が凝集するのを防ぐためとされる．

　ホモジナイザー圧力の対数と油滴の平均直径の対数は，ほぼ直線的関係にある．図 6.9 に圧力と油滴の粒度分布の関係を示した．ホモジナイズを繰り返し行うと，油滴の粒度分布幅が減少する．高圧・繰り返し処理で，油滴直径が 0.1 μm のエマルションが得られる．バルブホモジナイザーの能力は，時間当たり 100～20 000 L である．ホモジナイザーの多量の動力消費($10^{12}$ W/$m^3$)のため，バルブ通過後の液温は数℃上昇する．業界では，圧力が 50 MPa 程度までの通常の高圧バルブホモジナイザーを，単にホモジナイザーと呼び，100 MPa 程度までの高圧が可能なものを，高圧ホモジナイザーと呼ぶことが多い．

### 6.4.4　超音波ホモジナイザー

　高エネルギーの超音波も乳化に利用される．この方法で，1 μm 以下の細かい油滴を作ることができるが，粒度分布幅が広いか，二つの粒度分布を持ったエマルションになる．超音波ホモジナイザーは産業用にも用いられるが，

研究用としての利用に適し,貴重な少量試料を乳化できる点で便利である.超音波で強いせん断と圧力勾配ができ,油滴の細分化は,主にキャビテーションによって行われる.

超音波利用による乳化では,圧電振動子や電気歪振動子(チタン酸バリウム),磁気歪振動子(ニッケルフェライト),および液体ジェット発振機がある.前二者は電気振動を機械振動に変換するもので,高周波に適する.磁気歪振動子は比較的低周波に適し応用例が多い.これらの装置は数 mL から数百 mL の実験室規模の乳化に適する.液体ジェット発振機では,ラフに混合した水相と油相が,長方形のスリットを持ったオリフィスから,鋭い刃に衝突して激しい振動を起こし,強い超音波の場を発生する.この装置は連続運転可能の産業用で,微細なエマルションが得られ,バルブホモジナイザーよりエネルギー効率が良い.欠点は刃の劣化が早く,頻繁な交換が必要な点である.16 kHz の超音波は有効であるが音が聞こえて使えないし,周波数が高まるとホモジナイズ効果が衰える.そこで実用機は 20～50 kHz の範囲のものが多い.

### 6.4.5 マイクロフルイダイザー

マイクロフルイダイザーは,100～400 MPa の高圧を用いるホモジナイザーである.加圧した液体を数百 m/s の流速で吐出させて,大きな圧力差でキャビテーションを起こし,せん断と乱流および衝撃力によって油滴を細分化する.非常に微細なエマルションが得られ,リポソームやマイクロエマルションの製造に適する.医薬品や化粧品への利用は多いが,食品への利用は少ない(図 6.10).

### 6.4.6 膜 乳 化

細孔を持ったガラス製膜などを通して,分散相としての油相または水相を,連続相中に押し出す乳化方法である.前項までに述べた乳化法では,エマルションの粒度分布範囲は広く,数回の高圧バルブホモジナイザー処理で,ある程度均一化が可能であるが,単分散エマルションは得られない.膜乳化では,多孔膜のほぼ均一な微細孔から,加圧した分散相を連続相に注入して乳

6.4 食品に用いられるホモジナイザー

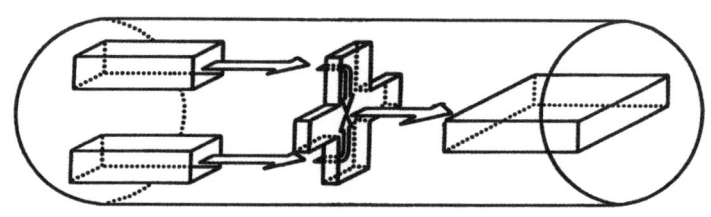

チャンバーフローデザイン

図 6.10 マイクロフルイダイザー ［みづほ工業㈱提供］

化を完成させ，O/W エマルション[6]，または W/O エマルション[7,8]が得られる．均一粒子径の単分散エマルションは，特にエマルション物性の基礎研究に適し，食品への応用でも新しい物理的性質のエマルションが期待できる．また，予備乳化した粗いエマルションを，膜乳化で細分することも可能である．さらに，分散相に W/O または O/W エマルションを用いて，水相または油相に押し出せば，それぞれ W/O/W と O/W/O エマルションの製造が期待できる．

図 6.11 は連続式の O/W 膜乳化の模式図であり，得られるエマルションの粒子径は，多孔膜の孔径と圧力に依存して図 6.12 のように変化する[9]．圧力

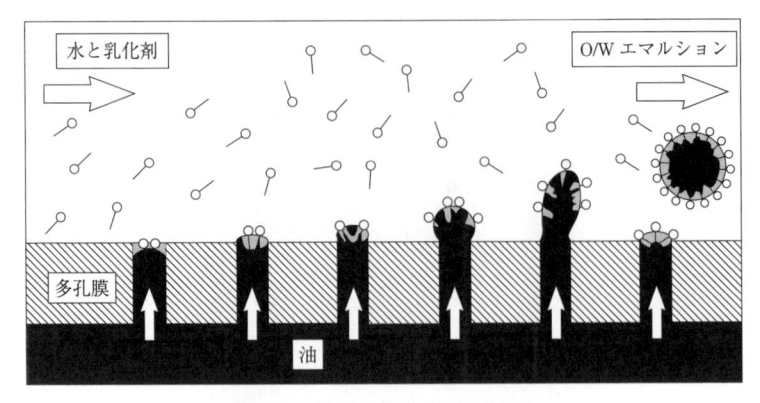

**図 6.11** 連続式膜乳化の模式図[9)]

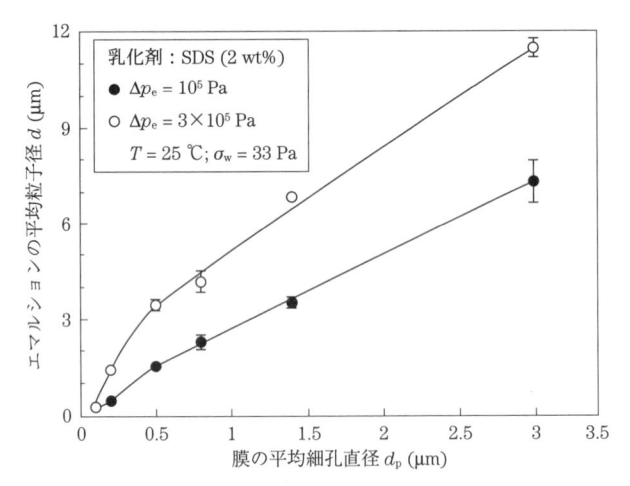

**図 6.12** 平均細孔径 $d_p$ と有効圧力差 $\Delta p_e$ の平均エマルション径に及ぼす影響[9)]
圧力差は 10 kg/cm² および 30 kg/cm²，25℃，壁のせん断応力 33 Pa．

を上げ細孔内の油の流速を高めると，粒子径が比例的に増加する．膜としては，0.1〜3 μm の細孔を持つセラミック，ガラスなどの材質が選ばれる．加圧によって油滴は大形化するので，1 μm 以下の微細なエマルションを作ることは難しい．現状では膜乳化の対象は低粘度食品に限られ，サニタリーシステムを含めて，実用化は今後の課題であろう．

### 6.4.7 ホモジナイザーの効率と選択

ホモジナイザーのエネルギー効率($E_H$)は，エマルション形成に必要な理論的エネルギーと，実際に使用されたエネルギーとの比で示すことができる[2]．

$$E_H = (E_{min}/\Delta E_{total}) \times 100 \tag{6.6}$$

エマルション生成に必要な最低エネルギーは，増加した界面の面積と界面張力の積である($E_{min} = \Delta A\gamma$)．普通の O/W エマルションでは，分散相の体積分率 0.1，粒子半径 1 μm，界面張力 10 mN/m とすれば，$\Delta A\gamma$ は 3 kJ/m³ である．高圧バルブホモジナイザーの $\Delta E_{total}$ は 10 000 kJ/m³ 程度であるから，効率は 0.1% 以下である．このように効率が悪い理由は，系内に強い圧力勾配を作るために，多量のエネルギーを要するからである．油滴の界面圧(ラプラス圧)勾配はおよそ $2\gamma/r^2$ であり，これを超えて 1 μm のエマルションを作る圧力勾配は，約 $2 \times 10^{10}$ Pa/m³ である必要がある．ホモジナイズのエネルギー効率の増加には，適当な乳化剤による界面張力の低下と，連続相の粘度低下が効果的である．

ホモジナイザーの選択では，加工する食品の物理・化学的性質と，官能的性質が重要な要因になる．生産面からはまず，バッチの大きさ，時間当たりの処理量，エネルギー消費，エマルションの粒度分布，投資と運転コストが選定の基準になる．ホモジナイザー選定後はその運転条件の最適化が必要である．油滴径が 2 μm 以上の比較的大形のエマルションでは，高速撹拌機の利用で足りる場合が多い．高粘度の液体によるエマルション製造には，コロ

**表 6.2** ホモジナイザーの特徴比較[1]

|  | 処理条件 | エネルギー効率 | 最小粒子径 (μm) | 製品粘度 |
|---|---|---|---|---|
| 高速撹拌機 | バッチ | 低 | 2 | 低・中 |
| パイプライン高速撹拌 | 連続 | 中 | 2 | 低・中 |
| コロイドミル | 連続 | 中 | 1 | 中・高 |
| 高圧バルブホモジナイザー | 連続 | 高 | 0.1 | 低・中 |
| 超音波ホモジナイザー | バッチ | 低 | 0.1 | 低・中 |
| 超音波連続ホモジナイザー | 連続 | 高 | 0.1 | 低・中 |
| マイクロフルイダイザー | 連続 | 高 | <0.1 | 低・中 |
| 膜乳化 | 連続,バッチ | 高 | 0.3 | 低・中 |

イドミルが必要になる．平均油滴径が2μm以下で，低粘度のエマルションの製造には，高圧バルブホモジナイザーが適する．研究用の微量で貴重な試料の乳化には超音波ホモジナイザーの利用が便利で，単分散エマルションの製造には膜乳化が適する．表6.2に種々のホモジナイザーの差異の概略を示した．

## 6.5 油滴細分化に関する因子

エマルションの粒子径は，製品の外観，テクスチャー，安定性に関連する重要な因子であり，製品によって粒度分布を一定の範囲内に収める必要がある．粒度に影響する因子は，乳化剤の選択，ホモジナイザーでの投入エネルギー，分散相と連続相の粘度，界面張力，温度などである．

**乳化剤の種類と濃度**：油相，水相，乳化剤濃度が一定であれば，乳化剤を完全に吸着した界面の広さには限界がある．ホモジナイズが進んで油滴が細分化され，油／水界面の面積が増加してある限度を超えると，吸着する乳化剤量が不足する．界面の乳化剤吸着が不十分になると，隣接する油滴が合一する傾向を示す．乳化剤の表面過剰濃度 $\Gamma$ (吸着量，kg/m$^2$)，エマルション中の乳化剤濃度 $C_s$ (kg/m$^3$)，分散相の体積分率 $\phi$ の条件下で得られる，最小のエマルション（単分散または平均粒子径の）半径 $r$ は次式で与えられる．

$$r = 3 \cdot \Gamma \cdot \phi / C_s \tag{6.7}$$

この式で，乳化剤濃度に反比例して粒子径は小さくなる．乳化剤によって表面過剰濃度 $\Gamma$ は異なるが，およそ $2 \sim 3 \times 10^{-6}$ kg m$^{-2}$ ($2 \sim 3$ mg/m$^2$) であるから，最低の粒子径は容易に求めることができる．しかし，実際の乳化では粒子径は計算値より大きめになる．

乳化剤の選択では，界面張力の低下能が大きく，吸着速度が速く，界面に安定した保護膜を作るものがホモジナイズに適する（しかし，乳化剤の選択基準は単にホモジナイズの容易さだけではない．例えば，エマルション安定性を重視すると，出来上がった油滴界面の界面張力が高い方がよく，これらについては次章で述べる）．

**投入エネルギー**：ある範囲までは，ホモジナイザーへのエネルギー投入（大

きさと持続時間または回数)につれて，油滴の細分化が進む．しかし，エネルギー消費でランニングコストが増加し効率が悪化するので，適当なところで妥協する必要がある．さらに，過度のエネルギー消費によって温度上昇が起こり，熱の影響による蛋白質変性などのために機能性が変化する．

**エマルション成分の影響**：食品エマルションは，水相，油相とも多くの成分を含んでいる．これらの成分は両相の粘度や密度を変化させ，ホモジナイズの効果に影響する．乳化剤を添加しなくても，油相／水相の界面張力は，油相が不純物として含有するモノグリセリド，ジグリセリド，脂肪酸などによって低下する．一方，水相に含まれる多くの成分は，系のレオロジー，界面活性や吸着に関連し，ホモジナイズに影響する．例えば，アルコールを含むエマルションでは，界面張力が低下して小形の油滴ができる．水相中のハイドロコロイドなど生体高分子の存在は，乱流で小形の渦の発生を抑制し，油滴の細分化を妨げる．塩類や酸の存在で蛋白質の安定化作用が変化し，特に蛋白質の等電点付近では安定エマルションが得にくい．エマルション調製では，含まれる各種成分のホモジナイズおよびエマルション安定性への影響を，十分に予想しておく必要がある．

高圧バルブホモジナイザーによる乳化では，エマルション油相の体積分率が，最小油滴径に影響する．油相の増加でエマルションの粘度が増加し，渦発生の抑制，乳化剤不足，エマルション粒子の合一機会の増加などがエマルション不安定化の原因である．

**温度の影響**：ホモジナイズの効果に対する温度の影響は大きい．油水両相の粘度は温度上昇で低下し，最小粒子径に影響する粘度比($\eta_D/\eta_C$)を変える．また界面張力も温度上昇でやや低下する．しかし，ポリオキシエチレン基を持つ親水性乳化剤は，一定温度に達すると転相して凝集し(曇り点という)界面活性を失う．親水性の大きいポリグリセリン脂肪酸エステルにも曇り点があり，塩化ナトリウム濃度に依存して界面活性が失われる[10]．またラクトグロブリンのような球状蛋白質は，加熱変性して機能が変化する．

エマルションが硬化油やバターなど固体脂を含む場合，温度は油脂結晶の融点以上に保ち，油相に結晶を含まないことが肝要である．結晶の存在はホモジナイズを困難にし，油脂の細分化後に油滴の凝集と合一を促進する．こ

の結晶による油脂凝集体が多量にできると,ホモジナイザーが目詰まりを起こすことがある.

## 6.6 解乳化

解乳化とは乳化の反対語で,エマルションが壊れ,元の油相と水相に分離する現象をいう.解乳化の現象は食品工業の工程中で,例えばバターの製造など,多くの重要な役割を果たす.エマルションからの油脂分離は,脂肪酸組成や過酸化脂質測定など,食品分析でも重要な手順の一つである.分析には溶媒抽出を用いることが多い.

一般に解乳化の促進には,エマルションの安定化因子の理解が必要である.乳化剤(界面活性剤)には多くの種類があって,エマルション安定化に関する物理・化学的性質がある程度異なるので,最適な解乳化の方法も異なる.

**物理的分離法(遠心分離,ろ過)**:遠心分離は最も直接的な解乳化法であり,エマルションによっては,直接に高速遠心で分離することができる.または,以下に述べる解乳化方法と併用すると有効である.エマルションはまた適当なろ過装置で解乳化できる.

**非イオン界面活性剤**:一般に非イオン界面活性剤のエマルション凝集防止効果は,高分子立体斥力,水和,および熱波動相互作用(3.9節参照)によっている.非イオン界面活性剤の界面膜は,油滴が至近距離まで接近した場合に壊れやすい.非イオン界面活性剤によるエマルションでは,クリーミング後のエマルションを放置したり加熱すると,油相が分離する.特に曇り点のある非イオン界面活性剤の場合は,加熱で親水基が脱水和して斥力が失われ,親水基の縮小でエマルション表面の曲率が失われ,解乳化が起こりやすくなる.しかし,曇り点が100℃以上であったり,ショ糖脂肪酸エステルのように曇り点のない界面活性剤では,加熱による解乳化が起こりにくい.

中鎖アルコールを添加すると,解乳化が起こりやすくなる.これは中鎖アルコールが界面活性剤を置換しやすいこと,および界面活性剤の疎水基間に配列して,油滴の曲率を減ずるためと考えられている.エマルションに強い酸を加えると,油滴の合一を促進する場合がある.これは乳化剤がエステル

である場合，加水分解が起こって界面活性が失われるためである．

**イオン性界面活性剤**：イオン性界面活性剤のエマルション安定化は，主に静電相互作用によっている．イオン性界面活性剤の場合も，界面膜は合一に対する保護効果があまり強くない．油滴間の静電斥力を弱めることで，凝集と合一が促進される．それには電解質(例えば，食塩や塩化カルシウム)を水相に加えればよく，特に多価金属イオンは静電相互作用のスクリーニング効果が大きく，この目的に適する．また pH の変化で電荷を失わせる方法もある．エマルションを通じて電場を与えると，電荷を持った油滴は反対の極に集まる．そこで，半透膜を用いれば油滴を集め，イオン性界面活性剤は反対極に動くので，乳化被膜を破壊することができる．

**蛋白質系乳化剤**：蛋白質によるエマルション安定化は，静電相互作用と立体斥力によっている．時には，油滴を粘弾性膜で保護するので破壊が困難である．そこで，蛋白分解酵素または強酸で分解する方法がある．牛乳の乳脂含有量は，濃硫酸を加えて加熱し，遠心分離後の脂肪測定(バブコック法)で分析される．さらに界面活性の強い低分子の界面活性剤で，界面の蛋白質を置換し遊離させる方法がある．この場合，$\beta$-ラクトグロブリンのように変性後にジスルフィド結合する蛋白質では，あらかじめメルカプトエタノールなどで還元しておく必要がある．

## 文　献

1) McClements, D. J. : *Food emulsions, principles, practice, and techniques*, p. 161-184, CRC Press, Boca Raton(1999)
2) Walstra, P. : Formation of emulsions, in *Encyclopedia of emulsion technology*, Becher, P. ed., Vol. 1, Chap. 2, Marcel Dekker, New York(1983)
3) Karbstein, H. and Schubert, H. : Developments in the continuous mechanical production of oil-in-water macro-emulsions, *Chem. Eng. Proces*., **34**, 205 (1995)
4) Walstra, P. : Principles of emulsion formation, *Chem. Eng. Sci.,* **27**, 333(1993)
5) Stang, M., Karbstein, H. and Schubert, H. : Adsorption kinetics of emulsifiers at oil/water interfaces and their effect on mechanical emulsification, *Chem. Eng. Proces.,* **33**, 307(1994)
6) 加藤　良，浅野祐三，古谷　篤，富田　守：膜乳化法による O/W 食品エマ

ルションの調製条件, 食科工誌, **42**, 548(1995)
7) 加藤 良, 浅野祐三, 古谷 篤, 外山一吉, 富田 守, 小此木成夫:油脂含浸処理膜による W/O エマルションの調製法, 同誌, **44**, 238(1997)
8) 外山一吉, 浅野祐三, 井原啓一, 高橋清孝, 土井一慶:膜乳化法による高水分 W/O 食品エマルションの調製及びその安定性評価, 同誌, **45**, 253 (1998)
9) Schroeder, V. and Schubert, H.: Influence of emulsifier and pore size on membrane emulsification, in *Food emulsions and foams*, Dickinson, E. and Patino, J. M. R. eds., p. 70-80, Royal Society of Chemistry, Cambridge(1999)
10) 葛城俊哉, 石飛雅彦:ポリグリセリン脂肪酸エステルの構造・組成と機能, *FFI ジャーナル*, **180**, 35(1999)

# 7. エマルションの安定性

## 7.1 はじめに

「安定性が良いエマルション」とは，製造が終わった時の状態を保ちやすいエマルションのことである．大部分の食品エマルションは安定性を求められ，製品に固有のシェルフライフを保つ必要がある．しかし，元来どのエマルションも安定ではなく，準安定の状態にある．製造後のエマルションは，時間経過の中で多くの物理・化学的要因に影響されて，変化に対する抵抗性を失い次第に不安定になる．物理的な不安定化は，位置的分布の変化や結晶化など分子構造の変化で起こる．クリーミング，フロック凝集，合一，転相，オストワルド成長などが物理的不安定化の例である．トリグリセリドと水のように，互いに溶け合わない液体のエマルションでは，一般に，クリーミング，フロック凝集，合一の順で不安定化が進行する．化学的不安定化は，分子の化学構造の変化に起因し，酸化や加水分解が主な現象である．実際には，二つ以上の複数の原因が共同して，エマルションを不安定化させる．

表7.1は，実験結果と理論の組合せによって見出された，エマルション安定性に関する12種の重要な因子である[1]．実際のエマルションでは，これらのメカニズムの中でどれが重要因子になっているか，また，因子間の相互関係を見極めることが重要である．それらの因子を制御することによって安定化が可能になる．エマルションを安定化するには，第一に油相の体積分率，次いで油滴の大きさと粒度分布，および連続相のレオロジーへの配慮が重要なことが分かる．出来上がったエマルションの不安定化は，その組成と微細構造，および温度変化や振動など，エマルションに与えられる環境に支配される．

食品エマルションに要求される安定期間は，製品の種類で異なる．製品に

**表 7.1** エマルションの安定性とレオロジーの鍵になる 12 の物理的因子[1)]
(0＝重要性なし，1＝時には重要，2＝しばしば重要，3＝常に重要)

| 因　　　子 | クリーミング | フロック凝集 | 合　一 | レオロジー |
|---|---|---|---|---|
| 油滴の大きさ | 3 | 2 | 1 | 1 |
| 油滴径の分布 | 3 | 2 | 0 | 2 |
| 油相の体積分率 | 3 | 3 | 3 | 3 |
| 相間の密度差 | 3 | 0 | 0 | 0 |
| 連続相のレオロジー | 3 | 3 | 2 | 3 |
| 分散相のレオロジー | 0 | 0 | 0 | 1 |
| 吸着層のレオロジー | 0 | 0 | 3 | 2 |
| 吸着層の厚さ | 1 | 2 | 3 | 2 |
| 静電相互作用 | 1 | 3 | 2 | 1 |
| 立体(高分子)相互作用 | 0 | 3 | 2 | 2 |
| 脂肪の結晶化 | 0 | 0 | 3 | 3 |
| 液晶相の存在 | 1 | 1 | 2 | 2 |

よっては製造の過程で，数分間から数時間程度の安定を要するもの，例えば，ケーキのバッター(生地)，冷凍前のアイスクリームミックスなどがある．一方，瓶詰コーヒーホワイトナーのように数年間，ロングライフ(LL)牛乳，マヨネーズやサラダドレッシングのように数か月間から1年程度の安定性を要求される製品もある．

エマルションの不安定化が製品の条件になる製品として，ホイップクリームやアイスクリームがある．高純度の原料による単純なエマルション系では，その安定性を理論的に推定することもできる．しかし，食品エマルション製品の構成は極めて多様であり，また製造法や使用できる装置も多いため，その安定性を予測することは簡単ではない．そこで，該当するエマルションの安定性を支配する複数の因子を知ることが，食品技術者にとって重要である．そのためには種々の測定手段を用いて，エマルションに起こる変化を計測し，原料や工程の安定化(または不安定化)の効果を知ることができる．

## 7.2　エマルション安定のエネルギー論

エマルションの安定性を考える場合，その**熱力学的安定性**と**動力学的安定性**の区別が重要である．熱力学はある変化が起こるか否かを示し，動力学は

変化が起こった場合に，その速度を与えてくれる．すべての食品エマルションは，熱力学的に不安定な系であり，遅かれ早かれ壊れる運命にある．動力学的安定性の大小は，食品エマルションに与えられている特性の違いに依存している．

エマルションの熱力学的不安定性を理解するのは簡単である．試験管に水を入れ植物油を加えて激しく振れば，一時的に乳濁した状態ができるが，短時間で油と水に分離する．この油水分離現象に対する比重差の影響は小さく，油の比重を高めて水と同じにした場合，やはり油と水は分離し，大形の油滴が水中に浮いた状態になる．油滴が細分化されると，油／水界面の面積が増加し($\Delta A$)，界面自由エネルギーが増加する．乳化によるエネルギー増加 $\Delta G$ は，界面張力×増加表面積($\gamma \Delta A$)で表される．例えば，油分10%のO/Wエマルションで，$\gamma=0.01$ N/m，油滴径が1 μmとすると，界面自由エネルギーの増加は約3 kJ/m$^3$ になる．このため食品エマルションは，熱力学的に常に不安定である．ここで界面張力 $\gamma$ が極端に小さくゼロに近づいた場合には，系は熱力学的に安定化する．この種のエマルションは**マイクロエマルション**(ミセル溶液)と称し，一般の**マクロエマルション**と区別される．

エマルション形成による自由エネルギー変化は，計算することはできても，不安定化速度や変化の様相を予測することはできない．そこで，エマルションに関しては，その動力学的安定性が重要である．典型的な例として，十分な乳化剤を含む同一の原料から，油滴直径の異なる食品エマルションを作ったとしよう．油滴径が小さいエマルションは，油滴径に反比例して $\Delta G$ は増加しているにもかかわらず，長期間安定である．上手に作られた食品エマルションには，準安定な状態を数年間続けるものもある．

エマルションが準安定を保ち得る動力学的な原因は，概念的には活性化エネルギーの大小によっている．油と水が分離した状態の乳化前の自由エネルギー $G_i$ に，乳化操作によって $\Delta G$ と $\Delta G^*$ のエネルギーが与えられ，乳化後の自由エネルギーを $G_f$ とする．図7.1に示すように，活性化エネルギー $\Delta G^*$ が，系の熱エネルギー($kT$)に比べて大きいほど乳化は安定する．通常のエマルションでは，活性化エネルギーが $15\ kT$ で23時間，$20\ kT$ であれば3年程度の安定化が可能である[2]．

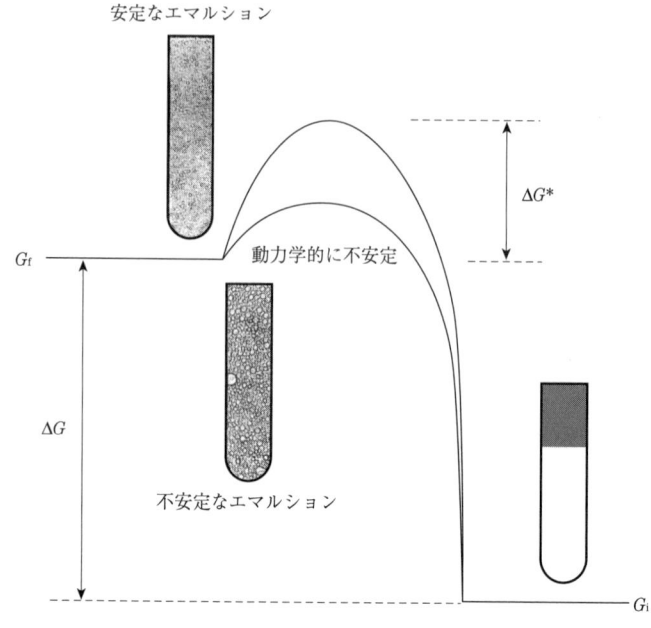

図 7.1 エマルションの準安定性の大小

　エマルション中の油滴は，ブラウン運動や重力などの影響で常に運動しており，衝突を繰り返している．油滴の衝突の結果，油滴間の相互作用で，変化しないもの，付着や凝集を起こすもの，合一するものがある．エマルションの動的安定性を支配する因子は，油滴間の相互作用と，エマルション中での運動状態である．そこで，エマルションの安定化には，活性化エネルギーを増加させる因子，乳化剤および／または濃厚化剤の存在が必要になる．蛋白質を含めた乳化剤は界面に吸着して油滴の表面に保護層を作り，濃厚化剤は水相の粘度を高めて油滴の衝突機会を減少させる．

## 7.3　クリーミング(重力による分離)

　O/Wエマルションの油滴の密度は，水相の密度より小さいため，重力や遠心力で油滴が移動し，エマルションの上部に濃厚な層を作る．この現象がクリーミングである．このとき油滴の大きさの分布は変化しない．クリーミ

ングは可逆的で，撹拌すると元の均一なエマルションに戻る．クリーミングの初期には，垂直方向に油滴密度の勾配ができるだけであるが，後に，上部のクリーム層と，下部の油滴の失われた層の境界がはっきりし，下部が透明になることがある．ホモジナイズしていない牛乳は大形の脂肪球が多く，放置によるクリーミングの進行が速い．逆にW/Oエマルションでは，油相が液体の場合，水滴が沈降する．クリーミングが起こると，エマルションの上部は油滴が濃厚化して増粘し，下部の水相の白濁は次第に減少して粘度が低下する．クリーミングした油滴間では，衝突の頻度が増加してフロック凝集や合一を起こしやすく，油相分離の傾向が強まる．

　食品エマルションが最終製品であれ，また中間製品であっても，エマルションには一定の安定期間が要求される．食品エマルションの製品は，その目的によって多様な原料成分を含有し，消費に至るまでの経路，貯蔵の環境，シェルフライフなどが異なる．そこで，クリーミングの防止法も製品ごとに異なることになる．しかし，重力の影響に関して，各エマルションに共通する幾つかの因子と，それを制御する方法がある．

### 7.3.1　クリーミングの物理学
**ストークスの法則**

　1個の独立した油滴が，固くて電荷を持たず，質量が$m$で，密度が$\rho$であり，密度$\rho_0$の液体中に分散しているとする．重力の加速度$g$が作用して油滴を上昇させる力は次式で与えられる．

$$F_g = mg[(\rho_0/\rho) - 1] \tag{7.1}$$

半径$r$の球に対して(7.1)式を変形すると，

$$F_g = (4/3)\pi r^3 (\rho_0 - \rho)g \tag{7.2}$$

となる．油滴が上方に速度$v$で動くとすると，その反対方向に作用する流体力学上の摩擦力，$F_\mathrm{f}$は次式で与えられる．

$$F_\mathrm{f} = fv \tag{7.3}$$

層流での摩擦係数$f$はストークスの式で，次のようになる．

$$f = 6\pi\eta_0 r \tag{7.4}$$

ここで，$\eta_0$はニュートンのずり粘度である．$v$が一定で加速度がなければ，

移動する油滴に働く正味の力はゼロであり，そこで，$F_g$ と $F_i$ の力を同じとすれば，半径 $a$ の油滴の浮上速度 $V_s$ について，次の有名なストークスの法則が得られる．

$$V_s = 2\,a^2(\rho_0 - \rho)g/9\,\eta_0 \qquad (7.5)$$

(7.5)式から，油脂の比重を0.910とし，$\eta_0$ を 1 mPa，水相の比重を 1 とすると，水中に分散する半径 1 μm 程度の油滴の $V_s$ は，およそ 17 mm/日になる．ホモジナイズ牛乳の脂肪球の直径はおよそ 1 μm であり，浮上速度は数 mm/日であるから，数日間はクリーミングが認められにくい．$V_s$ が 1 日に 1 mm 以下では，クリーミングがブラウン運動に比べて無視できるようになる．油滴径を微小化するには，強力なホモジナイズが必要である．しかし現行の乳化装置では，どうしても数 μm の油滴がわずかに残存する．

多くの油滴がエマルション上部に達すると，それ以上上昇できないので，密度勾配をもったクリーム層ができる．油滴のクリーム層への充填の粗密は，粒度分布，油滴界面の性質，ハイドロコロイドなどの水相成分などによって異なる．充填が密な油滴は薄いクリーム層になり，充填が粗な油滴のクリーム層は厚くなる．油滴の凝集が進行しない間は，弱い撹拌でクリーミング層は再分散する．

ストークスの式((7.5)式)は，単分散(同一の大きさ)の剛体球が，非常に希薄な状態で理想液体中に分散する場合に成立する．実験での油滴の上昇速度は，この式と一致しないことが多い．しかし，エマルションにフロック凝集がない場合には，ストークスの法則はクリーミングのよい指標になる．この式から希薄なエマルションで，クリーミングを防止するには，3種の方法があることが分かる．第一は油滴の平均粒子径の微小化であり，次いで2相間の密度差減少と，連続相の粘度増加である．しかし油滴の粒子径以外の方法は，食品によって一定の限界がある．

### ストークスの法則の修正

ストークスの法則は，粒子と連続相の流体との摩擦を基礎にしており，液滴と連続相間の滑りを考慮していない．この法則は，粒子が剛体である場合に当てはまるが，液滴は剛体ではないので，表面に力が加わると内部の液体は動き，摩擦力は減少する．したがって，浮上速度は次式のように修正され

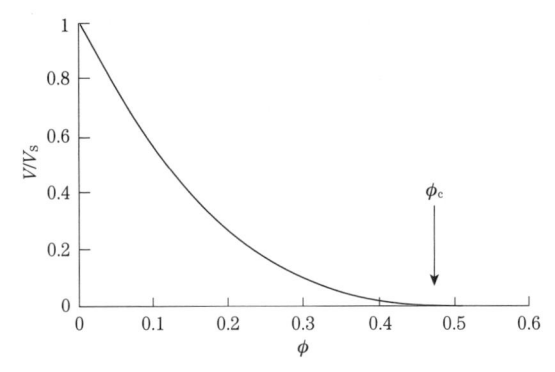

**図 7.2** 単分散相の体積分率とクリーミング速度($V=V_s(1-6.55\,\phi)$の解)
[Hunter, R. J.: *Foundation of colloid science*, Vol. 2, Oxford Univ. Press(1989)]

増加する.

$$V=V_s\times 3(\eta+\eta_0)/(3\,\eta+2\,\eta_0) \tag{7.6}$$

油滴の粘度が連続相の粘度よりはるかに低い場合は，$V \fallingdotseq 3/2$ とクリーミングが早まることになる．しかし，多くの食品エマルションの油滴は粘性があり，粘弾性に富む界面膜で覆われるので，内部の液体の流動は小さい．

エマルション油相の体積分率が高まると，クリーミング速度が減少することは，技術者の誰もが経験する．これは液体力学的相互作用が油滴間に起こるためである．一定の油滴が上昇すると，その量と同じ連続相の液が下降を起こす．この液体の逆流は，その単一粒子の上昇(沈降)速度を弱める．丁度，魚が流れに逆らって泳ぐのに似ている．この下降運動のために油滴の上昇速度が減少し，結果としてクリーミング速度が低下する．油相の体積分率($\phi$)が2% 以下のエマルションでは，油滴の上昇速度が次式で与えられる．

$$V=V_s(1-6.55\,\phi) \tag{7.7}$$

さらに濃厚なエマルションでは，他に多くの液体力学的相互作用があって，クリーミング速度が低下する．エマルションが緊密に充填した時の臨界体積分率を $\phi_c$ とすると，クリーミング速度は図 7.2 に示す関係になり，分散相の増加でクリーミングは抑制される．図 7.2 の単分散のエマルションでは，臨界体積分率は低めであるが，多分散の場合は油滴間の空隙を小形の油滴が埋めるので，臨界体積分率が増加する．

**多分散とクリーミング，凝集**：食品エマルションは多分散系で，乳化法によ

って特徴が異なる粒度分布を持っている．大きい油滴は小形の油滴よりクリーミングが速く，上部に移動する時に小形油滴と衝突し，小さな油滴を捕まえ集合を作って上昇する．クリーミングによって，油滴間のフロック凝集が起こりやすくなり，凝集体は大形油滴と同様にクリーミング速度が大きい．このように体積分率が低いか，中程度のエマルションではフロック凝集でクリーミングが促進される．しかし濃厚エマルションでは，フロック凝集によって三次元的な網目構造ができ，クリーミングが遅くなる．さらに油滴間に結合性があれば，エマルションゲルが形成される．冷えた搾りたての牛乳は，その粒度に対してストークスの式で予測した速度より，クリーミングが速い．これは，アグルチニンという高分子のハイドロコロイドが，油滴間に橋かけを作り凝集するためである．

**連続相の非ニュートン粘性**：多くの食品エマルションの連続相は，非ニュートン流動を示す．天然ガム質などの生体高分子は，ずり流動化(撹拌が強いほど粘度が低下する)の現象を示し，流動がないときに粘度が最大になる．そこで，ストークスの法則を構成する粘度($\eta$)に，どの数字を用いれば適当かが問題になる．クリーミングは通常エマルションが静止状態で起こり，油滴のずり(せん断)速度は，普通は$10^{-4} \sim 10^{-7}$/sである[1]．多糖類などの濃厚化剤ではずり速度が低い場合，高い見かけの粘性を持つので，油滴のクリーミングは極端に遅い．さらに，生体高分子によっては降伏応力を示すものがあり，降伏値以下での溶液は固体のように振る舞う．この種のハイドロコロイドを含むエマルションでは，クリーミングが起こらない．バターのようなW/Oエマルションでは，水滴が油脂結晶の網目構造に取り込まれ，水滴の沈降が起こらない．このようにエマルションの安定性には，連続相の粘度の影響が大きい．そこで，エマルションの製造から消費の間で起こり得る，一連のずりの条件下で，連続相の粘度を測定しておくことは有意義である．

**油脂結晶の影響**：食品エマルションの油相は，例えば，水素添加植物脂(硬化油)のように固体脂を含む場合が少なくない．25℃前後では，固体脂の密度は1.2 g/mL程度であり，液体油の密度は0.91〜0.92 g/mLである．固体脂含量を$\phi_{SFC}$とし，$\rho_S$, $\rho_L$をそれぞれ固体脂および液状油の密度とすると，結晶を含む油滴の密度$\rho$は，$\rho = \phi_{SFC}\rho_S + (1-\phi_{SFC})\rho_L$で与えられる．固体脂

含量が30%程度の油脂では，水と同程度の密度になるため，油滴は上昇も下降も起こさなくなる．そこで，牛乳では20℃付近で乳脂肪球の密度が脱脂乳の密度と同程度になるので，クリーミングは抑制される．40℃の牛乳では乳脂は液状になって，クリーミングが促進される．

バター，マーガリンのようなW/Oエマルションでは，水滴の安定化は油脂結晶の網目中に，液状油および水滴が抱き込まれることによる．したがって，低温ではエマルションは安定であるが，油脂の融点以上に加熱すれば結晶がなくなり，水滴は速やかに沈殿し分離してしまう．

**油滴界面の吸着層の影響**：エマルションの油滴界面に形成される，低分子乳化剤や蛋白質の吸着層もクリーミングに影響する．蛋白質などを含む吸着層の厚さは2～10 nmの範囲であるから，微細なエマルションでは油滴径が増加し，クリーミングを早める．また，蛋白質や乳化剤の吸着層の密度は一般に油相より大きく，吸着によって油滴全体の密度が増加する．特に油滴径が小さい場合にはこの現象は顕著であり，連続相との密度差が減少すると，クリーミングが避けられる．

**その他の影響**：ストークスの法則には，ブラウン運動が考慮されていない．重力は鉛直方向にだけ作用するが，油滴に対するブラウン運動の影響は，すべての方向に作用し，小形の油滴ほど影響が大きい．また，油滴が電荷をもっていると，電荷を持たない油滴より動きが遅くなる．同一電荷を持つ油滴は静電相互作用で反発して，接近が抑制される．ある油滴の上昇で起こる連続相の下降に，近傍にある油滴が捕まえられると，クリーミングが遅延する．油滴の移動より連続相中の対イオンの移動が遅いので，電荷のアンバランスが起こり，油相の移動を抑制する．

### 7.3.2 クリーミングの制御法

**油／水相間の密度差を減らす**：食品エマルションの液状油の密度は，25℃で910～920 g/Lであり，水相が糖や蛋白質を含むと密度が増加し，アルコール添加では密度が減少する．飲料に用いる柑橘精油エマルション(フレーバー)などでは，以前は臭素化植物油(密度1.3 g/mL)を添加し，両相の密度差を5 g/L以下にした．しかし今日では，臭素化油の使用は禁止された．密

度差減少には，食品添加物の油溶性のエステルガム(ガムベース)，ショ糖酢酸イソ酪酸エステルなどのエステルが用いられる．これらの添加物はホモジナイズ前の油相に添加する．

エマルション油滴表面に吸着した蛋白質などの吸着層の密度 $\rho_s$ は，一般に分散相内部の密度 $\rho$ と異なり，水相の密度 $\rho_0$ より高い．蛋白質で安定化したO/Wエマルションでは，$\rho_s > \rho_0 > \rho$ の関係になっている．一般に，吸着層の厚さは油滴径の大小と無関係であるから，エマルションの有効油滴密度は油滴の大きさに依存する．大形の油滴の密度は油相の密度とほぼ同じであり，最も細かい油滴では，吸着層の影響で水相の密度に近いか，それより大きいこともある．これらの微小な油滴は，遠心分離ではクリーミングしない．この現象はホモジナイズ牛乳のように，蛋白質を多く含む微細なエマルションで起こる．多分散系のホモジナイズ牛乳の油滴には，実効的な密度が水相と同等のものがあり，浮力がない油滴は遠心力をかけても浮きも沈みもしない．

前項で述べたとおり，クリーミングの防止に，密度の大きい固体脂を油相に用いる方法がある．固体脂含量(SFC)を30%程度にすると，常温での油／水密度差がなくなる．しかし，この場合は油脂結晶によるエマルション破壊があり，ホイップクリームのように冷蔵されるものには適するが，消費までに温度変化の大きいエマルションには不適である．乳脂は親水性のある特殊な油脂であり，通常の固体脂よりクリーミングしにくい性質があるが，これについては第二部・第2編の1章で述べる．

**油滴径を小形化する**：ストークスの法則で，クリーミング速度は油滴径の2乗に比例し，油滴径が1/2になれば速度は1/4になる．ホモジナイズ牛乳の平均油滴径は 1 μm 程度であり，わずかなクリーミングはあるが，常温保存可能のLL牛乳であっても実用上問題は起こらない．多くのエマルションでは，高圧バルブホモジナイザーを用いれば，要求されるシェルフライフをほとんど満足させることができる．ホモジナイズされた油滴は一定の粒度分布を示し，一定限度を超えた粒子径の油滴の存在でクリーミングが起こる．例えば，常温で数年間のシェルフライフが必要な市販のクリームリキュールでは，直径 0.8 μm 以上の油滴の比率が3%以下である必要がある．3か月

後のクリーミング層が2 vol%以下であれば，着色瓶に入れたクリームリキュールは，消費者に気づかれることはなく，注ぐときに常に再分散してしまう[1]．

**連続水相のレオロジーを改善する**：ストークスの式から，油滴周囲の水相の粘度が上昇するほど，クリーミング速度は低下する．クリーミングの防止には，濃厚化剤として種々のハイドロコロイドの添加が有効である．ハイドロコロイドによって，ゲルのような三次元構造ができると，クリーミングは完全に防止される．ずり流動化を起こすハイドロコロイドであれば，エマルションの静置ではクリーミングは起こらず，使用時に流動化させることができる．しかし，ハイドロコロイドによっては，油滴間に橋かけを作って凝集を起こし，クリーミングを顕著に促進するものがある．この種のハイドロコロイドは，安定性や流動性を要するエマルションには使用できない．

**油滴体積分率の増加**：一般に油滴の体積分率を増加させるほど，隣接する油滴との相互作用によって，エマルションはクリーミングを起こしにくくなる．低温保管する生クリームのように，凝集性のない濃厚なエマルションは，十分な流動性を保ちながら，実用上クリーミングが問題にならない．一方，濃厚エマルションに油滴間のフロック凝集が起こると流動性が失われ，クリーミングが防止される．

マヨネーズのように，分散相の液状油が80%に達したり，油滴が最密充填に近い状態のドレッシングなどは，流動性を保つ安定エマルションである．しかし，マヨネーズの乳化技術を，一般のエマルションに利用することは困難である．

### 7.3.3 クリーミングの測定法

エマルションのクリーミングを予測するには，分散相と連続相の密度，油滴の粒度分布および連続相のレオロジー測定が必要である．両相の密度測定には，比重瓶，比重計など種々の方法が可能である．油滴の粒度分布測定には，光学的方法，超遠心沈降法，レーザー回折測定法などがあり，レオロジー測定には，回転粘度計をはじめ多くの方法がある（これらは後に紹介する）．これらのデータを用いて，長期間のエマルション安定性を予測することがで

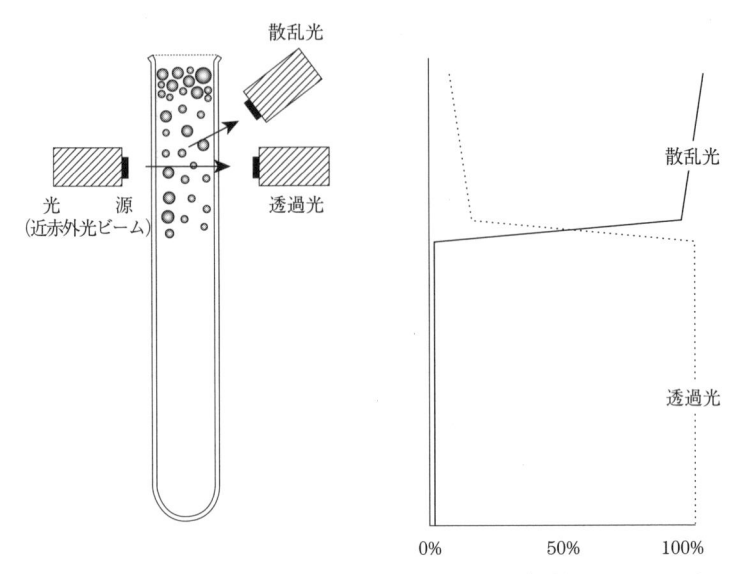

**図 7.3** 近赤外単色光ビームによるクリーミングの測定 ［参考書 1, p. 198］

きる．しかし，利用できる数式やモデルは，多くのエマルション製品について，満足できないことが多い．したがって，エマルションのクリーミングを実際に測定することが必要になる．

　薄いエマルションのクリーミング速度の測定は，肉眼か，濁度または光散乱の自動測定によって，経時的変化を観察して行う．最も単純なクリーミング測定は，エマルションを細長いチューブに入れて一定条件に保管し，物差しを用いてクリーミング部分の高さを経時的に測定する．目盛り付き試験管ならさらに便利である．この時，試験管の背後に光源を置くと，エマルションの濃淡の判断がつきやすい．この方法の欠点は，油滴の濃度分布が上下に連続的であると判断できない点である．この問題は光散乱の測定で解決することができる．近赤外の単色光ビームを，エマルションを含む垂直の試験管に沿って照射し，自動的に透過光と散乱光を測定すると，図 7.3 に示すような結果が得られ，クリーミングの位置が明確になる．

　促進試験として遠心分離機を用いる方法がある．自然な放置条件と異なるため，結果が実際と異なる可能性があるが，遠心分離機の回転速度と時間を一定にして測定する．この試験は，類似条件で作られたエマルション試料の，

7.3 クリーミング(重力による分離) 179

安定性比較に用いると便利である．しかし，連続相の粘性に降伏応力がある場合には，遠心力を高めるべきでない．この方法は，濃厚エマルションには用いられない．

濃厚なエマルションでは，クリーミングはぼんやりと不明確なことが多い．最も直接的な測定法は，時間ごとにサンプルをとって各部分の濃度と，粒度分布を測定するものである．サンプルはクリーミングの種々の高さの位置からとるが，エマルションを動かさずに行うことは，ほぼ不可能である．強制的な方法として，凍結してから各部分を分割し顕微鏡観察するものがあるが，これもエマルション系を破壊する．1回の測定では，クリーミングの経時変化が観察できないが，多数の同一エマルション試料を用いることにより経時変化を測定することができる．

非破壊的にエマルション安定性を測定できる，超音波利用，核磁気共鳴利用技術などが開発された．濃厚エマルションのクリーミングを測る便利な方

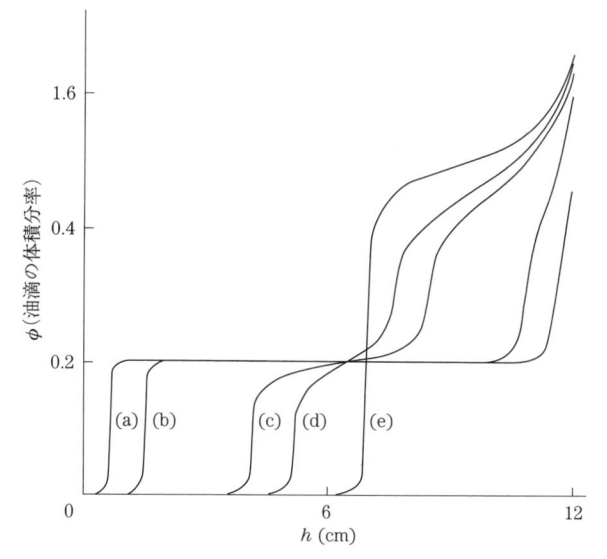

**図7.4** 水中油滴型エマルション(油分 15 wt%，蛋白質 0.75 wt%，キサンタン 0.05 wt%)のクリーミングの進行[1]
油滴の体積分率 $\phi$ を試料の高さ $h$ との関連で示した．
データは超音波音速法で時間を追って測定したものである．(a) 18h，(b) 43h，(c) 127h，(d) 154h，(e) 223h．
初期の $\phi$ は $h$ 全体にわたって，ほぼ 0.2 である．

法に，超音波を利用した垂直方向の油脂含有量変化の測定がある．超音波の波長より油滴が小さければ，十分に脱気した食品エマルションについて，連続相の粘度が高くない限り測定が可能である[5]．

図 7.4 は，重量％で，$n$-テトラデカン 15，カゼインナトリウム 0.75，キサンタン 0.05 を含むエマルションの，高さと濃度(体積分率)の関係を示す．20℃ に静置したエマルションのクリーミングを超音波音速測定で分析した結果である．油滴を含まない水層の位置は，底部($\phi \fallingdotseq 0$)から始まって上昇し，クリーム層($0.4 \leq \phi \leq 0.65$)がサンプルの上部に現れている．超音波測定法の利点は，エマルション上下の体積分率の経時変化が測定でき，肉眼で観察されないクリーミングが分かる点である．この方法は，製品の安定性検討の有効な手段になる．

## 7.4　フロック凝集*

エマルションの油滴は，熱エネルギー，重力，振動などの影響で常に動いており，時に隣接する油滴と衝突する．衝突した油滴が凝集するか離れるかは，油滴間の相互作用による．油滴が凝集すると，その状態はフロック凝集のままであるか，またはさらに合一まで進むかである．Dickinson は，隣接する油滴同士の相互作用自由エネルギーが負であるほど凝集しやすいとした．油滴の体積分率と油滴間の相互作用の強さによって，質的に異なったタイプのエマルションができる．そして，単分散系エマルションでのフロック凝集の形態を，図 7.5 のように分類した[1]．フロック凝集では，2 個以上の油滴が独立性を保っており，合一では油滴は 1 個にまとまる．分散相の体積分率が低いエマルションでフロック凝集が起こると，クリーミングが促進され，製品のシェルフライフが短縮される．また，フロック凝集でエマルションの粘度が高まり，濃厚エマルションではゲルを形成する．したがって，流動性

---

\* 凝集には，大小の分子，原子，イオンが集合する aggregation と，コロイド粒子が集合して大形の粒子になる flocculation がある．前者を凝集，後者を集合と区別することもある．本書では共に凝集としたが，flocculation はフロック凝集としてできるだけ区別した．

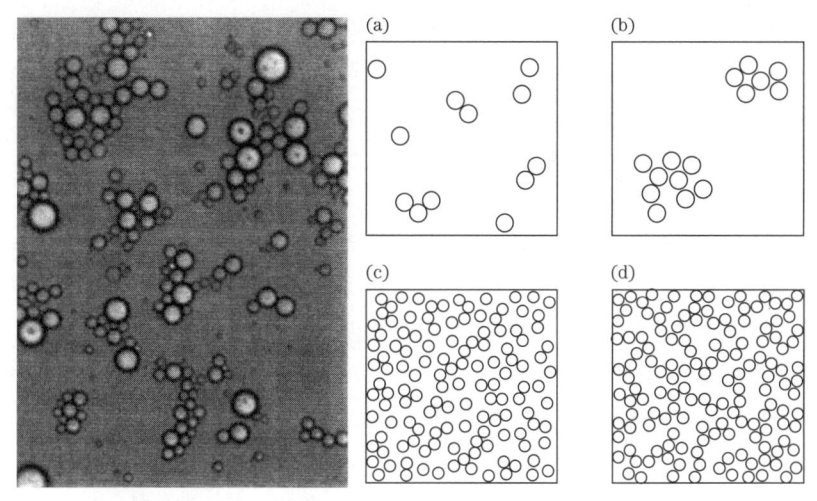

**図 7.5** コロイドの体積分率とフロック凝集の程度による構造の変化
(a) 希薄で弱い凝集, (b) 希薄で強い凝集, (c) 濃厚で弱い凝集, (d) 濃厚で強い凝集.
[文献 1)および Quintana, J. et al.：*J. Text. Studies*, **33**, 215(2002)]

が必要なエマルションでは，フロック凝集を避ける必要がある．反対にエマルションの適当な凝集によって，特有のテクスチャーを得る製品もある．そこで，エマルションのフロック凝集を支配する要因の理解が必要になる．

### 7.4.1 フロック凝集の物理

フロック凝集が起こる原因は，油滴間の衝突であり，凝集が進むとエマルション中の粒子数が減る．フロック凝集速度 $dn_T/dt$ は次式で与えられる．

$$dn_T/dt = -1/2FE \tag{7.8}$$

ここで $n_T$ は単位体積中の粒子数，$t$ は時間，$F$ は衝突の頻度，$E$ は衝突の凝集効率である．1/2 は 2 個の粒子間に衝突が起こり粒子が 1 個になるためである．衝突の頻度はエマルションの単位体積中の衝突数であり，衝突数はブラウン運動，クリーミング，外力に影響される．

**ブラウン運動の影響**：球状で希薄なエマルションのブラウン運動による衝突頻度 $F_B$ は，結論として次式に従う[6)]．

$$F_B = 3kT\phi^2/2\eta\pi r^6 \tag{7.9}$$

ここで $k$ はボルツマン定数，$T$ は絶対温度，$\phi$ は分散相の体積分率，$\eta$ は連

続相の粘度，$r$ は分散相(油滴)の半径である．したがって $F_B$ はエマルション粒子径の減少で急増し，分散相濃度の2乗に比例して増加し，連続相粘度に反比例することが分かる．フロック凝集でエマルションの粒子径が増加すると $F_B$ は急速に減少する．

**クリーミングの影響**：多分散のエマルションでは，油滴の大きさでクリーミング速度が異なり，大形の油滴は速度が大きく小形の油滴に衝突してそれらを捕らえる．そこで，クリーミングによる凝集を避けるには，エマルションの粒度分布を狭くするか，連続相と分散相の密度差を少なくすればよい．

**ずり(せん断)の影響**：製造後のエマルションには，ずりの流動が加わることが多い．ずりによる衝突頻度 $F_s$ は次式で表される．

$$F_s = 16Gr^3n^2/3 = 3G\phi^2/\pi r^3 \qquad (7.10)$$

ここで $G$ はずり速度である．クリーミング速度や，ずり速度が小さければ，油滴の衝突頻度は主にブラウン運動の影響を受けるが，ずり速度が高まると凝集が早まる．例えば，油滴半径 2 μm の生乳を撹拌すると $G>1/s$(秒)で，半径 1 μm で $\phi=0.1$ の食品エマルションでは $G>2/s$ で，フロック凝集が早まる．また，クリーミングと自然対流によっても凝集が促進される．

エマルションの粒子の衝突で，必ず凝集が起こればエマルションの破壊は早い．凝集の防止には粒子間に反発するエネルギー障壁を作る必要がある．この障壁の大きさが**衝突の凝集効率 $E$** を支配し，$E$ が 0 であれば凝集がなく，1 であればすべての衝突で凝集する．

### 7.4.2 フロック凝集の制御(凝集の防止)

フロック凝集は，エマルション分散相の衝突頻度の低下と，衝突による凝集の防止で制御することができる．衝突の防止には連続相の粘度増加が有効である．特に連続相が生体高分子によるゲル構造や，油脂結晶の絡み合いによる三次元網目構造を形成すれば，分散相は動けなくなり凝集は完全に防止できる．一方，エマルションに撹拌など必要以上のせん断を与えると，油滴の衝突頻度が高まり，凝集を促進する．また，エマルション分散相の体積分率の増加と粒子の小形化は，ブラウン運動による衝突頻度を高める．クリーミングによる油滴の上昇運動も，衝突頻度を高めるので，両相間の密度差減

少はフロック凝集の抑制につながる.

エマルション油滴間のフロック凝集は,油滴間に働く引力より,斥力の相互作用を十分大きくすることで防止できる. 3章で説明したとおり,エマルションの油滴間に働く種々のコロイド相互作用を,エマルションの原料組成と微細構造に合わせて利用する.そこでは,該当するエマルション系にとって,どの種の相互作用が最も重要かを理解する必要がある.

**静電相互作用**:ほとんどの食品エマルションは水中油滴型であり,油滴表面に電荷を持つものが多い.電荷の由来は,油滴に吸着した蛋白質,イオン性界面活性剤,イオン性多糖類である.静電相互作用によるエマルションのフロック凝集安定化は,乳化剤の電気的性質と,溶液のpHおよびイオン強度に依存して変化する.蛋白質,リン脂質,石けんなどの乳化剤について,エマルション溶液の特定な条件下での,電荷の数と位置,正負,解離定数などが安定性に関係する.乳化剤の電荷には水素イオンが関わり,例えば,カルボキシル基とアミノ基は($-COOH \rightarrow COO^- + H^+$),($NH_2 + H^+ \rightarrow NH_3^+$) に解離する.

蛋白質は等電点で電荷を失うので,乳蛋白質で安定化したエマルションは,図 7.6 に示すように,等電点の pH 5.0 付近で強いフロック凝集を起こす.このためエマルションの粘度が上昇し,クリーミングが促進される.一方,

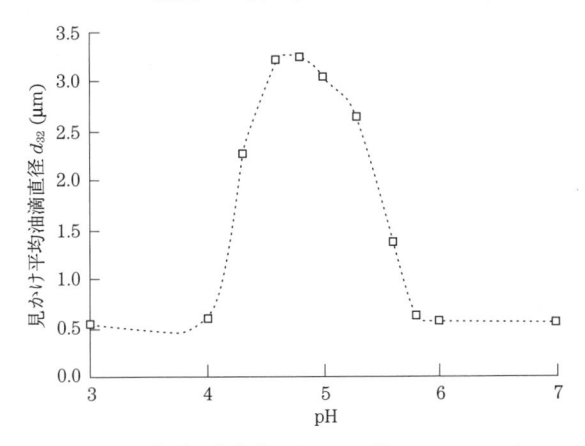

**図 7.6** ホエー蛋白質で安定化したコーン油 O/W エマルションの pH による可逆的凝集
[Demetriades, K. *et al*.: *J. Food Sci.*, **62**, 342(1997)]

溶液のイオン強度が増加すると，油滴間の静電斥力がスクリーニング(遮へい)され，フロック凝集を起こしやすくなる．フロック凝集を起こす最低の電解質濃度を臨界凝集濃度と呼び，この濃度は油滴の表面電位が減少するほど低下する．多くの食品エマルションの表面電位は低いので，電解質の影響を受けて凝集を起こしやすい(3章の「スクリーニング効果」参照)．

　スクリーニング効果は原子価の大きいイオンほど強いので，対イオンの電解質の原子価が大きいほど低濃度で凝集する．そこで，一価イオンの$Na^+$や$K^+$の塩より，多価イオンの$Ca^{2+}$，$Mg^{2+}$の塩がフロック凝集を起こしやすい．この理由は，多価イオンは一価イオンより油滴間の静電効果をスクリーニングしやすいことと，2個の油滴間に静電的橋かけを作って，凝集に導きやすいためである．このため，蛋白質で安定化した負電荷を持つエマルションに，カルシウムイオンを加えるとフロック凝集が起こる．この現象は単にカルシウム塩やアルミニウム塩だけではなく，電荷を持った多糖類や蛋白質でも起こる．そこで，EDTAのような金属封鎖剤によって，カルシウムによるエマルション凝集を防止できる．

　一方で，溶液中のある種のイオン性物質は，吸着したイオン性乳化剤の反対電荷と結合し，表面の電位が変化する．結合した物質には，蛋白質やイオン性多糖類など水和性の大きいものがあり，この場合，油滴は水和による短距離での斥力の作用によって安定化する．

　電荷を持ったエマルション粒子のフロック凝集を防ぐには，与えられた条件下でpHを変化させるなど，界面の電荷をできるだけ高め，電解質濃度を下げる必要がある．乳幼児用や老人食などミネラル強化エマルションでは，カゼインのようなCaの複合体の利用があり，また，電解質の影響を受けにくい乳化剤を用いる手段もある．乳化剤では，ポリグリセリン脂肪酸エステル，ポリソルベート，酵素分解リン脂質などの利用が有効である．

**高分子の立体相互作用**：蛋白質などの高分子が吸着した油滴界面が接近すると，立体相互作用によって互いに排除しあう．この相互作用は，静電相互作用によるフロック凝集の防止に有効で，そのためには十分に強く遠距離から作用する必要がある．静電相互作用に比べて，この立体相互作用は溶液のpH変化やイオン強度に影響されにくく，凝集の防止効果が大きい．しかし，吸

イオン性界面活性剤

疎水性セグメント

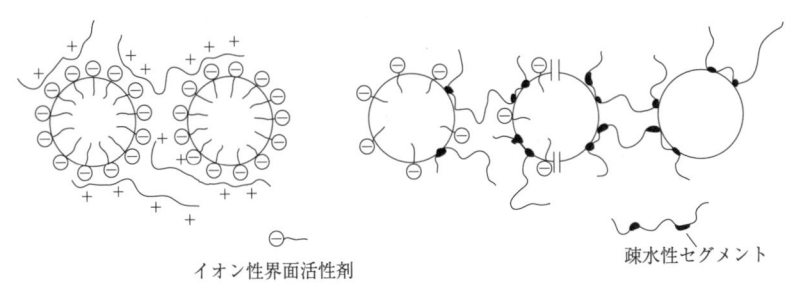

**図 7.7** エマルション粒子間の生体高分子による橋かけ

着生体高分子間に橋かけなどの相互作用が起こると，立体安定化エマルションが不安定化する．例えば，温度上昇などによる蛋白質の変性や水和性の変化，酵素分解による吸着層の厚さの減少などで，エマルションは不安定化する．ポリオキシエチレン系の非イオン界面活性剤は，温度上昇による曇り点現象で脱水和するため不安定化する．

**生体高分子の橋かけ**：蛋白質など多くの生体高分子は，複数の油滴間に橋かけを作り凝集を起こす．生体高分子は直接界面に吸着するか，または吸着した乳化剤層に吸着して界面膜を形成する．生体高分子は，その疎水性セグメントと油滴との疎水性相互作用で結合するが，水相中に伸びた分子中の疎水性セグメント間，または正負の電荷間の相互作用で結合が起こると，油滴間に橋かけが起こる．特に生体高分子の吸着量が油滴界面に対して不十分な時に，高分子の一方の疎水性セグメントがある油滴に吸着し，別の疎水性セグメントが隣接する油滴に吸着すると，油滴間の橋かけが起こる(図7.7)．このように油滴界面の広さに対し，生体高分子量が不十分であると，油滴間の凝集が促進されるので，乳化には必要十分量の乳化剤を用いることが重要である．また水相中の生体高分子に電荷があり，エマルション粒子が反対の電荷を持つ場合にも，フロック凝集が起こる．

**疎水性相互作用**：この種の相互作用によるフロック凝集は，油滴に吸着した生体高分子の水相中に伸びた部分に，疎水性セグメントがある場合，特に加熱によって起こりやすい．しかし，普通の状態のエマルションでは問題になることは少ない．ホエー蛋白質のような水溶性の球状蛋白質を乳化に用いると，加熱によってフロック凝集を起こす．常温で中性のpHでは，ホエー蛋

白質はエマルションを安定化するが，70℃以上に加熱するとこれらの蛋白質は変性し，アンフォールディングによって，内部に隠れていた疎水性アミノ酸配列が表面に出てくる．このため隣接する油滴上の蛋白質の疎水基部分が結合し，フロック凝集が起こる．逆に変性したホエー蛋白質を用いると，界面への吸着が容易になって，エマルションの安定性が向上することが知られている．

一方，蛋白質を乳化剤に用いた場合，乳化剤量が不足して界面への吸着が不十分であると，蛋白質鎖の疎水性セグメントは他の油滴に吸着する．このため油滴間の橋かけが起こり，疎水性相互作用によるフロック凝集を示す．

**枯渇(離液)現象による相互作用**：エマルションの連続相に，界面に吸着しない高分子コロイド物質や界面活性剤のミセルを含む場合，油滴間の距離が近くなりすぎると，高分子やミセルがその狭い領域に存在できなくなる．このためその部分では浸透圧が低下し，油滴間に引力が作用する．そこで，油滴間の斥力が弱い場合にはフロック凝集が起こる．この種の凝集を枯渇凝集(または離液凝集)と呼ぶ[7]．

枯渇凝集は，油滴のようなコロイド粒子の濃度が高いほど起こりやすい．例えば，エマルション安定剤として用いられるキサンタンガムを用いると，油分20％のO/Wエマルションでは，キサンタン濃度が75 ppm以上で1日後にフロック凝集が起こる．このエマルションはキサンタンがなければ，全く凝集を起こさない．枯渇凝集を起こす非吸着高分子の最低濃度は，油滴が大きくなるほど低濃度になる．枯渇凝集速度は，最初は高分子濃度に依存して増加するが，高分子濃度が高くなると連続相の粘度が高まり，油滴の運動が制限されるために弱まる[8]．

### 7.4.3　フロック凝集したエマルションの構造と性質

エマルション中に凝集が起こると，エマルションの外見，レオロジーや安定性その他のいろいろな物理的性質が変化する．フロック凝集の構造と性質は，油滴間に作用する相互作用の性質に依存し，また粒子間の衝突原因(ブラウン運動，重力，撹拌)にも依存して変化する．

**コロイド相互作用とフロック凝集**：油滴間の引力が熱エネルギーに比べて大

7.4 フロック凝集

緊密充填の
フロック凝集

網目構造の
フロック凝集

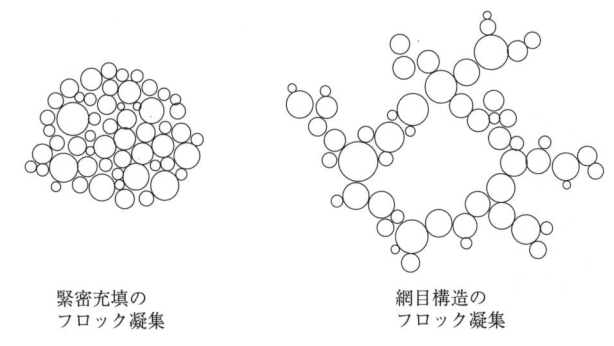

**図 7.8** 異なった形のフロック凝集の模式図

きい場合は，油滴は2か所または3か所で強く付着して広がった構造をとり，付着場所の多い団塊構造をとらない．この場合，凝集は紐状に伸びた構造になり，網目構造中に多量の連続相を取り込む．この場合に，油滴はフロック構造内部に深く入り込めない．そこで，この種のフロック凝集の内部の油相の体積分率は，油滴の大きさと相互作用の強さで異なるが，0.13〜0.14 の範囲にある[9]．油滴間の引力が熱エネルギーに比べて小さい場合には，油滴の衝突による付着がいつも起こるわけではない．しかし，個々の油滴はフロック中に入り込み，凝集は大形化する．このためフロック凝集は，比較的緊密に充填した団塊構造をとり，凝集中の油相の体積分率は 0.63 程度になる（図7.8）．

**フラクタル幾何学とフロック凝集**：エマルションなどのコロイド粒子の凝集体は，緊密な充填になっていない．構造は開いた不規則な状態で，いわゆる「フラクタル」の例である．フラクタル幾何学は，フロック凝集形成の理解にとって大変有効な手段になる．フラクタルが適用できる現象は，例えば，ブラウン運動である．粒子は広い空間を細かく折れ曲がって運動し，空間的，時間的に減衰することはなく，その軌跡は「**自己類似的**」である．自己類似性を持った物体の運動は，**フラクタル次元**（$D$）と称する単一の数学的変数で特徴づけることができる．フラクタル構造は図 7.9 のように，どのような拡大倍率で観察しても，常に同様な形態をとる．例えば，$D=1$ であれば数珠状に細長く伸長し，$1<D<2$ であれば枝状構造をとり，$D=2$ であれば直角方向への最密充填である．フロック凝集は三次元構造をとるので，$D$ の範

フラクタル次元 (D)

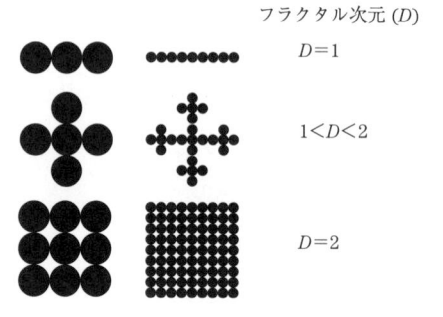

$D=1$

$1<D<2$

$D=2$

**図 7.9** フラクタル次元（自己類似性の非整数次元）

囲は1〜3であり，数値が大きいほど構造は複雑になる．フロック凝集のフラクタル次元は，レオロジー測定，光散乱，顕微鏡測定など，種々の実験手法で測定することができる．フロック凝集は機械的に安定した系であり，もし強い引力が粒子間に働けば，最も熱力学的に安定した系である最密充填になる．

**フロック凝集構造とエマルションの性質**：フロック凝集構造は，エマルションのレオロジーに影響し，凝集体を含むエマルションは，凝集前よりも粘度が高まる．この理由は，フロック凝集は内部に水相を保つので，その体積分率が凝集前の油滴の体積分率より大きくなるためである．特に凝集体の構造が細長いほど粘度が上昇する．凝集体を含むエマルションは，撹拌によってずり流動化を起こす．その理由は，フロック凝集が変形してずり方向に整列することと，ずりによって凝集が壊れ，有効な体積分率が低下し，場合によっては元の分散状態に戻るためである（図7.10）．この傾向はずり応力が大きいほど顕著で，フロック凝集が破壊され凝集前の分散に戻る場合もある．しかし，ずりがなくなると，エマルション粒子は再び凝集する．

逆に，ある場合は，撹拌によって油滴の衝突機会が増すために，エマルション凝集が促進されることがある．この場合エマルションは，撹拌によるずり濃厚化現象を示す．しかし，さらに撹拌を強めるとフロック凝集が破壊され，粘度が低下する．

分散相の体積分率が高い場合には，フロック凝集による三次元的な網目構造ができて，エマルション全体がゲルを形成する．この種のゲルは粒状ゲルと称し，与えられた変形に対して降伏点を持つ．降伏応力以上の力が与えられると，エマルションは流動を始める．降伏応力は分散相の体積分率の上昇と，油滴間の引力に依存して増加する．粒状ゲルを作る分散相の最低の体積分率は，フロック凝集が紐状でフラクタル次元 $D$ が1の時に起こる．理由

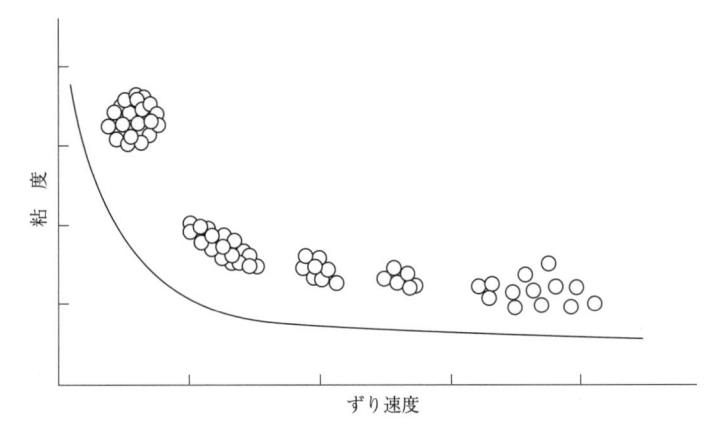

**図 7.10** 撹拌による凝集エマルションの分離と粘度低下の模式図

は液相中にランダムに広がるためで，このように体積分率が同じエマルションであっても，フロック凝集の形態によって粘度が異なってくる．

フロック凝集が起こると，希薄なエマルションでは，粒子が大形化するのでクリーミングが促進される．一方，濃厚エマルションでは三次元構造ができるために，クリーミングが遅延する．

### 7.4.4 フロック凝集の測定

フロック凝集とその速度の測定には種々の方法がある．最も簡単な方法はクリーミングの境界の目視による観察であり，次いで顕微鏡による凝集の観察である．顕微鏡観察は注意深く行わないと，凝集が壊れる場合がある．濃厚エマルションでは，数個の油滴が凝集しているか，接近しただけかの判断が困難な場合がある．また，顕微鏡観察時にエマルションを希釈する場合，エマルション水相と同じ溶液を用いることと，緩いフロック凝集では撹拌による再分散を避ける必要がある．

フロック凝集は粒度分布測定装置(後述する(10章)，遠心沈降式，レーザー回折／散乱式など)で測定できる．この時重要なことは，測定した粒度分布がフロック凝集によるのか，合一であるのか，またはオストワルド成長によるものかである．これらは製造直後の粒度分布との比較で知ることができる．フロック凝集を再分散させるには，洗剤など親水性界面活性剤の添加(蛋白

質系の乳化剤と置換する)，超音波による分散，pHやイオン強度の変化などの手段を用いる．どの方法を選ぶかは乳化剤の性質による．例えば，蛋白質系の乳化剤であれば，凝集間に-S-S-結合が存在する場合があり，この場合はメルカプトエタノールなどで還元し，低分子の界面活性剤で蛋白質を遊離させる必要がある．

　フロック凝集が起こると系の粘度が増加するので，エマルションの粘度測定でその程度を知ることができる．しかし，この時，回転粘度計などによるせん断が行われると，凝集が破壊されて粘度が低下し，ずり流動化が起こることが多い．

## 7.5　合　　一

　合一とは2個以上の油滴が接触し，油滴界面の膜が壊れて1個の油滴になる不可逆的現象である．エマルションは合一によって油／水界面の表面積が減少し，粒子径が増加してクリーミング速度が早まる．クリーミング層では油滴が接近して合一が促進され，表面に油滴が現れ，やがては単一の油相と水相に分離する．このようにして，エマルションは熱力学的に次第に安定した状態，油／水界面の面積が最小化し分離した状態に移行する．

### 7.5.1　合一の物理学

　エマルションの合一は，**油滴の衝突，油滴の長時間接触，油滴界面の乳化剤膜の穴開き**などが原因で起こる．合一の起きやすさは，油滴間に働く力と界面膜の破壊に対する抵抗性に左右され，一般に，ブラウン運動などによる油滴の衝突か，油滴の付着期間が長い場合に起こる．膜の壊れやすさは膜を構成する乳化剤の性質に依存する．乳化剤があると，油滴間に短距離での反発作用が働き，また吸着蛋白質膜などは壊れにくいためである．一方，乳化剤がなければ油滴は直ちに合一し，また乳化剤量が不足する場合も合一が起こりやすい．裸の油相間の界面張力はほぼゼロであり，接触によって容易に合一するからである．

　2個の油滴が接近すると，それらの合一は油滴を分け隔てている薄い液状

膜の安定性に支配される．膜の破壊は一種の確率過程であるが，現在，これを定量的に予測できるような理論はない．膜が自然に壊れる可能性は非常に少なく，ブラウン運動，クリーミング，撹拌などが原因で，ごく短時間に出会う油滴が合一する可能性はほとんどな

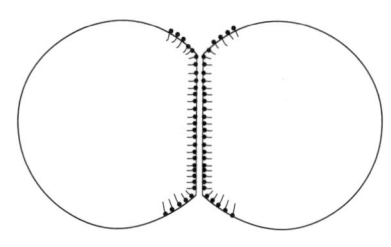

**図7.11** 油滴間のラメラ形成

い．普通合一はフロック凝集などで，油滴が長時間接触している場合に起こる．膜の破壊は油滴を隔てる連続相の薄い層が何らかの理由で，限度を超えて薄くなった時に起こる．

　界面活性剤で覆われた2個の油滴が接近すると，それらの接近面はゴムまり同士を押しつけたように球面から平面に変わり，図7.11に示す液状のラメラ構造を作る．ラメラの厚さは，油滴表面間のコロイドの性質と強さに依存する．厚さが数nmのラメラは「黒膜」と呼ばれ，光の波長より厚みが小さいために，表面と裏面の反射光の位相差が逆になり打ち消し合って暗黒になる．コロイド自体には平行する面に垂直に作用する力があり，膜を引き離すように働く．この膜に何らかの外力が加わって，限界を超えて薄くなると膜は破壊される．この様子は例えば，図7.12で示される．クリーミング中のフロック凝集では，重力や遠心力など幾つかの外的な力が加わると，接触しているエマルション油滴膜間に穴が開いて合一が起こる．またエマルション内に油脂結晶が生ずると，膜は容易に破壊されて合一が起こる．

　食品エマルションの保存期間が長引くと，低分子乳化剤の化学的分解が起こったり，また蛋白質や多糖類が酵素分解されて界面活性が弱まる．この種の現象も膜の穴開きの原因になる．またエマルションに加えられたアルコールなどの溶媒，塩類添加，pH変化，温度上昇，機械的撹拌なども，界面の乳化剤膜に影響して合一を促進する．

**低分子界面活性剤エマルションの合一**：界面に吸着した大形の蛋白質分子は，バルク水相内の蛋白質分子と簡単に置換しない．しかし，界面膜中の低分子界面活性剤は非常に動的である．低分子界面活性剤によるエマルションの安定性は，主に界面膜の性質(最適曲率，界面張力，界面レオロジー)に支配され

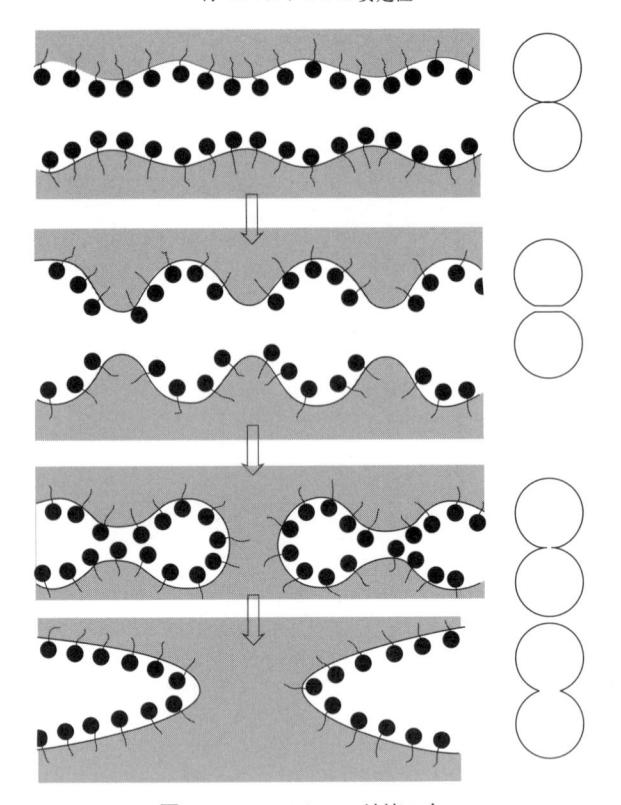

図 7.12 エマルション油滴の合一

る．低分子界面活性剤は，熱エネルギーによって分子形態が変動し続けており，またバルク中の分子とは常に入れ替わっている．このため，分子の移動で界面活性剤がない油滴部分ができ，たまたま隣接する油滴も同様であると，油滴膜に穴が開いて合一に至る．この現象は特に界面活性剤の界面張力が低い場合に起こりやすい(図 7.12)．

　エマルション粒子の大きさは，界面活性剤分子よりはるかに大きく，界面活性剤分子から見ると界面膜は曲率ゼロの平面と考えられる．一方，界面活性剤の分子構造は，親水基の頭部と親油基の尾部の相対的な断面積差異から，筒形，コーン(円錐)型，台形のいずれかに属する(4.5.3 項参照)．O/W エマルションに台形界面活性剤を使用すれば，熱エネルギー的変動で膜は曲率を高

7.5 合　一

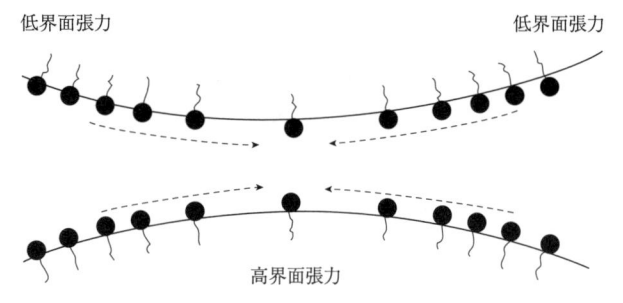

低界面張力　　　　　　　　　　　　　低界面張力

高界面張力

**図 7.13**　Gibbs-Marangoni 効果による油滴合一の防止

めて穴が開きやすい．逆に，コーン形界面活性剤では穴はできにくく，エマルションは安定化しやすい．マーガリンなど W/O エマルションの安定化には，台形構造のホスファチジルエタノールアミン含量を高めたレシチンが適する．

　さらにエマルション油滴の合一を阻止する作用に，Gibbs-Marangoni 効果がある（図 7.13）．この効果は次のように説明される．油滴がごく短距離に接近すると，界面活性剤膜間の連続相が周囲に押し出され，それにつれて界面活性剤が接近部の周辺に押しやられる．このため接近部の中央は界面活性剤濃度が減少し，界面張力が高まるのでエネルギー的に不均一になり，界面活性剤は中央部に戻る．この時，界面活性剤は連続相を引き込む流れを作り，膜が薄くなる流れに逆らう作用が働いて，合一に対する安定性を与える．

### 7.5.2　エマルション合一の防止

　エマルションの合一は油滴膜の構造と動力学に支配されるので，安定化には乳化剤の選択と，エマルションに与える環境条件の制御が最も重要である．合一の防止は前項で述べた合一要因の排除であり，衝突機会の減少と接触時間の短縮によるフロック形成の抑制，および膜の強化である．例えば油滴間の連続相の距離を大きくすると，界面膜の熱エネルギーによる変動の影響が弱まり，油滴の穴開き防止につながる．3 章で述べたとおり，油滴間の斥力を高めて接近を防止するために多くの方法がある．

　油滴膜の穴開きは，熱エネルギーや機械的操作による油滴の界面膜のゆらぎ変動で起こされ，膜のゆらぎは界面張力と膜のレオロジーに依存する．界

面張力が低いほど膜変動の影響が大きくて穴が開きやすい．油滴界面膜の界面張力が高く，粘弾性が大きく，立体斥力が強いほど，膜の変動が抑制され合一が避けられる．また，油滴界面膜は厚いほど破壊が起こりにくく，油滴間の立体斥力も高まるので，合一が起こりにくくなる．前項で述べたように，低分子の界面活性剤によるエマルションの安定化では，界面活性剤膜の曲率についての考慮が必要である．

エマルション粒子が大きいほど，油滴が接触したときに接触面が平坦になるので，合一の確率が高まる．また濃厚エマルションでは隣接油滴間に変形が起こり，接触面積の拡大で合一しやすくなる．大形の油滴では小形の油滴に比べ，膜が球形を維持する求心力が弱く，また衝突による膜の衝撃も大きくなる．この点では大形油滴は合一しやすいが，油滴は大きいほど衝突の機会は減少する．このためエマルション安定化には，エマルションの目的と構成に見合った，油滴サイズの選定が必要である．

### 7.5.3 乳化剤の構造と環境条件の影響，合一の測定

乳化剤に蛋白質を用いると，エマルション合一を阻止しやすい．その理由は蛋白質の利用で，エマルションサイズが小形化すること，静電相互作用と立体相互作用で油滴間の斥力が高まること，および界面張力が高めで粘弾性の膜を作ることである．蛋白質を部分加水分解すると，膜が薄くなり粘弾性が低下して，エマルション安定効果が減少する．低分子界面活性剤によるエマルションでは，膜の壊れにくさよりも，油滴を分散させる性質が安定性を高める．例えば，Tween類は親水基がポリオキシエチレン鎖で水和性が強く，立体斥力が大きい．SDS(ドデシル硫酸ナトリウム)や脂肪酸塩は，静電斥力が大きいために，低イオン強度では合一しにくい．

実際の食品エマルションでは，シェルフライフ延長のために，製品の流通保管の環境を考慮する必要がある．乳蛋白質で安定化した液状油脂のエマルションは，静置すればかなり安定である．しかし，撹拌などのせん断を与え続けると合一が起こる．この時水相に多量の低分子界面活性剤を加えると，界面から蛋白質が脱着して合一が促進される．

エマルションが凍結すると，氷晶の増加で水中での油滴の体積分率が高ま

り，またイオン強度が上昇するので，膜が破壊されやすくなりエマルション は合一する．さらにエマルション中の油脂が結晶化すると，結晶による乳化 被膜の破れで合一が促進される．

　エマルションの粉霧乾燥の場合のように，エマルションの破壊は乾燥によっても促進される．これは乾燥によって油滴膜の構造が壊れるためで，乾燥エマルションを水中に再分散すると合一が早まる．そこで粉末コーヒーホワイトナーの製造の場合のように，乾燥前に十分量の蛋白質や炭水化物をエマルションに加えると，エマルションの合一安定性が高まる．このほか遠心分離操作や，油脂の酸化，酵素による蛋白質の分解，界面活性剤を含む脂質の加水分解なども，合一を促進する．脂質の酸化生成物には極性基の増加で界面活性を示すものが多い反面，蛋白質や界面活性剤は，加水分解で乳化性が低下する．

**エマルション合一の測定**：合一の測定には種々の方法があるが，最も簡単な方法は顕微鏡による経時的な粒子径変化の観察である．連続写真撮影やコンピューターによる画像処理で，変化が観察できる．エマルションの粒度分布を測定し，次いで界面活性剤を加えて，フロック凝集を再分散させてから粒度分布測定を行って，合一の進行を経時的に測定できる．しかしこの場合，オストワルド成長による合一との区別はできない．

　通常の状態下の食品エマルションでは，合一の測定に非常な長時間を要する．そこで，エマルションに遠心力をかけたり，せん断を行ったりすると合一を促進することができる[10]．しかしこれらの場合，必ずしも流通や保存条件での，長期の保存安定性と対応しない．エマルションの合一には，遠心力やせん断力以外の因子の影響があり，また食品エマルションが長期間に受ける影響には，物理的影響の他に，酸化や加水分解などの化学的影響や，酵素などの生物学的影響が加わるためである．そこで促進試験は研究上の参考にはなっても，それにとらわれすぎてはならない．

## 7.6　部分的合一（油脂結晶による油滴の凝集）

　部分的合一は油滴内に油脂結晶ができた場合に起こる．油滴が完全に合一

せず，油滴表面にある結晶で接続して，ブドウの房状に連鎖した構造をとる場合である．この現象は，クリームのホイップやバター製造の過程で見られる．低温の乳脂肪球内には乳脂結晶ができており，撹拌されると部分的合一が起こってクリームの粘度が増加し，気泡を保護してホイップクリームができる．さらに撹拌を続けると，エマルションは合一して転相し，水相が分離して，W/Oエマルションのバターになる．アイスクリームも部分的に合一したエマルションである．ホイップクリームとアイスクリームは，エマルションが低温または凍結によって，部分的合一状態で気泡面に配列した食品である．

### 7.6.1 部分的合一の物理的背景

エマルションの部分的合一は，油滴中に結晶(固体脂)があることが条件になる．油脂の固体脂含量(SFC：油脂全体中の固体脂重量%)は温度依存性で，

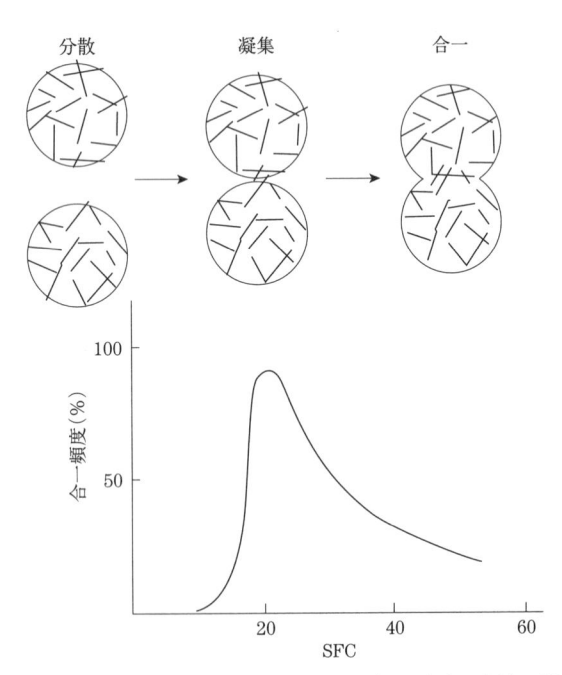

**図 7.14** 油滴内の油脂結晶による部分的合一(SFCと合一頻度の関係)[12]

液状油ではゼロであり，温度低下で増加して極低温では100%になる．部分的合一は，膜から突き出した結晶が隣接油滴内に貫通して起こるので，油滴中に液状油の存在が必要である．そこで部分的合一は，油脂のSFCに依存して，それが適当な範囲内でしか起こらない．高温側で液状になると油滴は合一し，低温で固体脂が増加すれば，油滴は固体状になりフロック凝集しても合一は起こらない．部分的合一は図7.14に模式的に示すように，SFCの増加で最大値に達し，以後はSFCの増加で減少する．また部分的合一の起こりやすさは，油滴の大きさと結晶の形態および分布に大きく影響される．小形の油滴では表面に出る結晶の頻度が高まり，また大形油滴ほど衝突の確率が低くなるためである．

一般に部分的合一は油滴の平均粒子径が1〜5 μmで起こりやすいとされる[11]．油脂の結晶は冷却の条件などで形態が異なり，急冷すると細かい結晶ができ，徐冷すれば大形になる．また，乳脂では油滴を1 μm以下の大きさで，細分するほど結晶ができにくくなる．乳脂の結晶は針状から糸状の形態があり，油滴内で網状構造をとるが，結晶が移動可能であれば界面に配列しやすい．界面に配列したり突き出した結晶が，隣接する油滴内に侵入して部分的合一を起こす．

### 7.6.2　部分的合一の防止

エマルションの部分的合一は，フロック凝集，クリーミング，濃厚エマルションなど，油滴が長時間接触するほど起こりやすい．しかし多くの場合，等温で油滴が分散状態にある静置エマルションでは，部分的合一が起こらない．撹拌などで油滴間の衝突機会が増えるほど，部分的合一が促進される．一方，油滴を作る油脂が完全に液状油であるか，またはかなりの部分が固体脂であれば，部分的合一は起こらない．

油滴間に遠方から斥力が作用する場合，例えば，静電斥力，大形の吸着蛋白質による立体斥力，水和の大きい親水性コロイドなどが部分的合一を阻害する．図7.15はカルボキシメチルセルロース(CMC)濃度を変えて，エマルションの合一を油滴数変化で示したものである．特に蛋白質など界面に吸着して，厚くて粘弾性に富む膜を形成する乳化剤は，部分的合一を抑制しやす

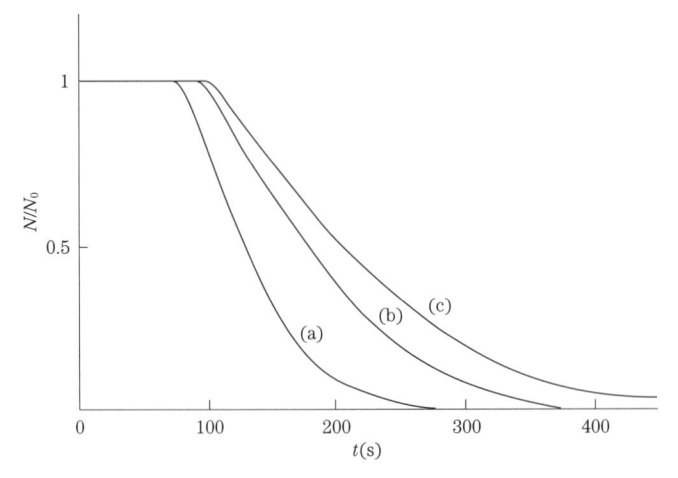

**図 7.15** オレンジオイル油滴の油／水界面での合一寿命の分布に及ぼす カルボキシメチルセルロース（CMC）の影響[1]
時間 $t$ における残存油滴数の比, $N/N_0$ を CMC 濃度を変えて測定した．
(a) $10^{-5}$wt%, (b) $10^{-3}$wt%, (c) $10^{-1}$wt%．

い[12]．逆に部分的合一を促進するには，リン脂質やモノグリセリドなど低分子の界面活性剤（乳化剤）添加で，蛋白質を離脱させる．例えば，アイスクリームの製造では，モノグリセリドなどの低分子乳化剤の添加がほとんど必須である．

油脂の SFC や融点，結晶構造など物理的状態は，多くの測定方法で知ることができる．食品エマルションの開発で重要な油脂の性質は次の項目である．

① 結晶が完全に融解する融点，
② 温度と SFC の関係，
③ 油滴内の油脂結晶の形態と分布，
④ 油脂結晶多形（$\alpha$, $\beta'$, $\beta$ など），
⑤ 油脂結晶形成によるエマルションのレオロジーと安定性への影響．

SFC が同一であっても油種が異なれば，結晶状態などの物理的性質は全く異なることが多い．これらについては，食用油脂の成書を参照されたい[13,14]．

## 7.7 オストワルド成長(Ostwald Ripening)

　オストワルド成長とは，分散媒(水相)を通して，分散相中の可溶性分散質が物質移動するために，小形の油滴や結晶が縮小・消滅して，大形の油滴や結晶が成長する現象である(図7.16)．油脂(トリグリセリド)と水との相溶性は極めて低いために，油脂と水で構成された食品エマルションでは，この現象を無視できる．しかし，O/Wエマルションの油相は，トリグリセリドより水溶性の大きい脂質を含む．例えばリン脂質，モノグリセリド，短鎖脂肪酸グリセリド，香料精油などであり，さらに水相にアルコールを含めば，分散相(油相)の成分の溶解度が高まる．そこで食品エマルションでは，オストワルド成長を抑制する手だてが必要になる．

### 7.7.1 オストワルド成長の物理

　球状の微粒子に含まれる物質は，粒子表面の曲率半径が大きい(油滴や結晶が小さい)ほど，連続相中に溶解しやすい．曲率に比例して化学ポテンシャル(表面エネルギー)が変化し，分散質が連続相へ溶解する傾向がある．そこで，半径 $a$ の分散相の溶解度 $S(a)$ は次の式で表される．

$$S(a) = S(\infty) \exp(2\gamma V_m / RTa) \tag{7.11}$$

ここで，$S(\infty)$ は分散相の半径が無限大(平面)の時の溶解度，$\gamma$ は界面張力，$V_m$ は溶質の分子体積である．分散相の半径と表面での熱力学的駆動力が反比例し，小粒子を構成する分散質ほど溶解傾向が高まるので，小形分散相(油滴)から大形分散相への物質移動が進行する．

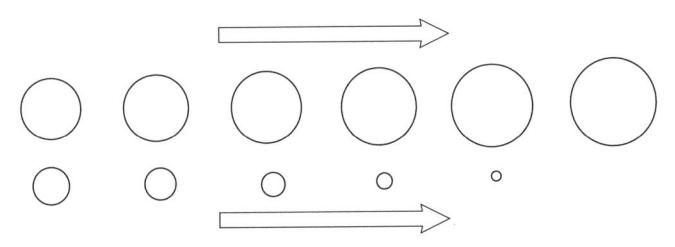

**図7.16** オストワルド成長．大形油滴は小形油滴の内容の移動で次第に成長する．

オストワルド成長の影響は，分散相が連続相に少しでも溶ければ無視できない．トリグリセリドは実質的に水に不溶であるので，この現象は大部分の食品エマルションで起こらない．しかし，水相内の親水性界面活性剤がミセルを作り，油脂を可溶化する場合はオストワルド成長が起こる．逆に水は微量であるが油脂に溶解するので，W/Oエマルションでは，オストワルド成長が起こり得る．小形イオンは油脂に不溶性であるため，油中の水滴が食塩を含むと，成長速度が低下すると予想される．

清涼飲料水にはエマルション香料として，オレンジオイルやレモンオイルなどが多用されるが，植物精油には水溶性がある．そこで精油エマルションはオストワルド成長を起こしやすい．気泡では，オストワルド成長に類似する現象が急速に進行し，小形の泡が大形の泡に吸収される．気体が水に溶けやすいためで，この現象は不均化と呼ばれる[15]．

**オストワルド成長の防止**：オストワルド成長の防止には，まず第一にエマルションの粒度分布の幅を，できるだけ狭めることである．例えば，高速タービン式の乳化機を用いると，0.2～数十μmの粒度分布のエマルションができる．しかし，高圧ホモジナイズ処理ではこの分布を数μm以下にすることができ，さらに処理を繰り返すと分布幅が狭まる．近年発達してきた膜乳化を用いれば単分散に近いエマルションが得られる．

O/Wエマルションでは，油相への添加物質はできるだけ水溶性の低いものを用い，ミセルを作りやすい親水性界面活性剤の使用を制限する．水相では，脂質の溶解性を高めるエタノール，グリセリンなどの溶媒使用を制限することが必要である．また，油滴界面の界面張力を低下させ，界面膜を厚くして分散質の拡散を抑制することも有効と見られる．

## 7.8 転　　　相

転相とは，エマルションが水中油滴型(O/W)から油中水滴型(W/O)に変わるか，その逆でW/OからO/Wエマルションに変わる**相の反転**を意味する．食品の分野では，エマルションの転相が自然に起こることはなく，エマルションの油相を増やすとか，撹拌を与えるなどの環境変化が転相の原因になる．

例えば一定量の乳化剤を含む水相に，高速で撹拌しながら油相を加えていくと，一定の油相の体積分率までは増粘しO/Wエマルションの状態が続くが，許容限界を過ぎると，突然W/Oエマルションになって粘度が低下する．転相にはかなり大きな機械エネルギーが必要であり，転相後の系は安定化する．転相状態のエマルションを撹拌せずに放置すると，短期間に解乳化する．

### 7.8.1 転相の物理化学

転相は分散相の体積分率，乳化剤のタイプと濃度，水相の性質，温度などの変化で起こる．転相現象は，クリーミング，凝集や合一のように単純な物理的現象ではなく，これら3種の中で1種以上が関わる複雑な状態(泡，多重エマルション，O/WとW/O2種の連続構造など)を含む．エマルションが転相する点は，エマルションの粘度変化で知ることができる．しかし転相点の測定法として，最も簡単で鋭敏なものは電導度測定であり，電導度はO/W系では大きくW/O系では小さい．

**油相体積分率の影響**：エマルションの転相に関して最も重要な因子は，分散相の体積分率，$\phi$ である．相が反転する臨界点の体積分率 $\phi_c$ では，分散相の体積分率が $1-\phi_c$ に急激に変化する．Ostwaldは，エマルションの油滴または水滴が，変形しない同じ大きさの球とした場合，最密充填では，$\phi_c$ が0.74でなければならないことを示した．O/WとW/Oのエマルションは，

$$1-\phi_c \leq \phi \leq \phi_c$$

の範囲内で存在し，これ以外ではどちらか一方の型になる．$\phi \fallingdotseq 0.74$ 付近で転相するエマルションもあるが，多くの食品エマルションは転相しない．この理由は，第一にエマルションが多分散系であるためであり，また実際のエマルションでは油滴が変形するためである．例えば，マヨネーズでは油相の体積分率が80％以上に達する．

**乳化剤の種類と濃度**：低分子界面活性剤の物理的変化で，エマルションの転相が起こる場合がある．親水性のTween類(ポリオキシエチレンが親水基である)で安定化したO/Wエマルションを加熱すると，二つの連続相をもった系からW/O型に変化する．これはTweenが，高温で脱水和して親水性が低下するためである．イオン性界面活性剤によるエマルションでも，塩類を

加えてイオン強度を高めると，親水基の電荷がスクリーニングされて斥力を失い，O/W から W/O への転相が起こる．この種の転相は可逆的であり，冷却や塩類の希釈で元に戻る．しかし，転相時に十分な撹拌が行われることが条件で，静置状態ではエマルションは2相に分離する．臨界体積分率 ($\phi_c$) は界面活性剤の化学的性質にも依存する．油／水の比率にかかわらず，親油性の界面活性剤は O/W エマルションの安定化に不適であり，親水性界面活性剤では W/O エマルションの安定化は困難である．

　親水性／親油性の混合界面活性剤によるエマルションでは，転相が乳化剤の組成に敏感に対応する．レシチンとコレステロールで安定化したオリーブ油／水のエマルションでは，エマルション形態が，2種の脂質の量的比率に厳格に依存する．転相はレシチン／コレステロール比がほぼ8の点で起こり，6では W/O, 10では O/W のエマルションが得られる．この結果は卵黄の乳化特性に関連している．卵黄はレシチンとコレステロールに加えて，種々の蛋白質とリポ蛋白質を含んでおり，古くなるとレシチン／コレステロール比が低下する．マヨネーズは O/W エマルションであり，高安定性には新鮮卵が必要である理由は，この比率にあると推定されている[1]．

**転相時のエマルション型**：あるエマルション型が他の型に転相する時点では，両方のタイプが共存しており，多重エマルションができることが多い．例えば，Span 80 (ソルビタンモノオレート) で安定化した濃厚な W/O エマルションに，親水性の乳化剤 (例えば，ドデシル硫酸ナトリウム：SDS) が加わると，反転の前に，まず，W/O/W の構造が現れる．Span 80 と Tween 20 (ポリオキシエチレンソルビタンモノラウレート) 混合物を用いると，油と水の比率を変えることで，W/O/W と O/W/O の，どちらのエマルションでも作ることができる．

　カゼインやカゼインナトリウム，卵黄など，強い乳化性のある蛋白質で安定化したエマルションは転相しない．少量の低分子界面活性剤と比較的多量の乳蛋白質を併用して安定化したエマルションでも転相は起こらない．その理由は，この種の蛋白質では，W/O エマルションを安定化できないからである．厚くて粘弾性に富む蛋白質膜でエマルションの油滴界面を覆うと，部分的合一が阻害されて，転相は極めて起こりにくくなる．

### 7.8.2 クリームの転相によるバター製造

転相は油滴中に結晶があるエマルションを撹拌しても起こる．本来の転相とはやや異なるが，よく知られている例に，クリーム（$\phi = 0.4 \sim 0.5$）からのバター製造がある．クリームからバターへの変化は複雑な工程で，工程の最初は，クリームを 10～15℃ で空気と激しく撹拌してホイップする．クリームの O/W エマルションは激しい空気の取り込みで，脂肪球の部分的合一によってホイップクリームができる．これをさらに撹拌し続けると（チャーニング操作），油滴の合一が進み W/O に転相して，バターの粒子と水相のバターミルクが分離する．固形のバター粒子から水相を分離し，脂肪相が良好なテクスチャーになるまで練りを続けると，バター内の水相の体積分率は 15% 程度になる．結果として得られてくるバターは，乳脂エマルションの転相による産物であるが，単純な W/O エマルションではない．

バター製造中に粒状物ができるためには，脂肪球が不可逆的に凝集して，塊になる必要がある．この時の凝集速度は単純なエマルションに比べて非常に遅く，凝集の過程に乳脂肪球膜の存在が，かなり大きいエネルギー障壁になっていることが分かる．脂肪球の凝集は，撹拌による空気の抱き込みで大いに促進され，チャーニングにはクリーム中の気泡の発生が大変効果的である．激しい空気の抱き込みで密度が低下し，部分的なずり速度が増加し，それによって凝集が促進される．しかし気泡の存在の重要性は，壊れた脂肪球からでる液状油が気／液界面に拡散し，そのために凝集油滴が橋かけされて，バター粒の生成が促進されることである．この現象の重要性は，ホイップクリームの起泡にとっても同じである．

新しい界面での液状油の拡散効果は，乳脂中の液状油量に支配され，気泡表面に広がるためには十分量の液状油が必要である．しかし，凝集体をしっかりと結びつけておくためには，十分量の固体脂結晶がなければならない．チャーニング工程を最適状態にするには，固体脂を適量に保つための温度管理が重要事項である．乳脂肪球膜の粘弾性が温度依存性であることも，チャーニングの効果に強く影響する．機械的な凝集速度は粒子の大きさの3乗に比例するので，油滴の平均直径も同様にチャーニングに影響する．ホモジナイズしたクリームが，チャーニングされにくいのは，油滴が細分化されて新

たにできた界面がカゼインミセルの膜で保護されるので，自然の乳脂肪球膜よりも壊れにくいためである．

## 文　献

1) Dickinson, E., 西成勝好, 藤田　哲, 山本由喜子訳：食品コロイド入門, p. 89-136, 幸書房(1998)
2) Friberg, E. : Emulsion stability, in *Food emulsions,* 3rd Ed, Friberg, E. and Larrson, K. eds., p. 11(1-55), Marcel Dekker, New York(1997)
3) Walstra, P. : Dispersed Systems : Basic Considerations, in *Food chemistry,* 3rd Ed., Fennema, O. R. ed., Chap. 3, p. 95-155, Marcel Dekker, New York (1996)
4) Walstra, P. : Emulsion stability, in *Encyclopedia of emulsion technology,* Vol. 4, Becher, P. ed., Chap. 1, p. 1-62, Marcel Dekker, New York(1996)
5) Povey, M. J. W. : Ultrasonics as a probe of food emulsions and dispersions, in *Advances in food emulsions and foam,* Dickinson, E. and Stainsby, G. eds., Chap. 9, p. 285-327, Elsevier Applied Science, London(1988)
6) McClements, D. J. : *Food emulsions, principles, practice, and techniques,* Chap. 7, p. 200, CRC Press, Boca Raton(1999)
7) Dickinson, E., 西成勝好, 藤田　哲, 山本由喜子訳：食品コロイド入門, p. 111, 幸書房(1998)
8) McClements, D. J. : *Food emulsions, principles, practice, and techniques,* Chap. 7, p. 208, CRC Press, Boca Raton(1999)
9) Dickinson, E., 西成勝好, 藤田　哲, 山本由喜子訳：食品コロイド入門, p. 216, 幸書房(1998)
10) Dickinson, E. and Williams, A. : Orthokinetic coalescence of protein-stabilized emulsions, *Colloids and Surfaces A,* **88**, 314(1994)
11) Boode, K. and Walstra, P. : Kinetics of partial coalescence in O/W emulsions, in *Food colloids and polymers,* Dickinson, E. and Walstra, P. eds., p. 23-30, Royal Society of Chemistry, Cambridge(1993)
12) Dickinson, E. and McClements, D. J. : *Advances in food colloids,* p. 239-244, Chapman & Hall, London(1996)
13) 日本油化学会編：第4版 油化学便覧, p. 306-310, 丸善(2001)
14) 藤田　哲：食用油脂—その利用と油脂食品—, p. 140-148, 幸書房(2000)
15) Dickinson, E. : 西成勝好, 藤田　哲, 山本由喜子訳：食品コロイド入門, p. 121-122, 幸書房(1998)

# 8. エマルションのレオロジー

## 8.1 はじめに

　コロイドの一種である食品エマルションについては，そのレオロジーの理解が必要である．そこでここでは，食品コロイドのレオロジーについて簡単に説明する．食品コロイドの中で，牛乳やクリームは液体であり，バターやチーズは固体と感じられる．これらの中間的なものとして，アイスクリーム，マヨネーズなどがある．しかし詳しく調べると，これらの食品の間の差異は，それほど明確でないことが分かる．この種の物質中で比較的柔らかいものでも，急に力を加えると，固体のような弾性を帯びたり，固い物質でも長時間大きな力を加えると，流動するものがあるからである．全ての食品コロイドは，液体(粘性流動)と固体(弾性変形)の性質を示す粘弾性物質であり，加えられる力と時間で性質が変化する．

　レオロジーは，ギリシャ語の「流れ *rheos*」に由来する用語で，物質の流動と変形を研究の対象にする．物質の流動と変形には，加えられる力が必要であり，力は物体の面に加えられる．レオロジーは，物質の表面と内部に作用する単位面積当たりの力，**応力**と，応力によって起こされる変形の**ひずみ**(歪み)の関係を調べる学問である．大部分のレオロジーの機器測定では，ひずみの変化によって生ずる物質内の応力を測定する．

　多くの食品エマルションの官能的性質は，そのレオロジー特性に直接関連しているので，レオロジーの理解がないと，消費者ニーズを満足する製品を作るのは難しい．多くの食品のシェルフライフは，製品構成によって変化するレオロジーに支配される．例えば，油分を減らしたドレッシングは，水相に加えた粘性物質で安定化している．食品加工技術者は，原料調合から充填包装に至るまでの製造工程中で起こるレオロジー変化を把握する必要がある．

また，食品の製造中の加熱冷却，充填包装，流通，消費までに起こる，各種の変化や相互作用の解析研究にも，レオロジー測定が利用される．

　食品エマルションは，種々の原材料で構成された複雑な系であり，牛乳のような液状からチーズやバターのような固体まで，数多くの食品を含む．しかし，多様な食品エマルションもそのレオロジー特性に着目すれば，理想固体，理想液体，理想塑性体(物質)の単純な3モデルで表現することができる．複雑な系であっても，これらを組み合わせて表すことが可能である．

## 8.2　物体のレオロジー特性

### 8.2.1　固　　体

　我々の周囲には，柔らかい，固い，もろい，ゴム状など，種々のレオロジー的な性質を持った固体がある．これらの固体食品の性質は，理想弾性体(完全弾性体またはフック弾性体ともいう)と非理想弾性体に二分して考えることができる．

**理想弾性体**

　理想弾性体は有名なフックの法則に従う固体で，物体に加えられた力(応力)が変形(ひずみ)に直線的に比例する．フックの法則は，例えばバネ秤のように変形が極端でない範囲では，正確な重さの計量ができ，荷重がなくなれば元に戻る(図8.1)．応力が増えてある限度(弾性限界)を超えると永久ひずみが生じ，応力を除いてもひずみが完全に回復しなくなる．物体の弾性限界での応力を降伏値と呼ぶ．

　また図8.2に示すように，物体に対しては，引張り，圧縮，ずりなど種々な応力の与え方があり，この関係は次式で表される．

$$応力(\tau) = 定数(E) \times ひずみ(\gamma) \qquad (8.1)$$

応力，ひずみ(変形)，定数($E$：弾性率)の数値は変形の性質によってそれぞれ異なる．(8.1)式が成り立つには，物体は均一で等方性(どの方向に対しても性質が同じ)であることが前提になっている．ある物体の弾性は，その固体を構成する分子を結びつけている分子間力に関連している．物体に加えられた応力の影響で，分子間結合には圧縮や伸長が起こり，そこにエネルギーが

蓄えられる．応力がなくなると結合はエネルギーを散逸して，元の状態に戻る．このように弾性物体の弾性率は，その内部の分子間相互作用の強さに依存している．

**非理想弾性体**

多くの弾性体に対するフックの法則の適用は，ひずみの範囲が小さい場合に限られる．そこで，固体食品のレオロジー研究は，多くの場合1% 以下の小さい変形に対して行われる．しかし，例えばバターをパンに塗るように，実用面での食品変形は極めて大きいので，大規模な変形でのレオロジー研究も極めて大切である．フックの弾性を超えると，食品への応力と

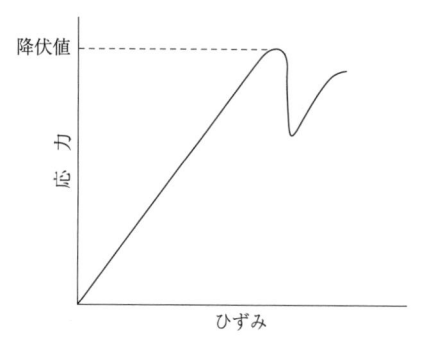

**図 8.1** 理想弾性体に加えられた応力とひずみの関係

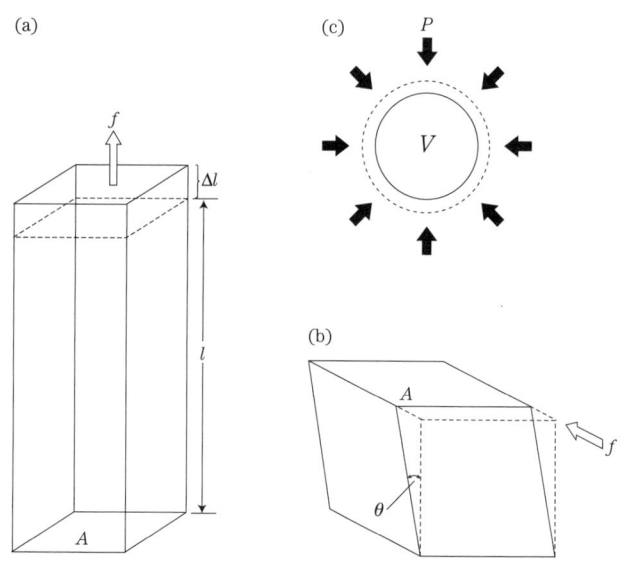

**図 8.2** (a) 長さ $l$，断面積 $A$ の直方体の物体の引張変形．力 $f$ は面積 $A$ に垂直に作用して，伸び $\Delta l$ を生ずる．(b) 立方体の物質の単純なずり変形．力 $f$ は面積 $A$ の接線方向に作用して，角度 $\theta$ の変形を生ずる．(c) 球体に圧力 $P$ が作用して，体積が縮小する（バルク圧縮）．

**表 8.1** 弾性固体の種々の変形に関するレオロジーパラメーター

| 変 形 | 応 力 | ひずみ | 弾 性 |
|---|---|---|---|
| 単純ずり | $\tau = \dfrac{f}{A}$ | $\gamma = \dfrac{\Delta l}{l} = \tan\theta$ | $G = \dfrac{f}{A\tan\theta}$ |
| 単純圧縮 | $\tau = \dfrac{f}{A}$ | $\gamma = \dfrac{\Delta l}{l}$ | $Y = \dfrac{fl}{A\,\Delta l}$ |
| バルク圧縮 | $\tau = \dfrac{f}{A} = P$ | $\gamma = \dfrac{\Delta V}{V}$ | $K = \dfrac{PV}{\Delta V}$ |

$\tau$：応力, $\gamma$：ひずみ, $G$：剛性率, $Y$：ヤング率(伸び弾性率), $K$：体積弾性率, $P$：圧力, $\theta$：変形角度. 他の記号は図 8.2 参照.

ひずみの関係は比例しなくなるので，弾性率に代えて**見かけ弾性率**を採用する．見かけ弾性率は，特定な点での非理想弾性体の「**応力／ひずみ**」であり，この測定はレオロジーで必須である．物体の変形がフックの法則に厳格には従わない場合でも，応力がなくなれば復元するが，この場合も限界を超えれば破壊され復元しなくなる．

　小さな応力で破壊するものは**もろく**，応力によって流動するものは**塑性**(プラスチック)または**粘弾性**がある物体である．物体が壊れる点での応力を**破断応力**，ひずみを**破断ひずみ**と呼ぶ．物体が壊れたり流動を起こす点では，物体を構成する分子や原子間の力を応力が超えており，この現象は物体中で結合力が弱い部分で起こりやすい．食品の破壊や流動は，製造後の流通から最終的なそしゃくに至る過程で，日常的に起こっている．

### 8.2.2　液　　体

　例えば，牛乳やマヨネーズのように，液体の食品エマルションも低粘度から高粘度まで，種々のレオロジー現象を示す．しかし，これらのレオロジー現象は単純な概念で表すことができ，液体の場合も固体と同様に，理想液体と非理想液体に二分して考える．

**理想液体**

　理想液体(流体)は**ニュートン流体**とも呼ばれ，万有引力の発見者，Newton がその性質を見出した．ニュートン流体とは，純水やショ糖溶液のように，ずり速度に粘性応力が比例する液体のことで，フックの弾性と共にレオロジ

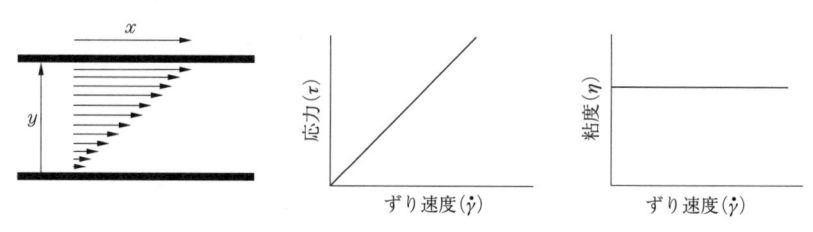

**図 8.3** 理想液体(ニュートン流体)の流動

一の基礎法則である．

粘度とは流動に対する液体の抵抗の程度で，抵抗力が大きいほど液体の粘性は高まる．図8.3に示すように液体が平行する2面の間にあって，上面だけが一定速度$v$で動くとき，挟まれた無限に薄い液膜の最下部は静止し，最上部は速度$v$で流動する．中間部の液膜は2面間の距離に比例した速度で流動すると仮定する．ここで与えられるずり応力(せん断応力)$\tau$は$f/A$で与えられる．理想液体では，ずり応力$\tau$と，ひずみに相当するずり速度$\dot{\gamma}$は比例関係にあって次式で表され，定数の$\eta$が粘度である．

$$\tau = \eta \dot{\gamma} \tag{8.2}$$

粘度の原因は，極限的に薄い液層間のずりによる摩擦であり，粘度が高い液体ほどこの摩擦が大きい．これらの関係は図8.3に示したとおりである．

理想液体は圧縮することができず，完全に等方性であり，構造を持たない．多くの食品エマルションは理想液体ではない．しかし，例えば牛乳のように，ニュートン流体に近い食品エマルションもある．また，ニュートン流体であってもずり速度が一定値を超えると，流動が層流から乱流に変わり渦が発生して，応力と変形の関係が比例しなくなる．乱流状態の液体のレオロジーを数学的に扱うことは困難である．

ずり応力の単位は$N/m^2$またはPaであり，ずり速度$\dot{\gamma}$は1/sであるから，粘度$\eta$は$N\ s/m^2$またはPa sで表される．水の粘度は以前は1センチポイズ(cP)とされたが，現在は1 mPa(0.001 Pa, 0.01 P(ポイズ))で表す．

**非理想液体**

理想液体の粘度は，ずり速度と与えられるずりの時間に無関係に一定である．しかし，多くの食品エマルションは非理想液体である．非理想液体には種々の形態があり，例えば，加えられたずり速度によって粘度の大小が起こ

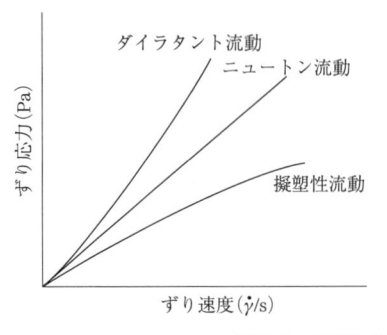

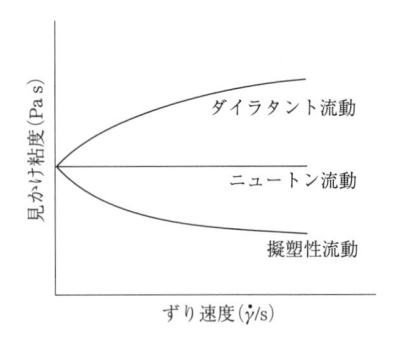

**図 8.4** 非理想液体の流動曲線模式図

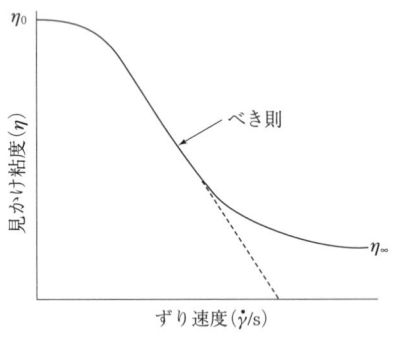

**図 8.5** 擬塑性物質の流動模式図

ったり，粘度がずり速度とずり時間の両方に依存して変化するものがある．また粘性の他に条件によっては弾性を示すものがある．非理想液体で得られる粘度は**見かけ粘度**であり，どのずり速度で，またどの時点で粘度を測定するかが問題である．実際にそのエマルションが，製造や流通の過程で扱われる流動条件で，粘度測定が行われる必要がある．

**ずり速度依存性の非理想液体**には，粘度がずり速度に依存して低下したり増加するものがあり，**非ニュートン流動**と呼ばれる．食品エマルションで最も一般的な非ニュートン流動は，ずり速度増加で粘性が低下する**ずり流動化**で，**擬塑性流動**と呼ばれる．この種のエマルションでは，ずり流動で凝集などの構造が破壊されて粘度が低下し，高ずり速度で一定値に近づく．

食品エマルションではあまり一般的ではないが，逆に高ずり速度で粘度が上昇する**ずり粘稠化**(ダイラタンシーともいう)の現象があり，**ダイラタント流動**と呼ぶ．食品のダイラタント流動は，粒子が緊密に充填している濃厚なエマルションか，微粒子の分散液で起こる．ある程度のずり速度までは，粒子は二次元の層状をなして滑るが，高速では層状の滑り構造が乱されて抵抗が高まる．また撹拌によってエマルション粒子の凝集が促進され，増粘する

## 8.2 物体のレオロジー特性

場合にもずり粘稠化が起こる．以上の現象を図8.4に模式的に示した．

ずり流動化を起こす液体は多くの場合，図8.5のような，ずり速度と粘度との関係を示す．粘度は低速ずりでの一定値 $\eta_0$ から高速ずりの $\eta_\infty$ に変化する．

$$\eta = \eta_\infty + \frac{\eta_0 - \eta_\infty}{1 + (\tau/\tau_i)^n} \tag{8.3}$$

ここで $\tau_i$ は低速および高速ずりの中間の粘度の応力で，$n$ はべき指数であり，この種のエマルション系のレオロジー特性は $\eta_0$, $\eta_\infty$, $\tau_i$, $n$ で定まる．測定が中間粘度域だけで行われるとすれば，ずり応力と粘度は次式で表される．

$$\tau = k(\dot{\gamma})^n \quad \text{または} \quad \eta = k(\dot{\gamma})^{n-1} \tag{8.4}$$

ここで k は粘稠度(コンシステンシー)定数，$n$ は流動のタイプによって異なるパラメーターである．$n=1$ であればニュートン流動であり，ずり流動化の場合は $n<1$，ずり粘稠化の場合は $n>1$ である．この指数モデルでは未知のパラメーターは2個であり，$\tau$ と $\dot{\gamma}$ の関係は実験で求めやすい．

**時間依存性の非理想液体**とは，ずり速度が一定の条件で，時間と共に見かけ粘度が減少するか，増加する液体である．食品エマルションにはこの種の現象が多い．時間に依存した粘度変化の後，撹拌を止めて十分な時間が過ぎると，元の粘度に戻る可逆的な変化と，戻らない不可逆的な粘度変化がある．流動中の液体にこのような粘度変化があることは，ポンプとパイプラインで液体を輸送する，食品加工の現場では重要である．ポンプによるずりの長短で粘度が変化することで，固すぎたり，流れすぎたりして次の工程への影響が起こるため，ポンプ操作の管理に十分な注意が必要になるからである．

平衡状態にある系に外力が加わって時間がたつと，物体は新しい平衡状態に達して応力の状態が変化することがある．最初に生じた応力が時間と共に減少するこの現象を，**応力緩和**と呼ぶ．また，応力が時間的に減少していく速度の目安に，**緩和時間**の概念を用いる．ずり時間に依存する粘度(応力)変化は，応力緩和現象に関連づけられる．

一定速度の撹拌を与えた場合，時間に依存して液体の見かけ粘度が減少する現象は，**チキソトロピー**という．これは例えば，トマトケチャップが静止状態では流れなくても，振り続けるとよく流れるようになる現象である．エ

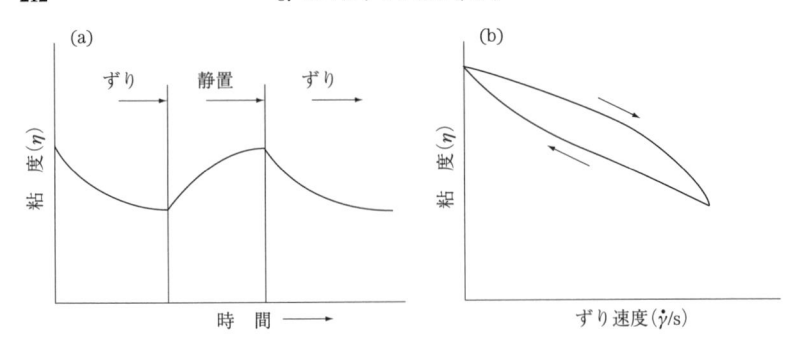

**図 8.6** チキソトロピー現象(a)と粘度履歴曲線(ヒステリシスループ)(b)

マルションが緩く凝集した粒子(油滴,結晶,ハイドロコロイドなど)を含む場合に起こりやすい.せん断で系内の凝集が変形して次第に破壊され,粘度が下がって流動しやすくなる.チキソトロピーのある系は,撹拌を止めた場合に元の粘度に戻らない非可逆的なものと,一定時間後に元に戻る可逆的なものがある.時間依存性のない擬塑性流動系の撹拌では,凝集体の破壊が直ちに起こるため,時間依存性が認められない.

図 8.6-a は,この種の流動による粘度増加の変化と粘度減少のチキソトロピーについて,可逆的変化を模式的に示した.チキソトロピー現象の起こる液体でも,ずり速度の変化と見かけ粘度の関係を調べ,緩和時間を測定する必要がある.緩和時間が長い場合,簡便な方法として,回転粘度計を用いてずり速度をゼロからある速度にまで増加して,次いでまたゼロまで戻す方法がある.チキソトロピーのある液体では,ずり速度減少時の粘度が常に増加時の粘度より低い.このように,速度変化による**粘度履歴曲線**(ヒステリシスループ)を調べると,緩和現象が顕著なほど曲線間の開きが大きくなる(図 8.6-b).

逆にある種のエマルションでは,一定の撹拌を与えた場合に経時的に増粘する.この理由はせん断によって,粒子間の衝突機会が増え,また凝集の効率が高まるためである.

### 8.2.3 塑性(プラスチック)エマルション

食品エマルションには,バターやスプレッド,ホイップクリームや練り歯

## 8.2 物体のレオロジー特性

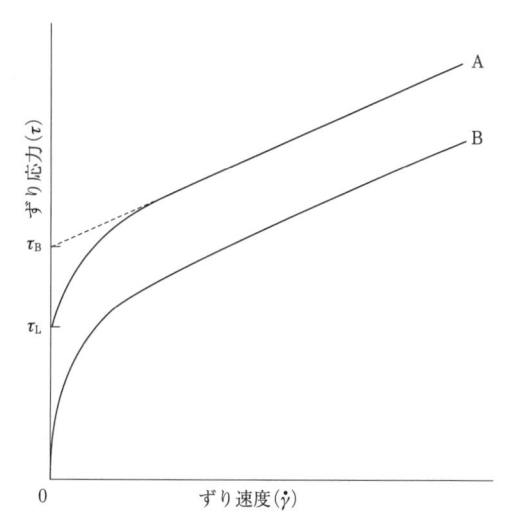

**図 8.7** 塑性流動と降伏値
ずり応力がずり速度 $\dot{\gamma}$ に対して示されている．曲線 A には真の降伏値 $\tau_L$，外挿して求めた（ビンガム）降伏値 $\tau_B$ がある．曲線 B には降伏値がない．［参考書 2, p. 64 より作成］

磨きのように**塑性**を示すものがある．塑性とは，そのままの状態では固体と同様であるが，力を加えると流動して変形し，力がなくなると変形したままでいる物質の性質である．**塑性物質**は，与えられた応力が小さい場合には弾性を示し，応力が一定限界を超えると流動性を示す．この時の応力を**降伏応力(降伏値)** という（図 8.7）．塑性物質は，理想塑性体と非理想塑性体に分類される．

**理想塑性体**はビンガム（Bingham）プラスチックとも称し，その流動を**ビンガム流動**(塑性流動)という．塑性流動ではずり応力が降伏値以下であると，フックの固体の性質を示すが，降伏値を超えると次式で表される流動を示す．$\tau_0$ は降伏値で $\tau \geq \tau_0$ の関係にある．

$$\tau - \tau_0 = \eta \dot{\gamma} \tag{8.5}$$

降伏値を実際に測定することはかなり難しい．それは物体が動き始める点を，正確に粘度計で測定することが困難なためである．バターは細かい乳脂の針状または糸状の結晶が網目構造を作り，その中に液状油を含んでいる．バターは弱い力で小さな変形が起こっても，結晶の網目構造は壊れない．降

伏値以上の応力では結晶の網目構造が壊れ，結晶は液状油と共に動くようになるが，そのまま放置すると再び網目構造ができる．食品エマルションでは，降伏値以上の応力でずり速度を増すと，速度と応力が比例関係にない，非ニュートン流動を示すものが多い．この場合は非理想塑性流動である．

### 8.2.4 粘弾性物質

食品エマルションは，純液体でも純固体でもなく，レオロジー特性は粘性と弾性の両方の性質を示す**粘弾性物質**に属することが多い．塑性物質(プラスチック)は降伏値の前後で，弾性と粘性を示すが，粘弾性物質は両方の性質を同時に示す．理想弾性体では加えられた機械的エネルギー(応力)が変形した内部結合(ひずみ)中に蓄えられ，応力がなくなればエネルギーが放出される．理想液体では，加えられたエネルギーは摩擦に使われ熱に変わる．粘弾性物質では，エネルギーの一部が機械エネルギーとして貯えられ，他のエネルギーは熱として失われる．例えば，パン生地の一部を指で押すと変形し，指を離すと回復するが，長時間押したままにすると流動して回復しなくなる．粘性流動するハイドロコロイドを強く撹拌すると，撹拌棒を押し戻す力が働く．粘弾性物質では，力を加えてもすぐに変形が起こらず，また力を除いても変形前の状態に戻らない．

粘弾性物質のレオロジー的性質は，**複素弾性率**で表される．複素弾性率 $E^*$ は，**貯蔵弾性率**(動的弾性率または動的弾性係数，$E'$ または $G'$ で表す)と**損失弾性率**($E''$ または $G''$)の和である．貯蔵弾性率は粘弾性体に貯えられた弾性エネルギーに比例し，損失弾性率は熱として失われるエネルギーに比例する．この関係は次式で表される．

$$E^* = E' + iE'' \tag{8.6}$$

## 8.3 レオロジー測定法

ニュートン流動液体では，最も単純な粘度測定方法は，オストワルド粘度計やウベローデ粘度計の使用である．これらの方法では，一定量の液体が毛管を通過する時間を比較する．しかし食品エマルションは，前記のように液

体，固体，塑性体，粘弾性体の，種々のレオロジー的性質を示す．そこで，それらのレオロジー研究には，対象の変形の性質に応じて異なった機器測定が行われる．

食品製造や応用の現場では，測定機器は絶対的で正確な測定値を得るよりも，迅速，低価格で，扱いやすくて再現性のあることが必要である．しかし，この種の実用的機器による物体の測定値は，基礎的な定数などレオロジー特性のパラメーターとの関連づけが難しい．その理由は，与えられる応力とひずみが正確に定義されず，またそれらが測定できないからである．例えば，かまぼこに刃物を押し込む場合，圧縮とせん断の力が加えられ，フックの法則が当てはまらなくなるまで圧縮された後，せん断が始まる．

そこで，実用的に有効な試験装置であるだけでなく，その結果が他の学術的な研究結果と関連づけできることが好ましい．多くの研究結果を比較するには，ユニバーサルで標準になる装置と，それらの使用条件での対比が必要である．したがって食品の研究と開発では，現場的なレオロジー測定と，標準的な機器測定との差異を知っておいた方がよい．以下に食品エマルションのレオロジー研究で，最も基礎的な実験技法について説明する．

### 8.3.1 回転ずり粘度計

市販装置の大部分はこの種の粘度計で，図8.8に示すように，同心円筒型，円錐と平板型，平行円板型が一般に用いられ，ずり速度は回転数によって変

同心円筒型　　　円錐と平板型　　　平行円板型

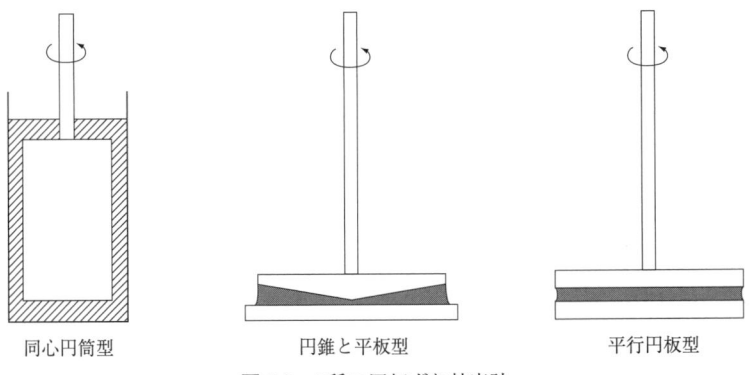

**図 8.8** 3種の回転ずり粘度計

えられる．粘度計のずり速度を，最小速度の数十倍まで変えて測定できる装置が好ましい．大部分の装置は，ずり速度はモーターで調節し，ずり応力はトルクスプリングで測定する．一般に測定対象によって，用いる端子の大きさや形態を変えることができる．最近はコンピューター制御された機器が増え，時間，温度，ずり速度などの条件を自動的に与えて結果を記録し，応力とひずみの関連を得ることができる．レオロジー特性の測定方法は多くの場合，回転の角速度を一定にして，得られる応力(ひずみまたはひずみ速度)を測定する．逆に一定のひずみを与えて，トルクの変化を測定するものもある．

**同心円筒回転粘度計**は食品コロイドに最も利用され，内筒と外筒のすき間で流動が起こる．内部の円筒を一定速度で回転させ，抵抗(ひずみまたはその変化)をバネの変形角度で測定する．また逆に，外部の円筒を回転させ内筒上部の針金のねじれ角度を測定する．内外筒間のすき間の距離は，外筒半径の10％程度である．同心円筒粘度計で非ニュートン流体を測定する場合の問題は，すき間のずり応力が内外筒上で一定でないことである．また，内筒の上下部分での流動の悪影響が避けられない．主に液体に用いられるが，固体の場合は，内筒の静止位置からの変位角が弾性を表す．

**円錐と平板型粘度計**では，逆さまに鉛直につるした鈍角の円錐が，頂点を平板上に置いて回転する．円錐面と平板間の角度は0.5〜3度である．この角度では角速度(ラジアン)に対するずり応力は，試料のどの位置でも一定である．そのため，ニュートン流動と非ニュートン流動の液体に用いられ，時間依存性のレオロジー変化の測定に適する．問題は，凝集体や大形の粒子を含む場合で，これらは特に頂点付近での流動に悪影響する．

**平行円板型粘度計**では，試料を円板間に入れて，下部を固定して上部円板を一定速度で回転させる．この測定の問題は，円板の中心と周囲でずり応力が異なる点である．したがって，ずり速度にレオロジー特性が関連しない試料に適し，非理想の液体や固体には適さない．

以上の粘度計では実験誤差が入り込むことが避けられない．まず第一に，円板や円筒間の距離は，エマルションを均一物体と見なすために，含まれる粒子直径の20倍以上でなければならない．第二には，装置表面で試料に滑りがあると，測定値に大きな誤差が生ずる．装置の表面に接する試料は，表

面の動きと同一の動きをしなければならない．機器の表面は微視的には凹凸があるので，この関係は低分子で構成される単純な液体では常に成立する．しかしエマルションでは，油滴や凝集体の大きさは表面の凹凸より大きいので，水相の薄膜を隔てて粒子の滑りが起こる．また第三に，多くのレオロジー物質は，測定前の熱やずりの履歴(ずり流動化など)によって粘性が変化するので，注意が必要である．第四にはエマルションのクリーミングへの注意である．

### 8.3.2 圧縮または引張試験

これらの方法は，バターやマーガリン，ゲル状デザートのように固体か半固体の試料に用いられ，代表的な装置にインストロン社のユニバーサル試験機がある．食品エマルションゲルのように，しっかり固定することができないものでは，圧縮試験を行うことが多い．圧縮試験機には，荷重を検知するロードセルが固定板または圧縮部品につけてあり，固定板上に試料を置き，可動の付属部品を一定速度で押し下げて試験が行われる(図 8.9)．可動の圧

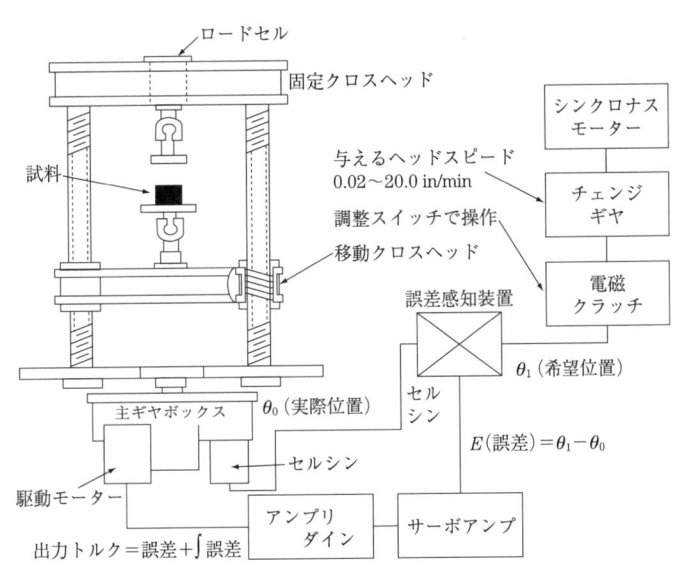

**図 8.9** インストロン社ユニバーサル試験機
[種谷他：食品物性用語辞典，p. 15，養賢堂(1996)]

縮部品は，板状，プランジャー型，刃物状，円錐，歯状など種々な形態がある．装置の動きや変形と荷重は自動的に記録され，圧縮応力／ひずみ曲線 (**応力／ひずみ曲線**) などが得られる．

　図 8.1 の中で，圧縮による試料の変形が小さい範囲では，応力／ひずみの関係は直線になり，荷重を除けば元の形態に戻る．応力が一定の限界を超えると，物体内に流動が起こるなどの原因で直線関係が失われ，図のように力を除いても元の状態に戻らなくなる．圧縮部品を何回も上下させると，弾性体であれば曲線の形状は同じになるが，一般の固体状食品では形態に変化が起こる．また粘弾性物体では，圧縮部品の下降と上昇で，曲線が異なった軌跡をとる．

　試料にある程度の圧縮を行って変形させ，そのままである時間放置して，緩和される応力を測定する (応力緩和)，または，一定の応力を試料に加えておき，時間経過によるひずみの変化を測定すること (次項のクリープ測定) は，粘弾性物体研究に有用である．

### 8.3.3 クリープ試験

　クリープは試料に一定の応力を与え，その時のひずみが時間と共に変化する現象をいう．クリープ試験では，時間によるひずみ変化の曲線が得られる．多くの固体食品は一定の応力を続けて与えられると，固体と液体の性質 (粘弾性) を示すようになる．図 8.10 のように，ずりの最初の段階では固体のように振る舞い，直ちに粘弾性を示し，次いで液体のような性質を示す．加えた力を除くと時間とともにひずみが回復する．このような時間依存性の変形 (ひずみ) 増加をクリープと呼び，グラフをクリープ曲線という．この現象では，ずり変形のエネルギーが固体のように完全に保存されず，また液体のように全て熱として失われない．

　クリープ測定で，一定の応力 $\tau$ を与えてから $t$ 時間後のひずみを $\gamma(t)$ とし，$\gamma(t)$ が $\tau$ に比例するとき次式が成り立ち，$J(t)$ をクリープコンプライアンスという．

$$\gamma(t) = J(t)\tau \quad \text{または} \quad J(t) = \gamma(t)/\tau \qquad (8.7)$$

クリープコンプライアンスは，弾性率の逆数の次元をもち，物質に固有な時

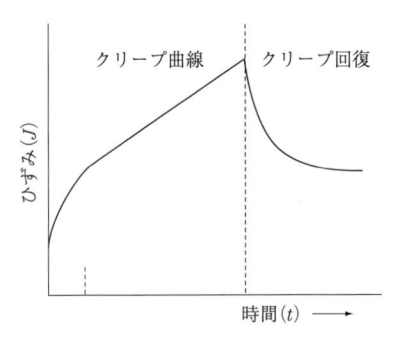

図 8.10　典型的なクリープ曲線

間の関数である．クリープ測定は特に長い緩和時間のある粘弾性体のレオロジー測定に有効である．

### 8.3.4　動的粘弾性測定

動的粘弾性測定では**振動粘度計**を用いて，周期的な正弦(サイン)波の応力を与えた時に起こる，ひずみの正弦波を測定する．また逆に正弦波のひずみに対する応力を測定する．一般に静的な測定は，クリープ遅延時間や応力緩和時間が長い対象物の測定に適し，測定には比較的長時間を要する．一方，動的方法は緩和時間の短い現象の検討に適し，短時間で測定を終わることができる．このため種々の場面で起こる，食品の粘弾性変化を調べるのに適する．

図 8.11 に示すように，与えられた応力が時間的に正弦波で変化する場合，ひずみが $\delta$ の遅れで変動するとする．この時，応力 $\tau$ は次の(8.8)式で示され，これに対応したひずみ $\gamma$ は(8.9)式で示される．ここで $\omega$ は $\gamma$ の角振動数である．

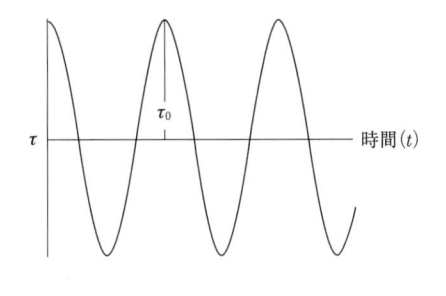

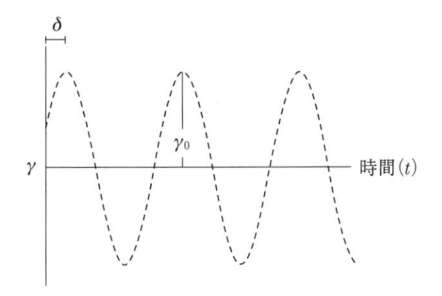

図 8.11　正弦波で与えられた応力と $\delta$ の遅れをもつひずみの正弦波

$$\tau = \tau_0 \cos(\omega t) \tag{8.8}$$

$$\gamma = \gamma_0 \cos(\omega t - \delta) \tag{8.9}$$

そこで，この物体のコンプライアンスは次式で与えられる．

$$J(t) = \gamma/\tau_0 = (\gamma_0/\tau_0)(\cos\delta \cos\omega t + \sin\delta \sin\omega t) \tag{8.10}$$

または　$J(t) = J'\cos\omega t + J''\sin\omega t$ 　　　　　　(8.11)

ここで $J'$ は $(=\gamma_0\cos\delta/\tau_0)$ で**貯蔵コンプライアンス**であり，$J''$ は $(=\gamma_0\sin\delta/\tau_0)$ で**損失コンプライアンス**として知られる．またここで，**位相角** $\delta$ は $\tan^{-1}(J''/J')$ で表される．完全な弾性体であれば $\delta=0$ 度であり，完全な液体であれば $\delta=90$ 度になる．粘弾性体が弾性体に近いほど $\delta$ が小さくなり，粘性体であるほど $\delta$ は 90 度に近づく．

## 8.4　エマルションのレオロジー特性と微細構造

　食品エマルションは理想的な球状微粒子の分散液と異なり，牛乳，バター，アイスクリームなど多様であり，広範囲のレオロジー特性を持つ．それらの特性はエマルションを構成する成分と，それらの微細構造に依存して異なる．また，食品エマルションは種々の分散質を含み，それら粒子は必ずしも球形とは限らない．

### 8.4.1　固い球体の希薄な分散液

　油滴の体積分率 ($\phi$) 増加によって，エマルションの粘度が増加するのは，粒子の増加によって液体の自由な流動が抑制されるためである．また粒子の増加によって，摩擦によるエネルギーの散逸が起こる．固い球で構成された薄い分散液の粘度について，アインシュタインは次の式を与えた．

$$\eta = \eta_0(1 + 2.5\,\phi) \tag{8.12}$$

$\eta_0$ はニュートン流動の連続相の粘度で，粒子の体積分率は $\phi$ であり，粒子間に相互作用がないとした場合の粘度である．この式は $\phi$ が 5% 以下では実測値とよく一致する．

　ここで，一つのパラメーターとして分散液の**固有粘度** $[\eta]$ という概念を定めることが有効である[1]．硬い球体の分散液の体積分率がゼロに近づくと，$[\eta]$ は 2.5 になる．球体でない粒子や，溶媒を吸収して膨らんだ粒子では，$[\eta]$ が 2.5 より大きくなるので，固有粘度の測定はエマルションの情報を得る上で有用である．

$$\eta = \eta_0(1 + [\eta]\phi) \tag{8.13}$$

### 8.4.2 液状球体の希薄な分散液

エマルションの油滴と連続相との界面でずり流動が続くと,接線方向の応力が連続相から分散相に与えられ,油滴内に流動が起こる.そこで界面を挟む両相の速度差は固体粒子の場合より小さく,摩擦熱で失われるエネルギーは少ないので,エマルション分散液の粘度増加も小さい.油滴内の粘度が高いほど固体に近づくため,エマルション粘度は増加する.この場合,油滴内の粘度を $\eta_d$ とすると,分散液の粘度は次式で与えられる[2].

$$\eta = \eta_0 \left[1 + \left(\frac{\eta_0 + 2.5\eta_d}{\eta_0 + \eta_d}\right)\phi\right] \tag{8.14}$$

油滴の粘度が十分に高い場合は, $\eta_d/\eta_0 \gg 1$ であり固有粘度は 2.5 に近づき,アインシュタインの式に近似する.さらに,多くの食品エマルション粒子の表面は,蛋白質など粘弾性のある乳化剤膜で覆われている.そこで,連続相の流動による接線応力の粒子内部への影響を削減するので,低体積分率のエマルションはほぼアインシュタイン式に従う.

流動速度が大きく増加して,油滴を保持する界面膜の力を超えると,エマルション粒子は変形する.例えば,流動が層流から乱流に変わり,激しい力が加われば変形した油滴は破壊される.

### 8.4.3 不定形粒子とフロック凝集した粒子の希薄な分散液

エマルション中の粒子は,油脂結晶,氷晶,油滴凝集などで,球状以外の形態をとることが多い.これらの場合は粒子の表面積は増加し,液相の流動では球体より多くのエネルギーを消耗するので,粘度が増加する.ランダムに分散する長楕円状粒子や棒状の粒子では,ずり速度が小さい場合は粘性が高い.しかし,高速のずりでは,粒子が接線方向に平行に配列するので,粘度が低下する現象が起こる.

食品エマルションでは,しばしば油滴の凝集が起こり,そのレオロジーは凝集で大きく変化する.エマルションのレオロジー特性は,油滴間に作用する引力(フロック凝集が強いか弱いか)に支配される.希薄なフロック凝集分散液では,フロック間の距離が大きく相互作用がないと見なし得る.同一体積分率の分離した分散液に比べて,凝集系の粘度が高い理由は,フロック内に

連続相を保持して,分散相の実効体積分率が増加しているためである.さらにブラウン運動などでフロックが回転すると,周囲の液体を巻き込んでさらに実効体積が増加する.

フロック凝集したエマルションを流動させると,前章の図7.10に示すような顕著なずり流動化を起こす.低速のずりでは凝集が保たれるが,ずり速度が高まると,フロックは接線方向に変形して粘度は低下し,やがてフロックが破壊されて個別の分散液になり粘度が安定する[3].フロックの凝集力が強い場合は,粘度低下には強いずりを要する.

### 8.4.4 濃厚分散液のレオロジー

分散する粒子の体積分率が数%を超えると,粒子間に起こる流体力学的相互作用およびコロイド相互作用によって,アインシュタインの式による予測数値を上回る粘度増加が起こる.

**粒子間にコロイド相互作用のない場合**:粒子間に静電相互作用のような,遠距離で作用する相互作用がない(例えば,固い球の)場合,濃厚エマルションの隣接粒子間に流体力学的相互作用が起こる.希薄エマルションの流体力学的相互作用は,2個の粒子間に作用するが,濃厚エマルションでは3個以上の粒子が関わる.このためにエネルギーの散逸が増加して粘度が上昇し,アインシュタインの式には流体力学的相互作用項が加わって,次式のようになる[4].

$$\eta = \eta_0 (1 + a\phi + b\phi^2 + c\phi^3 + \cdots) \quad (8.14)$$

$a$, $b$, $c$ は係数で実験や理論で求められる.$a$ は固い球の場合は,アインシュタイン式と同じ2.5であり,$b$ は6.2である.油滴が球形でない場合はこれらの係数値は増加する.

濃厚エマルションでは,ずり流動化が起こることが多い.これは,粒子がブラウン運動で三次元的にランダム分散している状況から,流れに沿って線状や層状に配列するため,せん断への抵抗が減少することによる.

**粒子間にコロイド相互作用のある場合**:分散相増加による他の粘度上昇原因は,エマルション粒子間に種々のコロイド相互作用(ファンデルワールス,静電,立体,疎水性,枯渇など)が働くためである.これらの相互作用は,微粒

子分散液のレオロジーに大きく影響する．粒度分布と体積分率が同じエマルションであっても，コロイド相互作用が異なれば，ニュートン流動から粘弾性流動まで，液の性質が大きく異なる．

　粒子間に遠距離で作用する静電斥力，または立体斥力が作用するエマルションでは，粒子の接近が妨げられるために，粒子径 $r$ が $\delta$ だけ増えた状況になって，実効体積が増加する．立体斥力で安定化された粒子では，界面膜の厚さがほぼ $\delta$ に相当し，静電斥力による安定化では $\delta$ の厚みが油滴表面の電荷に依存する．エマルションの油滴が，厚い蛋白質膜などで立体的に安定化される場合は，流動によって粒子が変形しにくいので，その実効体積は流動によって変化しにくい．一方，油滴が疎な立体吸着膜であったり，アニオン性乳化剤などの静電相互作用で安定化している場合は，流動や濃厚化で油滴の変形が起こりやすく，実効体積が変化する．いわば，前者は**固い粒子**であり，後者は**柔らかい粒子**と考えられる．このため柔らかい粒子のエマルションは，固い粒子のエマルションに比べて，同じ実効体積分率であっても，濃厚化や流動による粘度増加が少ない．

　粒子間の反発による相互作用のエマルションレオロジーへの影響は，$r$ と $\delta$ の差異によって変化する．$r$ が十分大きければ $\delta$ の影響は無視できる．しかし油滴が微細化し $r$ と $\delta$ の長さが近づくほど，レオロジーへの影響が強まる[2]．静電相互作用で安定化した細かいエマルションでは，レオロジー特性が pH や電解質濃度の影響を受けやすい．塩分濃度を高めると，最初は電荷のスクリーニング効果が減少して粘度が低下するが，塩分濃度が一定値を超えると，粒子間の斥力が失われて凝集し粘度が増加する．

### 8.4.5　フロック凝集した濃厚分散液

　エマルションのフロック凝集は，隣接する油滴間相互作用の自由エネルギーが負であるときに起こりやすい．濃厚エマルションにフロック凝集が起こると，凝集間に種々の相互作用が起こる．フロック凝集内には連続相が含まれるので，凝集したエマルションの粘度は，実効体積分率が拡大した柔らかい粒子に類似する．このエマルションの粘度は，フロック凝集が大きいほど，またその充填が疎なほど増加する．油滴濃度が十分に高まると，フロック凝

集間に橋かけが起こり，三次元的な網目構造ができて，エマルションは塑性や粘弾性を示す．各油滴の被膜構造が疎なほど凝集が容易であり，低濃度で三次元構造ができる．エマルションの体積分率とフロック凝集を，模式的に7章の図7.5に示した．

### 8.4.6 連続相が半固体であるエマルション

バターやマーガリンのように，連続相に油脂結晶を含んだり，連続相がゲルである食品エマルションがある．バターとマーガリンは，三次元の油脂結晶の網目構造内に，多量の液状油と20%弱の水滴が保たれた塑性物質である．クリームチーズや固形の発酵乳は，蛋白質のゲル中に乳脂肪球を含む．

バターやマーガリンがそのままでは固体として振る舞い，降伏値以上の応力で流動し，容易にパンに塗ることができるのは，緩やかに凝集した油脂結晶の構造によっている．これらのエマルションのレオロジーに関して，油脂と結晶の面から行われた研究は多く，マーガリンの油脂組合せや，乳化剤の研究がなされた．しかし，これらの食品のレオロジーに対する，水相(水滴)の影響に関する研究は少ない．

一方，エマルション油滴がそれを含むゲルに及ぼす研究は多い．この種のゲルは，例えば，ホエー蛋白質を含むエマルションを加熱して，蛋白質を変性させゲル化させる方法で作られる．この場合，油滴はゲル蛋白質との相互作用によって，蛋白質ゲルを強化する作用と，弱体化させる双方の作用を起こす．油滴が乳蛋白質で安定化されていれば，網目構造の蛋白質と親和性があり，ゲルを強化する[5]．一方，低分子の非イオン乳化剤で安定化したエマルションで，乳化剤と蛋白質との親和性がなければゲル強度を低下させる．しかし，蛋白質と低分子乳化剤との共存では，エマルションのレオロジー変化は複雑な場合がある[6,7]．またエマルションの粒度も蛋白質ゲルの強度に影響する．エマルションの油滴が，ゲルの網目構造の中に含まれればゲルが強化され，油滴が大きすぎればゲル強度が低下する[5]．

## 8.5 エマルションのレオロジーに影響する主要因子

エマルションのレオロジーに影響する因子を次に列挙する.

① **分散相の体積分率**：分散相の体積分率が小さいと,その粘度は体積分率に比例して徐々に増加する.しかし,体積分率が高まると急激に粘度が増加し,やがて流動性を失うほどになる.

② **連続相の粘度**：エマルション連続相の粘度は,エマルション全体の粘度に直接的に関連する.水中油滴型エマルションに加えられた,ガムなどのハイドロコロイドのレオロジーへの影響は大きい.一方,分散相が液体の場合,その粘度はエマルション全体の粘度に影響しにくい.

③ **エマルション粒子(油滴)の大きさ**：エマルション粒子の大きさと粒度分布のエマルションレオロジーへの影響は,分散相の体積分率とコロイド相互作用に依存して変化する.コロイド粒子間に働く相互作用が,斥力か引力かなどがエマルションレオロジーに影響する.またエマルション粒子の大きさと粒度分布は,濃厚エマルションのレオロジーに影響が大きく,多分散であるほど緊密な充填が可能である.さらにエマルション粒子が細かいほど,ブラウン運動の影響を受けやすい.

④ **コロイド相互作用**：コロイド相互作用のエマルション粘度への影響は大きい.相互作用が遠距離から斥力として作用するとき,実効体積分率が増加して粘度が高まる.相互作用が引力であるときは,フロック凝集が促進されてエマルション粘度が上昇する.またエマルションへの生体高分子添加によって,油滴の凝集を促進することもできる.

⑤ **エマルション粒子の電荷**：粒子の電荷は粒子が凝集するか,または分散するかを支配し,またどこまで粒子が接近し得るかを支配する.


## 文　献

1) Dickinson, E., 西成勝好, 藤田　哲, 山本由喜子訳：食品コロイド入門, p. 73, 幸書房(1998)
2) Tadros, T. F. : Fundamental principles of emulsion rheology and their applications, *Colloids and Surfaces*, **91**, 30(1994)
3) Campanella, O. H., Dorward, N. M. and Singh, H. : A study of rheological

properties of concentrated food emulsions, *J. Food Eng.*, **25**, 427 (1995)
4) Pal, R. : Rheology of polymer thickend emulsions, *J. Rheol.*, **36**, 1245 (1992)
5) McClements, D. J., Monahan, F. J. and Kinsella, J. E. : Effect of emulsion droplets on the rheology of whey protein isolate gels, *J. Text. Studies*, **24**, 411 (1993)
6) Dickinson, E. and Hong, S. T. : Influence of water soluble nonionic emulsifier on the rheology of heat-set protein-stabilized emulsion gels, *J. Agr. Food Chem.*, **42**, 1602 (1995)
7) Dickinson, E. and Yamamoto, Y. : Viscoelastic properties of heat-set whey protein stabilized emulsion gels with added lecithin, *J. Food Sci.*, **61**, 811 (1996)

# 9. エマルションとフレーバー

 食品の選択では，品質，栄養価，テクスチャーと食感，包装，取扱いやすさ，品質保持期間，価格などが基準になる．しかし，食品選択の最も重要な条件は風味である．食品のフレーバーとは，味，風味，香味など広い意味に用いられ，鼻腔で感ずる芳香と，舌や口腔内で感ずる味覚と刺激感覚の全体を指す．フレーバー物質は，調味料，香辛料，着香料など化学物質である．しかし，狭義にはフレーバーは香りの意味に用いられ，日本では主に着香料（芳香成分）としての揮発性物質を指す．この章では，揮発性のフレーバー（揮発性成分）のエマルション中での挙動について解説する．

## 9.1 エマルションのフレーバー

 食品のフレーバー（匂い）感覚は，食品中に存在するフレーバー分子の種類と濃度に単純に依存せず，多くの物理化学的因子が関連することが分かっている．それらの因子は，次のとおりである[1]．
1) フレーバー分子の存在環境（油相，水相，または界面）
2) 環境の物理状態（ガス，液体，固体）
3) 食品成分の構成（エマルションか，そうでないか）
4) フレーバー分子の化学状態（イオン化の程度，自己会合性）
5) フレーバー分子と他の分子との相互作用（蛋白質，炭水化物，界面活性剤など）
6) 相間でのフレーバー分子の移動速度

 食品フレーバーに影響する因子は数多くあるので，フレーバー自体の特性から，最終製品のフレーバーを正確に予測することは難しい．そのために食品の着香は，科学というより技能の領域とされてきた．にもかかわらず，こ

の問題への科学的取り組みによって，食品の体系的デザインとコスト低下が可能になり，食品工業にもたらす利点は大きい．

### 9.1.1 エマルション中でのフレーバー分配と影響する因子

フレーバー(匂い)の感知は，空気中に気体で存在するその分子によっている．油水両相へのフレーバー物質の分配は，フレーバー分子の感知に影響する．多くのフレーバーは，水相中に存在する方が，油相中にある場合よりも強く感知される．ある種のフレーバー分子は，油／水界面に吸着し，気相と液相中のフレーバー濃度を変化させる．そこで，エマルションの着香では，エマルション中でのフレーバー分配を測定することが重要になる．フレーバーに対して，エマルションは4相に分けられる．油滴内の油相，油／水界面，水相，エマルション上部の気相である．フレーバーの分布は，その分子構造によって異なるが，幾つかのモデル系で，フレーバー物質の分布の実際が測定されている[2-4]．

気相と水相，および気相と油相間のフレーバー分配係数，$K_{GW}$と$K_{GO}$は，各層の平衡濃度$C_G$と$C_W$，$C_O$の比で表される．これらを表9.1と図9.1に示した．

$$K_{GW} = C_G/C_W \qquad (9.1)$$

$$K_{GO} = C_G/C_O \qquad (9.2)$$

非極性フレーバー分子が非極性溶媒に分散する場合，極性フレーバーが極性溶媒中に分散する場合は，フレーバーの分子量増加で揮発性が減少する．これは，フレーバー分子間と溶質-溶媒間の親和性の相互作用

**表9.1** 幾つかのフレーバー物質の25℃での平衡分配係数($\times 10^{-3}$)[2-4]

| 化合物 | 気/水 $K_{GW}$ | 気/油 $K_{GO}$ |
|---|---|---|
| アルデヒド類 | | |
| 　アセトアルデヒド | 2.7 | |
| 　プロパナール | 3.0 | |
| 　ブタナール | 4.7 | 2.3 |
| 　ペンタナール | 6.0 | 1.0 |
| 　ヘキサナール | 8.7 | 0.35 |
| 　ヘプタナール | 11 | 0.10 |
| 　オクタナール | 21 | 0.04 |
| 　ノナナール | 30 | |
| ケトン類 | | |
| 　ブタン-2-オン | 1.9 | 1.9 |
| 　ペンタン-2-オン | 2.6 | |
| 　ヘプタン-2-オン | 5.9 | 1.03 |
| 　オクタン-2-オン | 7.7 | |
| 　ノナン-2-オン | 15 | |
| 　ウンデカン-2-オン | 26 | |
| アルコール類 | | |
| 　メタノール | 0.18 | |
| 　エタノール | 0.21 | 10 |
| 　プロパノール | 0.28 | |
| 　ブタノール | 0.35 | 0.57 |
| 　ペンタノール | 0.53 | |
| 　ヘキサノール | 0.63 | 0.36 |
| 　ヘプタノール | 0.77 | |
| 　オクタノール | 0.99 | 0.09 |

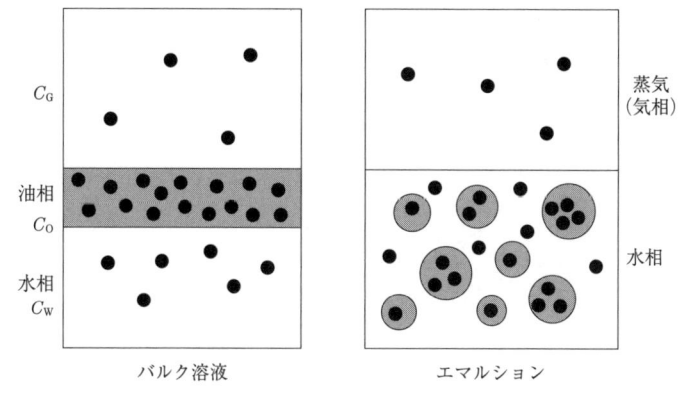

**図 9.1** バルク溶液およびエマルション中のフレーバー物質の分配

によっている．一方，非極性フレーバー分子が，極性溶媒中に分散する場合は，フレーバーの分子量が大きいほど揮発性が減少する．非極性溶媒中の非極性フレーバー分子は，極性溶媒中よりも揮発しにくい．これは，非極性分子間の強い水素結合が，極性溶媒中ではファンデルワールス力結合に変わり，相対的に結合が弱まるためである．同様に，極性フレーバーは極性溶媒中では水素結合が強く，ファンデルワールス力の作用する非極性溶媒中よりも揮発しにくい．

**フレーバーイオン化の影響**：カルボキシル基やアミノ基など，イオンに解離する水溶性フレーバー分子の電荷は，pHの変化でその状態が異なる．イオン化するフレーバーでは，イオンと溶媒との相互作用があるために，その揮発性と特徴がイオン状態によって異なる．例えば，水中でイオン化したフレーバー分子は，それを取り囲む水の双極子と強い相互作用を起こし，イオン化しない場合よりも揮発が大きく抑制される．したがってフレーバー分子の分配には，イオン化の影響を考慮する必要がある．酸性基の解離定数を $K_a$ とし，$pK_a = -\log(K_a)$ とすると，pH が $pK_a$ より十分低い場合には，フレーバーは解離しない．pH が $pK_a$ に近づくと，解離状態のフレーバー分子が増え，揮発するフレーバーが減少する．またイオン化したフレーバーは，水相中の他の電荷をもつ物質と静電結合を起こし，分配や揮発性に影響する．

**フレーバー分子の食品成分との結合**：多くの蛋白質や炭水化物には種々の結

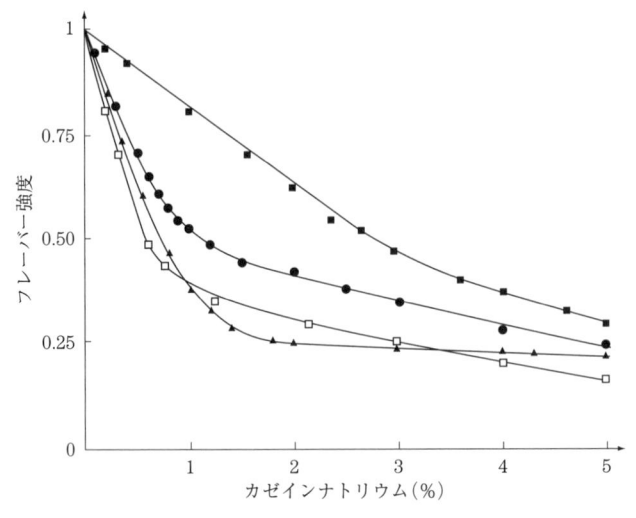

**図9.2** カゼインナトリウムの濃度増加によるフレーバー強度の低下[5]
■ $\beta$-ヨノン, ▲ リモネン, ● リナロール, □ 酢酸テルペン.

合サイトがあり，特異的または非特異的にフレーバー分子と結合する．これらの生体高分子との結合は，フレーバーのエマルション中の分布に影響し，その感知を変化させる．これらの作用は，共有結合，静電結合，疎水性結合，水素結合，ファンデルワールス力の結果であり，可逆的と不可逆的な結合がある．フレーバー分子と生体高分子との結合状況は，平衡に達した混合物を透析し，溶出してくるフレーバーを分析することで測定できる．また，混合物溶液のヘッドスペース中のフレーバー分析によっても測定できる．

炭化水素のアルカン，アルデヒド，ケトンは，カゼイン，ホエー蛋白質，大豆蛋白質など，多くの蛋白質と結合しやすい[5]．図9.2はカゼインナトリウム濃度と4種のフレーバーの関係を示している．これらの蛋白質は，添加したフレーバー以外に，食品に発生する不快なフレーバーとも結合して，フレーバーバランスを変えてしまう．特に$\beta$-ラクトグロブリンは，疎水性物質を取り込みやすい[6]．この理由は$\beta$-ラクトグロブリンの内部に，疎水性のポケット領域があり，疎水性物質を取り込むためである[7]．炭水化物とフレーバーの結合では，分子間相互作用は，ファンデルワールス力，静電結合，

または水素結合によっている.

**界面活性剤ミセルの影響**:エマルションでは,油滴の界面保護のために,界面活性剤が用いられることが多い.余剰の界面活性剤は,ミセルを形成して水相中に分散する.このミセルは内部に疎水性(非極性)物質を可溶化するので,水相中のフレーバーの分配係数が減少する.疎水性のフレーバー分子が,界面活性剤ミセルに可溶化されると,エマルション中の分配係数が低下する.同様に油相中の逆ミセル(油溶性界面活性剤が親水基を内側にして集合するミセル)は,極性フレーバー分子を可溶化し,それらの分配係数が低下する.

**エマルションのフレーバー分配**:エマルションが連続相または水相(W),分散相または油相(O)で構成され,**界面膜がないと仮定**して,各相と気相(G)間の分配係数($K$)を,それぞれ $K_{OW}$,$K_{GW}$,$K_{GO}$ で表す.フレーバー物質は,非極性の場合は主に油相に,極性の場合は主に水相に溶解し,それぞれの分配係数は次式で表される.

$$K_{OW}=C_O/C_W \qquad K_{GW}=C_G/C_W \qquad K_{GO}=C_G/C_O \tag{9.3}$$

気相とエマルションの分配と,各分配係数および油相と水相の体積分率には,次の式が成り立つ.ここで,Dは分散相,Cは連続相を意味する.なお,$\phi_D+\phi_C=1$ である.

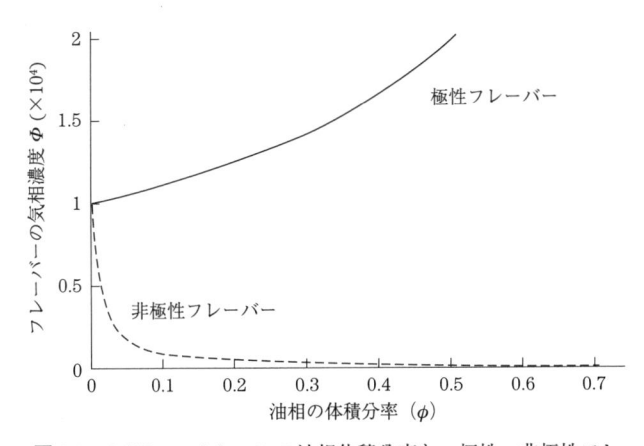

**図9.3** O/Wエマルションの油相体積分率と,極性・非極性フレーバーの気相濃度[1]
$V_G=10\ cm^3$,$V_E=100\ cm^3$,極性フレーバー $K_{DC}=0.01$,非極性フレーバー $K_{DC}=100$.

$$\frac{1}{K_{GE}} = \frac{\phi_D}{K_{GD}} + \frac{\phi_C}{K_{GC}} \quad (9.4)$$

　これらの模式図を図9.1に示した．図9.3は，密閉系にあるエマルション（体積：$V_E$）で，油相の体積分率を変えると，気相中（体積：$V_G$）の極性および非極性フレーバーの体積分率も変化することを示している．上部空間の非極性フレーバーは著しく減少し，極性フレーバーへの影響は比較的少ない．

　(9.4)式は，エマルション油滴径が1 μm以上などの場合に成り立つ．その理由は，エマルションが微細になると界面のラプラス(Laplace)圧が高まり，内容物が溶出しやすくなり，連続相のフレーバー濃度が高まるからである．

　**界面膜がある場合**には，エマルションの界面膜領域は，全体に対する体積分率はわずかではあるが，低濃度の界面活性物質の分配に対する影響は大きい．特に界面活性のあるフレーバーが低濃度のとき，このことが問題になる．界面に吸着する界面活性物質の濃度が1 mg/m²であるとする．エマルション単位体積当たりの連続相への接触面積$A_s$は，体積／表面積・平均直径 ($d_{VS} = \sum n_i d_i^3 / \sum n_i d_i^2$) から，$A_s = 6\phi/d_{VS}$として求められる(1章1.3.2項)．この式から，分散相体積分率($\phi$)が0.1で，平均粒子径1 μmのエマルションの場合は，100 mL中の油滴表面積は60 m²になる．そこで吸着界面活性物質は約60 mgであり，そのエマルション中の濃度は0.06 wt%である．多くのフレーバー使用量は，この濃度よりかなり低いので，それらが界面に吸着するとその分配への影響は大きい．フレーバーが界面に吸着することで，油，水および気相中の濃度が減少するからである．

　フレーバーの界面吸着が可逆的である場合は，界面の体積分率$\phi_I$と分配係数$K_{GI}(=C_I/C_G)$を加えて次式が成り立ち，平均粒子径と$K_{GE}$との関係は図9.4で示される．

$$\frac{1}{K_{GE}} = \frac{\phi_D}{K_{GD}} + \frac{\phi_C}{K_{GC}} + \frac{\phi_I}{K_{GI}} \quad (9.5)$$

　フレーバーの界面吸着が不可逆

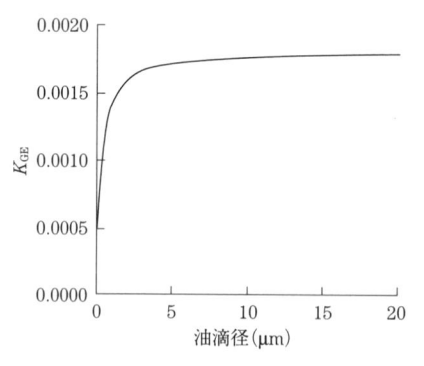

**図9.4**　界面活性のあるフレーバー物質の揮発性に対する油滴径の影響[1]

的であれば，気相中のフレーバー濃度は，エマルション中の自由フレーバー濃度に比例する．例えば，酪酸のように両親媒性のフレーバーは，強く界面に吸着して分配係数を低下させる．

### 9.1.2 フレーバーの発散

食品からのフレーバー放出は，そしゃくによって，分子が揮発したり，唾液に溶け込んで感知される．食品をのみこむ時間は，1〜30秒程度であり，この間にフレーバーが感じられる．水中油滴型エマルションでは，油滴から味覚物質が口内に発散される速度は，油滴が細かいほど急激で，10 μm 以下ではほぼ瞬間的に感知される．

揮発性(芳香)物質の感知は，フレーバー分子の気相への拡散によって行われ，その強さは分配係数に比例し，溶媒がフレーバーを溶解しやすいほど拡散は遅延する．フレーバーの放出は静的条件では起こらず，そしゃくや呼吸などの対流によってそれが促進される．また前述のように，フレーバーは蛋白質，炭水化物などと相互作用を起こすので，この種の成分の存在がフレーバー発散を阻害する．

気相／液相間の分配係数 $K_{GL}$ が大きい揮発性フレーバーは，高粘度エマルションでは拡散速度が低下し，フレーバーの発散が阻害される．一方，$K_{GL}$ が小さい低揮発性フレーバーでは，系内の拡散速度よりも表面からの揮発が律速因子であるため，粘度に影響されにくい．しかし，一般に生体高分子含有量の多いエマルションほど，フレーバーの揮発速度が減少し，低粘度の液体や，食品がゲル状の場合はゲルが弱いほど揮発しやすくなる．またエマルションの粘度が同じでも，フレーバーの揮発速度は異なる．この理由は，揮発速度が水相の微細構造と，フレーバー／生体高分子の結合の影響を受けるためである．

### 9.1.3 フレーバー分配係数と発散の測定

エマルションの相間で平衡に達したフレーバーの，分配係数と発散速度の測定法には，ヘッドスペース分析，静止した2液中の濃度測定，官能検査などがある．

**ヘッドスペース分析**では，液体試料を含む密閉容器を定温・定圧下に保持し，シリンジで採取したガスをガスクロマトグラフィーまたは HPLC で分析する[8,9]．食品の揮発性フレーバーの濃度は通常極めて低いので，分析に先立って固相吸着などで，それらの濃度を高めておく必要がある．

**バルクの油相と水相間**のフレーバー分配では[8]，例えば油相にフレーバーを加え，水相を注いで，定温に数日から数週間静置して平衡に達せしめる．この時，緩やかな撹拌を与えれば時間は短縮できる．測定は分光分析，クロマトグラフィー，放射性標識などによるが，多くの場合フレーバーを抽出して濃縮しておく必要がある．**エマルション中での分配係数**も同様に測定できる．一定量のフレーバーを連続相に加え，気相を作らないように密閉し平衡に達せしめた後，油／水相を遠心分離して濃度を測定する．この方法の欠点は，界面に吸着したフレーバーの測定ができないことである．

何をおいても，**官能検査**はフレーバー測定で最も重要な項目である．ヒトによる食品の微妙なフレーバー感覚は，化学的な分析では容易に行えない．

## 文　献

1) McClements, D. J. : *Food emulsions, principles, practice, and techniques*, p. 267-285, CRC Press, Boca Raton (1999)
2) Buttery, R. G. et al. : Some considerations of the volatilities of organic flavor compounds of foods, *J. Agr. Food Chem.*, **19**, 1045 (1971)
3) Buttery, R. G. et al. : Flavor compounds : Volatilities in vegetable oil and oil-water mixtures, *ibid.*, **21**, 198 (1973)
4) Overbosch, P. et al. : Flavor release in the mouth, *Food Rev. Int.*, **7**, 137 (1991)
5) Langourieux, S. and Crouzet, J. : Protein-aroma interactions, in *Food macromolecules and colloids*, p. 123-133, Dickinson, E. and Lorient, D. eds., Royal Society of Chemistey, Cambridge (1995)
6) Guichard, E. : Interactions between flavor compounds and food ingredients and their influence on flavor perception, *Food Rev. Int.*, **18**, 49-70 (2002)
7) Jameson, G. B., Adams, J. J. and Creamer, L. K. : Flexibility, functionality and hydrophobicity of bovine $\beta$-lactoglobulin, *Int. Dairy J.*, **12**, 319-322 (2002)
8) Guyot, C. et al. : Effect of fat content on ordor intensity of three aroma compounds in model emulsions, *J. Agr. Food Chem.*, **44**, 2341 (1996)
9) Landy, P. et al. : Effect of interface in model food emulsions on the volatility of aroma compounds, *ibid.*, **44**, 526 (1996)

# 10. エマルションの特性測定

## 10.1 はじめに

　高品質の食品エマルションを製造するには，種々の物理・化学的性質の関連性と，コロイドとしての性質の理解が必要で，そのために必要な測定手段の利用が大切である．種々の測定装置の利用で，エマルションの技術的改良がなされる．把握すべき食品の性質には，分子レベルからバルクレベルまで，コロイド構造やレオロジー特性，そして官能検査など多くの事項がある．これらの性質の中で何が最も重要であるかを知り，それらをどのように測定し，原因と結果を把握して研究開発にフィードバックするかが，食品技術者の重要な技量である．種々の現象間の関連を知るには，実験技術と理論的知識の組合せが必要であり，結果の統計的解析手法も重要である．
　食品に関する一般的特性の測定法は，この本の目的ではない．エマルションにとって重要な性質，界面特性，エマルションのレオロジーと安定性などの測定法は，それぞれの章で説明した．この章ではエマルション特有の問題，乳化剤の効果測定，分散相体積分率，粒度分布，油滴の結晶性，油滴の電荷などの測定について述べる．

## 10.2 乳化剤の効果測定

　食品乳化剤の有効性を評価する場合，エマルションを得るに必要な最少乳化剤量である**乳化容量**と，**エマルション安定性**を区分することが必要である．大部分の食品エマルションは蛋白質で安定化されるので，HLB の利用など化粧品業界などで行われる一般的な乳化剤効果の予測法は適当でない[1]．にもかかわらず，乳化剤の選定は，食品エマルション(乳化食品)の開発で，最

も重要な事項の一つである．食品に使用できる合成乳化剤は種類こそ限られるが，特徴が異なる多数の商品があり，また蛋白質など多様な生体高分子がある．これらの乳化剤の性質はそれぞれ異なるが，しかし，どの乳化剤にも適用できる幾つかの性能評価法がある．長期間の凝集阻止能，ホモジナイズで発生する新しい界面への吸着速度，界面張力，界面膜の厚さと粘弾性などである．これらの性質は食品の成分構成と，pH，イオン強度，イオンの種類，油の種類，他成分との相互作用，温度，機械操作などの環境の支配を受ける．このため，食品エマルションへの乳化剤効果の予測は簡単ではないので，実際の食品か，それに類似するモデル系で乳化剤を試験するのがよい．

### 10.2.1 乳化容量

安定エマルションを得るために必要な，最少の乳化剤量を知ることは重要である．水溶性のある乳化剤に関して，一定量の乳化剤を含む水相に，転相を起こさずにO/W乳化可能な油相の量を乳化容量という．実際には，高速回転で撹拌する乳化剤の水相に，油相を少しずつ加え，転相する時点の油量で乳化容量を表す．この時の油量が多いほど，乳化剤の乳化容量が大きいことになる．しかし，この方法は欠点がある．結果は，撹拌機の構造と撹拌速度，油相の添加速度，水相の乳化剤濃度，温度などに影響される．さらに，乳化剤の必要量は油滴の総面積に依存する．そこで，油量だけが問題にされ油滴の粒度分布の要素が考慮されないので，乳化容量は相対的で定性的な物差しである．しかし，同一条件下で試験を行えば，種々の乳化剤が容易に比較できる．

エマルションを作る乳化剤の最低量を知るために，さらに信頼性のある方法は，油滴の単位面積当たりに吸着する乳化剤の表面吸着量の測定である．既知量の油，水，乳化剤で安定エマルションを作り，遠心分離した水相の乳化剤濃度を測定し，非吸着乳化剤量を求める．使用乳化剤量と残存量の差が吸着乳化剤量であり，これを油滴の総面積で割れば表面積当たりの乳化剤吸着量になる．油滴の表面積は，体積／表面積・平均直径 ($d_{vs}=\sum n_i d_i^3/\sum n_i d_i^2$) から，$A_s=6\phi V_e/d_{vs}^*$ として求められる(1章1.3.2項)．ここで，$\phi$ はエマルション油相の体積分率，$V_e$ はエマルション体積である(一般的乳化剤の表面吸着

量，$\Gamma_s$ は一般に 1～3 mg/m² である)．乳化剤吸着量を知ることで，その必要量が分かる．実際上，乳化剤必要量はこの界面吸着量以上の量になる．その理由は連続相と界面間に，乳化剤の平衡関係があるためである．なお，乳化剤の吸着量は，エマルションの温度，pH，イオン強度に依存して変化する．

### 10.2.2 エマルションの安定性

エマルション安定性は，最も簡単にはクリーミングなど，変化の観察で行われる．しかし，元来安定性を求めて作られたエマルションであるから，実際にエマルション破壊が起こっていても，外見上の変化が分かるには時間がかかる．そこで，エマルション破壊の初期段階でそれを測定し，その後を予測する試験方法が重要である．

最も広く用いられる方法は，遠心分離法であり，一定の回転速度で，一定時間の遠心分離操作を行う．比較的低速の分離では，クリーミングの状況が観察でき，高速回転では界面膜が破壊され油脂の分離が観察できる．この時の安定性で，エマルションの安定性をある程度評価でき，また乳化剤の効果を比較できる．

別の方法に，エマルション油滴の合一の測定があり，この変化は安定性の測定手段になる．例えば，エマルションに一定の撹拌を行って凝集や合一を促進させ，操作の前後で，合一の程度を比較する．撹拌時間による粒度分布変化を測定したり，撹拌速度を変えて一定時間後の粒度分布を測定する．この時，大形粒子の増加が早いほど，エマルションは不安定であり，乳化剤の効果は不良である．

以上の 2 方法はエマルション破壊の促進試験であるが，このような状態は，普通のエマルションの貯蔵条件では起こらない．そして，貯蔵中の食品エマルションでは，種々の化学的変化や，酵素反応など生化学的変化が起こることを考慮していない．

さらに定量的な安定性測定法に，エマルション貯蔵中の油滴粒度分布を，経時的に測定する方法がある．この方法は，製品としてのエマルションの安

---

* $d_{vs}$ は，$d_{32}$ として記すこともある．意味は体積／表面積による平均直径であり，$d_{32}$ の 32 は，体積：径の 3 乗，表面積：径の 2 乗を意味する．

定性評価に用いられ，時間がかかるが最も実際的な評価方法である．エマルションはフロック凝集，合一で粒度分布が変化し，エマルション安定性と乳化剤の効果を評価できる．粒度測定装置はあまり安価でなく，入手できない所もあるだろう．この場合，エマルションの凝集や合一は，紫外吸収スペクトル分析でも得られる．単一光または全波長域での濁度測定で，光散乱理論を用いて平均油滴径が推定できる．この場合，紫外線(350 nm(0.35 μm)以下)の波長が油滴径と近似すると，濁度と波長の関係が複雑になるので，用いることができない．

### 10.2.3　界面張力と界面レオロジー

乳化剤が吸着した界面は張力が小さいほど，容易に2液が混合するので，乳化が容易である．しかしエマルションの安定性は，油滴界面の界面張力が高いほど安定しやすいことは，5章で述べた．また，食品エマルションの安定性は，油滴を囲む界面膜のレオロジーに依存するので，乳化剤の効果評価に界面の性質測定は重要である．8章に述べたように，界面レオロジーは，平衡に達した二次元のバルク特性を論ずるレオロジーであり，油滴界面にも適用できる．油滴界面は，それを構成する分子の種類，濃度および相互作用などによって，種々の性質(粘性，弾性，粘弾性)を示す．界面に起こる重要な変形は，せん断と膨張・収縮である．せん断では，界面全体の変化を起こさずに，隣接する平面領域間での滑り抵抗が特徴である．膨張・収縮では，表面の拡大と収縮が問題になる．これらの測定法は5章(5.9節)で説明した．

## 10.3　エマルションの微細構造と油滴粒度分布

食品エマルションの分散相(油滴)の微細構造と粒度分布を知ることは，エマルションの製造や，安定性の評価に重要である．エマルションが凝集したり，合一すれば微細構造と粒度分布が変化する．特にエマルションの長期的安定性は，製品設計の重要事項であり，粒度分布測定が安定性評価の手段になる．またエマルションの粒度分布測定は，日常の品質管理にも用いられる．

## 10.3.1 顕微鏡観察

通常の食品エマルション(マクロエマルション)の油滴直径は，0.1 μm から数 mm の範囲にあり，0.1 mm 以下になると肉眼で見ることができなくなる．光学顕微鏡を用いると，最低 1 μm 以上の物体を観察でき，食品エマルションの油滴以外にも，種々の成分の大きさや構造を観察することができる．さらに微細な構造の観察には，透過型および走査型電子顕微鏡，原子間力顕微鏡を用いる．顕微鏡の品質には，装置の解像力(分解能)，拡大率，コントラストの 3 要素が関係する．

**光学顕微鏡**

食品エマルションの観察では，**光学顕微鏡**は現在でも最も有力な手段である．理論的な光学顕微鏡の解像力は 0.2 μm であるが，実際には 1 μm 以下の物質の観察は不確実になる．液体中ではブラウン運動の影響を受けるので，像がぼやけるためである．しかし光学顕微鏡は，エマルションの粒度分布の範囲観察，フロック凝集の有無や合一の観察に適している．食品エマルション中の主要成分間のコントラストは，通常の顕微鏡では不十分なことが多い．これは各成分の屈折率の差が少なく，色も類似するためである．

コントラストを強め像の質を改善し，より多くの情報を得るには幾つかの方法がある．例えば，化学染色では，エマルション中の蛋白質，多糖類，脂質と結合性のある色素を選ぶ．色素はエマルションに変化を与えないことが必要である．染色法の欠点は，エマルションが濃厚であったり，半固体状の場合は利用できないことである．コントラストを強化できる顕微鏡に，**位相差顕微鏡**や**微分干渉顕微鏡**がある．これらの顕微鏡を用いると，特殊なレンズや干渉装置の利用で，屈折率の小さな差が光の強度を変えることで観察可能になる．また，油脂結晶，デンプン粒，筋繊維を含む光学的に不均一なエマルション成分は，**複屈折(偏光)顕微鏡**で，光学的に均一な成分と区別できる．

1 μm 以下の粒子径で，通常顕微鏡では観察できないエマルションには，**暗視野顕微鏡**を用いることができる．対象エマルションに横からレーザー光を透過させると，微粒子がなければ視野は暗黒であるが，微細エマルションでは散乱光が観察される．

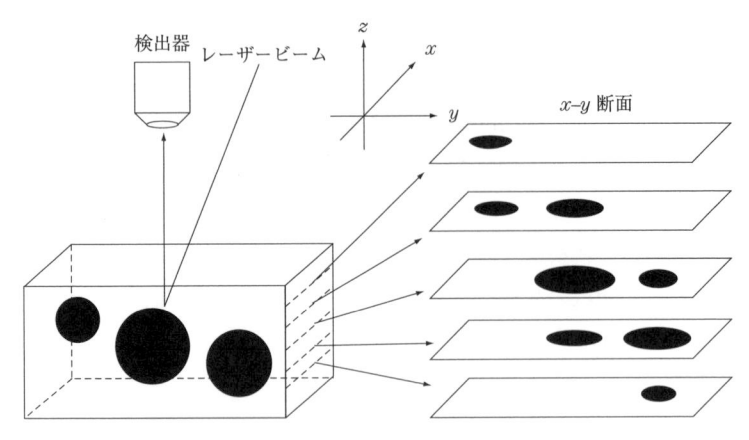

図 10.1 共焦点レーザー顕微鏡観察

エマルションの光学顕微鏡観察では，試料の調製に注意を要する．スライドガラス上に置かれたエマルションに，カバーガラスを載せて押さえるだけで，弱いフロック凝集が再分散することがある．また，スライド上の試料は，できるだけ広い範囲を客観的に観察することが大切である．肉眼の光学顕微鏡観察は時間がかかりやすい欠点があるが，写真撮影や，パソコンに画像を記憶させて解析することができる．

**共焦点レーザー(走査)顕微鏡**

この装置は最近開発された光学顕微鏡で，エマルションの微細構造を知るのに，大変に適している．この装置では，試料の部分の一点にレーザー焦点を絞り，発生した蛍光を検出することによって，試料の三次元構造を良好な解像度で構築することができる．非常に細かいレーザービームによって，深さのある試料の切断面の様相を次々に走査して，各点からの励起光を測定する．この光学切片像をコンピューターに取り込むことで，三次元構造を得ることができる．蛍光測定を容易にするには，いずれかの成分中の天然の蛍光物質を利用したり，また特定の成分(蛋白質，脂質など)に蛍光色素を結合させる．共焦点レーザー顕微鏡は，感度が良好で試料調製は容易である．図 10.1 は共焦点レーザー顕微鏡観察の概念図である．

**電子顕微鏡**

光学顕微鏡で観察ができない，1 μm 以下の粒子をもつエマルションの観

察には，電子顕微鏡が用いられる．電子顕微鏡は，マイクロエマルションや，蛋白質凝集体，脂質の微細結晶，ミセル，油/水界面膜などの微細構造観察にしばしば用いられる．電子顕微鏡は光に代えて電子ビームを用いて，試料の拡大像を得る装置である．電子ビームの波長は光よりはるかに短いので，1 nm 程度の微細な構造を解析できる．装置は試料を透過した電子を電子レンズで結像させる**透過型電子顕微鏡**と，集束電子線を試料表面に走査して，各点からの二次電子を用いて結像する**走査型電子顕微鏡**がある．拡大は光学レンズの代わりに，数段階の磁場が用いられ，系内は高度の真空が要求される．電子が気体分子や原子の影響を受けるのを防ぐためで，それには，試料が液体を含まず乾燥状態でなければならない．

　**透過型電子顕微鏡(TEM)**は，タングステンの陰極で作られた電子が，正電荷をもつプレートの小孔を通って電子ビームになる．電子ビームは磁場レンズで収束されて試料にあたり，吸収され，散乱し，一部は透過する．試料を透過した電子が電磁対物レンズで拡大され，焦点に結像する．さらにこの像をプロジェクターレンズで拡大して，蛍光スクリーンに結像する．試料を透過する電子の比率はその電子密度に依存し，電子密度が低いほど透過する電子が増え像は濃くなる．電子密度の異なる成分が像の濃淡として観察され，5 万倍程度までの拡大率が得られ，最小 0.4 nm 程度までの構造を見ることができる．電子は試料で減衰しやすいため，試料は極度に薄くする必要があり，0.05〜0.1 μm の厚さにする．

　食品成分の電子密度差は小さいので，成分間の区分の観察は難しい．そこで，ウラン，タングステンや鉛などの種々の重金属塩を用い，特定の成分を染色して電子密度を増加させ，コントラストをつける．このとき特定成分を染色するポジティブ染色と，周囲の成分を染色するネガティブ染色がある．TEM では試料調製と染色などの工程で時間がかかり，また試料が破壊されることがある．TEM によって得られる画像は二次元像である．しかし金属を用いて，一定方向から影付けを行うと，ある程度三次元的な画像を得ることができる．

　**走査型電子顕微鏡(SEM)**は，試料表面の形態を立体的像として提供する．SEM は電子ビームを試料表面に走査して，試料上の各点から放出される二

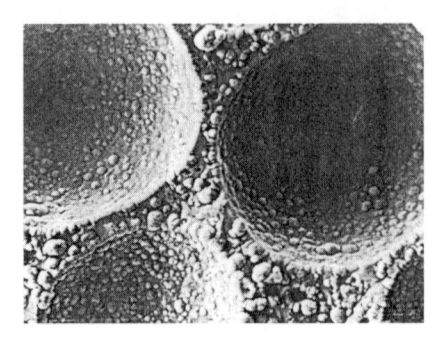

図 10.2 ホイップクリームの電子顕微鏡(SEM)写真

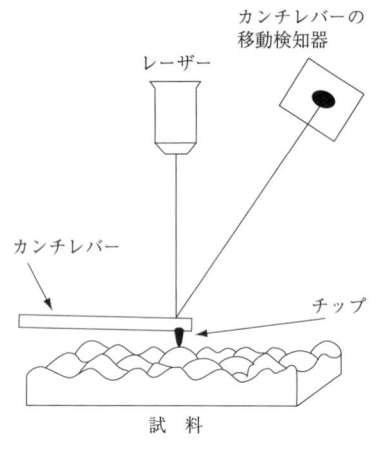

図 10.3 原子力間顕微鏡(AFM)の概念図
探針で試料表面をスキャンし，カンチレバーの動きをレーザー反射光で測定する．

次電子を検出器に受けて増幅し，走査と同期させてブラウン管上に結像させる．試料上の各点の強度は，そこに当たる電子ビームと面の角度に依存する．

SEM は試料表面からの二次電子によるため，透過電子を観察する TEM に比べて試料作製は容易であり，極薄にする必要がない．しかし試料を切断し細片にして乾燥させるので，試料の破壊が起こる場合がある．SEM では，試料の結像に電子レンズを用いないので，解像力は入射電子ビームの直径に依存し，観察できる構造は 3～4 nm 程度と TEM の 10 倍である．それでも SEM の拡大率は光学顕微鏡の千倍に近い．

試料の破壊や変形が起こり得るが，電子顕微鏡は食品科学の領域でしばしば用いられ，食品の微細構造を知る強力な手段になる．図 10.2 は起泡したホイップクリームの電子顕微鏡(SEM)写真である．

## 原子間力顕微鏡(AFM)

原子間力顕微鏡は最近開発された装置で，原子と分子レベルの構造を知ることができ，電子顕微鏡などで得られない情報が得られる．まだ食品科学への利用は限られているが，食品の複雑な分子構造理解に，大きく貢献することが期待されている．AFM と走査型トンネル顕微鏡は，走査型プローブ顕微鏡に属し，試料表面の原子構造や電子状態を観察できる．原子尺度で三軸方向に位置を制御できる電圧素子に，鋭い探針(チップ)を付けて，試料表面

を走査する．1 nm程度の間隔に接近した探針と表面の相互作用の強さを検出し，表面／探針間の間隔を一定にして走査して，その情報を画像化する．

AFMは針先と試料間の相互作用による力を，丁度LPレコード針のように，探針をつけたカンチレバー(片持ち梁)にかかるたわみや共鳴振動で読みとる．探針が表面に近づきすぎると斥力が働き，カンチレバーはたわむので，レーザー光線の反射で読みとることができる．試料は一旦適当な溶液とし，雲母などの完全な平面上で乾燥させる．AFMによって蛋白質や多糖類の分子，またはそれらの凝集体の観察が可能で，ゲルの構造や界面の乳化剤配列が解明できる．例えば，界面に吸着した蛋白質が界面活性剤によって置換される様子が，明瞭に可視化できる[2]．AFMを模式的に図10.3に示した．

### 10.3.2 静的光散乱による粒度分布測定

静的光散乱による装置を用いると，0.1 μmから1 mmの粒度を測定でき，エマルションの粒度測定に適している．光束(ビーム)がエマルションに当たると，粒子によって光が散乱する．散乱光の程度を測定することで，粒度分布と濃度に関する情報が得られる．この種の測定器は自動化されており，取扱いは簡単で数分間で測定が終了する．問題は機械がかなり高価なことである．

光と電磁波の波長は，可視光線が0.77〜0.38 μm(380 nm)，紫外線が380〜1 nm，それ以下はX線やガンマ線である．粒子に当たる光または電磁波の波長は，散乱に影響する．この現象を，例えば，波長が粒子直径の10倍以上の**長波長**，波長が粒子直径の10倍以下から1/40以上の**中波長**，波長が粒子直径の1/40以下の**短波長**に分類して説明する．

粒子に粒子径の10倍以上の波長を持つ単色光が当たる場合は，有名なレイリー(Rayleigh)散乱の現象で，光は波長を変えずに散乱し，この関係は次式で与えられる．ここで，$I_i$は入射光強度，$\Phi$は散乱角度，$I(\Phi)$は散乱光強度，$\phi$は分散相体積分率，$r$は粒子半径，$R$は反射粒子から検出器までの距離，$n_0$と$n_1$は連続相と分散相の屈折率である[3]．

$$\frac{I(\Phi)}{I_i} = \frac{6\pi^3 \phi r^3}{\lambda^4 R^2} \frac{(n_1^2 - n_0^2)^2}{(n_1^2 + 2n_0^2)^2}(1 + \cos^2 \Phi) \tag{10.1}$$

エマルションの粒子径は一般に 0.1～100 μm であるから，レイリー散乱の現象を起こさないが，界面活性剤のミセルや蛋白質分子は数十 nm 程度でこの式に従う．この式は，エマルションからの散乱の強さが，油滴の体積分率に比例し，液／液間の屈折率差によって増加することを示す．また散乱光強度は波長の 4 乗に逆比例するので，空が青いのはこの散乱で説明される．

ほとんどのエマルション油滴の光散乱は，中波長領域に相当する．入射光束は粒子の種々の部分から散乱するので，それらの光は干渉して，強まったり弱まったりする．また他の粒子からの散乱光とも干渉する．そこで，粒子径と散乱形態の関係は複雑になるが，理論式が開発され，$\phi<0.05\%$ に希釈すると，コンピューターを用いて簡単に解が得られる．光の波長が粒子径よりはるかに短い短波長の場合は，光学顕微鏡で粒度測定ができる．

## 測定装置

新式の粒度分布測定器の多くは，静的光散乱によっており，角度を変えて散乱光を測定する方式(散乱角度法)である．エマルション試料を希釈してガラスセルに入れ，ヘリウム・ネオンレーザービーム(632.8 nm)を投射する．検出器のアレーを用いて，散乱光強度を散乱角の関数として測定する．このパターンをコンピューターで解析し，図や表で粒度に対する濃度として，粒度分布データを示す．装置による差はあるが，半径で 0.1～1 000 μm の粒度分布が数分間で得られる．0.01 μm 程度までの粒子が測定可能な装置が開発されているが，その確度にはまだ問題があり，メーカーによる測定値の差が大きい．

他の方法として，コロイド粒子の並進拡散係数を測定する濁度スペクトル測定法がある．この方法は希釈エマルションの濁度を，波長の関数として測定する．濁度はエマルションを直接透過した光と，粒子を含まない分散相を透過した光の強度を比較する．波長の範囲は 200～1 000 nm であり，粒子径が異なる単分散エマルションでは，波長に依存して濁度が異なった曲線を示す．透光度を紫外／可視の分光光度計で測定し，コンピューターで粒度分布を計算する．この装置は静的光散乱の装置より安価であるが，誤差があり，分散相／連続相の屈折率が既知である必要がある．

元来は同一エマルションに対して，測定結果は同様であるべきだが，市販

の多くの粒度分布測定器間にはかなりの測定差異がある．そこで，測定データは絶対値ではなく，相対的，定性的に考えるべきである．粒度分布測定結果は，粒子が単一の球体であるとして計測される．フロック凝集のあるエマルションでは，凝集が異様な粒体であり，形態と屈折率が単一球体と異なる．そこで，凝集体の測定値は本当の粒度とは異なり，およその数字を示すことになる．エマルションの粒度分布測定では，あらかじめ希釈するが，この時弱いフロック凝集は分散し，強い凝集体が残ることが多い．また光散乱測定は，結晶を含む不透明なエマルションには不適である．

### 10.3.3 動的光散乱による粒度分布測定

動的光散乱による粒度分布測定は，静的光散乱では測定できない，直径が3 nm～3 μm の範囲の分散相に適用できる．幾つかの装置が市販されており，小形油滴のエマルション，界面活性剤ミセルなどのマイクロエマルション，蛋白質凝集体などが測定の対象になる．これらの微粒子は，常にブラウン運動の影響を受ける．微粒子の並進拡散係数($D$)は，レーザービームとエマルション間の相互作用の解析で得られ，油滴径は Stokes-Einstein 式で計算できる．

$$r = kT/6\pi\eta D \tag{10.2}$$

コロイド粒子の並進拡散係数測定には，主に**光子相関スペクトル分析**と，**ドップラーシフトスペクトル分析**が用いられる．

**光子相関スペクトル**では，レーザービームを一連の粒子に当てると，電磁波と粒子間の相互作用で散乱が起こる．この散乱の様相は測定セル中の粒子の相対位置に依存する．散乱状況をマイクロ秒の間隔で観察すると，ブラウン運動で粒子の相対位置が変わり，時間につれて散乱強度がわずかに変動する．この変動の頻度は粒子の運動速度，すなわち粒子の大きさに依存する．これらの散乱パターンを検知器で測定し，関係式をコンピューターで解いて粒度分布が得られる．

光子相関スペクトル分析は，体積分率 0.1% 以下のエマルションに適用できる．また，単分散など粒度分布幅が狭いエマルションの測定に適し，粒度分布幅の大きい場合は不正確になる．この方法では，運動の遅いフロック凝

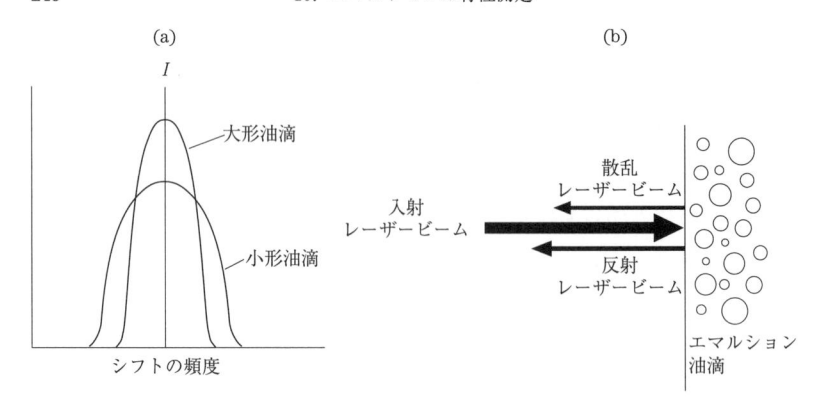

**図 10.4** エマルション粒度分布と周波数シフト(a), およびドップラーシフトによる粒度測定の概念図(b) [参考書 1, p. 313-314 より作成]

集の測定が可能であり，また吸着乳化剤層の厚さ測定も可能である．
　**ドップラーシフトスペクトル**では，レーザービームが運動する微粒子で散乱されると，ドップラーシフトで知られる振動数変化が起こる．ブラウン運動の方向がレーザーと同方向で振動数がわずかに増加し，反対であればわずかに減少する．そこで元のレーザー振動数の前後に，対称的なドップラーシフトが現れる．ドップラーシフトの大きさは，微粒子の速度(粒子径の小ささ)に依存する．そこでエマルションが多分散であるほど，ドップラーシフトが増加し，このパターンを解析して粒度分布が得られる．ドップラーシフトは，投射するレーザービームからの，反射光および散乱光の振動数の差で表される．これらの様相を図 10.4 に示した．この方法は体積分率が 40% までのエマルションに適用できるが，粒子径が 3 μm 以下で，ニュートン流動の低粘性エマルションでないと利用できない．

### 10.3.4　電気パルス計測

　電気パルス計測法では，粒子直径が 0.6~400 μm の粒度分布測定ができ，ほとんどすべての食品エマルションに適する．最も古くから，この方法は食品エマルションの測定に用いられてきた．図 10.5 の模式図に示すように，下部に小孔があり電極を含む小管を，別の電極を付したビーカーの，5% 程度の食塩水で希釈したエマルション試料中に入れる．小管内のエマルション

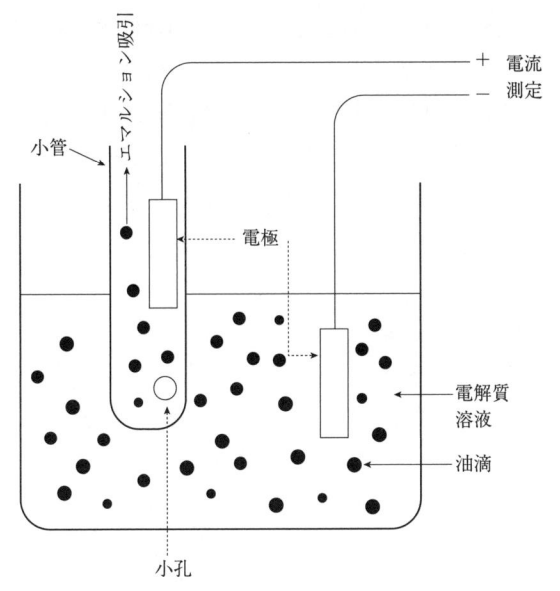

**図 10.5** 電気パルス計測機模式図
小孔を油滴が通過する時に電流値が低下する.

を吸引すると小孔を油滴が通過し,油滴は電導度が食塩水より低いので,通過によって両極間の電流が低下する.一定量のエマルションを通液し,油滴が小孔を通過するたびに,それを電気パルスに変換する.油滴径が小孔より小さければ,大きさはパルス高に比例し,孔径の 4～40% の粒子径の測定精度が高い.エマルションの粒度によって,小孔の孔径を選ぶ必要があるが,16 μm の孔は 0.6～6 μm の粒度分布測定に用いられる.この方法の欠点は,塩水希釈による凝集などのエマルション状態の変化と,エマルション粒子径に応じて,孔径の異なる小管を交換することである.

### 10.3.5 遠心沈降法

この方法は粒子径が 0.1 μm～1 mm のエマルションに用いられ,装置は比較的安価である.エマルションが遠心力の場に置かれると,油滴は連続相との比重差によって回転の内側に移動する.油滴の沈降速度(上昇速度 $v$)は,回転の角速度($\omega$)と中心からの距離($x$)に依存する.ここで便宜的に次の沈降

係数($S$)を考える($S=v(x)/\omega^2 x$)と，半径が$r$の油滴は次式で計算される．

$$r=(9\eta S/2\Delta\rho)^{1/2} \quad (\Delta\rho は液相間の密度差) \tag{10.3}$$

そこで，遠心沈降管の各位置で油滴の移動速度を測れば$S$が得られる．また$S$は回転中心からの距離に依存するので，回転速度を一定にして，同一点の時間に依存する油滴粒子の速度変化で$S$が測定できる．油滴の位置（移動速度）は，一般に光散乱を顕微鏡で測定する．

### 10.3.6 超音波スペクトル測定

最近開発された超音波スペクトル測定は，超音波と粒子間の相互作用を利用して，10 nm～1 mm程度のエマルション粒度分布を測定できる．この装置は，エマルション希釈の必要がなく，濃厚エマルションや，結晶のため油滴が不透明なエマルションに適用できるので，利用の拡大が予想されている．超音波がエマルション中を伝播すると，油滴との相互作用でその速度と減衰状態が変化する．それらの変化は，①入射角と異なる方向への散乱，②音波エネルギーが吸収されて熱に変化する，③油滴間と連続相内を通過する音波と散乱音波の間の干渉，の3種である．これらの現象は，エマルション相成分の熱力学的性質，超音波の周波数，油滴の濃度と大きさの影響を受ける．

超音波の散乱の様相は，光散乱と同様に，波長と油滴径の差異に依存して変化する．超音波の波長は10 μm～10 mmと長いが，通常，測定は長波長領域で行う．超音波速度と減衰係数は，エマルションの粒子径と体積分率に依存して変化する．速度は油滴径の増加で早まり，波長当たりの減衰は中程度の粒子径で最大値を示す．数式は省略するが，粒子径と超音波特性の関係を利用して，エマルションの粒度分布と濃度が測定され，15%以下の濃度では測定値は実験値とよく一致する．

超音波による粒度分布測定装置では，主にパルス／エコーが用いられる．この仕組みを図10.6に示すが，およそ次のとおりである．電気パルスを変換器（トランスデューサー）で音波に変え，変換器下部の発振器と反射板の間に試料を入れ，音波は試料内を往復し，同じ変換器で電気パルスに変換されてデジタル化する．音波速度と減衰係数は，通過時間と音波の振幅減少から計算される．エマルションの粒度分布測定には，超音波特性の周波数依存性を

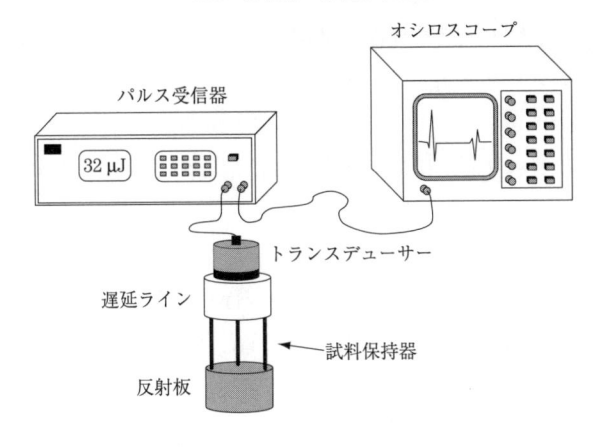

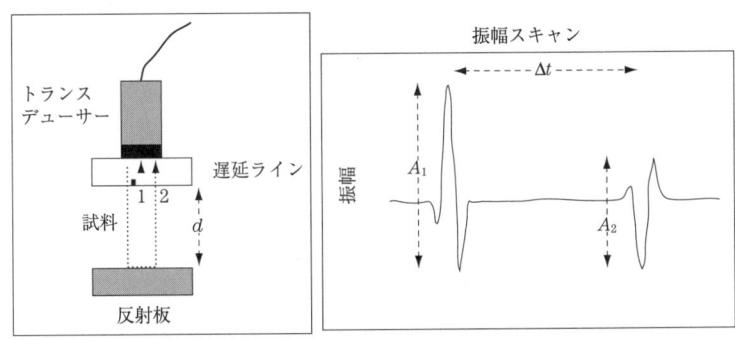

**図 10.6** 超音波パルス／エコー粒度分布測定機［参考書1, p. 319］

測定する必要がある．これには，広波長域音波パルスなどが用いられる[4,5]．

## 10.4 分散相の体積分率測定

### 油分測定

　エマルション油相の測定には幾つかの方法がある．通常の食品分析では，非極性の有機溶媒を用いて油分を抽出し，溶媒を除去して油分を求める．O/Wエマルションで，この方法に問題の起こるのは，界面膜が頑丈で油分全体を抽出できない場合である．この場合，例えば乳脂肪測定に用いるゲルベル法やバブコック法では，濃硫酸で蛋白質を酸化して溶解し，遠心分離で脂質を測定する．また，食塩など強電解質を用いると界面を破壊し，合一を

促進できる．親水性の大きな界面活性剤を用いることも，界面の蛋白質を離脱させ，エマルション油滴の合一を促進する．

**水分測定**

エマルションの水分測定には，乾燥法，溶剤との共沸による水分除去などが用いられる．

これらの測定法は単純であるがエマルションを破壊し，時間と労力を要するため，赤外スペクトル吸収など機器測定が行われる．赤外吸収では一旦補正を行っておけば，水分以外に，油脂，蛋白質，炭水化物を同時に測定できる．

**その他の測定法**

比重計や比重瓶による**密度測定**は，水相成分が一定の場合に油分の測定に用いられる．また，**電気伝導度**によって体積分率が測定できる．電気伝導度測定はエマルションの転相測定にも利用される．

## 10.5 その他のエマルション測定

**油滴中の固体脂(結晶)測定**

食用加工油脂は一見固体に見えても，結晶油脂の網目構造中に，液状油を含んでいる．通常の固体の密度は，それが溶解した液体の密度より高い．油脂が結晶すると密度が増え，体積が減少するので，この関係を利用して固体脂の比率が求められる．測定には**膨張計**(dilatometer)を用いる．膨張計は棒状の温度計に似ており，下部に小室がありその上に容積目盛りのついた毛管がある．油脂の上部に水銀などの液体を入れる．油脂の融解と固化では体積(密度)変化は，温度による液体の体積変化よりはるかに大きい．小室に入れたエマルション(または油脂)の温度変化による体積変化で，固体脂含量が指数として求められる(固体脂指数：SFI)．

膨張計による測定は煩雑で，平衡に達するまでに時間がかかる．そこで最近は，膨張測定の代わりに**核磁気共鳴(NMR)**測定が行われる．NMRは電磁波と水素原子核間の相互作用を，共鳴信号として検出し固体脂含量を求める．特定波長の電磁波パルスをエマルションに加えると，ある水素の核を励起して検出できるNMR信号を出す．周波数，振幅，信号の消失時間は固体脂含

量に依存するので，これを計算して固体脂含量(SFC)が得られる．

このほかにも固体脂測定には，示差熱測定，示差走査熱量測定，超音波測定などが用いられるが省略する．

**油滴の電荷測定**

電気泳動測定では，分析するエマルションを横長の測定セルに入れ，両側の電極から静電場を与える．負電荷を持った油滴は正の電極に移動し，その逆も起こり得る．電場が与えられると，油滴は動き始め一定の速度に達する．この時の静電引力は油滴を囲む連続相の粘性抵抗に一致する．油滴の移動速度はその大きさと電荷に依存する．油滴が一定距離を移動する時間，または一定時間に移動する距離で速度が求められ，測定には顕微鏡または光散乱が用いられる．電場での油滴の動きに関して，そのゼータ電位に対する数式が導かれた．これらは，電場における油滴の動きが一定速度に達した時(静電引力と粘度抵抗がバランスした時)，粒子の働く力を理論化したものである．この状態を示す数式は，粒子径，電荷，デバイ層の長さ(イオン雰囲気厚)，周囲の液の粘度，電場の強さに依存し，大変複雑である．しかし，一定の条件下では単純な式を用いることができる．

$$\zeta = \frac{\eta u}{\varepsilon_0 \varepsilon_R} \tag{10.4}$$

ここで，$\zeta$ はゼータ電位，$\eta$ は連続相の粘度，$u$ は電気泳動の移動度(粒子速度／電場強さ)，$\varepsilon_0$ は真空の誘電率，$\varepsilon_R$ は試料の相対誘電率である．ゼータ電位は固体が液体中を動くとき，固体に密着して動く液層の最外層(滑り面)と，液体内部の電位の差である．ゼータ電位は電気二重層の滑り面の電位で，実測が可能な唯一の界面電位であって，エマルション安定性の解析に利用される．高価ではあるが，ゼータ電位を測定する装置数種が市販されている．

# 文　献

1) Dickinson, E., 西成勝好, 藤田　哲, 山本由喜子訳：食品コロイド入門, p. 133-135, 幸書房(1998)
2) Guning, P. A. *et al*.: The effect of surfactant type on protein displacement from the air-water interface, *Food Hydrocolloids*, **18**, 509 (2004)
3) McClements, D. J.: *Food emulsions, principles, practice, and techniques,*

p. 308, CRC Press, Boca Raton (1999)
4) McClements, D. J. : *ibid.,* p. 317-320.
5) Coupland, J. N. and McClements, D. J. : Analysis of droplet characteristics using low-intensity ultrasound, in *Food emulsions*, 4th Ed., Friberg, S. E. *et al*. eds., p. 573-592, Marcel Dekker, New York (2004)

# 第二部　応　用　編
## 食品エマルションを構成する物質の性質と機能

# 第1編　食品蛋白質

# 1. 蛋白質利用の物理・化学的基礎

## 1.1　はじめに

　蛋白質は，細胞や器官の構成要素，筋肉，酵素，貯蔵蛋白質などであり，生物と食品系にとって極めて重要な役割を果たしている．蛋白質は非常に複雑な巨大分子で，その多様な機能は分子の化学構造に起因しており，構成成分は20種のアミノ酸である．ある種の蛋白質は例えば，卵白アルブミンや$x$-カゼインのように糖鎖をもち，また$α$-カゼイン，$β$-カゼインのようにリン酸やカルシウムを結合している．また蛋白質を構成するアミノ酸側鎖間の相互作用で，蛋白質の立体構造が完成し，種々の機能に与る．食品蛋白質の一般的な構造や機能については，基礎編4.6節で説明したので，以下は蛋白質利用の見地から，主要な物理・化学的性質に関して述べる．

　食品中で発現する蛋白質の機能的性質は，蛋白質の構造とその物理・化学的性質に依存している．蛋白質がもつこれらの種々の性質と，加工中に起こる変化を理解することは，食品の研究開発に欠かせない．

## 1.2　蛋白質の構造と安定性

　蛋白質の物理・化学的性質は，それを構成するアミノ酸側鎖の性質と，アミノ酸の配列状態に支配される．アミノ酸は基本的にグリシンの誘導体と見なされる．グリシンの$α$-炭素に結合するアミノ酸側鎖のうち，アラニン，ロイシン，イソロイシン，メチオニン，プロリン，バリンは脂肪族で，チロシン，フェニルアラニン，トリプトファンは芳香族であり水溶性が低い．電荷をもつアルギニン，リジン，ヒスチジン，グルタミン酸，アスパラギン酸，

**表1.1** アミノ酸側鎖の疎水性(25℃)[1]

| アミノ酸 | $\Delta G_t$(エタノール→水) (kJ/mol) |
|---|---|
| アラニン | 2.09 |
| アルギニン | — |
| アスパラギン | 0 |
| アスパラギン酸 | 2.09 |
| システイン | 4.18 |
| グルタミン酸 | 2.09 |
| グルタミン | −0.42 |
| グリシン | 0 |
| ヒスチジン | 2.09 |
| イソロイシン | 12.54 |
| ロイシン | 9.61 |
| リジン | — |
| メチオニン | 5.43 |
| フェニルアラニン | 10.45 |
| プロリン | 10.87 |
| セリン | −1.25 |
| トレオニン | 1.67 |
| トリプトファン | 14.21 |
| チロシン | 9.61 |
| バリン | 6.25 |

電荷のないセリン,トレオニン,アスパラギン,グルタミン,システインは水溶性が大きい.プロリンは蛋白質で唯一のイミノ基をもつアミノ酸である.

蛋白質の構造安定性,溶解性,界面活性,親油性などに影響する主な因子は,構成アミノ酸の全体としての疎水性である.あるアミノ酸の疎水性は,水と有機溶媒のエタノールへの溶解度の比で比較される.この尺度は,あるアミノ酸がエタノールから水に移る場合の自由エネルギー($\Delta G_t$)で表され,$\Delta G_t$が大きいほど水に溶けにくい(疎水性な)ことになる.表1.1は各アミノ酸の疎水性を示しており,正の数値が大きいほど水溶性が小さく,蛋白質中では水相に露出しにくい[1].

蛋白質には,アミノ酸のペプチド結合による連鎖の一次構造,$\alpha$-ヘリックス構造と$\beta$-シート構造による二次構造がある.これらは主に隣接分子間の水素結合に起因し,$\alpha$-ヘリックス構造を作るセグメントは,疎水性と親水性のアミノ酸がほぼ半々であり,内側が疎水性,外側が親水性のらせん構造をとる.一方,$\beta$-シート構造は,極性と非極性アミノ酸のセグメントが交代する場合に起こりやすく,$\beta$-シートを多く含む蛋白質は安定で,熱変性温度が高い.$\beta$-カゼインのようにプロリンを多く(17%)含む蛋白質は,不定形の構造をとりやすい.コラーゲンやゼラチンは,約1/3がプロリンとヒドロキシプロリンであり,この場合3本の分子が紐状により合ってらせん構造を作るが,$\alpha$-ヘリックスとは異なる.不定形構造の蛋白質は,消化酵素で加水分解されやすい.

蛋白質の三次構造は,二次構造を含むポリペプチド鎖が,フォールディン

グ(鎖が折り畳まれて一定の構造を作る)してできる．基礎編4.6.2項でも述べたように，このとき溶媒中の分子は，熱力学的に自由エネルギーが最低化するように，共有結合以外の相互作用が働く．フォールディングした球状蛋白質分子の内部は，主に非極性(疎水性)分子が占め，表面の半分以上は極性分子で占められて，親水性を示すのが一般である．蛋白質の三次構造は加熱などで，ほどけた構造になり，内部のアミノ酸鎖が露出する．これをアンフォールディングという．三次構造を作るある種の蛋白質は，ドメイン(領域)と呼ばれる三次構造部分を含む．ドメインを構成するアミノ酸数は100～150個で，$\beta$-ラクトグロブリンやリゾチームのような小形の蛋白質は，1個のドメインからなる．大形の蛋白質は2個以上のドメインで構成され，熱変性などでは，各ドメインはそれぞれ個別にアンフォールディングする．共有結合以外で，三次構造の安定化に最も寄与の大きい相互作用は，疎水性相互作用である．また，蛋白質分子内で近い距離にある2個のシステイン間には，ジスルフィド結合ができ，三次構造が安定化する．

蛋白質の四次構造は，数個のポリペプチド鎖(サブユニット)で構成されるオリゴマーである．疎水性アミノ酸を28%以上含む蛋白質は，オリゴマーを構成しやすい．この理由は，蛋白質内部に多くの疎水性基を入れることが物理的に無理なために疎水性の表面ができ，主として疎水性相互作用でオリゴマー化するためである．特に穀物や大豆の蛋白質は疎水性アミノ酸含有量が35%以上と多く，プロリンも10%内外であるため，多くのサブユニットを含む複雑なオリゴマーを形成する．

これら蛋白質の高次構造は準安定な状態であり，熱，高イオン強度，pH，溶媒，高圧などによって変性を起こし，形態，機能，性質などが変化する．熱変性で球状蛋白質の界面活性が高まったり，多くの穀物蛋白質の消化性が高まるなどの変化である．従来は球状蛋白質は，ネーティブ(天然，未変性)の形態か，または変性状態の2種の状態のどちらかをとると考えられたが，近年その中間の安定状態があることが分かった．いわゆる，モルテングロビュールの状態であり，低pHの$\alpha$-ラクトアルブミンなどに認められ，図1.1に示すように三次構造は変化するが二次構造は天然に近い[2]．モルテングロビュール状態は疎水性物質と結合しやすく，リン脂質ベシクルと複合体を作

未変性状態
25% α-ヘリックス
15% β-シート

モルテングロビュール状態
36% α-ヘリックス
4% β-シート

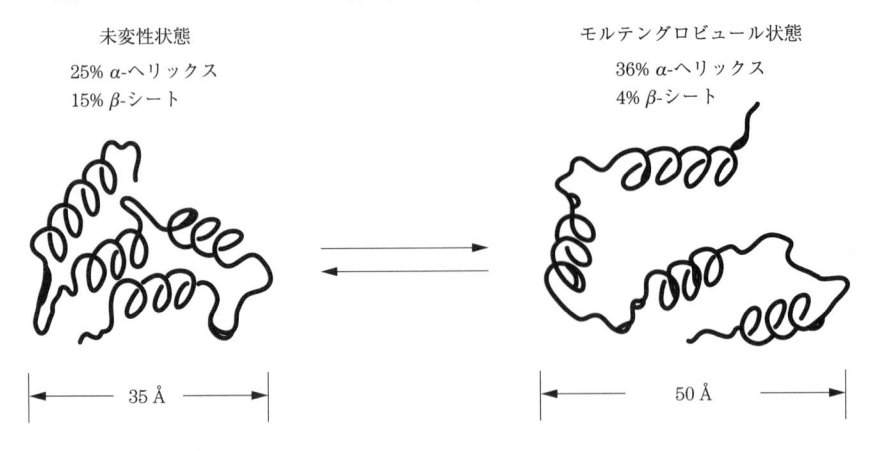

35 Å

50 Å

**図 1.1** α-ラクトアルブミンの未変性状態とモルテングロビュール状態の模式図[2]

る．β-ラクトグロブリンなど幾つかの蛋白質は，中間的な変性状態で独特の機能性を発揮する．

## 1.3 食品蛋白質の機能的性質

蛋白質は栄養的役割の他に，食品の官能的性質に大きく影響する．例えば，パンなどのベーカリー製品のテクスチャー特性に関与するのは，グルテンの粘弾性と生地形成能であり，肉蛋白質は肉製品のテクスチャーと多汁性を支配する．チーズカードの形成はカゼインミセルのコロイド構造により，ケーキやデザート類のテクスチャーは卵蛋白質によっている．これらの食品蛋白質が種々の食品に及ぼす機能を表 1.2 に示した．代表的食品蛋白質の機能的性質は，モデル系を用いてかなり解明されている．しかし実際の食品加工では，他の成分の影響，温度，pH，塩濃度が異なり，また加工による変性状態が異なるので分からないことが多い．

### 1.3.1 蛋白質と水の相互作用

水は生体の必須成分であり，天然の蛋白質は水と相互作用しており，それが食品蛋白質の機能性と密接に関連している．例えば，溶解性，分散性，湿

## 1. 蛋白質利用の物理・化学的基礎

**表1.2** 食品系に対する食品蛋白質の機能的役割[3]

| 機 能 | メカニズム | 対 象 食 品 | 蛋白質の種類 |
|---|---|---|---|
| 溶解性 | 親水性 | 飲料 | ホエー蛋白質 |
| 粘 性 | 保水性,流体力学的大きさと形態 | スープ,ドレッシング,デザート,ゼリー類 | ゼラチン |
| 保水性 | 水素結合,イオン性水和 | ソーセージ,ケーキ,パン | 肉,卵蛋白質 |
| ゲル化 | 水分子捕捉と固定 | 肉,ゲル,ケーキ,チーズ | 肉,卵,乳蛋白質 |
| 粘着と付着 | 疎水性,イオン性および水素結合 | 肉,ソーセージ,麺類,ベーカリー製品 | 肉,卵,ホエー蛋白質 |
| 弾 性 | 疎水性結合,S-S 結合 | 肉,ベーカリー製品 | 肉,穀物蛋白質 |
| 乳化性 | 吸着,界面膜形成 | ソーセージ,スープ,ケーキ,乳飲料 | 肉,卵,乳蛋白質 |
| 起泡性 | 吸着,界面膜形成 | ホイップクリーム,アイスクリーム,ケーキ | 卵,乳蛋白質 |
| 脂肪・香料の結合 | 疎水性結合,包接 | 低脂肪ベーカリー製品,ドーナッツ | 乳,卵,穀物蛋白質 |

潤性(ぬれ),膨潤性は蛋白質-水間の熱力学に依存する.粘性,ゲル化,凝集など蛋白質の流体力学的性質は,蛋白質の大きさ,形態,分子の柔軟性などと,それらの溶媒である水との相互作用によっている.また,乳化性や起泡性などの界面活性剤としての性質は,蛋白質の疎水性領域が水と反発することによっている.

通常,水分活性0.9では,球状蛋白質1g当たりの水和量は0.3～0.5gであり,結合水として存在する.大形の分子集合体であるカゼインミセル1gには,分子の間隙に約4gの水が結合する.球状蛋白質が変性すると,水和量は約10%増加する.また,pH,イオン強度,温度も水和量に影響し,等電点では水和量が最低になる.実際の食品加工では,水和よりも蛋白質の保水性が重要な役割をもち,保水効果には蛋白質が構成するネットワーク(網目)構造や,筋肉などの繊維構造が関与する.

### 1.3.2 水 溶 性

食品蛋白質の水溶性は,基本的には構成アミノ酸に依存する.蛋白質の親水性疎水(親油)性バランス(HLB)によっている.しかし水溶性は,特に分子表面の親水性／疎水性が関与し,食品に対する種々の機能性に影響する.大部分の蛋白質は等電点で水溶性が最低になる.一方,ホエー蛋白質($\beta$-ラク

トグロブリン，$\alpha$-ラクトアルブミン），ウシ血清アルブミン(BSA)は表面の親水性が高く，等電点(pI=4.8〜5.2)でも十分水溶性である．しかし，これらの蛋白質は熱変性すると，等電点で容易に不溶性になり沈降する．蛋白質の溶解性に対する塩類の影響は，分子表面の物理・化学的性質によって異なる．一般に0.5 M以下の低イオン強度では，表面の疎水性部分が塩析され，イオン強度に依存して親水性が増加して溶解性が高まる．

### 1.3.3 粘性と濃厚化

液状食品や半固体状食品では，溶質の性質がテクスチャーに影響し，水溶性高分子は低濃度でも粘度を増加させる．この性質は，分子の大きさ，形状，柔軟性と水和性に依存し，ランダムコイル状に溶解する場合に高粘性を与える．ゼラチンやミオシンは比較的低濃度で増粘やゲル化の作用が大きく，粘度は濃度によって指数的に増加する．蛋白質の吸水による膨潤も粘度を増加させる．蛋白質の部分的変性および／または熱凝集も，分子の水和量増加で分子直径が増え粘性が増加する．そこで，分離ホエー蛋白質は加熱時間に依存して粘度が増加する．蛋白質濃度を高めると，溶液は擬塑性流動を示すようになり，さらに高濃度では強いゲルを作る．この様相は，ゼラチンのような繊維状蛋白質と，ラクトグロブリンのような球状蛋白質では異なった挙動になる．

pH，イオン強度，温度なども，蛋白質溶液の粘度に影響する．一般に球状蛋白質では，等電点に近づくほど粘度は低下し，イオン強度に依存して蛋白質の水和が減少して低粘度になる．この場合，カルシウムのような二価のイオンは，ナトリウムよりもはるかに影響が大きい．なお，蛋白質のフレーバー結合については基礎編の9章で説明した．

## 1.4 蛋白質のゲル化

溶液状態の蛋白質は，加熱その他の方法でゲル化する．蛋白質ゲルには凝集ゲルと透明ゲルの2種類がある．ゲルのタイプに影響する因子は，アミノ酸組成，pHやイオン強度などである．疎水性アミノ酸の多い蛋白質は凝集

ゲルを作り，親水性アミノ酸の多い蛋白質は透明ゲルを作る．バリン，プロリン，ロイシン，イソロイシン，フェニルアラニン，トリプトファンの合計が31.5モル％以上の蛋白質は凝集ゲルを作る[4]．蛋白質が変性した場合，疎水性アミノ酸が多いほど凝集したゲルを作りやすい．

熱や機械的応力に対する，蛋白質ゲルネットワークの安定性は，分子間橋かけの数と強さに依存する．ネットワークの安定性は，その高分子間相互作用エネルギーが大きいほど高まる．そこで一般に同一量の高分子間では，ゲルを構成する高分子鎖が長いほど，橋かけの頻度が高まりゲル構造が安定化する．分子量が23 000以下で，システインやシスチンを含まない球状蛋白質では，加熱ゲル化が起こらない．しかし，23 000以下の分子量であっても，システインとシスチンを含む場合は，加熱によってできるS-S結合の橋かけで，分子量が増加してゲル化する．蛋白質ゲルは，蛋白質の濃度に依存して85～98％の水分を含んでおり，ゲルは半固体状態を示す．

透明ゲルネットワークは，主として水素結合および静電相互作用で形成され，疎水性相互作用の関与は少ない．そこでネットワーク中の水の多数は，ペプチド鎖の極性基(NH, CO)および側鎖の荷電部分と水素結合しているとみられる．その結合量は取り込まれた水全体の10％程度とされ，透明ゲル

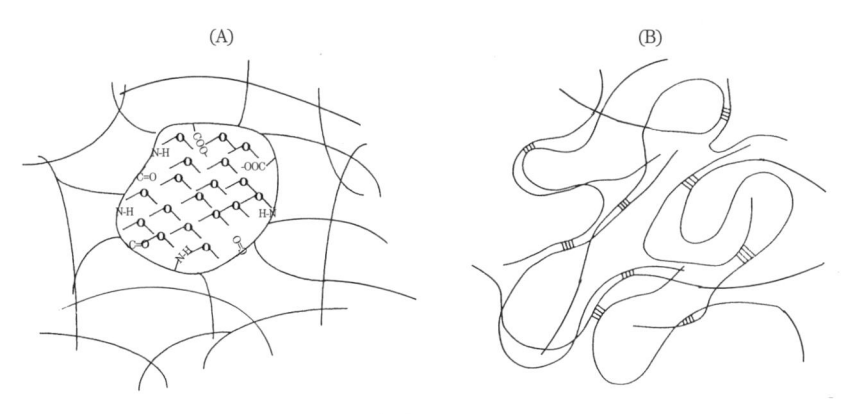

**図1.2** 蛋白質ゲルの構造模式図
(A) 蛋白質ゲルのネットワーク構造中の水素結合による水和状態予測．
(B) ゲルネットワーク構造の模式図．▭▭▭の部分は高分子が橋かけした結合領域．
[Damodaran S. and Paraf, A. eds.: *Food proteins and thier applications*, p. 21, p. 113, Marcel Dekker (1997)]

は一種の2相系と考えられる．図1.2に示すように，連続相のネットワーク中の電場内に微細な水滴が分散し，水分子が配列して氷に似た状態であると推定されている．

## 1.5 乳化剤（界面活性剤）としての蛋白質

　蛋白質を利用する場合の問題は，蛋白質が非常に多種類で個性があり，分子量，分子形態，溶解性その他の物理・化学的性質が異なることである．しかし，すべての蛋白質には界面活性があって疎水性の界面に吸着し，また低分子界面活性剤と同様に，大部分の蛋白質は親水性界面にも吸着する．蛋白質の吸着速度は，溶液中の蛋白質濃度に依存する．ほとんどの場合，蛋白質は吸着によって構造変化を起こし，変化の程度と変化の時間は，界面の種類，温度やpHなどの環境条件で異なる．蛋白質の構造変化時間は1/100秒〜1時間程度とみられ，ホモジナイザーの乳化時間よりはるかに長い．そこで，蛋白質によってはエマルションの安定化に時間がかかる．さらに吸着蛋白質間に起こる化学反応は，長時間にわたり，数日を要する場合がある．

　蛋白質の界面吸着は他の界面活性物質の存在で複雑になる．カゼインナトリウムのように柔軟性のある蛋白質は，他の界面活性の大きい蛋白質で置換される．低分子の界面活性剤は，バルク溶液中や界面で蛋白質と相互作用を起こし，またその濃度が高まると界面の蛋白質と置換する．

　以上のとおり，定性的には蛋白質は界面活性に富むが，しかし，十分に界面張力を下げることはない．そこで蛋白質を用いた乳化に際して，界面への平衡吸着量が $0.5 \text{ mg/m}^2$ 以下ではよい乳化が得られない．蛋白質が界面に一重に吸着した場合，その最大界面吸着量は蛋白質によって異なり，球状蛋白質で少なく柔軟性のある蛋白質では多く，およそ $1〜3 \text{ mg/m}^2$ の範囲にある．時間を経過したエマルションでは界面圧を高めても（界面張力を低めても），蛋白質の界面からの脱着は起こりにくいか，またはかなり遅いので，食品エマルションの安定化に役立つ．

## 1.6 結　　論

　食品中における蛋白質構造の正確な役割と，その構造変化が食品の官能的性質に及ぼす影響は，研究されてはいるが十分に理解されていない．しかし，食品の官能的性質は，蛋白質の単一の機能だけに依存するものではなく，多くの機能の影響を受けている．例えば，ケーキ製造での蛋白質は，他の成分と関連した乳化，起泡，ゲル化，熱凝固に関連している．つまり食品に含まれる種々の蛋白質は，複雑な食品系で多様な機能性を発揮しており，1種の蛋白質だけが作用するわけではない．

　乳や卵の蛋白質は幾つかの蛋白質の混合物であり，多様な機能をもっている．例えば卵白は，オボアルブミン，コンアルブミン，リゾチーム，オボムシンなどの集合体であり，それらの相互作用で，ゲル化，乳化性，起泡性，保水性，熱凝固の機能を示す．製パンにおける小麦グルテンの特異的な粘弾性は，その成分のグルテニンとグリアジンによってもたらされる．グルテニンの線形高分子は水素結合，疎水性相互作用，S-S 結合による橋かけなどの相互作用によって，弾性のあるネットワーク構造を作る．一方，グリアジン中のシステインは，分子内に S-S 結合を作り，生地の粘性を向上させる．

　食品蛋白質の機能に関連する物理・化学的性質は，大きさ，電荷分布，疎水性，親水性，分子の柔軟性，分子表面の構造によっている．これらの中で最も影響が大きい因子は，蛋白質の疎水性と柔軟性であると考えられている．

## 文　　献

1) Nozaki, Y. and Tanford, C. : The solubility of amino acids and two glycine peptides in aqueous ethanol and dioxane solutions, *J. Biol. Chem.*, **246**, 2211 (1972)
2) Kuwajima, K. : A folding model of $\alpha$-lactalbumin deduced form the three-state denaturation mechanism, *J. Mol. Biol.*, **114**, 241 (1977)
3) Kinsella, J. K. *et al.* : Physicochemical and functional properties of oilseed proteins with emphasis on soy proteins, in *New protein foods : Seed storage proteins*, p. 107, Academic Press, London (1985)
4) Simada, K. and Matsushita, S. : Relationship between thermo-coagulation of proteins and amino acid compositions, *J. Agr. Food Chem.*, **28**, 413 (1980)

# 2. 乳蛋白質

## 2.1 乳蛋白質の構成

　乳蛋白質はウシの品種や飼料による差はあるが，牛乳に 3.0～3.6% 含まれる．乳蛋白質は幼動物の完全な蛋白栄養源で，アミノ酸をバランスよく含んでいる．乳蛋白質は約 80% のカゼインと，約 20% のホエー蛋白質から構成されている．牛乳中のカゼインは，多数の分子が集合した微粒子としてコロイド分散しており，ホエー蛋白質は水相に溶解している．これらは複数の成分からなり，その内容を表 2.1 に示した．主要な成分は 6 種で，それらは $\alpha_{S1}$-カゼイン，$\alpha_{S2}$-カゼイン，$\beta$-カゼイン，$\varkappa$-カゼイン，$\beta$-ラクトグロブリンと $\alpha$-ラクトアルブミンである．これらの蛋白質には，それぞれ対応する

表 2.1　牛乳蛋白質の組成と性質

| 種類 | 異性体または種類数 | 脱脂乳の全蛋白質中(%) | 分子量(kDa) | 等イオン点*等電点 | リン含量(%)(mol) | リン酸結合セリン基 | システイン残基 | ジスルフィド結合 |
|---|---|---|---|---|---|---|---|---|
| カゼイン類 |  | 80 | — |  | 0.9 |  |  |  |
| $\alpha_{S1}$-カゼイン | 5 | 34 | 23.6 | 4.9～5.3 | 1.1( 8) | 8～9 | 0 | 0 |
| $\alpha_{S2}$-カゼイン | 4 | 8 | 25.2 |  | 1.4(10) | 10～13 | 2 | 0 |
| $\varkappa$-カゼイン | 2 | 9 | 19 | 5.8～6.1 | 0.2( 2) | 1～2 | 2 | 0 |
| $\beta$-カゼイン | 7 | 25 | 24 | 5.2～5.8 | 0.6( 5) | 5 | 0 | 0 |
| $\gamma$-カゼイン | 12 | 4 | 12～21 | 5.8～6.0 | 0.1( 1) |  |  |  |
| ホエー蛋白質類 |  | 20 | — |  |  |  |  |  |
| $\beta$-ラクトグロブリン | 7 | 9 | 18.3 | 5.2 | — | — | 5 | 2 |
| $\alpha$-ラクトアルブミン | 3 | 4 | 14.2 | 4.5～4.8 | — | — | 8 | 4 |
| 血清アルブミン |  | 1 | 66.3 | 4.7～4.9 | — | — | 35 | 17 |
| イムノグロブリン | 5 | 2 | 80～950 |  | — | — |  |  |
| プロテオースペプトン |  | 4 | 4～41 | 3.3～3.7 | — | — |  |  |

＊ 等電点とはやや異なる．

[Belitz, H. D. and Grosch, W.: *Food chemistry*, 2nd Ed., p. 474, Springer-Verlag(1999)，および Moor, C. V. et al.: *CRC Crit. Rev. Food Sci. Nutr.*, **33**, 431(1993)より作成]

遺伝子があり，わずかではあるが乳牛の系統や個体で構造上の差異があって，遺伝変異体と呼ばれる．

チーズの製造で凝乳酵素(レンネット)と乳酸菌スターターを加えると，カゼインが脂肪滴を含んだカードとして凝固沈殿し，残った溶液中にはホエー蛋白質が含まれる．また脱脂乳に乳酸菌スターターまたは酸を加えて，ほぼpH 4.6にすると，ホエー蛋白質は溶解したままで，カゼインだけが凝固沈殿する．pH 4.6でカゼイン中のリン酸カルシウムが溶解し，カルシウムイオンができるためである．カゼインは精製後乾燥して製品にする．ホエーに含まれる乳糖などを分離し，蛋白質純度を上げたものが分離ホエー蛋白質(WPI)である．

## 2.2 カゼイン

牛乳や脱脂乳，粉乳を食品原料に用いれば，カゼインミセルは製品に持ち込まれる．しかし，酸性で分離したカゼインは種々の形態で利用され，不溶性のレンネットカゼインと，これを塩基性金属で中和したもの(カゼイネート)がある．カゼイネートには，不溶性のカゼインカルシウム，水溶性のカゼインナトリウムおよびカゼインカリウムなどがある．

### 2.2.1 カゼインミセル

牛乳のカゼインは，$\alpha$, $\beta$, $\varkappa$ などのカゼイン分子が30個程度集合したサブミセルと，サブミセルがリン酸カルシウムを介して多数結合し，球状構造になったミセルの状態で存在する．ミセルの直径は30〜300 nmで，時に600 nmに達するものもある．各カゼイン分子の性質は異なり，カルシウムイオンに対し，$\alpha_{S1}$-カゼインは凝固し，$\beta$-カゼインは低温では凝集しないが加温すると沈殿する．$\varkappa$-カゼインは糖鎖をもち，カルシウムの作用を受けず，$\alpha_{S1}$-カゼイン，$\beta$-カゼインの凝固を防止する．カゼインのサブミセルとミセル構造の模式図を図2.1に示した．カゼインミセルは明確な四次構造をもち，図のように糖鎖による親水性の$\varkappa$-カゼイン領域がミセルの外側に配列して，カゼインミセルのコロイド分散が保たれる．

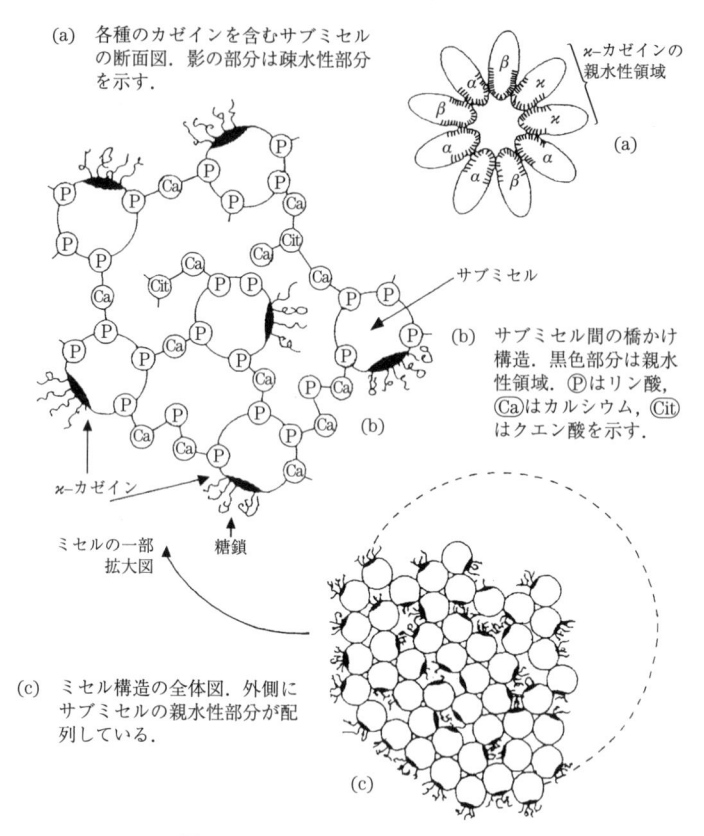

**図 2.1** カゼインミセルの構造模式図
[Coultate, T.P. : *Food the chemistry of its components,* 3rd Ed., p. 114, Royal Soc. Chem. (1996) より作成]

## 2.2.2 カゼイン分子の特徴

　各カゼイン分子の分子量は 20 kDa 前後で，それぞれ独特の一次構造をもち，三次構造を作らず，水溶液中では大変フレキシブル(柔軟)であることが特徴である．そこで他の蛋白質と異なり，純粋にしても結晶化することができない．食品加工でのカゼインの特徴は，柔軟な一次構造の分子に起因し，この性質がチーズではカードを形成し，油／水界面に吸着してエマルションを安定化する．これらの各カゼイン蛋白質を分離して食品に用いることはない．最も多用されるのは，酸性のカゼインをナトリウムで中和した，混合物

## 2. 乳蛋白質

のカゼインナトリウム(Na カゼイネート)である.

カゼインはリン蛋白質であり，分子中のセリンの水酸基がリン酸と結合したホスホセリン基(Ser-P)をもつ．ホスホセリン基は，$\alpha_{S1}$-カゼインに8個，$\beta$-カゼインには5個あり，Ser-Pが2～3分子連続した部位があって，Pには $Ca^{2+}$ が結合している(図2.1)．$\alpha_{S1}$-と$\beta$-カゼインはシステインを含まないので，分子内と分子間にジスルフィド結合を作らない．$\alpha_{S2}$-と$\varkappa$-カゼインはシステイン2分子を含むが，天然のカゼインミセル内には，$\alpha_{S2}$-カゼインのジスルフィド結合が認められていない．$\varkappa$-カゼインではS-S結合によるポリマー化が起こるが，天然状態では結合しないとみられる[1]．

カゼイン分子はすべてが疎水性蛋白質であり，多数の非極性側鎖のアミノ酸を含んでいる．特に$\beta$-カゼインと$\varkappa$-カゼインは，極性領域と非極性領域が分かれている．$\beta$-カゼインは電荷と極性基の大部分が，N末端から50以

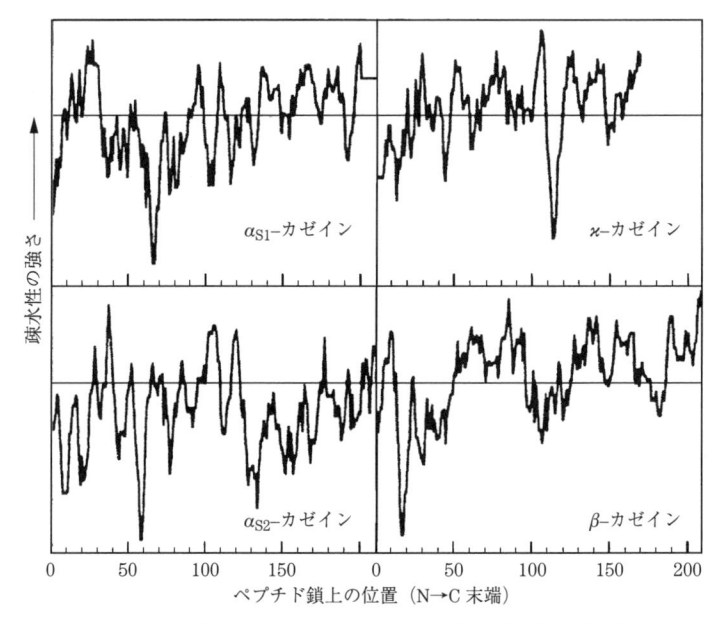

**図2.2** 4種のカゼインペプチド鎖の位置と疎水性の関係[5]
図中の水平線から上部は疎水性，下部は親水性を示す．疎水性は$\alpha_{S2}$-カゼインが最大で，疎水性は糖鎖を除いた$\varkappa$-カゼインが最大である．$\beta$-カゼインのN末端から50個までのアミノ酸の親水性が大きく，水中にテール構造を示す．

内のアミノ酸基に集中しており，水中に長いテール構造を作り，他の大部分はほとんど非極性である(図2.2)．そこで$\beta$-カゼインの両親媒性は大きく，特に乳化に適している．$\varkappa$-カゼインも両親媒性であるが，特に4個の糖鎖結合位置があり，糖鎖によって親水性が強化される．$\alpha_{s1}$-カゼインの極性／非極性分布は比較的均一であるが，界面では非極性領域が集合する性質がある．また，カゼイン(特に$\beta$-)にはプロリン含有量が多く，ヘリックスやシート構造を作りにくい．このためカゼイン分子は二次構造を形成しにくく，フレキシブルなランダム構造を維持し，100℃以上の高温でも変性しにくい．

### 2.2.3　カゼイン類の乳化作用

水溶性のカゼインナトリウムの乳化作用は，食品蛋白質の中で特に顕著であり，それはカゼインの両親媒性と，疎水性相互作用による油／水界面への強い吸着に起因している．カゼインは多くの乳化食品，乳飲料，ホイップクリーム，コーヒーホワイトナー，アイスクリームなどに低分子乳化剤と併用して利用され，長期間の安定化を可能にしている．$\beta$-カゼインによる界面張力低下作用は，他のほとんどの食品蛋白質より大きい．各カゼインおよびカゼインナトリウムの界面吸着量は，通常2～3 mg/m$^2$であり[2,3]，この量は多重吸着したホエー蛋白質と類似する．カゼイン分子の吸着層は単分子層で，仮に分子が凝集していても，高圧のホモジナイズによって単分子に解離するとみられる．pH中性のカゼインナトリウム0.1%水溶液の表面張力は，25℃で49 mN/mである．

各カゼイン分子を単離した場合，例えば$\alpha_{s1}$-カゼインと$\beta$-カゼインは，競合吸着関係にあり，疎水性の大きい$\beta$-カゼインの吸着が優先する[2]．しかしカゼインナトリウムを乳化に用いると，低イオン強度では，各分子の界面吸着はそれらの量的構成比に依存する[4]．

カゼインナトリウムを水中油滴型(O/W)エマルションに用い，ホモジナイズすると，油滴の大小はカゼインナトリウム／油脂比に依存して変化する．カゼインナトリウム濃度と油滴平均粒子径，蛋白質濃度とその吸着量(表面濃度)，および吸着層の厚さとの関係を図2.3に示した．吸着量が1 mg/m$^2$以上で乳化が安定化するのは，カゼインナトリウムの構造がフレキシブルで

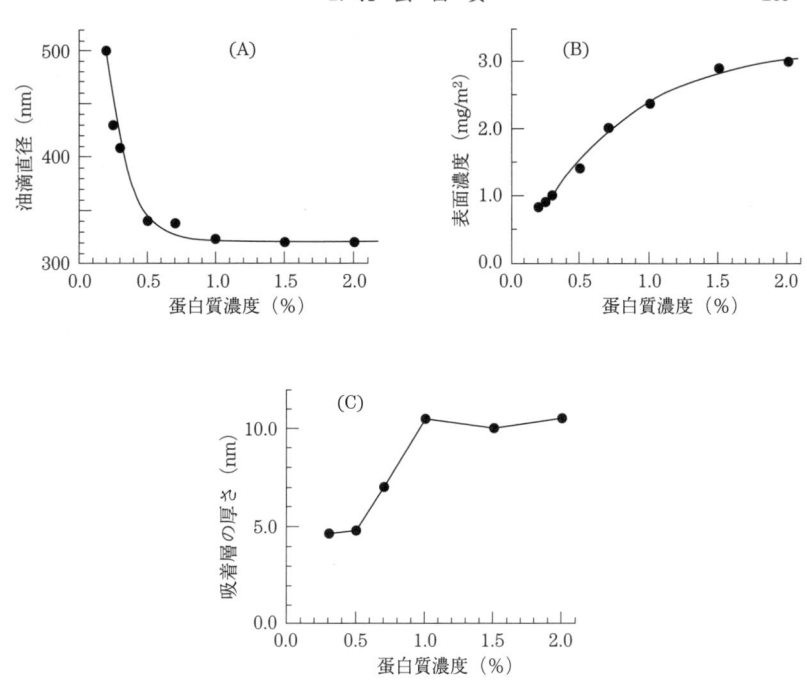

**図 2.3** カゼインナトリウムによるエマルションの性質[5)]
20% 大豆油エマルションを蛋白質濃度を変えてマイクロフルイダイザーで調製した.

あり，界面に伸展するためとみられる．濃度増加でカゼインナトリウムの分子構造が緻密化し，3 mg/m² に達する．乳化にどのような蛋白質を使っても，界面が十分に被覆されなければ，乳化は安定化しない．その量はカゼインナトリウムの場合 1 mg/m² 以上である[5)].

カゼインナトリウムやカゼイン分子を用いたエマルションが安定な理由は，分子の電荷(特にホスホセリンが多い)が大きく，また分子にフレキシビリティがあるためである．吸着層の厚さは界面から 10 nm 程度になり，静電相互作用，十分な水和と立体斥力で，分子間と粒子間の反発が保たれエマルションは安定化する．しかしこれらの電荷は，カルシウムイオンの存在によって削減され，$Ca^{2+}$ の増加でエマルションは不安定化する．ゼータ($\zeta$)電位の減少だけでなく，吸着層の厚さも減少するためであるが，イオン強度が大きくなければエマルションへの影響は大きくない．カゼインとカゼイネートは

$Ca^{2+}$ 以外に，酸性にも弱く pH 5.5 以下で不安定化するので，低 pH では適当な安定剤の使用が必要である[5]．エマルション安定化作用は $\beta$-カゼインが最大であるが，カゼインの分別は実用的でない．しかし，カゼイネートでも十分な作用をもち，他の蛋白質より乳化効果が大きい．一方，カゼインナトリウムで安定化したエマルションは，次にも述べるように数％の食塩添加でもかなり安定である．

乳蛋白質は優れた乳化剤と乳化安定剤である．$\alpha_{S1}$-カゼインと $\beta$-カゼインは，カゼインの 75％ を占める主要成分で，これらは油／水(気／水)界面に強く吸着して構造を作り，食品の乳化を安定化する．$\beta$-カゼインのテールは親水性であるが，$\alpha_{S1}$-カゼイン分子の末端はループ構造なので，水相への親和性が小さい．界面に吸着した $\beta$-カゼイン層同士の反発力は大きく，イオン強度に関係しないので塩類の影響を受けにくい．$\alpha_{S1}$-カゼイン層は反発力が弱く凝集しやすいが，この性質はカゼインナトリウムでは緩和される．カゼインナトリウムを用いるときは，蛋白質／油脂(界面面積)比率に留意し，油滴に一重の吸着層を作るとエマルションの安定性が増加する．

乳化工程では，カゼインの分子またはその集合物が，ホモジナイズで出来た新しい界面に急速に吸着し，エマルションが安定化する．油滴への吸着で出来たカゼイン層が，他の油滴のカゼイン層に近づくと立体的に排除しあって，エマルションの凝集が防がれ，安定性が保たれる．

### $\alpha_{S1}$-カゼインおよび $\beta$-カゼインの吸着層の構造

アミノ酸配列の様相からすると，$\alpha_{S1}$-カゼインと $\beta$-カゼインの吸着平衡状態は類似するかに思われるだろう．両者のアミノ酸残基は約 200 で，水中で不定形の線状構造をなし，中性 pH で負に荷電し，ホスホセリン基の数が多く，両親媒性で，疎水性の残基が多いので，油脂などの疎水性表面に吸着しやすい．純粋にした両カゼインとも，安定なエマルションを作り，吸着蛋白質量もほぼ同じで，界面張力も同程度であり，吸着表面の粘性も類似する．

しかし $\alpha_{S1}$-カゼインと $\beta$-カゼインの界面での性質には差があり，界面張力の初期低下速度は $\beta$-カゼインが早く，吸着平衡における界面の自由エネルギーは $\beta$-カゼインの方が低い．イオン強度が低い場合，$\beta$-カゼインの方が界面に吸着しやすい．油／水界面に吸着した $\alpha_{S1}$-カゼインは，界面活性の

2. 乳蛋白質

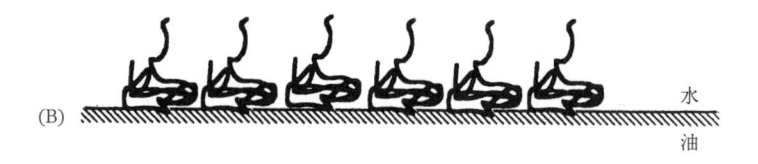

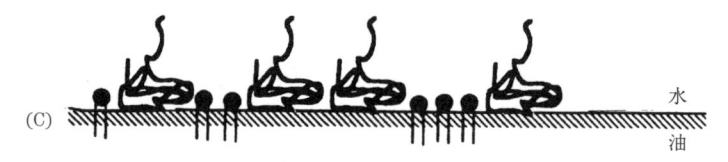

**図 2.4** 油／水界面へのカゼイン分子吸着模式図[5]
(A) カゼイン濃度が低く，分子は界面に広がって吸着．
(B) カゼイン濃度が高まると，吸着面積が狭まり，分子は水中に伸長する．
(C) リン脂質が共存すると，カゼイン濃度が低めでも，分子は水中に伸長する．

大きい $\beta$-カゼインである程度置換される．$\alpha_{S1}$-カゼインで覆われた油滴の電荷は多いので，$CaCl_2$ などの塩類で凝集しやすい．$\beta$-カゼインの N 末端の 40～50 アミノ酸残基は極めて親水性が大きく，5 個のホスホセリンを含め電荷を持ったものが多い．この強い両親媒性で，$\beta$-カゼインは水中でミセルを形成し，臨界ミセル濃度は低い．$\beta$-カゼインの吸着構造は，蛋白質濃度の大きい内層(厚さ 1～2 nm，質量として約 70%)と，希薄な外層(厚さ 4～10 nm)の 2 層構造になっている．このような $\beta$-カゼインの性質は，図 2.4 から理解できるであろう．カゼイン分子の気／水界面吸着濃度は pH に依存する．$\beta$-カゼインの場合，pH 7 で $2.1\ mg/m^2$，pH 6 で $3.9\ mg/m^2$，等電点の pH 5.4 では $5.4\ mg/m^2$ である．

2 種の $\alpha$-カゼインも両親媒性であるが，疎水性は $\beta$-カゼインより小さく，疎水性，親水性セグメントが細かく分布している．図 2.2 に示したように疎水性領域は分子の中央と両端の 3 か所で，吸着は $\beta$-カゼインよりも疎であり，吸着量はやや少なめで吸着層の厚さも薄い．$\alpha_{S1}$-カゼインの電荷が多い極性部分はアミノ酸の 40～80 の位置であり，アミノ酸の 20～30 位置は疎水

性が強いので，親水部はループ構造をとる．

**吸着カゼイン層間の相互作用**

カゼインで覆われたエマルション油滴の安定性は，相互作用のポテンシャルに支配される(基礎編3.4, 3.5節参照)．正味の相互作用の自由エネルギーが，全ての油滴間の距離で反発すればエマルションは安定である．しかし，ある距離範囲で相互作用の自由エネルギーが負(引力)になれば，フロック凝集し合一に至る．$α_{s1}$-カゼインによるエマルションでは，イオン強度が 10 mM では油滴間に斥力が働くが，イオン強度を高めると引力が作用する．このために油滴は凝集しやすくなり，蛋白質間の橋かけの原因になる．

**非吸着カゼインナトリウムのエマルションへの影響**

エマルション系は，油滴に吸着していない高分子を含んでいるので，常に枯渇(離液)凝集の可能性がある．この現象は，粒子表面間の距離が近くなりすぎると，非吸着高分子がその水相領域から排除され，離液が起こり浸透圧の傾斜によって凝集を起こすものである(基礎編3.6節)．例えば，エマルション安定剤の多糖類が含まれると，この現象が起こりやすい．現在の理論では，カゼインナトリウム分子は，枯渇凝集の原因になるには小さすぎる．

通常のカルシウム含量のカゼインナトリウムであれば，エマルション安定性に問題はない．しかし，カルシウムが多いカゼインナトリウムでは，分子はカルシウムで自然に会合して直径10〜20 nm の小形ミセルを作り，この球状サブミセルは枯渇凝集の原因になる．実際に低イオン強度では，カゼインナトリウムミセルの存在で，クリーミングの促進が起こることが証明されている．したがって，吸着/非吸着カゼインナトリウムの比に留意する必要がある．

### 2.2.4 エタノールの影響

カゼインミセルとカゼインナトリウムは，エタノールに対しても安定で，エタノール20%程度までは沈殿を起こさない．そこでカゼインナトリウムによるエマルションは，$Ca^{2+}$がなければ，20%エタノール程度までは変化しない．さらにエタノール濃度が増加すると，被覆蛋白質の膜厚が減少し，40%までは乳化を保つが，50%では乳化が破壊される．また，エタノール

濃度増加で油脂は溶出しやすくなり，オストワルド成長が促進されるために乳化破壊が促進される（基礎編7.7節参照）．

　カゼインの乳化力と，エタノール溶液中の安定性を利用した製品に，クリームリキュールがある．20％までのエタノールを含んだクリームリキュールの製造が行われ，安定性は大変良好である．エタノール溶液中で，カゼイネートによるエマルションを安定化するには，$Ca^{2+}$をキレート化すればよく，クエン酸塩添加などでほぼ完全に防止できる．

### 2.2.5　カゼイン類と乳化剤（界面活性剤）の併用

　ホイップクリームやコーヒーホワイトナーなどの乳化食品は，モノグリセリド，レシチン，ショ糖脂肪酸エステルなどの乳化剤（界面活性剤）と，カゼインを併用して製造される．このことの主な理由は，低分子乳化剤はカゼインより油／水界面に吸着しやすく，ホモジナイズで急速に細分化された油滴を作ること，また，ある種の乳化剤に乳化の不安定化効果があるためである．後に，ホイップクリームの項（第4編2章）で説明するが，カゼイネートによるホイップクリームは，安定性がよすぎてエマルションの部分的破壊が起こりにくい．しかし，低分子乳化剤が介在すると，界面膜に弱い部分ができて，その部分から乳化が破壊されやすくなる．

　ポリソルベートやショ糖脂肪酸エステルなど，親水性の界面活性剤は，臨界ミセル濃度以上では，大豆油などの油滴に吸着したカゼイン分子を脱着する．この傾向は親水性の大きいTween 20などで著しい．このため界面膜は薄くなって，立体安定化作用が失われるため乳化を不安定化する．蛋白質による油脂エマルションを加熱したり，長期間保存すると被膜内に結合が起こり，Tween 20添加による蛋白質脱着が減少する[6]．

　一方，同じ乳化剤でも，親油性のモノグリセリドはこの作用が弱く，カゼインの被覆面積を減らす程度である．レシチンの場合はカゼインの量が飽和吸着より少ないと，レシチンはカゼインと共に界面に吸着し，レシチンの増加でカゼインは吸着面を減らし溶液中に伸展する（図2.4参照）．しかし，レシチンがカゼインを脱着することはないとみられる[7]．このように乳化剤の種類によって，カゼインとの関連が異なり，食品の内容に見合った乳化剤の

選択がなされる．

## 2.2.6 カゼイン類の起泡性

カゼイン類は気／水界面によく吸着し，吸着量はpHに依存し中性で少なく，酸性で増加する．β-カゼインの場合吸着量と膜厚は，pH 7で2.05 mg/m$^2$，5.6 nm，pH 6で2.9 mg/m$^2$，7.2 nm，pH 5.4で3.9 mg/m$^2$，8.5 nmである．しかし，カゼイン類の起泡性は不十分である．気泡の安定化には，その表面に安定なラメラ構造を必要とする．カゼインの表面吸着膜は弱いために，起泡はしても安定しない．油／水界面ではカゼインの疎水性領域が強く油相に吸着するが，気／水界面では水中で親水性領域が反発し，安定なラメラ構造ができないためである．このため界面膜は壊れやすい．しかし，ホエー蛋白質のβ-ラクトグロブリンなどでは，界面吸着後のジスルフィド結合などで安定な膜構造ができるので気泡は安定化する．

## 2.2.7 カゼインミセルを用いたエマルションとホエー蛋白質

牛乳は無数のカゼインミセルを含み，生乳をホモジナイズすると，カゼインミセルが新たにできた油／水界面に吸着する．カゼインミセルにはカゼイネートのような強い乳化性はなく，ミセルは巨大で溶液中の移動速度は遅く，脂肪球への到達に時間を要する．しかも，サブミセルは疎水性相互作用で構成され，リン酸カルシウムで橋かけされていて，カゼインミセル表面の疎水性は弱い．このためカゼインミセルは，カゼイネートや個別カゼイン分子より，はるかに乳化力が弱い．

カゼインミセルの一部が壊れないままで，疎水性界面に吸着するか否かは明らかでない．また，カゼインミセル破壊と，ホモジナイズ処理の関係もよく分かっていない．しかし，油脂と共存するカゼインミセルが，ホモジナイズ処理されるとミセルが破壊され，油脂と遭遇して疎水性相互作用が起こる．高圧バルブホモジナイザーによる通常の処理では，細分化された脂肪滴は，やや破壊されたカゼインミセルとカゼイン凝集体(および見えないがホエー蛋白質)で覆われている(図2.5-A)．ホモジナイズ処理が極端(マイクロフルイダイザー使用)な場合には，細分化された脂肪滴に壊れたカゼインミセルが吸

## 2. 乳蛋白質

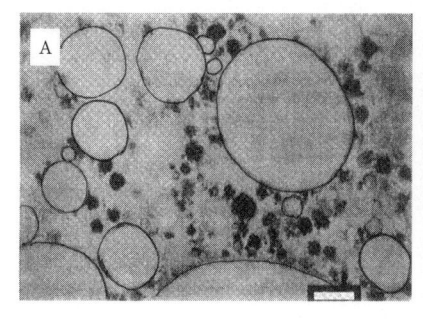

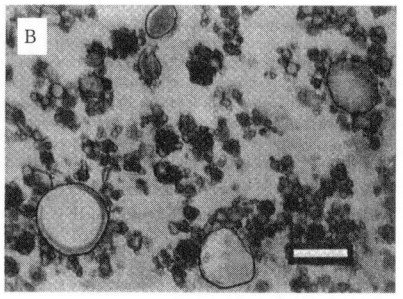

**図 2.5** ホモジナイズ方法の異なる牛乳の透過型電子顕微鏡写真[5]
A：バルブホモジナイザーで乳化した牛乳．カゼインミセルと破片が認められる．□は 300 nm．
B：マイクロフルイダイザーで乳化した牛乳．脂肪滴は小形になり，カゼインミセルは破壊され，ミセルはすべて凝集状態になっている．□は 500 nm．

着し，ミセルの一部は破壊されないで残っているが，すべて凝集している（図 2.5-B）．

　ホエー蛋白質の界面活性は，カゼイン蛋白質と大きな差はない．ホモジナイズ牛乳の脂肪滴への吸着では，カゼインとホエー蛋白質の割合は実験による差があり，カゼインが多いデータとホエー蛋白質が多い場合がある．しかし一般的には，ホモジナイズの条件が過酷な場合，カゼインがより多く吸着する傾向が認められる．そこでホエー蛋白質の吸着は，低圧のバルブホモジナイザー処理で認められ，マイクロフルイダイザーでは認められない．

　ホモジナイズ処理された牛乳中の吸着カゼインミセルは，未処理牛乳のカゼインミセルより熱安定性が弱く，特に濃縮乳でこの傾向が大きい．これはホモジナイズ処理でカゼインミセルが変化し，$\varkappa$-カゼインによるミセル表面の保護作用が減少して，ミセルが加熱凝集しやすくなるためと考えられている．さらに，加熱によってホエー蛋白質が変性して疎水性を増し，脂肪滴に吸着しやすくなる．またホエー蛋白質は加熱されると，$\varkappa$-カゼインおよび $\alpha_{s2}$-カゼインと相互作用を起こし，界面上で結合する．そこで，加熱（滅菌）がホモジナイズ後か，ホモジナイズ前であるかによって，この相互作用の状態が変わる．つまり，滅菌の前にホモジナイズすると，カゼインと結合するホエー蛋白質が増加する．

　アイスクリームミックス製造では，クリーム混合物はホモジナイズされ，カゼインのサブミセルとミセルで安定化されたエマルションが作られる．ミ

ックスにはモノグリセリドその他の乳化剤が配合されるが，カゼインが不足すれば，エマルションは安定化しない．アイスクリームミックスが冷却されると脂肪は部分的に結晶し，この間エマルションは静置されて安定を保つ．次いでミックスを撹拌して起泡すると，油滴の乳化剤で覆われた部分が壊れ，結晶が露出して油滴間の合一が起こり，気泡を囲んだ水相の構造が安定化する．

### 2.2.8 カゼインおよびカゼインミセルの凝集

　カゼインは種々の原因で凝集する．例えば，等電点沈降，酸性，エタノール，加水分解酵素の作用などで，凝集，沈殿，ゲル化などの現象を示す．カゼインの凝集沈殿の代表例は，チーズとヨーグルトの製造である．凝集したカゼインのゲルは弱くゲル化剤として用いられることはないが，ホエー蛋白質などと共用して，カゼインの増粘性や保水性が利用される．

　前述のように，カゼインミセルはレンネットの作用で凝固しゲルを作る．ゲルを細分すると，収縮して離水が起こりチーズカードが得られる．レンネットの作用は，酸性でミセル表面の $\varkappa$-カゼインから，糖鎖部分のグリコマクロペプチドを除き表面構造を変化させる．親水性マクロペプチドが除かれると，疎水性の大きい「パラ-$\varkappa$-カゼイン」が露出し，糖鎖による立体安定化作用を失って，カゼインミセルは凝集を始める．この凝集は 15℃ 以下では起こらないし，また凝集には $Ca^{2+}$ の存在が必要なので(チーズ製造では $CaCl_2$ を牛乳に添加する)，ミセル凝集にはパラ-$\varkappa$-カゼイン以外の要素が作用している．

　牛乳を酸性にするとゲル化や凝集が起こる．乳酸発酵や，グルコノデルタラクトンによる緩やかな酸性化ではゲル構造ができ，酸の直接添加では沈殿が起こる．酸性下では，カゼインミセル中のカルシウムとリン酸塩が溶解し，ミセル外に溶出しミセル構造を大きく変化させる．pH 5.0 付近の酸性ではカゼインは等電点沈降を起こし，常温以上ではミセル構造を保つが，ミセル構造は弱まり水和量は減少する．

## 2.3 ホエー蛋白質

チーズ製造の副産物であるホエーは,そのまま濃縮せずに飼料として,また濃縮後に粉末化して,人の栄養源や食品加工原料として利用されている.ホエーにはスイートホエーと酸ホエーの2種類があり,前者は牛乳をレンネットで凝固(pH 6.6,チェダーチーズなど),後者は酸性で凝固(クリームチーズなど)した分離液である.ホエーの固形分組成は,およそ乳糖70%,ミネラル10%,蛋白質15%程度である.限外ろ過で蛋白質を濃縮した分離ホエー蛋白質は,窒素成分を約75%含み,乳糖10%以下,脂質6%,ミネラル3%程度からなっている.

### 2.3.1 ホエー蛋白質の構造と性質

ホエー蛋白質の構成は,$\beta$-ラクトグロブリン50%,$\alpha$-ラクトアルブミン19%,イムノグロブリン13%,血清アルブミン5%,ラクトフェリン3%その他である.これらのおよその性質は表2.1に示した.$\beta$-ラクトグロブリン(BLG)は,分子量18.3 kDaの球状蛋白質で,$\beta$-シート構造が半分を占める.

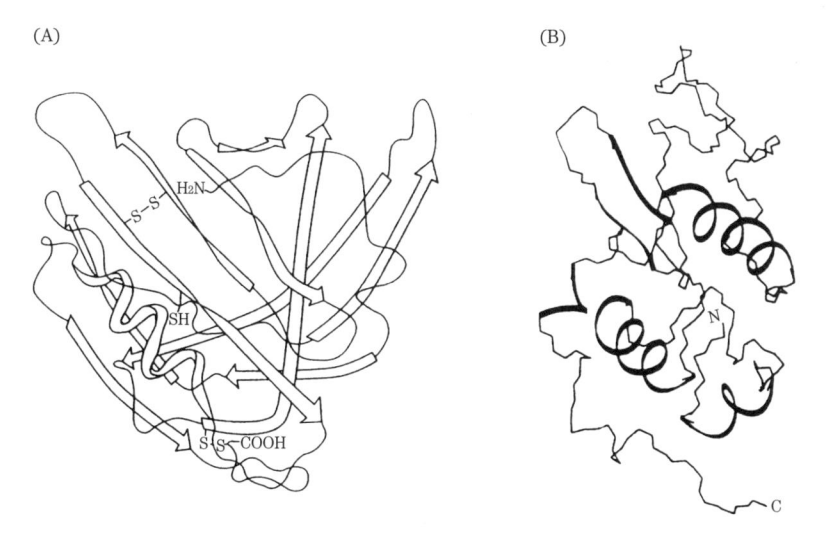

図2.6 $\beta$-ラクトグロブリン(A)と$\alpha$-ラクトアルブミン(B)の四次構造
[Cayot, P. and Lorient, D.: *Food proteins and their applications*, p. 230, Marcel Dekker(1997)]

BLGは，円錐状で花の萼(がく)に似た構造をもち，内部が疎水性の樽状ポケットになっており，ここに油溶性のビタミン，脂肪酸，香料などを包む性質がある．BLGは9本のβ-シート構造が束ねられた緻密な構造で，消化酵素に対する抵抗性が大きい．α-ラクトアルブミン(ALA)は，分子量14.2 kDaの楕円球状蛋白質で，α-ヘリックスが30％，β-シートが9％と構造要素が少なく柔軟性が大きい．図2.6にBLGとALA分子の四次構造を示した．

　ホエー蛋白質の構造と物理・化学的性質は，溶液の塩類濃度やpHなどイオン環境に支配される．BLGはpH 5～8で二量体で存在し，pH 3～5では二量体は八量体になり，pH 2以下と8以上でモノマーになる．BLGの構造はpH 8程度までは変化しないが，pH 9以上になると，不可逆的に変性する．また，BLGは強固な構造をもつために，イオン強度の影響を受けにくい．BLGは油／水界面に吸着すると，顕著な構造変化を起こし界面膜に配列し，部分的なアンフォールディング領域ができ[8-10]，静的条件では6時間以内にこの領域が結合する．BLG分子の外側は親水性領域に囲まれ，疎水性領域が分子内に埋没しているため水溶性が良好である．

　ALAの場合は，分子の構造安定性が$Ca^{2+}$との結合性に関連する．pH 4以下では$Ca^{2+}$が遊離し，分子は柔軟になり，また消化性が高まる．このことはBLGと共に，ホエー蛋白質によるエマルションが，低pHで安定化する理由である．ALAは等電点付近でも水溶性が高く，溶解度はpHとイオン強度の影響を受けにくい[11]．

　BLGとALAの界面活性の比較では，界面で変性しやすいにもかかわらずBLGの活性がALAに優る．以上のBLGとALAの知識は，ホエー蛋白質利用にとって重要である．分子が界面活性を発揮するには，分子の拡散・移動が必要で，その溶解性と密接に関連している．

### 2.3.2　ホエー蛋白質利用上の機能

　ホエー蛋白質は，製菓・製パン，クリーム類，肉製品，スープ・ソース，乳製品など多様な用途をもつ．ホエー蛋白質の構造的性質は，pHや塩類など溶液環境に影響され，また加工処理工程の影響を受ける．

## 2. 乳蛋白質

**水溶性と吸水**

　蛋白質の水溶性はその水和性に関連する．蛋白質と水の結合は，イオン性水和，水素結合，疎水性水和，毛管現象などによっている．ホエー蛋白質粉末の吸水量は，水分活性 ($a_w$) に依存する．$a_w<0.25$ では 100 g の BLG 当たり 7 g，$a_w>0.75$ では同じく 25〜30 g の水が結合する[11]．吸水量は熱変性によって増加し，また，BLG の吸水は二量体から八量体の間で 40〜60 g と増加する．ALA の吸水は BLG より多く 57 g/100 g 蛋白質である．ホエー蛋白質粉末の吸水は，製造法による差異があり，70〜147 g/100 g 蛋白質の水を保持する．ホエー蛋白質の水溶性は製造法によって，25〜82% と異なる．また，溶解度は pH に依存し，等電点では最低になるが，塩分の存在で溶解度が増加する．未変性のホエー蛋白質の溶解度は，0.1〜0.15 M の NaCl 濃度で最高になる．ホエー蛋白質は加熱変性で凝集し，等電点での溶解性が減少する．しかし等電点より酸性の領域では変性後も水溶性があり，限外ろ過したホエー蛋白質は，酸性飲料の蛋白質強化に用いられる．

**粘度とゲル化**

　ホエー蛋白質溶液は高濃度でも粘性が低く，等電点付近では粘性が低下する．中性 pH 付近では，ホエー蛋白質は保水性が大きく，ソーセージなどの肉製品やケーキなど，加熱調理後の食品を安定化する．

　蛋白質のゲル化は，濃厚溶液への食塩添加，酸性またはアルカリ性化，加熱で起こる．ホエー蛋白質の加熱ゲル化は 2 段階で行われる．まず加熱によって分子がアンフォールディングされ，次いで凝集が起こる．アンフォールディングによって，内部の水素結合した部分が露出し，蛋白質濃度が 6〜12% の場合，保水性の大きい分子間ネットワーク構造ができゲル化する．ゲルは半透明で粘弾性に富み，ゲルの性質は蛋白質濃度と pH，$Ca^{2+}$ など塩類の影響を受ける．

**乳化性**

　ホエー蛋白質には界面活性作用があり，油／水界面に配列して界面張力を下げ，油滴の周囲に薄膜を形成し，エマルションのフロック凝集と合一を防止する．ホエー蛋白質の乳化能評価は，濃縮ホエー蛋白質(WPC)と分離ホエー蛋白質(WPI)が共に混合物であり，ミネラルなどを含むため困難である．

一般に酸ホエー由来のWPCは，油脂38～52 mL/g蛋白質の乳化能を有し，スイートホエー由来のWPCとWPIは，油脂52 mL/g蛋白質程度の乳化能をもつとされる[12]．WPCの中性水溶液の25℃での表面張力は，1時間程度で平衡に達し，0.1％で50 mN/m，0.01％で54 mN/m程度である．

一般にカゼイネートのように，ランダムコイル構造の蛋白質は，球状のホエー蛋白質より乳化性が強い．しかし，ホエー蛋白質も強いエマルションの安定化効果をもつ．pHによる油／水界面へのホエー蛋白質吸着量変化は，BLGは酸性で少なく中性以上で多量になり，ALAは低pHで多量に吸着し中性で減少する[13]．このように蛋白質の乳化性はpHと温度に関係し，中性pHではカゼインナトリウムの乳化性が，ホエー蛋白質に優る．しかし65℃ではこの関係は逆になる．研究のために，精製した蛋白質の乳化性などを調べることは容易である．例えば，$\beta$-カゼインとBLGの乳化能の差は，両者の表面張力低下速度で評価できる．乳脂／水界面での界面活性は，強い順に$\beta$-カゼイン＞カゼインミセル＞ウシ血清アルブミン(BSA)＞ALA＞$\alpha_{S1}$-カゼイン＞BLGである[14]．

これら蛋白質間の界面活性の差異で，より界面活性の高い蛋白質が，界面活性の低い蛋白質を界面から置換するなどの関係がある[15]．カゼインナトリウムによる油脂エマルション中に，BLG，ALA，ホエー蛋白質を添加すると，室温ではカゼインナトリウムは置換されない．しかし，40～80℃に加熱すると，BLGとホエー蛋白質はカゼインの一部を置換する．ALAを添加した場合は，カゼインナトリウム層上にALAが吸着する[16,17]．BLGは$\beta$-カゼインである程度置換され，界面活性剤の添加でほぼ全部置換される．しかしBLG分子は経時的に界面で変性し，互いに結合する性質があるために，時間経過と共に置換しにくくなる．特に大豆油の界面では，BLGは脂質過酸化物などと反応して分子量が増加し，脱着しにくくなる．BLGとALAの混合物を乳化に用いると，BLGの吸着層の外側にALAが二重に吸着する．しかしこの種の性質は，ホエー蛋白質やカゼインナトリウムなど混合物の場合は，性質が一様ではないために比較が難しい．

ホエー蛋白質で安定化したエマルションに，塩化カルシウムなどミネラルを強化すると，油滴の凝集が起こる．この場合は乳化液に，カルシウムと等

モルのクエン酸または EDTA を添加することで,油滴の負電荷が高まり,凝集が防止され増粘も起こらなくなる[18]. またホエー蛋白質の物理・化学的性質は,加熱,ホモジナイズその他の製造方法の影響を受け,特に熱変性の影響が大きい.これらの詳細については C. Phlippe らの総説がある[19].

### 起 泡 性

蛋白質の起泡性と泡安定化作用の分子的要素は,エマルション形成と安定化の現象に類似し,気／水界面への拡散の早さ,両親媒性,溶解性と柔軟性が関係する.この点では $x$-カゼインが優れており大形気泡を作るが,ホエー蛋白質は拡散が遅く小形の気泡を作る[14]. 普通,球状蛋白質は油／水界面より気／水界面で変性しやすいので,変性しやすさが起泡性に影響する.吸着蛋白質の部分的変性で,界面粘度の上昇,界面膜の強度増加が起こり,気泡が安定化する.しかし,変性で蛋白質の凝集が起こると泡は不安定化する.BLG, ALA 共に等電点付近の pH では,泡が最も安定化する.特に等電点付近での BLG の気泡安定化効果は,ALA に大きく優る.またホエー蛋白質の精製(遠心処理や限外ろ過)で,不溶性微粒子やリポ蛋白質が除かれると,蛋白質は起泡しやすくなる.

### 文　献

1) Vreeman, H. J. : The association of bovine SH-$x$-casein at pH 7.0, *J. Dairy Res.*, **46**, 272(1979)
2) Dickinson, E., Rolf, S.E. and Dalgleish, D.G. : Competitive adsorption of alfa-casein and beta-casein in oil-in-water emulsions, *Food Hydrocolloids*, **2**, 397 (1988)
3) Fang, Y. and Dalgleish, D. G. : Dimensions of the adsorbed layers in oil in water emulsions stabilized by caseins, *J. Colloid Interface Sci.*, **156**, 329 (1993)
4) Hunt, J. A. and Dalgleish, D. G. : Adsorption behaviour of whey protein isolate and caseinate in soya oil/water emulsions, *Food Hydrocolloids*, **8**, 175 (1994)
5) Dalgleish, D. G. : Structure-function relationship of caseins, in *Food proteins and their applications,* Damodaran, S. and Paraf, A. eds., p. 199-223, Marcel Dekker, New York(1997)
6) Leaver, J. *et al* . : Interaction of proteins and surfactants at oil-water inter-

faces : influence of physical parameters on the behavior of milk proteins, *Int. Dairy J.*, **9**, 319 (1999)

7) Courthaudon, J.-L., Dickinson, E. and Christie, W. W. : Competitive adsorption of lecithin and $\beta$-casein in oil in water emulsions, *J. Agr. Food Chem.*, **39**, 1365 (1991)

8) Dalgleish, D. G. and Leaver, J. : Dimensions and possible structures of proteins at oil-water interfaces, in *Food polymers and gels and colloids*, Dickinson, E. ed., p. 113-122, Royal Society of Chemistry, Cambridge (1991)

9) Dalgleish, D. G. *et al*. : Competitive adsorption of BLG in mixed protein emulsions, *ibid*., p. 485-489.

10) Shimizu, M. : Structure of proteins adsorped at an emulsified oil surface, in *Food macromolecules and colloids*, Dickinson, E. ed., p. 34-42, Royal Society of Chemistry, Cambridge (1995)

11) Robin, O. *et al*. : Functional properties of milk proteins, in *Dairy science and technology handbook 1*, Hui, Y. H. ed., p. 277, VCH Publishers, New York (1993)

12) Kim, Y. A. *et al*. : Determination of the BLG, ALA and bovine serum albumin of WPC and their relationship to protein functionality, *J. Food Sci.*, **52**, 124 (1987)

13) Kinsella, J. E. and Ledward, D. A. : Proteins in whey : chemical, physical and functional properties, *Adv. Food Sci. Nutri.*, **33**, 343 (1989)

14) Kinsella, J. E. : Milk proteins : physicochemical and functional properties, *CRC Crit. Rev. Food Sci. Nutri.*, **21**, 197 (1984)

15) Dalgleish, D. G. : Structure and properties of adsorbed layer in emulsions containing milk proteins, in *Food macromolecules and colloids*, Dickinson, E. ed., p. 23-33, Royal Society of Chemistry, Cambridge (1995)

16) Dalgleish, D. G., Goff, H. D. and Luan, B. : Exchange reactions between whey proteins and caseins in heated soya oil-in-water emulsion systems : Behavior of individual proteins, *Hood Hydrocolloids*, **16**, 295 (2002)

17) Dalgleish, D. G., Goff, H. D. and Luan, B. : Exchange reactions between whey proteins and caseins in heated soya oil-in-water emulsion systems : Overall aspects of the reaction, *ibid*., **16**, 303 (2002)

18) Keowmaneechai, E. and McClements, D. J. : Influence of EDTA and citrate on physicochemical properties of whey protein-stabilized oil-in-water emulsions containing $CaCl_2$, *Agr. Food Chem.*, **50**, 7145 (2002)

19) Philippe, C. and Lorient, D. : Structure-functional relationships of whey proteins, in *Food proteins and their apllications*, Damodaran, S. and Paraf, A. eds., p. 225-256, Marcel Dekker, New York (1997)

# 3. 卵蛋白質

## 3.1 卵蛋白質の概要

　全卵は約13%の蛋白質を含み，蛋白質は卵殻，卵白，卵黄を構成し，それぞれの蛋白質含量は，卵殻3%，卵白11%，卵黄17.5%である．卵白は種々の蛋白質を含む固形分10%の水溶液で，一様ではない．卵黄の外側と卵殻の内側には水様卵白層があり，それらの中間には濃厚卵白のゲル層がある．卵白の主要蛋白質は，オボアルブミン，オボトランスフェリン(コンアルブミン)，オボムコイド，オボムシン，リゾチーム(オボグロブリン)であり，

**表3.1** 卵白中の蛋白質

| 蛋　白　質 | 全蛋白質中の%(平均値) | 変性温度(℃) | 分子量(kDa) | 等電点(pH) | 備　　考 |
|---|---|---|---|---|---|
| オボアルブミン* | 54 | 84.5 | 44.5 | 4.8 | |
| コンアルブミン(オボトランスフェリン) | 12 | 61.5 | 76 | 6.1 | 金属イオンと結合 |
| オボムコイド* | 11 | 70.0 | 28 | 4.1 | プロテイナーゼ阻害剤 |
| オボムシン* | 3.5 | | $5.5 \sim 8.3 \times 10^6$ | $4.5 \sim 5.0$ | 抗ウイルス作用 血液凝固作用 |
| リゾチーム(オボグロブリン $G_1$) | 3.4 | 75.0 | 14.3 | 10.7 | $N$-アセチルムラミダーゼ |
| オボグロブリン $G_2$ | 4 | 92.5 | $30 \sim 45$ | 5.5 | 起泡性良好 |
| オボグロブリン $G_3$ | 4 | | | 5.8 | |
| フラビン蛋白質 | 0.8 | | 32 | 4.0 | リボフラビン結合性 |
| オボグリコプロテイン* | 1.0 | | 24 | 3.9 | |
| オボマクログロブリン | 0.5 | | $760 \sim 900$ | 4.5 | |
| オボインヒビター* | 0.1 | | 49 | 5.1 | プロテイナーゼ阻害剤 |
| アビジン* | 0.05 | | 68.3** | 9.5 | ビオチン結合性 |
| フィシンインヒビター | 0.05 | | 12.7 | 5.1 | システインプロテイナーゼ阻害剤 |

　＊ 糖蛋白質．　＊＊ 15.6 kDa×4＋炭水化物10%．
　[Belitz, H.-D. and Grosch, W. eds. : *Food chemistry*, 2nd Ed., p. 515, Springer-Verlag(1999)]

糖蛋白質が多い．卵黄内部は複雑な構造で，濃色卵黄と淡色卵黄が層状に重なっている．卵黄の固形分は約50%で，蛋白質と脂質が1:2の比で含まれ，蛋白質と脂質が種々の比率で結合した巨大な複合体で構成される．卵黄は遠心分離でプラズマとグラニュールに分けられる[1]．表3.1に卵白の蛋白質組成と性質の概略を示した．

## 3.2 オボアルブミンの性質と機能性

オボ(卵)アルブミンは卵白蛋白質の54%を占め，分子量は44.5 kDa，硫酸アンモニウム溶液からの結晶化で簡単に分離できる．

オボアルブミンはリン酸・糖蛋白質であり，セリン基に結合したリン酸基の数(0~2)によって3種に分類され，2リン酸基の蛋白質が85%を占める．これらの等電点はおよそ4.8である．鶏卵を保存すると，オボアルブミンは熱変性温度が84.5℃から92.5℃まで上昇し，分子が小形化した安定(S-)オボアルブミンに変化する．

### 3.2.1 オボアルブミンのゲル化

鶏卵を加熱すると，卵蛋白質は熱変性し凝固とゲル化が起こる．分離した卵白と卵黄蛋白質は，栄養強化剤，ゲル化剤，保水剤その他の目的で食品に添加される．オボアルブミンのような球状蛋白質のゲル化機構は，繊維状蛋白質，ゼラチンなどのゲル化と異なる．卵白の加熱で白濁ゲルができるが，オボアルブミン溶液の加熱でも，白濁液またはゲルができる．加熱オボアルブミンゲルの白濁状態は，pH，イオン強度，蛋白質濃度で異なる．オボアルブミンの加熱ゲル化では，等電点付近のpHで食塩濃度が高いと白濁するが，等電点より酸性またはアルカリ性側で，食塩濃度が低ければ透明ゲルができる．

一般に蛋白質ゲル形成は，凝集した高分子の三次元のネットワーク構造形成によって起こる．オボアルブミンのゲル化は，分子の加熱変性で2個の疎水性領域が現れ，分子間の疎水性相互作用による線状構造に由来するとされる[2]．これは蛋白質がわずかに変性した，いわゆるモルテングロビュール状

3. 卵 蛋 白 質

////—— 疎水性領域
⊖ —— 負電荷

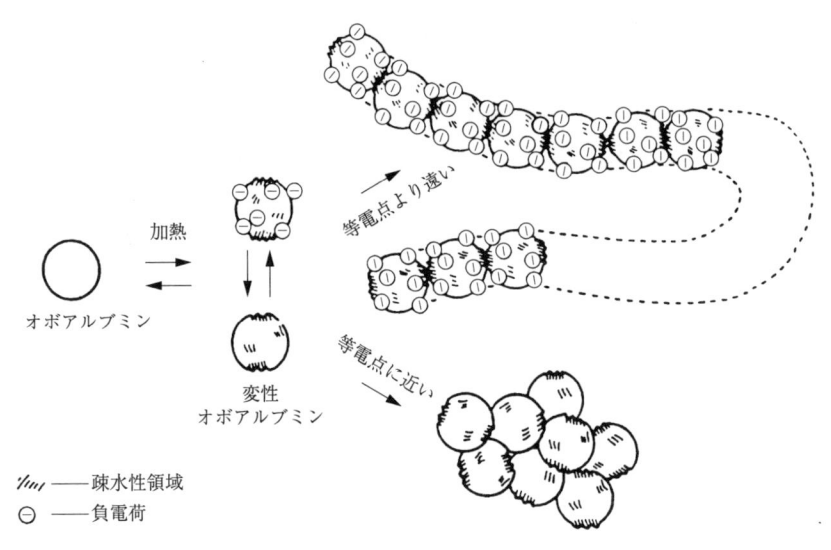

**図 3.1**　オボアルブミンの熱変性と凝集体の生成模式図[2]

等電点より遠い　→　→　pH　→　→　等電点近傍

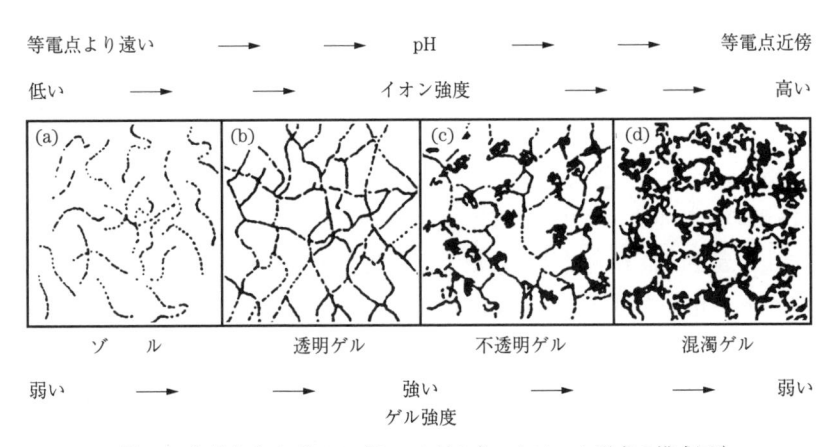

低い　→　→　イオン強度　→　→　高い

ゾル　　　　透明ゲル　　　不透明ゲル　　混濁ゲル

弱い　→　→　強い　→　→　弱い
　　　　　　ゲル強度

**図 3.2**　加熱したオボアルブミンのゲルネットワーク形成の模式図[2]

態である．この関係を図 3.1，図 3.2 に示した．同様なゲル形成機構は，血清アルブミン，リゾチーム，ホエー蛋白質にも当てはまる．

### 3.2.2　オボアルブミンの起泡性

卵白は重要な食品起泡材料で，その品質は起泡性と泡安定性(保泡性)で評

価される．起泡性は気／液界面の表面張力低下速度に関連し，保泡性は表面蛋白質膜の変性と構造，表面粘性などに関連する．一般に，しっかりした構造をもち，変性しにくい球状蛋白質の起泡性は貧弱である．球状蛋白質が疎水性領域を気相に向けて表面に配列すると，表面張力が次第に低下する．これは，蛋白質の構造が変化し分子の配列が密になるためである．オボアルブミンの場合，界面に配列した分子の表面が変性して，内部のSH基が露出し，隣接する分子のSH基間にジスルフィド結合が起こる．分子間のS-S結合によって橋かけ凝集ができ，界面膜のゲルネットワーク構造が強化されるとみられる．このような作用が，オボアルブミンの起泡と保泡性の原因の一部と考えられるが，主因は表面変性による蛋白質の凝集であろう．

## 3.3　その他の卵白蛋白質

**オボトランスフェリン(コンアルブミン)**

　オボトランスフェリンは，卵白蛋白質の12％を占める78 kDaの糖蛋白質で，鉄イオン2個と炭酸イオン2個を結合する．構造は血清トランスフェリン，ラクトフェリンに類似する．分子はN末端とC末端が半片に分かれた構造で，各片は2領域からなり，鉄イオンはその裂け目に結合する．分子は15個のジスルフィド結合で安定化している．オボトランスフェリンは卵白の蛋白質中で最も熱変性されやすく，変性温度は61.5℃である．変性による疎水性相互作用で，分子間に凝集が起こり，70℃では卵白の機能性が失われる．

**リゾチーム**

　リゾチームは，細菌細胞壁(プロテオグリカン)の加水分解酵素である．分子量は14 kDaで，等電点11の塩基性蛋白質であり，構造が$\alpha$-ラクトアルブミンに近似する．リゾチームは4個のジスルフィド結合をもち遊離SH基がなく，酵素活性は長期間安定で，変性温度は75℃である．リゾチームの分離精製は容易である．グラム陽性菌の溶菌作用があり，食品の細菌汚染防止に用いられる．リゾチームの食品への機能性(起泡，ゲル化，乳化)は貧弱である．

## オボムコイドとオボムシン

オボムコイドは卵白蛋白質の約11%を占め，20～25%の炭水化物を含む28 kDaの蛋白質で，トリプシン阻害剤である．オボムコイドは糖鎖による安定化作用で，トリプシンによる消化を阻害し，耐熱性が比較的大きい．

オボムシンは硫酸化された糖蛋白質で，炭水化物を約30%含み，粘性が強くゲル状をなす．二つのサブユニット(18 kDaと400 kDa)からできており，これらの炭水化物含量に大差があって，両者の含有比で水溶性が異なる．オボムシンは熱安定性で，また抗ウイルス作用があり，卵白の起泡性に与る．

## 3.4 卵黄蛋白質と脂質

卵黄は水中油滴型エマルションで，約50%の固形分を含み，蛋白質／脂質比は1:2である．卵黄は卵黄油滴とグラニュールの2種の微粒子を含む．卵黄油滴は直径20

**表3.2** 卵黄グラニュールとプラズマの組成*[1]

| 画 分 | 脂 質 | 蛋白質 | ミネラル |
|---|---|---|---|
| 卵 黄 | 63.5 | 32.4 | 2.1 |
| グラニュール | 6.9 | 16.1 | 1.4 |
| リポビテリン (HDL) | 3.5 | 12.3 | |
| ホスビチン | | 4.6 | |
| LDL | 2.5 | 0.3 | |
| プラズマ | 59.3 | 13.9 | 1.5 |
| リベチン | | 10.6 | |
| LDL | 59.4 | 6.6 | |

＊卵黄の乾燥重量当たりの%で表示．

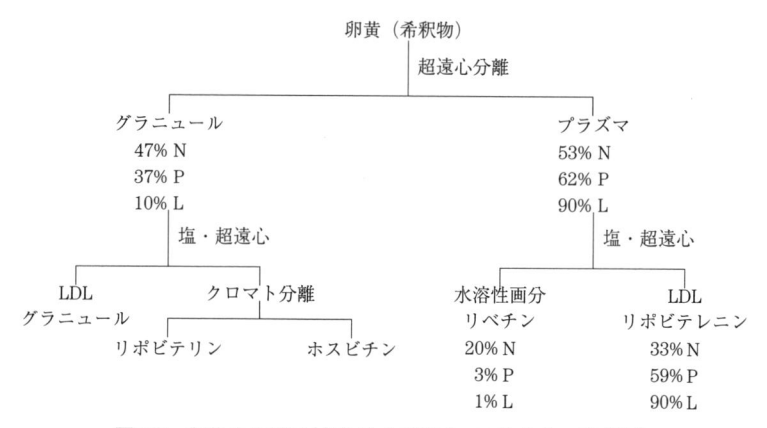

```
                卵黄（希釈物）
                    │
                 超遠心分離
                    │
        ┌───────────┴───────────┐
    グラニュール                プラズマ
      47% N                    53% N
      37% P                    62% P
      10% L                    90% L
        │                        │
     塩・超遠心                塩・超遠心
        │                        │
   ┌────┴────┐            ┌─────┴─────┐
  LDL   クロマト分離      水溶性画分      LDL
グラニュール  │            リベチン    リポビテレニン
       ┌────┴────┐         20% N         33% N
   リポビテリン ホスビチン    3% P          59% P
                             1% L          90% L
```

**図3.3** 卵黄の分別図(各%は全卵黄を100%として計算)[1]
N:窒素, P:リン, L:脂質．

~40 μm で大部分が脂質であり,表面は蛋白質膜で被われた低密度リポ蛋白質の混合物である.グラニュールは直径 1~1.3 μm の粒子で形態は多様であり,蛋白質,脂質,無機物で構成されている.卵黄の表面張力は 44 mN/m であり,乳化作用と乳化安定化作用が大きい[1].

図 3.3 に卵黄成分の分別を,表 3.2 に卵黄の組成を示した.

**卵黄蛋白質**

卵黄は超遠心分離で,沈降するグラニュールと液状のプラズマに分けられる.グラニュールの蛋白質含量はプラズマより多い.グラニュールは,70% のリポビテリン(α-およびβ-高密度リポ蛋白質;HDL),16% のホスビチン,12% の低密度リポ蛋白質(LDL)で構成される.プラズマはリポビテレニン(LDL)とリベチンを含む.これらの他に少量成分として,リボフラビンやビオチンの結合蛋白質,イムノグロブリン Y (IgY) を含む.また卵黄,卵白には IgM, IgA, IgG が含まれる.

グラニュールのリポビテリンは HDL で,全体の 22% が脂質であり,脂質はトリグリセリド 35%,リン脂質 60%,コレステロールとそのエステル 5% からなっている.ホスビチンは多量のリン酸を含む糖蛋白質で,セリン残基が 55 モル% と多く,α-ホスビチンと β-ホスビチンで構成される.リン酸基は金属に対しキレート作用を有する.

プラズマ中に浮遊するリポビテレニンは LDL で,脂質が 84~90% を占め,

表 3.3 卵黄脂質の組成[1]

| 脂 質 画 分 | a | b |
|---|---|---|
| トリグリセリド | 66 | |
| リン脂質 | 28 | |
| 　ホスファチジルコリン | | 73 |
| 　ホスファチジルエタノールアミン | | 15.5 |
| 　リゾホスファチジルコリン | | 5.8 |
| 　スフィンゴミエリン | | 2.5 |
| 　リゾホスファチジルエタノールアミン | | 2.1 |
| 　プラスマローゲン | | 0.9 |
| 　ホスファチジルイノシトール | | 0.6 |
| コレステロールとコレステロールエステルおよび他の物質 | 6 | |

a:全脂質に対する%.
b:リン脂質中の%.

分子量が数百万 Da の巨大分子である．脂質の 74% はトリグリセリド，26% はリン脂質で，ホスファチジルコリンがその 75% を占める．リベチンは水溶性の球状蛋白質で，ニワトリ血清由来の蛋白質である．

**卵黄脂質**

卵黄の 2/3 は種々の脂質であり，これらはリポ蛋白質中に存在する．それらの組成を表 3.3 に示した．

## 3.5　卵蛋白質の利用

全卵，卵黄，卵白とその乾燥製品は，機能性，風味，着色，栄養価のゆえに，幅広く食品工業に用いられる．卵の機能は，加熱凝固性，起泡性，乳化性などである．卵白は 62℃ で，卵黄は 65℃ で凝固し始める．pH 11.9 以上では，卵白は室温で固化またはゲル化するが，放置するとやがて液状になる．

### 3.5.1　起泡作用

特徴的な卵の利用は起泡である．液卵をホイップすると多数の泡を抱き込み，加熱で膨張し凝固するので，ベーカリー製品，ケーキ，ビスケットなどに用いられる．ホイップによって拡大した気／液界面で，蛋白質は変性し凝集する．特に，オボムシンは不溶性の膜を作り泡を安定化する．卵白グロブリンは，液体の粘度を増し表面張力を低下させて起泡を助ける．エンジェルケーキの起泡で，卵白からオボムシンとグロブリンを除くと，起泡時間が長引き体積が減少する．

### 3.5.2　乳化作用

卵黄，全卵は乳化に利用される．マヨネーズとサラダドレッシングは，卵黄利用の典型例であり，液状油 80% 以上の濃厚エマルションは，卵黄なしには製造できない．ビスケットなど，油脂を含むケーキ，ベーカリー製品は全卵の乳化力を利用している．

卵黄，プラズマ，グラニュールによる乳化で，pH 3～9 の大豆油エマルションを作った場合，油滴径は酸性では大きく中性以上では小形になる．乳

化能はプラズマが最良で,卵黄,グラニュールの順で低下する[3]. グラニュールは自然の状態では凝集しており,これを食塩添加やホモジナイズで分離すると,より微細なエマルションが得られる[4]. 乳化性が最大の卵黄蛋白質は,プラズマの LDL と推定され,また卵黄に多量に含まれるレシチンが乳化安定に関与するとみられる.

## 文　　献

1) Belitz, H.-D. and Grosch, W. : *Food chemistry,* 2nd English Ed., p. 513-522, Springer-Verlag, Berlin(1999)
2) Doi, E. and Kitabatake, N. : Structure of glycinin and ovalbumin gels, *Food Hydrocolloids,* **3**, 327(1989)
3) Mine, Y. : Emulsifying characterization of hens egg yolk proteins in O/W emulsions, *ibid.,* **12**, 409(1998)
4) Anton, M. *et al.* : Adsorption at the O/W interface and emulsifying properties of native granules from egg yolk : effect of aggregated state, *ibid.,* **14**, 327 (2000)

# 4. 植物性蛋白質

## 4.1 大豆蛋白質

　東洋では大豆利用食品が豊富である．アメリカの大豆栽培が第二次大戦後に始まったように，欧米での大豆利用の歴史は浅い．最近は世界的に大豆蛋白質の健康効果が認められ，その機能性を含めて，種々の食品に利用されるようになった．大豆蛋白質の機能的特性は，ゲル化，乳化，起泡，粘着，粘弾性，粘性，吸水，吸油，フレーバー結合などである．近年，大豆蛋白質の構造が解明され，ゲル化や乳化能のメカニズムの理解が進んだ．大豆蛋白質のグレードは，蛋白質含有量50～60%の脱脂大豆粉，60～85%の濃縮大豆蛋白質，85%以上の分離大豆蛋白質に3分類される．

### 4.1.1 大豆蛋白質の構造

　大豆の貯蔵蛋白質は種子中に約35%含まれ，塩溶液に可溶のグロブリンとアルブミンからなり，主成分はグロブリンである．グロブリンはその沈降係数によって，11Sグロブリン（グリシニン）と7Sグロブリン（コングリシニン）に分けられる．7Sグロブリンは，大部分$\beta$-コングリシニンで，残余は数%の$\gamma$-コングリシニンと塩基性7Sグロブリンである．これらはすべて糖蛋白質である．$\beta$-コングリシニンは分子量が150～200 kDaの三量体である．これらのサブユニット構造には，大きくはないが品種差がある．

　大豆のグリシニンは，種子蛋白質の40～60%を占める．グリシニンは分子量300～380 kDaの六量体で，サブユニットは酸性ポリペプチドと塩基性ポリペプチドで構成される．六量体中3種のサブユニットは，含硫アミノ酸が多く，栄養価と機能性の点で，コングリシニンより優れている．

### 4.1.2 大豆蛋白質の機能性

**ゲル化**

　ゲル化能は大豆蛋白質の重要な機能の一つで，その代表例は豆腐である．グリシニンとコングリシニンは構造とゲルの性質が異なり，個別に調べられているが，両者の間には相互作用がある．相互作用は，各サブユニット間のジスルフィド結合，疎水性結合などであり，また環境条件の差異もゲルの性質に影響する．実用的には，両者を含む分離大豆蛋白質の性質が重要である．

　蛋白質の熱凝固によるゲル化では，まず蛋白質分子の熱変性が起こり，変性した分子によるネットワーク構造ができる．熱によるグリシニンの変化は普通72℃で始まる．しかし，熱変性の温度は溶液条件で異なり，例えば，食塩濃度が高まると変性温度が上昇し100℃以上になる．グリシニンのように，多数のサブユニットからなる蛋白質のゲル化は，単量体と異なって複雑である．pH 7.6，イオン強度0.5の食塩溶液でのグリシニンの加熱ゲル化は，変性によって分子の上下に疎水性領域が現れ，分子がビーズ状に連鎖してネットワークを作るとされている[1]．さらに高温では疎水性領域の範囲が増え，強固なネットワークが形成される．

　95%純度の$\beta$-コングリシニンについて，pH 7.6，イオン強度0.5の食塩溶液の加熱ゲル化では，豆腐のような自立性のゲルには濃度7.5%以上を要する．この濃度はグリシニンの2.5%の3倍である．$\beta$-コングリシニンの変性は60℃で始まり，80℃で完全に変性し，ゲルは分子が凝集したクラスター状である．

　分離大豆蛋白質や，グリシニン／コングリシニン混合物では，両蛋白質間に相互作用があり，80℃以上で単独の蛋白質より強いゲルを形成する．グリシニンはゲルの固さや破壊抵抗性に関連し，$\beta$-コングリシニンはゲルの弾性に関連するので，両者の構成比でゲルの性質が異なる[2]．

**乳化性**

　豆乳は東洋で多量に消費される飲料である．また，分離大豆蛋白質は吸水・吸油性がよいため，スープ，ソーセージなどの乳化に用いられ，その乳化性はカゼインナトリウムに優るという報告もある[3]．しかし逆に，乳蛋白質に劣るという報告があり，大豆蛋白質の乳化性に関する研究は十分ではな

い．グリシニンとβ-コングリシニンでは，後者の界面張力低下能，乳化能が大きい．これはグリシニンに比べて，β-コングリシニンの疎水性が大きく，分子量が小さく界面に吸着しやすいためである．またこの分子には，ジスルフィド結合がないためフレキシブルであり，形成される界面膜の強度も大きい．このためグリシニン／β-コングリシニン混合物では，後者の含量が多いものの乳化能が大きい．コングリシニン含有量は，大豆の成熟と共に増加するので，熟した大豆ほど乳化能が良好である．分離大豆蛋白質は，モノグリセリドその他適当な乳化剤と併用すると，乳化安定性が高まることが知られている[4]．濃縮大豆蛋白質の乳化性に関して，市販品を1～10% 用いた10% 大豆油エマルションと，エマルションゲルについての報告がある．高圧ホモジナイズによるエマルション平均粒度は，乳蛋白質の10倍程度で乳化性は良好とはいえない[5]．

## 4.2 小麦蛋白質

製パン用，製麺用，ケーキ用など，小麦粉には強力粉，中力粉，薄力粉の区分があり，これらが小麦蛋白質含有量と，その性質によることはよく知られている．小麦粉には蛋白質が10～13% 含まれ，その種類は少なくとも100以上に及ぶとされる．主要成分はグルテンを構成するグルテニンとグリアジンであり，蛋白質全体の約80% を占め，両者の含量はほぼ同量である．小麦蛋白質には，他にアルブミン，グロブリンなどの蛋白質と低分子窒素化合物が含まれる．グルテニンとグリアジンのアミノ酸組成は類似し，同系遺伝子に由来するが，グルテニンはアルカリ溶解性で，グルテニンは酸およびアルコール可溶性である．

### 4.2.1 小麦蛋白質の分類と構造

機能性との関連で小麦蛋白質を考えるとき，それらを単量体と多量体に分けると便利である．単量体には貯蔵蛋白質のグリアジンと，代謝性のアルブミン／グロブリンが含まれる．グリアジンには $\alpha$, $\beta$, $\gamma$, $\omega$ の4種があり，分子量は30～80 kDaで，$\omega$-グリアジンの分子量が最大である．$\omega$-グリア

ジンはシステインを含まないが，他のグリアジンは多くのシステインを含み，分子内でジスルフィド結合している．水溶性のアルブミンとグロブリンは分子量 20〜30 kDa で，内容的にはアミラーゼなどの酵素が多い．グルテン蛋白質の構成アミノ酸には，グルタミン酸とプロリンが多い．グルタミン酸はグルテニンで 29 モル％，グリアジンで 35 モル％，プロリンはそれぞれ 12 モル％と 16 モル％である．しかし，アルブミン／グロブリンには，グルタミン酸が 11 モル％と多くない[6]．

多量体蛋白質のうちグルテニンは約 85％ を占め，グリアジンと共に小麦粉中に蛋白質体として見出される．グルテニン分子には高分子量(80〜120 kDa)と，低分子量(40〜55 kDa および 30〜40 kDa)のサブユニットがあり，パン用品種では前者が 5 個，後者は 9〜16 個で分子を構成しているとされる．グルテニンのサブユニットは，ジスルフィド結合で保持され，分子量は数十万から数百万に及ぶ．小麦蛋白質の構造には，かなりの品種差があり一様でない．

多量体小麦蛋白質の分子量や構造の解析は，従来の電気泳動法(SDS-PAGE)による分析には限界があったが，最近は DNA からの解析が進んだ．これらの構造差異は，品種差以外に環境条件，例えば，成熟期の気候条件，窒素や硫黄系の肥料の施肥などの影響を受ける．

### 4.2.2 小麦蛋白質と小麦粉生地の機能性

小麦粉生地のレオロジー特性は，構成蛋白質に支配される．小麦粉と水が適当な比率で混合されて練られると，グルテニンとグリアジンが水和し，両蛋白質間に相互作用が起こる．この工程で生地にグルテンの蛋白質塊が現れて伸展し，形成されたネットワーク構造が粘弾性を示し，その結果として製パンや製麺が行われる．この間のレオロジー変化は，例えば，ミキソグラフ，ブラベンダー・エクステンソグラフなどの，生地特性測定装置で表される．小麦粉生地混合中の粘弾性変化は，構成蛋白質のネットワーク形成や絡み合いで進行する．

**乳化作用**

小麦グルテンは pH 4 で 80％ 以上水に溶解し，pH 3 でほぼ完全に溶解す

る.酸性領域ではグルテンの界面活性が高まり,0.5% 溶液の表面張力は,pH 3 で 46 mN/m, pH 4 で 43.5 mN/m を示す(中性の β-カゼインは 49 mN/m). そのため乳化能が向上し, pH 4 での乳化安定性が最良で, 油滴表面に安定な蛋白質膜を形成する. グリアジンの界面活性はグルテニンより大きい. しかし, 吸着蛋白質膜中のグルテニン濃度は, グリアジン濃度より大きく, グルテニンは界面により強固に吸着する. グルテンで安定化したエマルションの界面では, 吸着, 脱着, 置換, 再配列の現象が進行するとみられる[7].

## 文献

1) Nakamura, T., Utsumi, S. and Mori, T. : Network structure formation in thermally induced gelation of glycinin, *J. Agr. Food Chem.*, **32**, 349(1984)
2) Damodaran, S. and Kinsella, J.E. : Effect of conglycinin on the thermal aggregation of glycinin, *ibid.*, **30**, 812(1982)
3) Tornberg, E. : Functional characterization of protein stabilized emulsion : emulsifying behaviour of proteins in a valve homogenizer, *J. Sci. Food Agr.*, **29**, 867(1978)
4) Hwang, J.K., Kim, Y.S. and Pyun, Y.R. : Comparison of the effect of soy protein isolate concentration on emulsion stability in the absence or presence of monoglyceride, *Food Hydrocolloids*, **5**, 313(1991)
5) Roesch, R.R. and Corredig, M. : Characterization of O/W emulsions prepared with commercial soy protein concentrate, *J. Food Sci.*, **67**, 2837(2002)
6) MacRitchie, F. and Lafiandra, D. : Structure-functional relationships of wheat proteins, in *Food proteins and their apllications,* Damodaran, S. and Paraf, A. eds., p. 293-324, Marcel Dekker, New York(1997)
7) Takeda,T., Matsumura, Y. and Shimizu, M. : Emulsifying and surface properties of wheat gluten under acidic conditions, *J. Food Sci.*, **66**, 393(2001)

# 第2編 脂　　質

# 1. 乳脂（バター）

　食用油脂の性質については基礎編の4.2節でかなり詳しく説明した．また食用油脂についての詳細は他の成書[1]を参照されたい．食用油脂の蛋白質による乳化では，乳化性の良し悪しは，油脂を構成するトリグリセリドの分子種の影響を受ける．一般的には，油脂を構成する脂肪酸は，鎖長が長いほど，不飽和結合が多いほど，脂肪酸の分子種が多様なほど，トリグリセリドの構成が複雑なほど，安定なエマルションが得られる傾向がある．しかし常温で液状の植物油の被乳化性の差異は大きくない．常温で固体状の固形脂のエマルションは，油脂結晶生成で乳化破壊が起こる．一方，（牛）乳脂は，構成脂肪酸およびトリグリセリドの多様性と，親水性のあるトリグリセリド（グリセロールの3位に酪酸 $C_4$，カプロン酸 $C_6$ が結合）を多く含むため，特異的な乳化性を示す．この章では特に乳化に関連が深い乳脂について述べる．乳脂といえば，通常は牛乳の脂肪を意味する．

## 1.1　バターとバターオイル（無水乳脂）

　食品加工で乳脂を原料にする場合，普通はバターを用い，また時にはバターオイルを用いる．バターの製造は，乳脂の保存法として有史以前から行われた．今日では，牛乳を遠心分離機で濃厚化し，クリームと脱脂乳に分ける．得られたクリームをバター製造機で撹拌して乳化を破壊し，バター粒とクリーム液相のバターミルクに分ける．得られたバターの塊に練りを加えてバターが得られる．バターの規格は，水分が17%以下，乳脂肪（トリグリセリド）を80%以上（無塩バターは82%以上）含むものとされる．最近，日本のバター生産は年間8万〜9万トンである．

表 1.1 無水乳脂, 無水バターオイル, バターオイルの規格

| 成分 | 無水乳脂(AMF) | 無水バターオイル | バターオイル |
|---|---|---|---|
| 最低乳脂含量% | 99.8 | 99.8 | 99.3 |
| 水分, 最大% | 0.1 | 0.1 | 0.5 |
| 遊離脂肪酸(オレイン酸) 最大% | 0.3 | 0.3 | 0.3 |
| 銅(mg/kg) 最大量 | 0.05 | 0.05 | 0.05 |
| 鉄(mg/kg) 最大量 | 0.2 | 0.2 | 0.2 |
| 過酸化物価 meq$O_2$/kg | 0.2 | 0.3 | 0.8 |
| 大腸菌 1 g 中 | なし | なし | なし |

無水乳脂(anhydrous milk fat)またはバターオイルは, クリームから直接か, またはバターから作られる. これらの製品は元来, 余剰酪農製品問題の解決の手段であった. 牛乳の供給が不足する中東, 南アメリカ, アジアの発展途上国では, 脱脂粉乳と無水乳脂から再合成牛乳が作られ, またアイスクリームその他の原料になっている. 無水乳脂はこれらの製造用として発達した. EC, ニュージーランド, オーストラリアで, 1987年頃には35万トン程度が製造され, その後は20万トン程度が製造されている. 国際乳業連合は無水乳脂を, 表1.1のように定義している.

日本ではバターオイルを生産していないが, 調合品(調製食用脂)などの形でバターオイルが輸入されている. その量はバターオイル換算で約1.6万トンで, 食品加工原料として利用されている. 主要輸出国はニュージーランドで, 日本向け製品の調合品は, 大豆硬化油, やし硬化油などを混合して製造される. これらの調合品は関税率が低く乳脂に換算すると安価であり, 乳製品輸入が完全に自由化されるまでの, 過渡的な製品形態といえよう.

## 1.2 乳脂の組成と特徴

乳脂の組成は, ほ乳類の種によって大きく異なると共に, 同一種内でも, 飼料, 授乳期の段階, 季節その他の要因で差異がある. 特に, 飼料に大豆油などの油脂を多量に加えると, 乳脂の脂肪酸組成は添加された油脂の影響を受け, 通常の組成と大きく異なってくる. 乳脂の97〜98%はトリグリセリドで, 残余はリン脂質(0.6%), ジ・モノグリセリド, 遊離脂肪酸, コレステ

# 1. 乳脂（バター）

**表1.2** 牛乳，山羊乳，羊乳および母乳の主要脂肪酸組成(wt%)[4,5]

| 脂肪酸 | | 牛乳 | 同左範囲 | 山羊乳 | 羊乳 | 母乳 |
|---|---|---|---|---|---|---|
| $C_{4:0}$ | (B) | 3 | 2.5～6.2 | 2 | 4 | 0 |
| $C_{6:0}$ | | 2 | 1.5～3.8 | 2 | 3 | 0 |
| $C_{8:0}$ | | 1 | 1.0～1.9 | 3 | 3 | 0 |
| $C_{10:0}$ | | 3 | 2.1～4.0 | 9 | 9 | 1 |
| $C_{12:0}$ | (L) | 4 | 2.3～4.7 | 5 | 5 | 5 |
| $C_{14:0}$ | (M) | 12 | 8.5～12.8 | 11 | 12 | 7 |
| $C_{16:0}$ | (P) | 26 | 24.0～33.3 | 27 | 25 | 27 |
| $C_{18:0}$ | (S) | 11 | 6.2～13.6 | 10 | 9 | 10 |
| $C_{18:1}$ | (O) | 28 | 19.7～31.2 | 26 | 20 | 35 |
| $C_{18:2}$ | (Li) | 2 | 1.3～5.2 | 2 | 2 | 7 |
| $C_{14:1}$ | | 1 | | 1 | 1 | 1 |
| $C_{16:1}$ | | 3 | | 2 | 3 | 4 |
| $C_{18:3}$ | | 1 | | 0 | 1 | 1 |
| $C_{20:4}$ | | 0 | | 0 | 0 | tr |
| その他脂肪酸 | | 3* | | 0 | 3* | 2* |

\* その他脂肪酸：反すう動物では奇数酸，分枝酸など，ヒトの場合は DHA, EPA などの高度不飽和脂肪酸を含む．

ロールなどである．また，バター 100 g 中には，ビタミン A (レチノール 0.6～1.2 mg, $\beta$-カロテン 0.2～1 mg)，ビタミン D (10～100 IU)，ビタミン E (1～3 mg)を含むが，季節的な変動があり夏に多く冬に少ない．これらビタミン量は，ヒト母乳の乳脂の約 1/2 である．

　乳脂の比重は 15℃ で 0.936～0.940 である．乳脂は－30℃ では結晶固体であるが，それ以上の温度では固体脂中に液状油が存在する．融点は不明確である上，脂肪酸組成によって変化するが，30～40℃ の範囲にあり，ほとんどは 37℃ で溶融状態になる．乳脂の他の特性値は，季節，飼料の影響を受けてかなりの幅があるが，ヨウ素価は 33 (28～37)，けん化価は 236 (210～250) である．夏はヨウ素価が大きく不飽和脂肪酸が多く，冬はその逆である．

　表 1.2 に牛乳，山羊乳，羊乳およびヒト母乳の主要脂肪酸の組成を示した．牛などの反すう動物の乳では，消化管内の微生物の代謝で作られる脂肪酸を含む．このため乳脂（以下，乳脂とは牛乳脂を意味する）は，鎖長の短い酪酸 ($C_{4:0}$)，カプロン酸 ($C_{6:0}$)，カプリル酸 ($C_{8:0}$) を多く含む．また奇数酸では，$C_{11}$ (0.3%)，$C_{13}$ (0.3%)，$C_{15}$ (1.1～1.3%)，$C_{17}$ (0.7～1.1%)を含む．パルミトレイン酸 ($C_{16:1}$)，オレイン酸 ($C_{18:1}$) には，二重結合の位置異性体が多い上，異

**表 1.3** 乳脂中の脂肪酸のグリセロール結合位置分布(モル%)[4]

| 脂 肪 酸 | $sn$-1 | $sn$-2 | $sn$-3 |
|---|---|---|---|
| $C_{4:0}$ (B) | — | — | 35.4 |
| $C_{6:0}$ | — | 0.9 | 12.9 |
| $C_{8:0}$ | 1.4 | 0.7 | 3.6 |
| $C_{10:0}$ | 1.9 | 3.0 | 6.2 |
| $C_{12:0}$ (L) | 4.9 | 6.2 | 0.6 |
| $C_{14:0}$ (M) | 9.7 | 17.5 | 6.4 |
| $C_{16:0}$ (P) | 34.0 | 32.3 | 5.4 |
| $C_{18:0}$ (S) | 10.3 | 9.5 | 1.2 |
| $C_{18:1}$ (O) | 30.0 | 18.9 | 23.1 |
| $C_{18:2}$ (Li) | 1.7 | 3.5 | 2.3 |
| $C_{18:3}$ (Ln) | 1.1 | 0.9 | 0.8 |

性体のトランス脂肪酸を含み,シス／トランス異性体の比率は 95：5 前後である[2].また,乳脂にはメチル基が枝分かれした長鎖脂肪酸($C_{20}$～$C_{28}$)が 0.5% 程度含まれる.乳脂は母乳に比べて,長鎖の多価不飽和脂肪酸が少なく,乳脂の脂肪酸組成は,ヒトの理想的栄養とされる油脂組成と異なる.また,乳脂の脂肪酸組成は,飼料に多価不飽和脂肪酸を加えることで変化し,リノール酸(Li)の多いサフラワー油やひまわり油と,成長ホルモンを与えると,融点が大きく低下する.

乳脂を構成する脂肪酸は 400 種以上もあるが,量的に見ると全脂肪酸中で,飽和脂肪酸ではパルミチン酸(P)が 25〜30% を占め,ミリスチン酸(M)は 12% 程度である.不飽和脂肪酸ではオレイン酸(O)が 30% 程度を占めている.水溶性の酪酸(B)が 3% 以上と多く,カプロン酸も 2〜3% である.これらは,分子量が小さいので,全脂肪酸に対するモル%では,それぞれ 11% と 5% 程度になる.

乳脂の 400 種以上の脂肪酸は,グリセロールとランダムに結合しているわけではない.グリセロール分子の OH 基の各位置(1位,2位,3位：$sn$-1,$sn$-2,$sn$-3)に対して結合する主要脂肪酸を表 1.3 に示した.最も多い分子種は PPB(5%)で,次いで酪酸を含むものでは PMB,OPB が多く,PPO(4%)と PMO も多い.乳脂の固さに関わるものは,長鎖飽和脂肪酸が 3 分子結合した PPP,PPM であり,合わせて 10% 程度と多くはないが,これらがバターの固さを支配している.乳脂全体の 1/3 の分子は,グリセロールの 3 位に酪酸を持っている.末端がカプロン酸の分子も含めると,乳脂の分子の半分が末端に水溶性の脂肪酸を持つ.一般にこのような油脂は乳脂以外に存在せず,乳腺での特異的な脂肪合成酵素系の働きによって合成される.グリセロールの 3 位の脂肪酸が酪酸であるトリグリセリドは,PPB,PMB,OPB である.この種の油脂には親水性があり,油／水界面では酪酸を水相に出して

配列する．末端がカプロン酸($C_{6:0}$)のものを含めて，このように親水性のあるトリグリセリドは，乳脂の乳化安定に大きく貢献するとされる[3]．グリセロールの3位には短鎖脂肪酸以外に，量は少ないがヒドロキシ脂肪酸が結合し，乳脂の風味に強い影響を与える．

## 1.3 乳脂の利用

バターは昔から風味と加工性の良さから，加工食品原料，調理や製菓・製パンなどに用いられてきた．しかし特に最近，乳脂は本質的に極めて高い機能を持つ油脂であることが明らかになってきた．

食用固体脂の機能特性は，トリグリセリドの分子組成と，油脂の物理的状態，結晶量とその網目構造に支配される．乳脂の可塑性は種々の食品加工に利用されるが，温度によってコンシステンシーが異なる．およそ乳脂は，40℃以上では液体で，−40℃では完全な固体である．この中間の温度では，固体と液体の混合物である．乳脂の優れた伸展性と可塑性の特性を，植物性のマーガリン，ショートニングで再現することは，経済的に不可能といえよう．

乳脂の脂肪酸の種類は長短極めて多様で，そのトリグリセリド構造も複雑であり，安定な$\beta'$形結晶が得られる．クリームをチャーンして作られるバターが，常温で優れた伸展性を示すのは，細かい油脂結晶の三次元網目構造中に，多量の液状油が保たれるためである．また，バター中に取り込まれた油中水滴型の水相も安定である．図1.1は蛍光染料で染色した無水乳脂結晶の網目構造を示す．Aは20℃でSFC＝31％の高融点の分別乳脂で，Bは20℃でSFC＝16％の通常の無水乳脂の結晶である．細かい樹枝状の乳脂の結晶状態をよく示している[6]．

### 1.3.1 乳脂の分別

乳脂の品質は，牛の品種，地域，季節，飼料などの影響を受け，一定ではない．製品の目的に合致した乳脂を原料にし，その品質を一定に維持することは，乳脂の応用範囲を広げる．乳脂の機能を改善するには，乳牛の餌によ

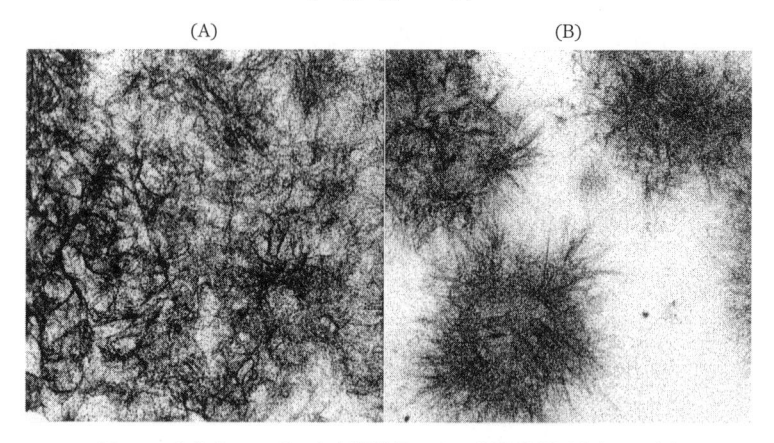

**図 1.1** 共焦点レーザー走査顕微鏡による乳脂結晶写真（×600）[6]
(A) SFC＝31％の分別乳脂，(B) SFC＝16％の無水乳脂．

る方法もあるが，工業的に行われるのは分別である．分別した乳脂は，使いやすい好みの固さへの再混合が可能である．すでに酪農国では，乳脂の分別製品が製造されている．

　油脂分別は乳脂に限らず広く行われる．この技術は加熱して溶かした油脂を冷却して結晶を作り，分離する方法から始まった．今日では油脂の分別システムが発達し，分離や分別技術の進歩と分析技術の発達で，固形油脂の機能と分子構造の関連が理解できるようになった．また，分別と混合の組み合わせで，使用目的に合致した油脂を提供することも可能になった．幾つかの油脂分別法があるが，乳脂の場合は，無水のバターオイルを 18〜28℃ で結晶させて，ろ過で液状部分を除く．この場合，結晶部分には液状部分が取り込まれるので，完全に分離できるわけではない．分別された液状部分と固形部分の脂肪酸組成は，液状部分に短鎖と不飽和の脂肪酸が増加し，長鎖飽和脂肪酸が減少するが，双方の分別油脂には，さほど大きな脂肪酸組成上の差異は起こらない[4]．

### 1.3.2　乳脂の機能改善

　油脂が可塑性であるためには，室温以上で容易に結晶化するトリグリセリドの存在が必要である．油脂の結晶性と，結晶間の橋かけ（網目構造形成）は

油脂分子の組成によっている．グリセロールの末端に，短鎖脂肪酸または不飽和脂肪酸を結合したトリグリセリドは，室温以下でも液状になりやすい．可塑性の原因になるのは，油脂の飽和脂肪酸量ではなく，長鎖の飽和脂肪酸だけからなるトリグリセリドの存在である．乳脂に含まれるトリグリセリドの3個の脂肪酸の炭素数を合計した数字は $C_{24}$～$C_{54}$ であるが，酪酸を含まないトリグリセリドで $C_{42}$ 以上のものは 35% に過ぎない．このうち，すべてが長鎖飽和脂肪酸からなるトリグリセリド(PPP と PPM)は 10% 程度である．分別で飽和酸トリグリセリドを除くと，乳脂は室温で流動性になる．また逆に，流動性バターにトリパルミチン(PPP)を混合すると可塑性が現れる．そこで，分別した乳脂の配合を変えることによって，種々の機能特性を持った乳脂が得られることになる[4]．

乳脂はそのままで用いて有効な食品もあれば，物理的性質が使用に適さない食品もある．また乳脂と他の油脂との混合で，有用な性質が得られる場合がある．例えば，ミルクチョコレートでは，乳脂によってカカオ脂の固さが和らげられ，製菓工程が容易になる．カカオ脂の大部分のトリグリセリドはSOP であり，融点が明確で，体温で融解し鋭い口溶けを与えるが，乳脂の混合でカカオ脂の性質が緩和される．また他の油脂と乳脂とを混合した場合の固体脂含量(SFC)の変化が報告されている[7]．

## 1.4 乳脂とその他油脂のエマルションの特徴

食品エマルションの乳化と安定性を支配する因子には，油脂の性質，蛋白質，乳化剤，安定剤としての多糖類がある．これらの中で最も影響の大きいものは，油脂，蛋白質，乳化剤である．乳脂，食用硬化油，やし油など固体の油脂は，温度による物理的性質の変化が大きく，温度変化で融解と結晶化を繰り返して，油滴中の結晶が大形化する．大豆やナタネのサラダ油は，0℃ 以下でも液状であり，日常の温度範囲では結晶しない．そこで，マヨネーズのように液状油のエマルションは安定化が容易である．しかし，液状油は酸化されやすく，また液状油のエマルションは，口中での油感があり，爽やかな口溶けが得られない．そのために，多くの乳化食品には固体脂が用い

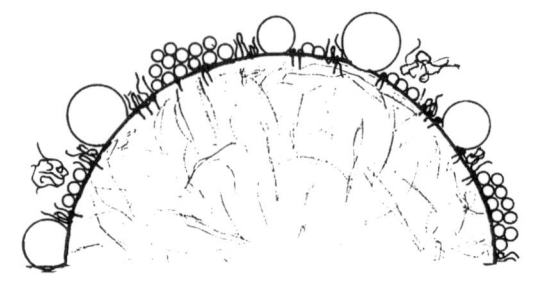

○ カゼインミセル, ○○ カゼインサブミセル, ホエー蛋白質,
リポ蛋白質または蛋白質／脂質複合体.

**図 1.2** 乳蛋白質を用いてホモジナイズした乳脂肪球の構造模式図

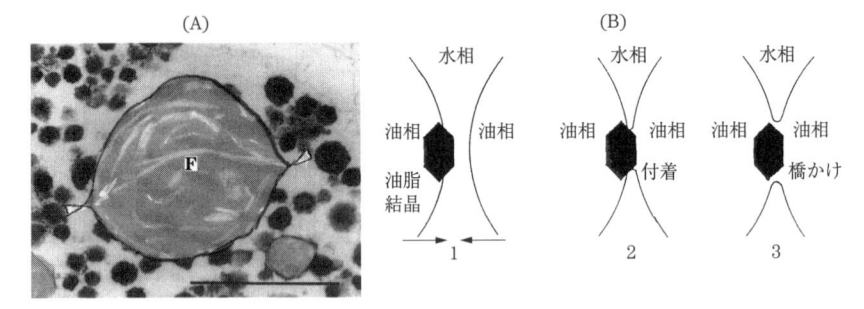

**図 1.3** ホモジナイズ後の乳脂肪球(A)（黒粒はカゼインミセル，F は結晶，◁ は油脂結晶の突出．バーは 1 μm）と，油脂結晶によるエマルション油滴合一の予想図(B)
［藤田 哲：食品加工技術，**19** (2), 2(1999)］

られる．固体脂を用いたエマルションの欠点は，脂肪球の内部に成長する油脂結晶によって，乳化被膜が破られやすく，エマルションの凝集と合一を起こしやすいことである．

　還元牛乳，スープやソースのように，比較的油脂量が少なく，蛋白質含有量が多いエマルションは安定化しやすく，乳化剤なしでも乳化できる．図1.2 は，ホモジナイズ後の乳脂肪球構造の模式図である．図 1.3-A は乳脂肪球の構造であり，油脂結晶の突出が見られる．油脂の結晶表面と油相間の界面張力は極めて小さく，脂肪球は簡単に合一するので乳化が破壊される（図1.3-B）．

　油脂の脂肪酸組成は，乳脂のように多様なものから，カカオ脂のように単

## 1. 乳脂(バター)

純なものまである．油脂の脂肪酸組成が単純なものでは，粗大な結晶を作りやすい．乳脂のように脂肪酸が長短，多種類であり，トリグリセリド組成が複雑なほど細かい結晶を得やすい．油脂は急冷するほど結晶が細かくなるので，加熱下で乳化したエマルションは直ちに冷却すべきである．また，油脂には保存中に結晶形が変化しやすいものがある．結晶の粗大化防止には，油脂のトリグリセリド組成を，油脂混合などで多様化させるとよい．乳脂からは安定性の良いエマルションを作りやすいが，それには二つの主な理由がある．その第一は酪酸のついた親水性のあるトリグリセリドの存在であり，第二は極めて多様なトリグリセリドからなる乳脂は，微細な結晶を作り $\beta'$ 結晶が維持されやすい点である．

融解した油脂の物理的性状には油種による差がないが，常温での性質では固体脂含量(SFC)が重要である．基礎編の図 1.9 (p. 15) に乳脂など 5 種の食用固体脂の SFC を示した．固体脂は一見固体のように見えても，通常の使用温度では，連続相の液状油と結晶した油脂の混合物である．油脂の SFC 曲線の傾斜が大きいものほど，温度変化で結晶・融解が起きやすく，エマルションは不安定になる．油脂は結晶核になる不純物を多く含むほど結晶しやすく，この点，モノグリセリドなど油溶性の乳化剤を含む油脂は，結晶が細かくなりやすい．

エマルション油滴中の固体脂含有量は，脂肪球(油滴)の大きさに支配される．一般に油滴が細かいほど，油滴中の油脂の結晶化温度が下がるので，エマルションを安定化しやすい．乳脂のエマルションについて，この関係を図 1.4 に示した[8]．例えば，粒子径が 1 μm の油滴では，5℃ における固体脂は約 50% であるが，15℃ では固体脂がない．粒子径が 0.3 μm になると 5℃ では固体脂ができない．しかし 0.5 μm 以下の粒子径では，ブラウン運動による油滴の衝突の確率が高まるので，エマルション不安定化要因が増加する．

エマルションの油滴とバルク(容器中などで液状または固形の)油脂では，冷却時の結晶成長の様相が異なる．バルク油脂では，過冷却が起こりにくくて結晶核は一様でなく，できた結晶が次の結晶成長を促進する．エマルションでは，個々の油滴は連絡がないため，油滴中で個別に結晶化が起こる．油滴では過冷却が起こりやすく，分子衝突によって一様な結晶核ができ，急速に

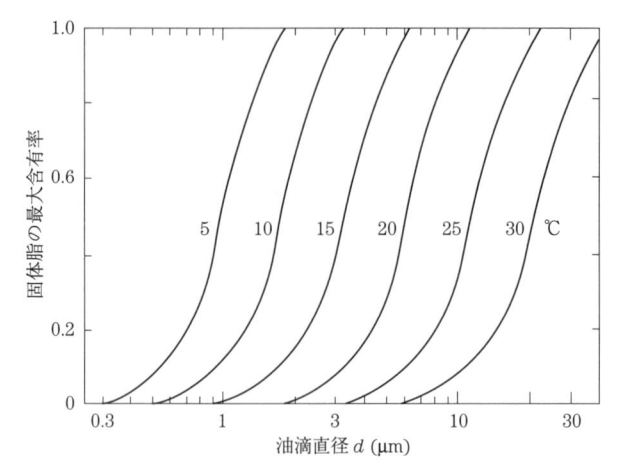

図 1.4 乳脂エマルションの油滴直径($d$)と各温度における固体脂の最大含有率の関係[8]

　結晶化が進む．また，エマルションの粒子径が小さいほど，結晶する温度が低下する．

　バルクの乳脂やパーム油では，冷却で $\alpha$ 結晶ができた後，20 分程度で $\beta'$ 結晶に転移し始めるが，エマルションでは 90〜120 分間を要する．パーム核油では，バルク，エマルション共に $\beta'$ 結晶ができ，$\alpha$ 結晶が認められない．個々のエマルション粒子内で，固体脂が結晶することで変形が起こり，表面にでた油脂結晶によって凝集や合一が促進される(図 1.3-A, B)．この現象は，アイスクリームミックスや，ホイップクリームの冷却エージング中に起こる．

## 文　献
1) 藤田　哲：食用油脂―その利用と油脂食品―，幸書房(2000)
2) 松崎　寿他：市販食品中のトランス脂肪酸，2 報，バター，チーズその他乳製品，油化学, **47**, 345(1998)
3) 有島俊治他：トリアシルグリセリンの分子種の構造と機能，同誌，**44**, 902 (1995)
4) German, J. B. and Dillard, C. J. : Fractionated milk fat : composition, structure, and functional properties, *Food Tech.,* **52** (2), 33(1998)
5) Gurr, M. I. : Nutritional significance of lipids, in *Advanced dairy chemistry,* Vol. 2, *Lipids,* Fox, P. F. ed., p. 356, Chapman & Hall, London(1995)

6) Marangoni, A. G. and Hartel, R. W. : Visualization and structural analysis of fat crystal networks, *Food Tech.*, **52** (9), 46 (1998)
7) Timms, R. E. : *Fats in food products,* Moran, D. P. J. and Rajah, K. K. eds., p. 17, Chapman & Hall, London (1994), 藤田 哲:食用油脂—その利用と油脂食品—, p. 22, 幸書房 (2000)
8) Walstra, P., van Vliet, T. and Kloke, W. : *Advanced dairy chemistry,* Vol. 2, *Lipids,* Fox, P. F. ed., p. 187, Chapman & Hall, London (1995)

# 2. 牛乳の構造

　ヒトの成長にとって最も重要な役割を果たすのは母乳である．しかしヒトの栄養で，量的に最も重要な乳は牛乳で，しかも牛乳は加工食品の重要な原料である．牛乳は天然のエマルションとしてきわめて安定であり，その構造は自然界の傑作とも言うべきものである．したがって牛乳の構造を知ることは，大変興味深いことであり，安定な食品エマルション製造に関してよい指針を与える．

　乳脂は雌牛の乳腺の頂端細胞膜から，乳脂肪球として分泌され，乳脂肪球

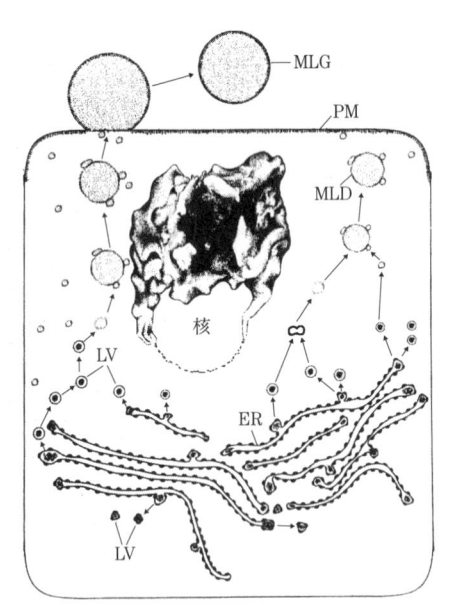

**図 2.1　乳脂肪球の成長と分泌の模式図**[1]
小胞体で作られた脂肪の小球は，乳腺の細胞内を移動して合一しながら大形化し，細胞質脂肪滴になる．脂肪滴はさらに合一を繰り返して大きさを増し，乳脂肪球として細胞外に分泌される．この時，細胞膜が脂肪球の周囲を覆う．ER：小胞体, LV：微細脂肪滴, MLD：乳脂肪滴, MLG：乳脂肪球, PM：乳腺の頂端細胞膜．

## 2. 牛乳の構造

**表 2.1** 乳脂肪球膜の組成[2,3]

| 成　分 | | 含　有　量 |
|---|---|---|
| 蛋白質 | | 25～60% |
| 全脂質 | mg/mg 蛋白質 | 0.5～1.1 |
| リン脂質 | mg/mg 蛋白質 | 0.13～0.34 |
| 中性脂質 | mg/mg 蛋白質 | 0.25～0.88 |
| スフィンゴ糖脂質 | mg/mg 蛋白質 | 0.013 |
| ヘキソース | mg/mg 蛋白質 | 0.108 |
| ヘキソースアミン | mg/mg 蛋白質 | 0.066 |
| シアル酸 | mg/mg 蛋白質 | 0.020 |
| DNA | mg/mg 蛋白質 | 0.020 |

| 脂質の成分組成(%) | | リン脂質組成(%) | |
|---|---|---|---|
| トリグリセリド | 62 | スフィンゴミエリン | 22 |
| ジグリセリド | 9 | ホスファチジルコリン | 36 |
| リン脂質 | 26～31 | ホスファチジルエタノールアミン | 27 |
| 遊離脂肪酸 | 0.6～6 | ホスファチジルイノシトール | 11 |
| ステロールなど | 1.5～3 | ホスファチジルセリン | 4 |
| | | リゾレシチン | 2 |

は蛋白質，糖質などを含む乳しょう中に，水中油滴型エマルションとして分散する(図2.1)．乳脂肪球の大きさは，直径0.1～10 μmで，平均4 μm程度であり，その重量の95%以上がトリグリセリド(乳脂)である．乳脂肪球は乳腺の細胞膜に由来する膜で覆われている．この乳脂肪球膜は脂肪球の重量の2～6%を占め，表2.1に示すように，蛋白質，リン脂質，中性脂質，糖などで構成されている．乳脂肪球膜のリン脂質は，ホスファチジルコリン(レシチン)，

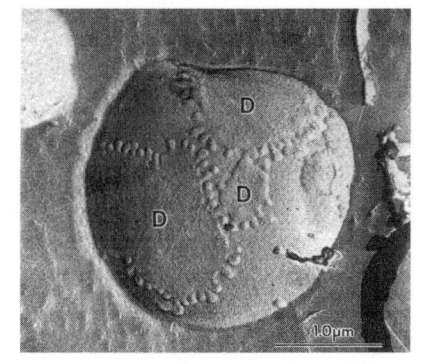

**図 2.2** 分泌直後の牛乳脂肪球の表面．乳脂肪球膜の構造は複雑で，大きさの異なるDの領域は蛋白質被膜を示している．
[Bechheim, W.: *Kieler Milchw. Forsch. Ber.*, **38**, 227(1986)]

ホスファチジルエタノールアミン，スフィンゴミエリンの含量が多い．

図 2.2 は乳脂肪球膜の表面構造で，図 2.3 は冷却した乳脂肪球の構造を模式的に示した．牛乳の乳脂肪球膜は蛋白質と脂質が主要成分で，両者で約

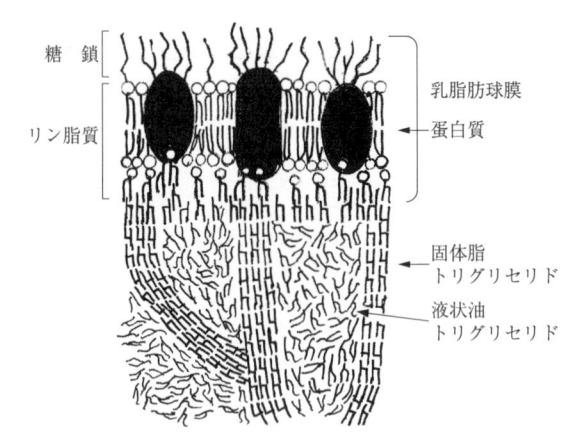

**図 2.3** 冷却して結晶が生じた乳脂肪球の構造模式図

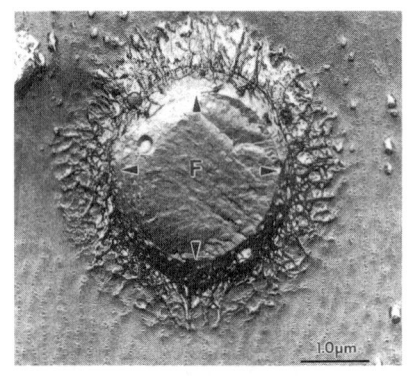

**図 2.4** ロバ乳脂肪球の切断面(矢印で示す面)の構造. 乳脂肪 F の周囲は細長い糖鎖をもつ糖蛋白質で覆われている.
[Welsh, U. et al.: Histochemistry, **88**, 357(1988)]

90％を占める. 蛋白質にはその重量の 20％ 程度の糖鎖があって, 図 2.3 に示すように膜の表面を保護し, その親水性でエマルションは安定化している. 冷却した乳脂肪球の内部構造は, 針状トリグリセリド結晶の網目構造中に, 液状トリグリセリドが含まれる.

クリームからバターを分離した乳しょうをバターミルクという. バターミルクは, カゼイン, ホエー蛋白質など以外に乳脂肪球膜成分を含み, 乳化性が良好である. 分離した乳脂肪と乳脂肪球膜を pH 5 で高速撹拌すると, 平均粒子径が 5 μm のエマルションが得られるという[4]. また, 乳脂肪球膜で乳化した植物油エマルションは中性 pH で安定であり, カゼインナトリウムやホエー蛋白質とは異なり, Tween 類などの親水性界面活性剤で置換されない[5]. 乳脂肪球膜表面の糖鎖は, ロバ乳と母(人)乳で顕著であり[6,7], 参考までにロバ乳脂肪球の横断面を図 2.4 に示した.

## 文　献

1) Keenan, T. W. and Dylewski, D. P. : *Advanced dairy chemistry,* Vol. 2, *Lipids,* Fox, P. F. ed., p. 99, Chapman & Hall, London (1995)
2) Keenan, T. W. and Dylewski, D. P. : *ibid.,* p. 105.
3) Keenan, T. W. and Dylewski, D. P. : *ibid.,* p. 107.
4) Kanno, C., Shimomura, Y. and Takano, E. : Physicochemical properties of milk fat emulsions stabilized with bovine milk fat globule membrane, *J. Food Sci.,* **56**, 1219 (1991)
5) Corredig, M. and Dalgleish, D. G. : Characterization of the interface of an oil-in-water emulsion stabilized by milk fat globule membrane material, *J. Dairy Res.,* **65**, 465 (1998)
6) Buchheim, W. *et al.* : Glycoprotein filament removal from human milk fat globules by heat treatment, *Pediatrics,* **81**, 141 (1988)
7) Buchheim, W. : Milk and dairy-type emulsions, in *Food emulsions,* 3rd Ed., Friberg, S. E. and Larsson, K. eds., p. 235-278, Marcel Dekker, New York (1997)

# 3. 低分子乳化剤(界面活性剤)

## 3.1 食品用乳化剤の概要

　今日の食品加工では，食品用乳化剤(界面活性剤)を加工手段や品質の安定化のために利用する．食品用乳化剤は乳化の目的以外にも，多くの用途をもっている．基礎編でも述べたとおり，食品用乳化剤は両親媒性の極性脂質であり，コロイド系を安定化し，食品成分の脂質，蛋白質，炭水化物と相互作用する．また，これらの食品成分と複合体を形成し，それらの物理・化学的性質を変化させる．この種の相互作用は，エマルション安定化，起泡性食品の安定化，加工食品のシェルフライフ延長に重要な因子である．食品用乳化剤については，すでに多くの専門書が出版されているので，詳細にはふれない．この章では，利用上の重要事項で，それらの図書には記載されていない内容に重点を置いて説明する．

　食品添加物である界面活性剤には，天然物と化学合成品がある．製油工程で分離される大豆リン脂質(大豆レシチン)，卵黄由来のレシチンは天然物である．モノグリセリドは元来天然物であるが，現在はすべて合成品が使用されている．食品用乳化剤の多くは，食用油脂由来の脂肪酸と多価アルコール(グリセロール，ソルビトール，ショ糖など)とのエステルである．グリセロール(グリセリン)のモノ脂肪酸エステル(以後モノグリセリドと記す)には，グリセロールを重合させたポリグリセリンエステルがある．さらにモノグリセリドを有機酸でエステル化した製品があり，これらは一種のアニオン界面活性剤であって，モノグリセリドの機能性が改良される．

　これらの食品用乳化剤(レシチンを除く)の世界生産量は，正確な把握ができていないが，およそ25万トンと推定され，モノグリセリドが3/4を占める．日本の生産量は表3.1に示すように約1.8万トンと推定され，ショ糖脂

表 3.1　食品用乳化剤の推定市場規模(トン)および 2002 年推定需要[1)]

| 乳化剤 | モノグリ | 有機酸モノグリ | ポリグリE | ソルビタンE | PGE | ショ糖E | レシチン* |
|---|---|---|---|---|---|---|---|
| 需要量 | 9 000 | 1 000 | 1 300 | 1 500 | 1 000 | 4 700 | 7 500 |
| 洋菓子 | 1 900 | 150 | | | 800 | 200 | |
| パン | 1 900 | 150 | | | | | 950 |
| アイスクリーム | 900 | | | | | | |
| マーガリン | 900 | | 350 | | 100 | 1 000 | 850 |
| チョコレート | | 200 | 200 | | | 200 | 900 |
| チューインガム | 350 | 200 | | | | 100 | |
| 麺類 | 400 | | | | | | |
| 豆腐 | 1 400 | | | | | | |
| 乳製品 | | 100 | 250 | | | 600 | 150 |
| 飲料 | | | | | | 600 | |
| カレー | | | | | | | 700 |
| 2002 年需要 | 9 000 | 1 000 | 1 100 | 1 500 | 1 000 | 4 200 | 7 780 |
| | | ジグリセンエステル | 100 | | | | |

＊ このほかに高純度レシチンが約 1 000 トンあるが，健康食品用などが多い．
　E はエステルの略．

肪酸エステルが多いのが特徴で，モノグリセリド類は 2/3 を占めている[1)]．レシチン類には，大豆レシチン，卵黄レシチンの他に，酵素分解レシチン，酵素処理レシチン，分別レシチンがある．加工処理されたレシチン類の需要は毎年増加中であり，レシチン全体で 7 800 トン程度と推定されている．

## 3.2　食品用乳化剤の種類と食品衛生法による規制

　乳化剤はレシチンを含めて，すべて食品添加物に指定され，食品衛生法の規制下にある．1996 年(平成 8 年)に施行された食品添加物の規格基準の改正で，食品用乳化剤は，合成添加物 4 種，既存添加物(天然添加物)18 種，使用対象と使用量制限のあるステアロイル乳酸カルシウムなど 4 種(うち 3 種は果物被覆剤など)に分類された．先進国では，グリセリン脂肪酸エステル(略称：モノグリセリド)，ポリグリセリン脂肪酸エステル，各種のモノグリセリド有機酸エステル(通称：有機酸モノグリセリド)には，個別の規格と使用基準がある．日本では奇異なことに，これらモノグリセリド関連乳化剤を，すべてモノグリセリドに一本化している．

既存添加物にはサポニン類，ステロール類などを含めて18種があるが，現在3品目は削除が検討されている．レシチン類とキラヤサポニンを除くと，他の天然物乳化剤は，使用実績が無いか，またはほとんど無いとみられる．また，植物レシチンは事実上大豆リン脂質に限られる．これらのレシチン類は既存添加物に分類されるが，食品衛生法の規格がある．また以上のほかに，食品添加物の国際的整合性のために，国際的に安全性が確認され，汎用されている乳化剤として，次の5品目が近く認可される予定である．それらは，ポリオキシエチレン(20)ソルビタン脂肪酸エステル(ポリソルベートまたはTween類)4品種と，ステアロイル乳酸ナトリウムである．また諸外国では，脂肪酸と脂肪酸ナトリウム(Na, K, Caのセッケン)が，GRAS(Generally Recognized As Safe)として食品添加物に指定されている．これらは元々食品に含まれたり，また食品加工中に発生するが，日本では香料以外は意図的に添加することはできない．このため前記5品目と共に貿易上の障害になっている．

表3.2に，近く許可される見込みの食品用乳化剤を含めて，それらの添加に関する規制などを，EU規格，アメリカ連邦規格(CFR)と比較して示した．アメリカでは，食品添加物にGRASの分類があり，GMP準拠で食品に自由に使用することが許可されている．EUとアメリカでは，GRAS相当の乳化剤を除くと，合成乳化剤の使用対象食品はポジティブリスト化され，GMP規定または品目別に添加限度が定められている．食品加工の専門的見地からすると，定められた添加量限度は一般にかなり多めであり，実際に利用する上で問題は生じないとみられる．

先進各国では，食品用合成乳化剤について，使用対象食品と対象ごとの添加量制限があるが，日本では被覆剤など4種以外の乳化剤は，全食品に関して添加量制限がない．例えば，ポリグリセリン縮合リシノール酸(縮合ひまし油脂肪酸)エステルは，アメリカでは未認可で，EUではチョコレートなど4品目への添加が認められ，最大使用量は少なく，1日摂取許容量は低く設定されている．逆に日本では，国際的にGRAS扱いの脂肪酸塩が未承認など，現行添加物制度には矛盾がある．

一方，食品添加物の国際規格(Codex)は現在改訂中である．乳化剤に関し

3. 低分子乳化剤（界面活性剤）　315

表 3.2　日本および世界の食品用乳化剤の種類、名称、添加対象、添加量規制（2004 年 5 月現在）

| 乳化剤の化学的名称 | 略号 | 日本 |  | EU（国による個別規制あり） |  |  | アメリカ連邦規格、CFR |  |  |
|---|---|---|---|---|---|---|---|---|---|
|  |  | 使用対象 | 使用量% | ADI*1 | 使用対象 | 使用量% | EU No. | 使用対象 | 使用量%*2 |
| レシチン（大豆、卵黄、分別、酵素分解） |  | 全 | 無制限 | 無制限 | 全 | 無制限 | E322 | GRAS |  |
| 酵素処理レシチン |  | 全 | 無制限 | 無制限 | 全 | 無制限 |  | GRAS |  |
| グリセリン脂肪酸エステル | MAG | 全 | 無制限 | 無制限 | 全 | 無制限 | E472 | GRAS | GMP |
| 酢酸モノグリセリド | ACETEM | 全 | 無制限 | 無制限 | 全 | 無制限 | E472a | 全 | GMP |
| 乳酸モノグリセリド | LACTEM | 全 | 無制限 | 無制限 | 全 | 無制限 | E472b | 全 | GMP |
| クエン酸モノグリセリド | CITREM | 全 | 無制限 | 0〜50 | 全 | 無制限 | E472c | 油脂のみ | 200 ppm |
| ジアセチル酒石酸モノグリセリド | DATEM | 全 | 無制限 | 未指定 | 対象限 | 無制限 | E472e | GRAS |  |
| コハク酸モノグリセリド | SMG | 全 | 無制限 | 0〜25 | 使用限 | 0.1〜1 | E475 | 対象限 | 0.5〜3 |
| ポリグリセリン脂肪酸エステル | PGE | 全 | 無制限 | 0〜7.5 | 対象限 4 種 | 0.4〜0.5 |  | 未指定 | GMP |
| ポリグリセリン縮合リシノール酸エステル | PGPR | 全 | 無制限 | 0〜25 | 対象限 | 0.1〜3 | E477 | 全 | GMP |
| プロピレングリコール脂肪酸エステル | PGME | 全 | 無制限 | 0〜10 | 対象限 | 0.1〜2 | E473 | 対象限 | GMP |
| ショ糖脂肪酸エステル | SE | 全 | 無制限 | 0〜25 | 対象限 | 0.5〜1 | E491 | 全 | GMP |
| ソルビタンモノステアレート | SMS | 全 | 無制限 | 0〜15 | 対象限 | 0.5〜1 | E492 | 未指定*4 |  |
| ソルビタントリステアレート | STS |  |  | 0〜25 | 対象限 | 0.1〜1 | E435 | 対象限 | 0.1〜0.5 |
| ポリソルベート 60 | PS 60 | 未指定*3 |  | 0〜25 | 対象限 | 0.1〜1 | E436 | 対象限 | 0.1〜0.5 |
| ポリソルベート 65 | PS 65 | 未指定*3 |  | 0〜25 | 対象限 | 0.1〜1 | E433 | 対象限 | 0.1〜0.5 |
| ポリソルベート 80 | PS 80 | 未指定*3 |  |  | 全 |  | E470 | GRAS |  |
| 脂肪酸セッケン（Na, K, Ca 塩） |  | 未指定 |  | 無制限 |  |  |  |  |  |
| ステアロイル乳酸ナトリウム | SSL | 未指定*3 |  | 0〜20 | 対象限 | 0.2〜1 | E481 | 対象限 | 0.2〜0.5 |
| ステアロイル乳酸カルシウム | CSL | 対象限*3 | 0.4〜1 | 0〜20 | 対象限 | 0.2〜1 | E482 | 対象限 | 0.3〜0.5 |
| キラヤサポニン（天然物） |  | 全 | 無制限 |  |  |  |  |  |  |

全：全食品に使用可能。対象限：使用対象に制限あり。GRAS：一般に安全と認められ、使用対象に制限あり。使用量％：対象品目別に上限が定められている。GMP：添加量は GMP による。
*1 ADI：1 日摂取許容量、mg/kg 体重、*2 使用量％：対象品目別に上限が定められている。*3 日本で指定を審査中。*4 近日中に指定の見込み。

ては,現在ステップ6で,各国業界が希望する乳化剤の使用対象と添加量限度数値の羅列段階であり,極めて多様である.今後,対象食品と数値が絞られる予定であるが,難航中で今後の見通しが立たない程であるとされている.ほぼ確定したものは,ステップ8に達したプロピレングリコール脂肪酸エステルだけである.食品 Codex は貿易の公正と円滑化のためにあるが,EU など厳格な基準をもつ諸国は,広がりすぎたステップ6案に反対している.これら乳化剤の品質規格は,食品 Codex,各国,EU でほぼ同一であるが,使用対象品目と最大添加量に差異がある.日本で現在許可されている乳化剤は,品目が国際的整合性に欠け,対象食品と量の制限がないので,生産者には便利であるが,法的に未整備の状態といえよう.

## 3.3 食品用乳化剤の構造と機能

一般に食品用乳化剤は,必ずしも乳化に関わるものではない.食品加工と食品保存における,食品用乳化剤の主要機能は次の3種である[2].
(1) 油滴または脂肪球の分散と凝集の状態を制御することによって,エマルションと泡を安定化し,また逆に部分的に不安定化する.
(2) デンプンや蛋白質との相互作用によって,製品寿命,テクスチャー,レオロジー特性を改善する.
(3) 脂質の多形(例えば,トリグリセリド結晶の性質や大きさ)に影響を与えて,脂肪食品のテクスチャーや形態を調節する.

食品用乳化剤では,親水基にかなりの選択の幅がある.しかし親油基は脂肪酸に限られ,脂肪酸の個数,鎖長の長短,不飽和結合の数が親油基の特徴を決める.実用的な脂肪酸の鎖長は炭素数で 12~22 であり,主に飽和と不飽和の炭素数 18 の脂肪酸で親油基が構成される.親油性の増加は結合脂肪酸の数を増やすか,親水基の縮小で行われる.例外的なものに,巨大親油基を持つポリグリセリン縮合リシノール酸(4~5分子重合体)エステルがある.

### 3.3.1 乳化剤の界面(表面)への吸着

食品用乳化剤の主要三機能は,乳化剤の分子構造に強く依存する.乳化剤

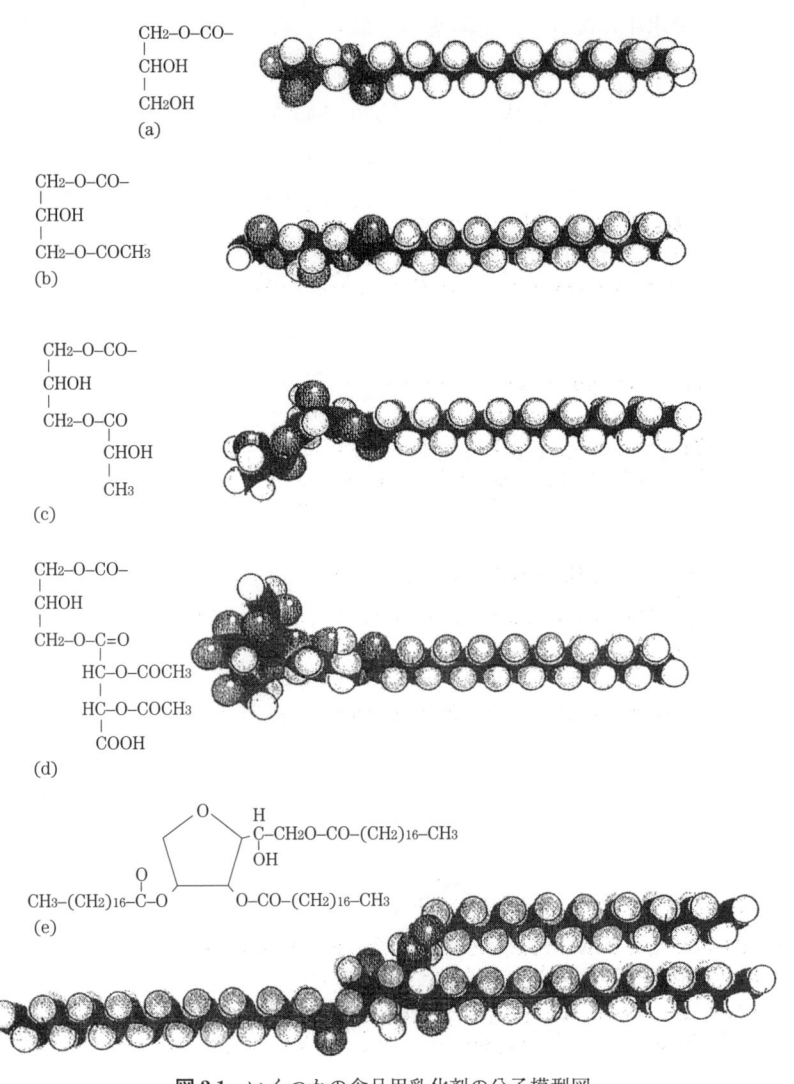

3. 低分子乳化剤（界面活性剤）    317

CH₂–O–CO–
|
CHOH
|
CH₂OH
(a)

CH₂–O–CO–
|
CHOH
|
CH₂–O–COCH₃
(b)

CH₂–O–CO–
|
CHOH
|
CH₂–O–CO
        |
        CHOH
        |
        CH₃
(c)

CH₂–O–CO–
|
CHOH
|
CH₂–O–C=O
        |
        HC–O–COCH₃
        |
        HC–O–COCH₃
        |
        COOH
(d)

CH₃–(CH₂)₁₆–C–O
(e)

**図 3.1**　いくつかの食品用乳化剤の分子模型図
(a) グリセリンモノステアレート．
(b) 酢酸モノグリセリド（モノグリセリド：グリセリンモノステアレート）．
(c) 乳酸モノグリセリド（同上：グリセリンモノステアレート）．
(d) ジアセチル酒石酸モノグリセリド（同上：グリセリンモノステアレート）．
(e) ソルビタントリステアレート．
[Gunstone, F. D. and Padley, F. B. eds.: *Lipid technologies and applications*,
 p. 259, p. 526, Marcel Dekker (1997)]

の親水基は水中に配列し，親油基(脂肪酸)は，油／水界面では油中に，気／水界面では空気中に配列する．乳化剤は油／水(気／水)界面に緻密に配列し吸着量が多いほど，界面張力(表面張力)低下能が大きい．図3.1から理解できるように，乳化剤の分子構造は，界面での配列に影響する．ショ糖やソルビタンのジ・トリ脂肪酸エステル(図3.1参照)のように，親水基を中心に2〜3方向に伸びる脂肪酸鎖を持つ乳化剤は，気／水界面(表面)での吸着面積が広く疎に吸着し，またかさ高に吸着することがある．脂肪酸1個を持つモノエステル類は，概して吸着面積が小さく，緻密に吸着する．親水性乳化剤の常温での最大表面吸着濃度は，1〜3 mg/m$^2$ 程度である．しかし，構造の異なる乳化剤の組み合わせで，吸着量を増やすことができる．この方法で，界面張力の低下による乳化性の向上と，エマルションの安定化をはかることができる．

　乳化剤の構造や親水・親油性によって，その吸着量は気／水界面(表面)と油／水界面で異なる．例えば親油性乳化剤，ソルビタンモノオレエート(Span 80)の気／水界面吸着は 1.2 mg/m$^2$ 程度であるが，油／水界面では 1.5 mg/m$^2$ とされる．さらに油溶性のトリオレエート(Span 85)では，気／水界面で 0.5 mg/m$^2$，油／水界面で 1.8 mg/m$^2$ と報告されている[3]．

　乳化剤の脂肪酸が固体(飽和)の場合は吸着が密になり，液体(不飽和)の場合は疎になる．乳化剤が同系であって，脂肪酸が飽和か不飽和かで異なるエマルションでは，安定性に大きな差がある．界面に吸着した乳化剤は，飽和脂肪酸の場合は強固に界面に吸着するが，不飽和脂肪酸の吸着は弱く，このためにエマルションの不安定化効果がある．そこで起泡に乳化の部分破壊が必要なホイップクリームの乳化剤配合では，飽和脂肪酸と不飽和脂肪酸乳化剤の組み合わせが必要になる．逆に強い乳化安定性が要求されるコーヒーホワイトナーには，主に飽和脂肪酸の乳化剤が用いられる．大豆レシチンの乳化性は貧弱であるが，蛋白質との複合体形成作用があり，静止時にはある程度エマルション安定効果を有するとみられる．しかし大豆レシチンは，リノール酸を60%弱，リノレン酸を8%含み，乳化不安定化によって，ホイップクリームの起泡を促進する．

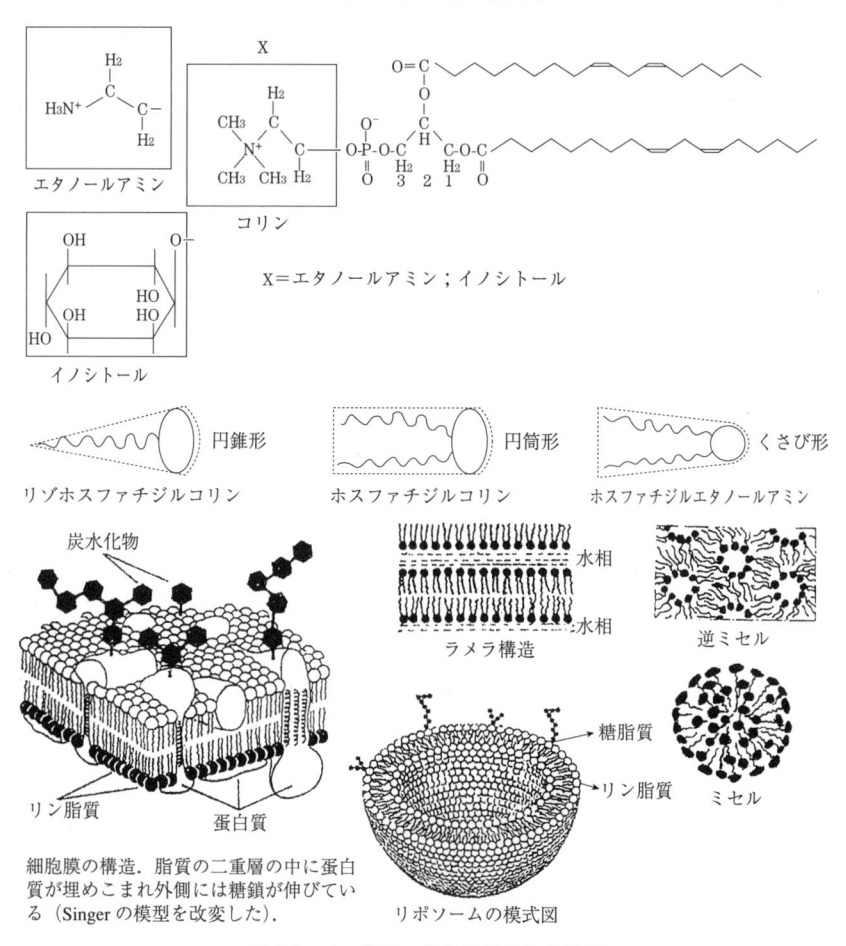

図3.2 リン脂質の化学構造と集合構造

## 3.3.2 食品用乳化剤の非イオン性，イオン性，両性イオン性

モノグリセリド，ソルビタンエステル，ショ糖エステルなど，食品用乳化剤の大部分は非イオン界面活性剤である．近く指定が予定されるポリソルベート（ポリオキシエチレンソルビタン脂肪酸エステル）も親水性の非イオン界面活性剤である．アニオン性の食品用乳化剤には，ステアロイル-2-乳酸エステルのカルシウム塩，ナトリウム塩，ジアセチルコハク酸やクエン酸のモノグリセリドエステルなどがある．ステアロイル-2-乳酸エステルのナトリウ

ム塩は親水性が大きい．前述したが欧米では，脂肪酸のナトリウムおよびカリウム塩(セッケン)と脂肪酸が食品添加物に指定されている．カチオン性の界面活性剤は，食品用には使われない．

ホスファチジルコリン(狭義のレシチン)は重要な両性イオン性乳化剤である．ホスファチジルコリンは，リン酸のアニオンとコリンのカチオンが拮抗しており，中性pH域では電荷がなくなる．このためホスファチジルコリンは，中性の非イオン界面活性剤のように働く．アニオン界面活性剤は，静電相互作用で蛋白質と複合体を形成しやすい．この複合体形成は食品エマルションの安定化に関係する．

図3.2に示すように，ホスファチジルコリンの構造は円筒形で，水中でラメラ構造やベシクルを作るが，ホスファチジルエタノールアミンの親水性部分は小さく，くさび形(台形)で，水中で逆ミセルを作りやすい．そこで，ホスファチジルエタノールアミンを多く含むレシチンは，マーガリンの油中水滴型(W/O)エマルションを作るのに適する．リゾレシチンは親水基が強大なために円錐形をなし，透明なミセルを形成し，マイクロエマルション(可溶化ミセル)の製造に適する．

## 3.4 食品用乳化剤各論

食品に用い得る乳化剤には，レシチンのような天然系乳化剤と，化学的に合成される乳化剤があることは前に述べた．天然系乳化剤は食品衛生法で既存添加物に分類される18品目であるが，使用実績のないものについては，収載見直しが行われている．

### 3.4.1 大豆レシチン(大豆リン脂質)

リン脂質は細胞膜の構成成分であり，生体機能に与る両親媒性物質である．「レシチン」は学術的には，卵黄レシチンの主要成分であるホスファチジルコリンを意味し，広義にはグリセロリン脂質と同義語である．食品添加物としてのレシチンは，油糧種子または動物原料から得られるリン脂質と定義される．しかし，実際に用いられるのは大豆レシチンと卵黄レシチンであり，

卵黄レシチンは高価なため食品への利用は少なく，医薬・化粧品向けが多い．例えば，マヨネーズのように，食品には卵黄自体の乳化性が用いられる．また，大豆以外の植物油のレシチンの分離精製は，大豆油に比べ実用化が困難であり販売されていない．

ホスファチジルコリン(PC：狭義のレシチン)は両性イオン性乳化剤である．酸性ではカチオン性を示し，アルカリ性ではアニオン性であって，中性では電荷を失い非イオン界面活性剤のように働く．大豆リン脂質は，ホスファチジルコリンと，酸性脂質のホスファチジルイノシトール(PI)，ホスファチジルエタノールアミン(PE)を，ほぼ1/3ずつ含むため，全体としては酸性(アニオン性)乳化剤になる．酵素分解で脂肪酸を1個失った大豆リゾレシチンは，疎水性が半減して親水性のアニオン界面活性剤として作用する．

食品に最も多用されるペースト状の大豆レシチンは，大豆油精製の副産物で，搾油後の脱ガム工程での加水で出来るガム様物質を脱水したものである．この大豆レシチンは，35〜40%の大豆油と脂肪酸を含み，リン脂質以外に少量の糖脂質その他を含む．この粗レシチンを有機溶剤で脱油して精製すると，粉末状の精製大豆レシチンが得られる．さらに，大豆レシチンを酵素分解したリゾレシチンやホスファチジン酸(酵素分解レシチン)，酵素でコリン基などを交換したもの(酵素処理レシチン)もレシチンに分類される．脱油レシチンをエタノールなどの溶剤で分別し，PC，PE，PIなど特定リン脂質成分の含量を高めた製品もある．レシチンを構成する脂肪酸の種類は多様で，大豆レシチンではリノール酸が60%程度を占め，卵黄レシチンはオレイン酸とパルミチン酸が多い．

## 大豆レシチンとリゾレシチンの性質

ペースト状大豆レシチンは油脂にある程度可溶で，水にはエマルションになって分散する．精製大豆レシチンは，水に白濁分散し，植物油にはやや溶解する．大豆レシチンの食用油脂乳化性は，ショ糖脂肪酸エステルやモノグリセリドに劣る．このためレシチンの改質研究が行われ，ホスホリパーゼ$A_2$を用いてレシチンを部分的に分解することで，レシチンの水溶性と乳化性など界面活性が飛躍的に改善された．すでに数社からリゾ体含有量が60〜80%程度の酵素分解レシチンが発売されている．さらに高純度の大豆リゾ

レシチンは，水に透明に溶解して顕著な界面活性を示す．大豆リゾレシチンの水溶液は酸や食塩による影響を受けにくく，酸性のエマルションや高食塩濃度のエマルションを安定化し，微粒子分散や，油溶性物質の可溶化作用が大きい[4]．また，耐酸，耐塩性のない他の食品用乳化剤と混合すると，それらの性質を改善することができる[5]．

### 3.4.2 モノグリセリドと蒸留モノグリセリド

グリセリン脂肪酸エステル(モノグリセリド)は，最も一般的な乳化剤である．モノグリセリドは安全な(GRAS)乳化剤として，各国とも食品全般に対して，添加効果を発揮できる範囲(GMP)で使用できる．モノグリセリドは，1930年代に工業生産が始められ，主にマーガリンに用いられた．最初は，油脂(トリグリセリド)とグリセロールのエステル交換反応で製造され，その後，脂肪酸とグリセロールを直接エステル化する方法が行われた．モノグリセリドは，モノ・ジ・トリグリセリドの混合物で，それらの混合比はほぼ5：4：1である．モノグリセリドは油溶性であり，マーガリン，ショートニング，その他ベーカリー製品に用いられるほか，他の乳化剤と併用して多くの食品に用いられる．

モノグリセリドを分子蒸留したものが，蒸留モノグリセリドであり，今日ではほとんどのモノグリセリド需要が蒸留品になっている．単にモノグリセリドと言うと，蒸留モノグリセリドを意味し，未蒸留品はモノ・ジグリセリドとよぶ．蒸留モノグリセリドの純度は90〜97％であり，脂肪酸がグリセロールの1位に結合した1-モノエステルが90％程度を占めている．研究目的の製品を除くと，市販のモノグリセリドの脂肪酸は，天然油脂由来またはそれらを硬化した脂肪酸の混合物である．

**モノグリセリドの物理的性質**

モノグリセリドの融点は，対応する油脂(トリグリセリド)の融点より10℃程度高い．融解したモノグリセリドを冷却すると，油脂と類似した結晶多形を示し，$\alpha$結晶からサブ$\alpha$結晶に変化する．これらの結晶形は不安定で，保存すると高融点で安定な$\beta$結晶形になる．$\beta$結晶の融点はモノグリセリドの融点である．表3.3は各種モノグリセリドの融点，結晶化温度を示す[6]．

## 3. 低分子乳化剤(界面活性剤)

**表3.3** 各種蒸留モノグリセリドの融点($\beta$形),結晶化温度($\alpha$形)および$\alpha \rightarrow$サブ$\alpha$形結晶転移点[6]

| モノグリセリド | 融点 $\beta$形 (℃) | 結晶化温度 $\alpha$形 (℃) | 転移温度 $\alpha \rightarrow$sub-$\alpha$形 (℃) |
|---|---|---|---|
| モノカプリン　(90% $C_{10}$脂肪酸) | 52 | 16 | — |
| モノラウリン　(92% $C_{12}$脂肪酸) | 58 | 38 | 19 |
| モノミリスチン　(92% $C_{14}$脂肪酸) | 64 | 50 | 26 |
| モノパルミチン　(92% $C_{16}$脂肪酸) | 68 | 62 | 34 |
| モノステアリン　(85% $C_{18}$脂肪酸) | 74 | 68 | 42 |
| モノオレイン　(80% $C_{18:1}$脂肪酸) | 35 | 2 | — |
| モノリノレイン　(65% $C_{18:2}$脂肪酸) | 12 | −6 | — |
| モノベヘニン　(90% $C_{22}$脂肪酸) | 84 | 78 | 54 |

蒸留モノグリセリドは,モノ・ジグリセリドに比べて水への分散性がよい.飽和脂肪酸の蒸留モノグリセリドを水に加えて加熱すると分散し,融点より高温にすると透明ゲルが分離する.これは蒸留モノグリセリドが,加温状態で水を含んだ液晶を作るためである.このゲルは冷却すると水を失って塊状になる.蒸留モノグリセリドに脂肪酸ナトリウム(セッケン)など,親水性の界面活性剤を加えると,分散が容易になりゲルを作りにくくなる.モノ・ジグリセリドが,不純物としてある程度のセッケンを含む場合,水中分散性を示し「自己乳化型モノグリセリド」とよばれる.一方,モノ・ジグリセリドはトリグリセリドを含むため,水中でエマルションを作ることが多い.

モノグリセリド,リン脂質,糖脂質などの極性脂質と水の混合物は,その混合比率,温度によって種々の異なった集合構造を示す.それらの構造は,液晶構造または中間相(メゾフェーズ:結晶と液体との中間相)とよばれる.水が共存すると,モノグリセリドの融点以下20℃程度までは結合脂肪酸が液体状であり,モノグリセリド/水混合物の集合状態によって,ラメラ構造,六方晶形(ヘキサゴナル),立方晶形(キュービック)の液晶を作る.これらの中間相は,図3.3に示すように脂肪酸同士が規則的に配列し,親水基のグリセロール層間に水相を含むゲル状をなす.またこれらの相図を図3.4に示した.炭素原子数16〜18の蒸留飽和脂肪酸モノグリセリドの透明ゲルはラメラ液晶構造で,図3.3に模式的に示す脂質二重層である.

蒸留飽和脂肪酸モノグリセリドを水と共に加熱すると,ゲル化温度以上で

(a) ラメラ構造 — 脂質二重層／水

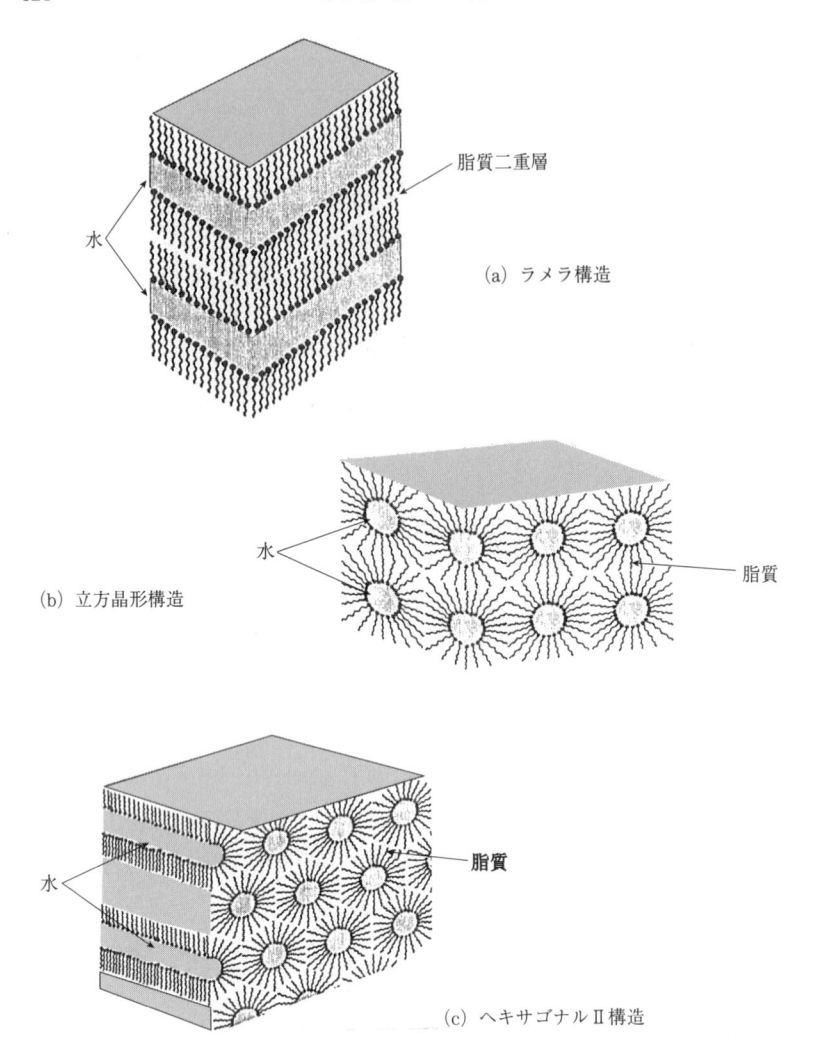

(b) 立方晶形構造 — 水／脂質

(c) ヘキサゴナルⅡ構造 — 水／脂質

**図 3.3** 蒸留モノグリセリドの液晶構造模式図
[Hui, Y. H. ed. : *Bailey's industrial oil and fat products*, Vol.3, 5th Ed., p. 501, John Wiley & Sons(1996)]

結晶構造のグリセロール基間に水が入り，ゲル状構造ができる．このとき脂肪酸は結晶構造を維持している．さらに加熱して，クラフト点(Krafft point)以上の温度になると，脂肪酸は融解してモノグリセリドはラメラ構造の中間

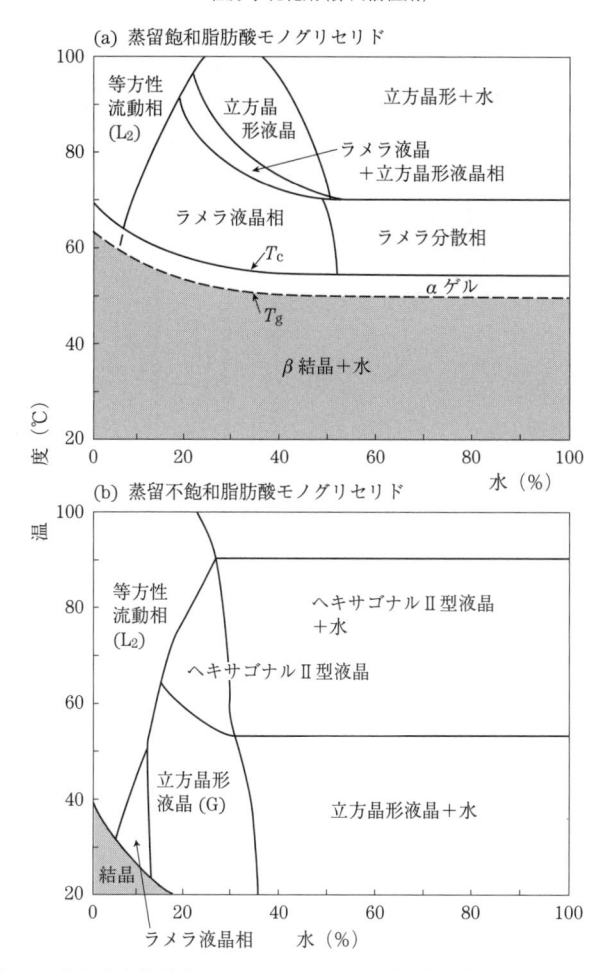

**図 3.4** 蒸留飽和脂肪酸モノグリセリドおよび蒸留不飽和脂肪酸モノグリセリドと水混合物の 2 相図
(a) 硬化ラード脂肪酸, (b) ひまわり油脂肪酸.
$T_c$: クラフト点の温度, $T_g$: α ゲルが生成する温度.
[Gunstone, F. D. and Padley, F. B.: *Lipid technologies and application*, p. 525, Marcel Dekker(1997)]

相になる. このときさらに水を増やすと, ラメラ単位の分散液になる. この分散液は, 食品の水相中にモノグリセリドを加えるのに便利である. またこの状態であると, デンプンの老化防止に有効なデンプン／モノグリセリド複

合体が形成されやすい．ラメラ相をクラフト点以下に冷却すると，脂肪酸が結晶し始めるためアルファ($\alpha$)ゲル相になる．このとき水はラメラ構造と同様に，親水基間に保持される．$\alpha$ゲルとラメラの違いは，モノグリセリドの脂肪酸が結晶しているか否かの差異である．

**蒸留モノグリセリドの利用**

$\alpha$ゲル状態は，他の乳化剤においても，ホイップクリームなどの起泡性エマルションに用いる場合，重要な役割を果たしている．また脂肪を含まない食品にテクスチャーを与えるためにも，重要な役割を有する．このゲル相は水和による水の保持力があり，アイスクリームやホイップクリームではエマルションの破壊を促進し，低脂肪食品の粘度を高める作用がある[7]．蒸留飽和モノグリセリドの水和物は，パンやケーキなどデンプン食品の老化防止剤として利用されており，モノグリセリドの最大用途になっている．20〜45%の飽和モノグリセリドを，ラメラ相から酸性で撹拌して冷却すると，$\alpha$ゲルから$\beta$結晶の分散液が得られる．この分散物は白色のペースト状で，パンなどへの練り込みに適する．日本の特殊事情として，モノグリセリドは豆腐製造の消泡剤に多量に使用されている．またモノグリセリドは，スポンジケーキの起泡剤として，ショ糖脂肪酸エステル，ソルビトールと共にゲル状ペーストに加工されている．

不飽和脂肪酸のモノグリセリド(モノオレエート，モノリノレート)と水混合物は，常温で立方晶形中間体を作る．不飽和脂肪酸モノグリセリドと水の相互作用は，アイスクリームやホイップクリームに特異的な機能を示し，水との親和性で脂肪球の不安定化を促進する(ホイップ操作では，エマルション脂肪球の部分的破壊が起泡を完成させる)．このような乳化剤の中間体の特性が，ホイップクリームやベーカリー製品の品質改良に利用されている．

飽和脂肪酸と不飽和脂肪酸の蒸留モノグリセリドは，ベーカリー製品，アイスクリーム，ホイップクリーム，コーヒーホワイトナー，ケーキ用起泡剤などに多量に利用されている．

### 3.4.3 モノグリセリドの有機酸エステル(有機酸モノグリセリド)

主に蒸留モノグリセリドに有機酸をエステル結合させ，親水性を向上させ

るなど機能を改善した誘導体を，有機酸モノグリセリドという．結合有機酸は，酢酸，乳酸，ジアセチル酒石酸，クエン酸，コハク酸である．モノグリセリドと有機酸のモル比は種類によって異なるが，幾つかの反応生成物の混合物である．これらの有機酸モノグリセリドは，酸性のアニオン界面活性剤であり，結晶化の様相や界面活性がモノグリセリドと異なる．しかし，有機酸モノグリセリドは塩でないため，水溶性は不十分である．酢酸，乳酸およびジアセチル酒石酸モノグリセリドについて，化学構造と分子模型を前掲の図3.1に示した．

## 酢酸モノグリセリド

蒸留モノグリセリドと無水酢酸の反応によって得られ，モノグリセリドの水酸基2個のうち，50～90%をアセチル化したものがある．対応するモノグリセリドより，融点が25～30℃低下し，$\alpha$結晶形が安定でモノグリセリドのように多形を示さない．アセチル化率の大きいものはアセチンファットとよばれ，柔軟なフィルムを作り酸素や水蒸気の透過性が低く，食品被覆剤として用いられる．低アセチル化品は水と安定な$\alpha$ゲル構造を作る．海外では気泡の安定剤としてホイップクリームの起泡剤，ケーキとケーキミックスなどに利用されている．

## 乳酸モノグリセリド

乳酸モノグリセリドは，モノグリセリドの水酸基を15～35%エステル化して作られる．乳酸モノグリセリドの融点は約45℃であり，酢酸モノグリセリドと同様に，$\alpha$結晶形が安定で水と$\alpha$ゲル構造を作る．ホイップクリーム，ケーキミックスなどに用いられ，ヨーロッパではベーカリー用乳化剤として多用される．

## ジアセチル酒石酸モノグリセリド(DATEM)

DATEMは，モノグリセリドとアセチル化した酒石酸酸無水物から作られる．両者の比率によって，性質が異なった製品が得られ，未反応のモノグリセリドを含んでいる．形態は高粘性液状から固体まであり，これにはモノグリセリドの脂肪酸の飽和度が影響する．飽和脂肪酸DATEMの融点は約45℃であり，冷却すると安定な$\alpha$結晶形を示す．親水性で水に分散し，遊離のカルボキシル基をもつのでアニオン性が強く，水溶液はpH2以下にな

る．アルカリでpHを上げると水溶性が高まり，pH 4.5では安定なラメラ構造を作る．DATEMは，小麦粉生地改良材として製パンに用いられ，グルテンとの結合による生地の機械耐性向上，容積増大の効果がある．また，デンプンと複合体を作ってパンの老化を防止する作用がある．さらにDATEMは，水中油滴型(O/W)エマルションの乳化剤として用いられる．

**クエン酸モノグリセリド**

ヨーロッパでは，クエン酸モノグリセリド中のクエン酸含有量は，最終製品の12～20%とされる．結合クエン酸は遊離カルボキシル基2個を有し，アニオン性で酸性が強く，水には乳濁した分散液を作る．アルカリで水溶液を中和すると，水溶性が高まる．主な用途はO/Wエマルションの乳化剤であり，マヨネーズ・ドレッシング，ソーセージの乳化安定などに用いられる．フライ用油脂に溶解すると，水はね防止と酸化防止作用がある．アメリカでは一般食品への添加は認められておらず，酸化防止剤として油脂に200 ppmまで添加できる．

**コハク酸モノグリセリド**

コハク酸モノグリセリドは，製品全体の20%程度のコハク酸を含み，遊離カルボキシル基のために水分散液は酸性である．コハク酸モノグリセリドは，EUでは食品添加物に認可されていない．主な用途は，製パン用改良剤とO/Wエマルションの乳化剤である．アメリカでは，コハク酸モノグリセリドを製パンに利用しており，連続製パンで生地の機械耐性向上，容積増加，老化防止の効果がある．

### 3.4.4　多価アルコール脂肪酸エステル

食品用乳化剤には，グリセリン脂肪酸エステル以外に，多価アルコールの脂肪酸エステルの利用も多い．脂肪酸には天然油脂またはその水素添加物が用いられる．脂肪酸はステアリン酸，パルミチン酸，オレイン酸，リノール酸，ラウリン酸と，それらの混合物であり，硬化牛脂肪酸エステルが最も一般的である．なお図3.5は，レシチンを含めた幾つかの食品用乳化剤の分子構造を示す．

3. 低分子乳化剤(界面活性剤)　　　　　　　　329

テトラグリセリン
モノステアレート

酒石酸モノグリセリド

グリセリンモノステアレート

プロピレングリコール
モノステアレート

ステアリン酸

リゾホスファチジルコリン

リゾホスファチジルイノシトール

ホスファチジルコリン

ショ糖モノステアレート

ショ糖ジステアレート

ソルビタンモノステアレート

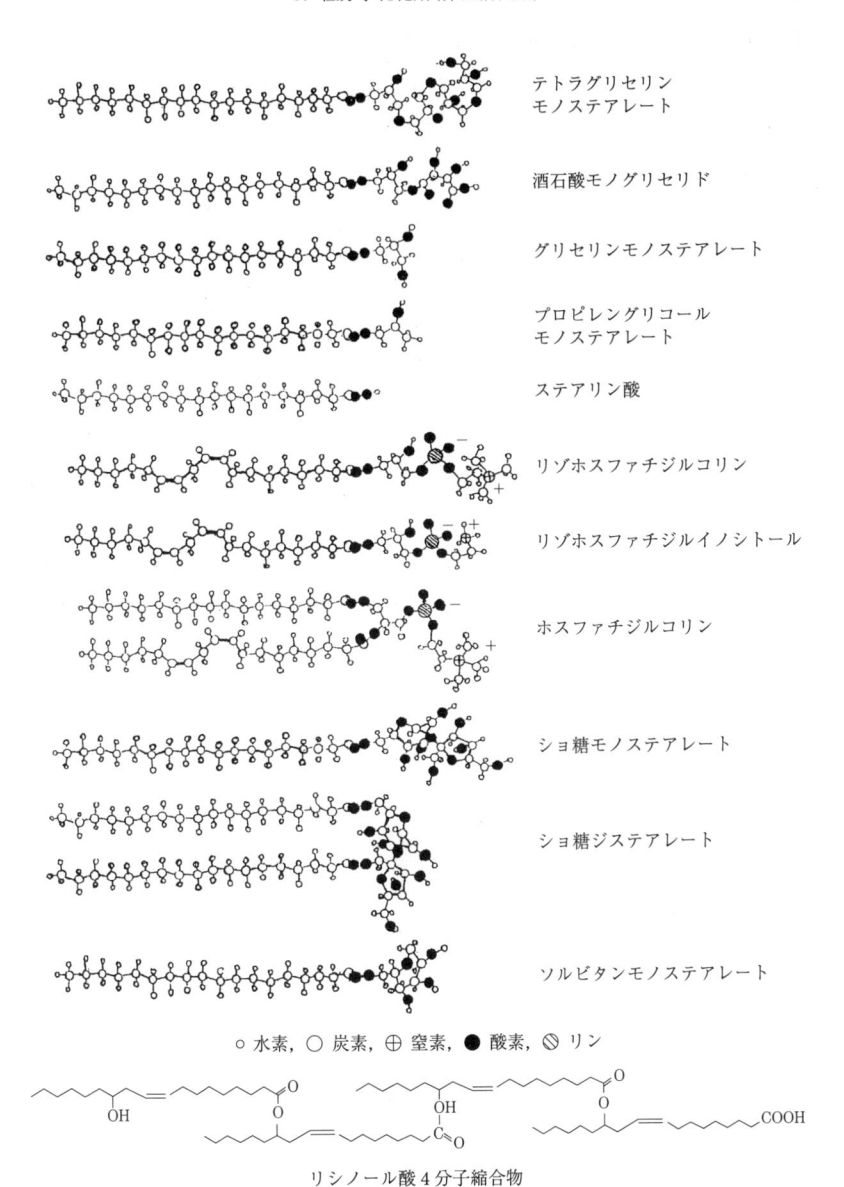

○ 水素, ○ 炭素, ⊕ 窒素, ● 酸素, ⊘ リン

リシノール酸4分子縮合物

**図 3.5　主要食品用乳化剤の構造**

## プロピレングリコール脂肪酸エステル(PGME)

PGMEは最も親油性の大きい食品用乳化剤で,硬化牛脂脂肪酸を親油基にするものが多い.モノグリセリドと同様に分子蒸留によって,90%以上のモノエステルを含む製品にされる.プロピレングリコールモノステアレート(PGMS)の融点は約40℃で,融点以下で水と$\alpha$ゲルを作り,このゲルはホイップ性に富む.親水性乳化剤と組み合わせて,多量の油脂を含む水中油滴型(O/W)エマルションを作り,油脂を含むケーキ用の起泡剤として用いられる.PGMSは,ショートニングやマーガリンの起泡性改善に用いられる.またモノグリセリドと併用すると,安定な$\alpha$結晶が得られ,ケーキの起泡などに利用される.

## ポリグリセリン脂肪酸エステル(PGE)

PGEは,ポリグリセロール(平均分子数2~10個で,グリセロールの末端水酸基をエーテル結合させた重合物)に脂肪酸をエステル結合して作られる.日本では1981年に,PGEを有機酸モノグリセリドと共に,モノグリセリドに属するとして,食品衛生法で使用を許可している.脂肪酸には一般にステアリン酸,パルミチン酸,オレイン酸が用いられ,モノエステルの比率は20~40%でジ・トリエステルを含む.例えば,ヘキサ(6個)グリセリンモノステアレートといっても,重合グリセロール数は1~8個の分布をもち,ヘキサは平均値である.

PGEは重合グリセロールの数と結合脂肪酸の数で,親油性から親水性まで多様な乳化剤を作ることができる.HLBの範囲は3~16程度である.重合したグリセロール数が多く,結合脂肪酸が少なければ水溶性であり,その逆は油溶性である.日本では親水性の大きい界面活性剤のポリソルベート(Tween類)が食品添加物として許可されていなかったために,親水性のPGEの利用が高まった.一方,比較的親油性のPGEは安定な$\alpha$結晶形を作り,水分散性があり,融点(55~60℃)以上ではヘキサゴナルやキュービックの中間体を作る.近年はジグリセリンモノ脂肪酸エステル(DGME)が,蒸留で90%以上に精製されるようになり,蒸留モノグリセリドより親水性が大きいため,利用が増えている.

PGEの特徴は,高親水性製品の水溶液に耐酸・耐塩性があり,塩分や酸

を含むエマルションが作れることである．また親油性 PGE には油脂の結晶微細化作用がある．用途は主に O/W エマルションである．

## ポリグリセリン縮合(ポリ)リシノール酸エステル(PGPR)

リシノール酸(リシノレイン酸)はひまし油脂肪酸の主要成分で，水酸基と二重結合を各1個もつ不飽和脂肪酸である．水酸基とカルボキシル基のエステル結合で，4〜5分子縮合させたものがポリリシノール酸であり，これとポリグリセロールをエステル化して PGPR が得られる．PGPR は巨大な疎水基をもつために，油／水界面で特に油相に強く吸着し，このため安定した油中水滴型(W/O)エマルションが得られる．この性質は食品用乳化剤中，際だった特性であり，W/O/W 二重乳化エマルション製造には，PGPR が必須の乳化剤である．他の PGPR の特徴として，チョコレート製造中の粘度低下性が非常に大きい．このためヨーロッパにはチョコレート用に PGPR の使用を認めている国がある．日本では PGPR に使用対象と添加量制限がないが，使用対象を限定する国が多く，アメリカでは許可されていない．

## ソルビタン脂肪酸エステル

ソルビタン脂肪酸エステルは，ソルビトールと脂肪酸のエステル化反応で，ソルビトールが水1分子を失って環状化してできる．結合する脂肪酸の鎖長と数によって，比較的親水性から親油性まで，性質の異なる乳化剤が得られる．モノラウレート，モノステアレート，モノオレエートはある程度の親水性があり水に分散し，ジ・トリ脂肪酸エステルは親油性である．ソルビタントリステアレートは親油性で，図3.1 に示すように，分子構造がトリグリセリドに類似し，界面活性は微弱であるがその $\alpha$ 結晶が安定である．このため油脂に溶解すると油脂と共に結晶化するので，脂肪製品の結晶改善効果があり，マーガリンなどに用いると $\beta'$ 結晶形を安定化する．またチョコレートのブルーム防止作用があるとされる．なおアメリカでは，ソルビタンモノステアレートだけが許可されている．

## ソルビタン脂肪酸エステルのエチレンオキサイド付加物(ポリソルベート)

ソルビタン脂肪酸エステルに，エチレンオキサイドを付加すると，ポリオキシエチレン(POE)ソルビタン脂肪酸エステルができる．エチレンオキサイドの付加モル数は約20である．この界面活性剤はモノエステルの場合，食

品用非イオン界面活性剤中で最も親水性で，水に容易に溶解しミセルを形成する．酸や塩類を含む系で安定性があり，可溶化活性や乳化性が大きい．一般にポリソルベートとよばれ，商品名 Tween の名称で有名である．ステアリン酸モノエステル(POEMS：ポリソルベート 60，または Tween 60)は，HLB＝14.9 で，トリステアレート(ポリソルベート 65，Tween 65)は，HLB＝10.5 である．また，モノオレエート(ポリソルベート 80，Tween 80)は HLB＝15，モノラウレート(ポリソルベート 20，Tween 20)は HLB＝16.7 である．Tween 類はソルビタン脂肪酸エステル(商品名 Span)と混合して，任意の HLB の乳化剤が作られた．

ポリソルベート 60 および 80 は，容易に水に溶け球状ミセル溶液になる．このミセル溶液は油溶性ビタミンなど油溶性物質をよく可溶化する．一方，ポリソルベート水溶液は，温度を上げると白濁し溶質が分離する．これは高温でポリオキシエチレンが脱水和して不溶性になるためで，この温度を曇り点という．

POEMS の用途は食品エマルションで，ドレッシング，ソースなどであり，POEMS とモノグリセリドの配合で，アイスクリーム，コーヒーホワイトナーなどに使われる．POEMS は，多くの国で対象食品と使用量制限が設けられている．アメリカでは特定の食品に，単独では 0.5%，ソルビタンエステルとの併用で 1% までの使用が認められている．

**ショ糖脂肪酸エステル(シュガーエステル：SE)**

ショ糖脂肪酸エステルは，ショ糖と脂肪酸メチルのエステル交換反応で得られる．ショ糖は親水基としてかなり大きく，脂肪酸の種類とエステル結合数によって，親水性から親油性まで多様な乳化剤が得られる．ショ糖脂肪酸エステルの HLB 範囲は 2～15 程度で，モノエステルの含有量 75% 以上では水溶性があり，ジ・トリエステルが多いと油溶性である．ショ糖脂肪酸エステルは水分散性が強い．ショ糖脂肪酸モノエステルの最大の特徴は，他の食品用乳化剤には少ない微粒子分散性と，比較的大きい可溶化能である．ショ糖脂肪酸エステルの欠点は，耐酸・耐塩性が，ポリソルベートや親水性ポリグリセリン脂肪酸エステルに大きく劣ることである．

シュガーエステルは 1961 年に日本で発売され，近年になって世界的に許

可されたので，日本での応用例が圧倒的に多い．SE の用途は多様で，O/W エマルション，パンや麺，ベーカリー製品などデンプン食品，微粒子分散剤などに用いられる．また親水性 SE には，缶詰飲料の加熱販売中に起こる芽胞菌の増殖抑制作用があり，応用が広まった．この抗菌作用は，ポリグリセリン脂肪酸エステル，リゾレシチンなどの親水性乳化剤にも見いだされている．HLB が 1〜2 程度の油溶性 SE を食用固体脂に添加すると，油脂結晶の生成を大きく遅延させ，また結晶の微細化作用がある[8]．

### 3.4.5 ステアロイル乳酸ナトリウムとカルシウム

ステアロイル乳酸ナトリウム(SSL)とカルシウム(CSL)の酸の部分は，ステアリン酸と乳酸をアルカリ存在下で反応させて得られる．SSL，CSL は，ステアリン酸と乳酸の OH 基がエステル結合し，乳酸がナトリウムまたはカルシウム塩になったものである．カルシウム塩の場合はステアロイル乳酸基が 2 個結合している．日本では諸外国ではあまり使われない CSL だけが，パンとベーカリー製品の生地改良剤として許可されているが，水溶性が微弱なため効果は顕著でない．製パンでの改良効果は，体積増加と老化防止作用である．SSL は水溶性が高く，アニオン界面活性剤として多くの用途をもっている．また SSL はアニオン性であるため，蛋白質との相互作用が強く，また直鎖構造であるためデンプンと複合体を作りやすい．近く SSL が許可されるとみられるが，使用対象は CSL と同様に限定的になるであろう．

### 3.4.6 キラヤサポニン

サポニンは植物に含まれる一群の配糖体で，ステロイドやトリテルペノイドをアグリコン(非糖部)とし，水溶液は起泡作用が強い．天然系の既存添加物として，幾つかのサポニンが指定されているが，実用化されているのは主にキラヤサポニンである．

キラヤサポニンは南米産のバラ科植物，シャボンノキの樹皮に含まれ，アメリカで食品グレードの製品が開発され日本でも販売されている．キラヤサポニンの構造は，トリテルペンのキラヤ酸を疎水基とし，その両端にオリゴ糖(四糖と三糖)が結合しており，水溶性が大きい．分子の中間に縮合環構造

の疎水基をもつ界面活性物質には，他にアミノ酸抱合胆汁酸ナトリウムなどがあり，水中で円筒状のミセルを作る．この種のミセル内部には，ビタミン，コレステロール，脂肪酸，油溶性香料などをよく可溶化する．キラヤサポニンの水溶液の可溶化量は，サポニン濃度，温度とpHに依存し，pH 4.6で最大になる．キラヤサポニンの可溶化作用と溶液の安定性は，ポリソルベートやショ糖脂肪酸エステルに優る[9,10]．

## 3.5 生体内で起こる脂質の界面活性作用の食品への利用

生体細胞を包む細胞膜は主にリン脂質からできており，これら脂質は常に代謝している．また，ほ乳動物は，油脂と生体膜に由来するリン脂質を消化吸収しており，これらの過程で分解した脂質が界面活性を示す．

### 3.5.1 生体内での脂質加水分解

リン脂質の合成分解に関与するホスホリパーゼ類は，細胞内にあまねく存在する．これらの中でホスホリパーゼ$A_2$は，グリセロリン脂質（レシチン類）の$sn$-2位の脂肪酸を加水分解して，リゾレシチン類と脂肪酸にする．リン脂質の$sn$-2位は主に多価不飽和脂肪酸が結合している．例えば，細胞に与えられた刺激でホスホリパーゼ$A_2$が活性化すると，細胞膜のリン脂質はリゾリン脂質と脂肪酸に分解し，動物細胞では炎症が起こる．このリゾリン脂質／脂肪酸の等モル溶液は透明なミセル溶液になり，強い界面活性を示す．

一方，消化管での脂質類の消化では，消化酵素による加水分解が行われ，消化産物が小腸上皮細胞の微絨毛から吸収される．平均的な日本人の1日当たり脂質摂取は，動・植物性の油脂とリン脂質を合わせて60〜70 g程度であり，欧米人は100〜150 gの油脂と4〜8 gのリン脂質を摂っている．油脂の消化では，肝臓で作られた胆汁酸塩とレシチンが，胆汁として十二指腸に分泌され，レシチン分泌は摂取した油脂量に依存して7〜22 g/日に達する．これに2〜3日で脱落する腸内上皮細胞のリン脂質が加わるので，ヒトの小腸には1日に20 g前後のリン脂質が入ることになる．レシチンは蛋白質やペプチドと共に，摂取した油脂の乳化に与り，胆汁酸塩は小腸内の脂質

## 3. 低分子乳化剤（界面活性剤）

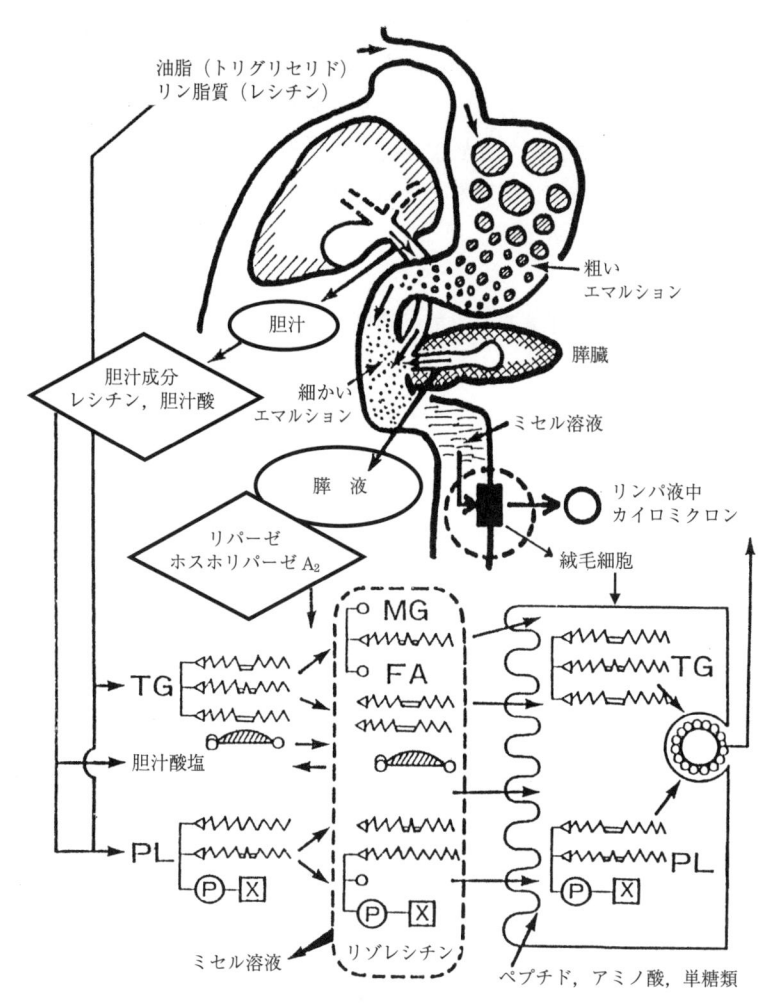

**図3.6** 油脂とリン脂質の消化と吸収
TG：トリグリセリド，PL：リン脂質，MG：モノグリセリド，FA：脂肪酸．

の乳化と可溶化に与る．

　トリグリセリドの消化は，口腔や胃，膵液に由来する種々のリパーゼが作用して複雑であるが，大まかには $sn$-2位に脂肪酸の付いたモノグリセリドと，2分子の脂肪酸ができる．植物油脂の $sn$-2位は主に多価不飽和脂肪酸が結合している．リン脂質は，膵液のホスホリパーゼ $A_2$ の作用で，リゾリ

ン脂質と脂肪酸になる．この経過を図3.6に示した．摂取したトリグリセリドは胃内で粗なエマルションになる．十二指腸では胆汁成分の乳化作用で微細な油滴のエマルションができ，このエマルションに膵液中の酵素が作用して，脂質消化産物の加水分解脂質混合物ができる．モノグリセリド，脂肪酸，リゾリン脂質，胆汁酸塩は透明なミセル溶液になり，各成分が小腸上皮細胞の微絨毛から吸収される．

### 3.5.2 脂質消化産物の示す高度な界面活性

細胞膜リン脂質のホスホリパーゼ$A_2$分解産物(リゾリン脂質/脂肪酸混合物)，および脂質消化産物のミセル溶液を実験室的に構成すると，この溶液

表3.4 リゾリン脂質，モノグリセリド，脂肪酸などの脂質混合物と市販の界面活性剤の活性比較 (0.5% 水溶液, 25℃)[11]

| 界面活性剤(市販品)<br>脂質混合物 | 表面張力<br>(mN/m) | 浸透力(秒)<br>キャンバスディスク法 | 蜜ろうへの<br>接触角(度) |
|---|---|---|---|
| ショ糖脂肪酸エステル(HLB 16)[a] | 34.8 | 438 | 64 |
| POE(10 mol)ノニルフェノールエーテル[b] | 31.2 | 4 | 39 |
| Na-ジオクチルスルホスクシネート[c] | 28.3 | <0.5 | 35 |
| 大豆 LPC(SLPC) | 37.9 | 116 | 56 |
| SLP 80 | 33.2 | 288 | 44 |
| SLP 50 | 33.8 | 1 140 | 57 |
| SLP 50/MG(18:2)/FA(18:2)/STC<br>＝1:2:3:4(w/w/w/w) | 28.4 | 18 | 35 |
| SLP 50/MG(10:0)/FA(10:0)/STC<br>＝1:2:3:4(w/w/w/w) | 25.2 | <0.5 | 22 |
| SLPC/FA(18:2)＝1:1(M/M) | 27.8 | 65 | 33 |
| SLPC/FA(10:0)＝1:1(M/M) | 26.2 | 9 | 32 |
| SLP 80/FA(18:2)＝1:1(M/M) | 28.8 | 51 | 44 |
| SLP 80/FA(10:0)＝1:1(M/M) | 27.3 | 37 | 35 |
| SLP 50/MG(18:2)＝4:6(w/w) | 28.2 | 37 | 42 |
| SLP 50/MG(10:0)＝4:6(w/w) | 27.6 | 7 | 37 |

a：リョートーエステル S-1670
b：アデカコール EC-4500(エアロゾル-OT型，農薬展着剤として利用)
c：アデカトール NP-700(トリトン X-100 型，膜酵素の離脱に利用)
大豆 LPC(SLPC)：大豆リゾホスファチジルコリン，SLP 80：大豆リゾリン脂質 80% 含有品，SLP 50：大豆リゾリン脂質 50% 含有品，MG：モノグリセリド，FA：脂肪酸(18:2＝リノール酸；10:0＝カプリン酸)，STC：タウリン抱合胆汁酸ナトリウム．
w/w：重量比，M/M：モル比．

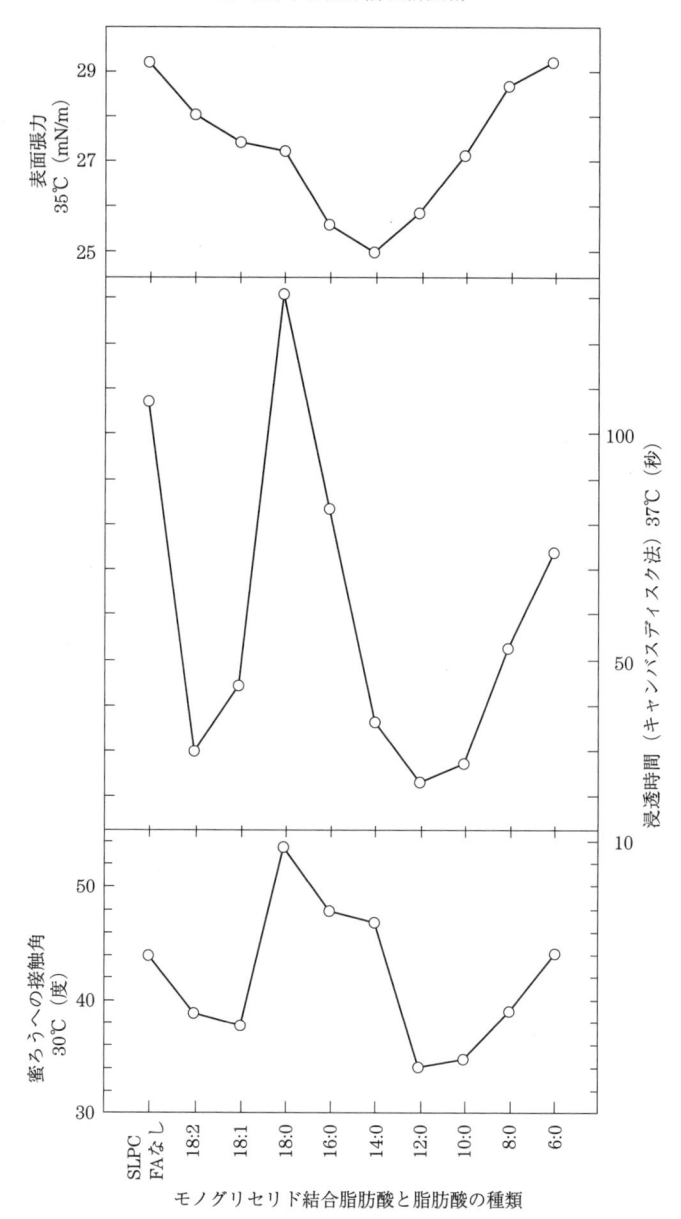

**図3.7** 脂質酵素分解混合物の界面活性[12]．大豆リゾホスファチジルコリン／モノグリセリド／脂肪酸／タウリン抱合胆汁酸塩のモル比＝1：3：6：1〜3.7．モノグリセリドと脂肪酸は各脂肪酸トリグリセリドの分解物として構成した腸内モデル混合物である．

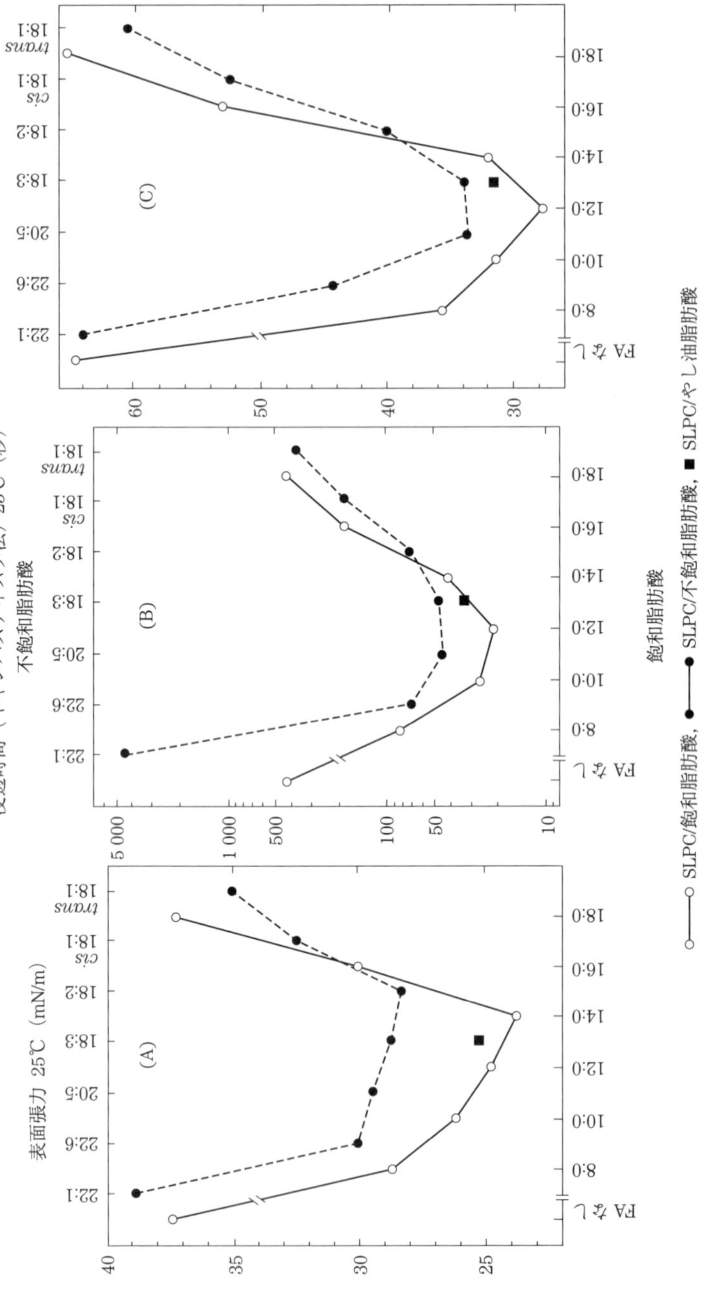

図 3.8 大豆リゾホスファチジルコリン (SLPC)／各種脂肪酸の等モル混合物の界面活性 (濃度 3 mM)[12]

の界面活性は驚くべき数値を示した．総面積 500 m² とされる小腸の微絨毛壁からの物質吸収に，この界面活性が関与するのであろう．表3.4，図3.7，図3.8 は，それら混合物ミセル溶液の界面活性を示している[11,12]．界面活性剤水溶液に関して，一般に界面活性が強いほど，表面張力の低下，疎水面への接触角の減少，湿潤ぬれ時間の短縮がある．常温の水については，表面張力が 72 mN/m，蜜ろうへの接触角は 98 度，浸透力（キャンバスディスクぬれ時間）は 24 時間程度である．表面張力と接触角は小さいほど，浸透時間は短いほど界面活性が高く，これらの数値には相関がある．食品用よりはるかに界面活性の大きい工業用の湿潤・展着剤と比較して，表面張力と接触角の低下は著しく，脂質消化産物の界面活性の強さが理解できよう．

興味深いことは，脂質の脂肪酸が長鎖で飽和であるほど界面活性を示さず，多価不飽和脂肪酸や中間鎖長の脂肪酸の組み合わせで，高度な界面活性を示すことである．また，大豆リゾリン脂質(SLP)／脂肪酸(FA)，SLP／モノグリセリド(MG)，SLP/MG/FA／タウリン抱合胆汁酸ナトリウム(STC)，SLP/MG/FA などの組み合わせで，強い界面活性が得られる．しかも混合溶液は透明なミセル溶液になる．脂肪酸と胆汁酸塩は，既存添加物に指定されているので，以上の脂質混合物を調製して食品に用いることができる[12,13]．

しかし，レシチンのホスホリパーゼ $A_2$ 分解物は天然物であるから，レシチンの分解物を精製しないで，そのまま利用した方が界面活性剤として有効性が高い．また，この分解物と MG などの混合物も用いることができる．大豆リゾリン脂質の調製は，市販のペースト状大豆レシチンにホスホリパーゼ $A_2$ 水溶液を W/O 乳化し，高温に保温するだけで容易に行うことができる[14]．この種の天然系界面活性剤の組み合わせ利用は，有効性と安全性から，各種エマルションなど食品加工で多くの可能性が期待される．

リン脂質と油脂の消化産物が高度な界面活性を呈する原因は，図3.9 から理解できるであろう．これらの脂質は同根の物質であり，分解によって緻密な配列が可能になる．表面活性は界面活性剤の吸着密度（単位面積当たりのアシル基数）に相関し，しかもアシル基先端が同一平面上にあるほど，表面張力は低下するはずである．SLP の脂肪酸はリノール酸とリノレン酸が多く，折れ曲がりで実効鎖長は短い．したがって，SLP 単独や，SLP とステアリン

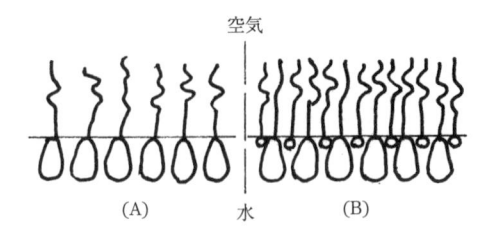

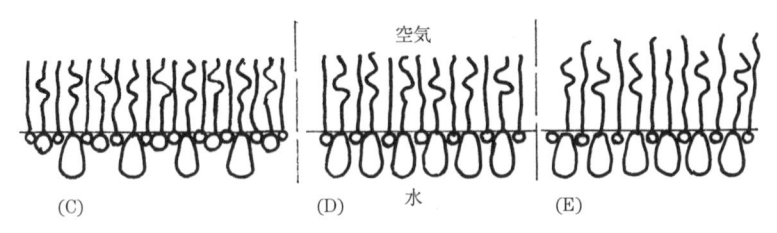

図3.9 気／水界面での脂質混合物の吸着模式図
(A) 大豆リゾリン脂質(SLP), (B) SLP／リノール酸(18:2), (C) SLP／モノリノレイン／ミリスチン酸(14:0), (D) SLP／ミリスチン酸, (E) SLP／ステアリン酸(18:0).

酸の混合物の界面活性が低く, 中鎖脂肪酸や多価不飽和脂肪酸との混合物の界面活性が高まるものとみられる.

## 3.6 乳化剤利用上の留意事項

### 3.6.1 食品加工では親水性親油性バランス(HLB)に頼りすぎないこと

乳化剤(界面活性剤)は, 半経験的な概念である親水性親油性バランス(HLB : hydorophile-lipophile balance)によって分類されることが多い. HLBの意味するところは, 「特定の油と水の系に対しては, 界面活性剤分子の親水性／親油性に最適なバランス点があり, その点でエマルション形成と安定化が最良になる」というものである. HLB値は, その界面活性剤が水と油のどちらの相に「ぬれる」かを, 相対的に測る数字ということができる. そこで, HLB値が8以上の親水性乳化剤は, 水中油滴型(O/W)のエマルションを安定化し, HLB値が4〜6の親油性乳化剤では, 反対に油中水滴型(W/O)のエマルションを安定化する. HLB≒7のものは, どちらともつかない. レシチンのHLB値は7〜8程度であり, このどちらつかずの性質が, 生体膜構

造形成に適するのであろう．

HLBの概念は便利であるが，単純なモデル系でのみ有効である．大豆レシチンはモノグリセリドよりもHLB値が高いが，O/Wエマルションの不安定化に適する．単純なHLBの概念を食品に適用できない理由は，食品エマルション安定化の主役は乳化剤ではなく，食品蛋白質が安定化の主要因なためである．また，脂肪酸が1個のモノエステルの乳化剤は，蛋白質やデンプンなどと相互作用による複合体を作りやすい．この場合，複合体形成に優先的に乳化剤が消費されるので，油／水界面に配列する乳化剤がほとんどなくなることも，考慮しておく必要がある．

### 3.6.2 食品中で起こる乳化剤と食品成分の相互作用

合成や天然の低分子乳化剤と，加工中の食品成分との相互作用は大変複雑で，簡単には説明できないが，ごく単純化して述べるとおよそ次のようにまとめられる．

第一は食品製造工程（乳化，起泡，混合，加熱など）での作用であり，第二は食品成分との相互作用で，結果として製品の品質向上（シェルフライフ延長，乳化の安定，食品テクスチャーの改善など）をもたらす．

そこで目的食品に対し特定の乳化剤がもつ効果について，正確に予測することは困難である．しかし，乳化剤の機能と食品との相互作用に関する知識は次第に深まっており，後に詳しく説明する蛋白質や炭水化物との相互作用について，把握しておくことが重要である．ここでは，二例を挙げてこれらの相互作用を説明する．

**エマルション安定化と不安定化，蛋白質との相互作用**

低分子乳化剤のエマルション安定化作用は，油滴界面に吸着膜を作って，油滴の凝集や合一を防ぐことである．多くの食品エマルションは蛋白質を含んでおり，牛乳やクリームのように，蛋白質の油滴界面吸着はエマルションの乳化と安定化に大きく貢献する．蛋白質だけでもエマルションを調製でき，蛋白質を乳化剤と呼ぶことが多い．安定な食品エマルションの製造では，低分子乳化剤に加えて乳化安定物質としての蛋白質利用が欠かせない．アニオン性乳化剤（DATEM, SSLなど）を乳化食品に用いると，これらは蛋白質と静

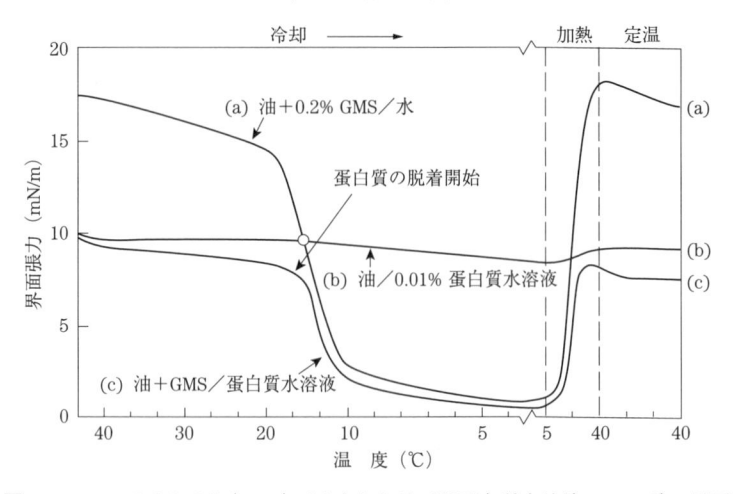

**図3.10** モノグリセリド(GMS)／ひまわり油／乳蛋白質水溶液モデル系の界面張力と温度の関係[15]

温度変化 40℃→5℃(0.3℃/分)冷却, 5℃ 60分保持, →40℃(2℃/分)昇温, 40℃ 90分保持.

電結合して複合体を作り，蛋白質の疎水性増加でエマルションをさらに安定化する．

　アイスクリームやホイップクリームのように，起泡するエマルションでは，脂肪滴に吸着した蛋白質が脱着することで油滴の凝集が起こり，起泡が完成する．このためには，低温で界面活性が強まる飽和脂肪酸モノグリセリドが有効で，界面で蛋白質と置換する．蛋白質を失った脂肪滴は反発力を失って凝集する．図3.10はモデル系で，モノグリセリド(GMS)／純ひまわり油／乳蛋白質を含む水相間の，温度変化と界面張力の関係を示している[15]．(b)の油／蛋白質溶液の界面張力変化は少ないが，(a)の油／モノグリセリド水溶液の界面張力は20℃以上で高く，10℃以下でゼロに近づく．(c)のモノグリセリド／蛋白質を含む系では，15℃以下で蛋白質がモノグリセリドで置換され，乳蛋白質共存溶液の界面張力はモノグリセリドのそれに近づく．これは，界面張力を下げやすい乳化剤ほど優先して界面に吸着するためである．同様に蛋白質で安定化したエマルションに，親水性界面活性剤を加えると，蛋白質が界面から脱着してエマルション安定性が損なわれる．

## 界面活性剤とデンプン間の相互作用

蒸留モノグリセリド,ショ糖脂肪酸モノエステル,SSL,リゾレシチン,ドデシル硫酸ナトリウム(SDS)など,親水基に一本鎖の脂肪酸が結合した界面活性剤は,アミロースなどデンプンの直鎖部分と複合体を形成する.この種の長鎖アシル基の炭化水素鎖とデンプンとの複合体は,アミロースやアミロペクチンのグルコース直鎖部分が脂肪酸をらせん状に囲んだコイル構造である.複合体形成は疎水性相互作用によっており,グルコース鎖コイルの内側は外側に比べ疎水性になっている.アミロース1分子は,20～30分子のモノグリセリドと複合する.デンプンとの相互作用は,親水性の大きいモノエステルの乳化剤ほど容易に起こる.小麦中のリゾレシチンの多くはデンプンとの複合体で存在する.マルトデキストリンとアニオン界面活性剤(SDS)との相互作用では,デキストリンのグルコース単位が10個以上あれば,複合体ができるとされる[16].

## 製パンにおける乳化剤とデンプン間の相互作用

乳化剤(極性脂質)／デンプン複合体は,製パンの焼成で水和したデンプンの再結晶を阻害する.そこで,前記の乳化剤を用いると,パンを柔らかくし,また老化(硬化)が防止される.乳化剤が蒸留モノグリセリドの場合,添加量が少ないとまずアミロースと複合体を作り,パンは柔らかさを増す.さらにモノグリセリド添加を増やすと,アミロペクチンと複合体を作り,パン貯蔵中の老化が抑制される.このとき,蒸留モノグリセリドの小麦粉に対する添加量は,1～2%が有効である[17].

一方DATEMやSSL,CSLは,デンプンの老化防止以外に,グルテンなどとの結合でパン生地の改良効果(生地粘弾性の増加,機械耐性向上,発酵によるガス保持力増大)を示す.

## 文　献

1) 食品化学新聞,2003年1月16日号.
2) Dickinson, E., 西成勝好, 藤田　哲, 山本由喜子訳：食品コロイド入門, p.53. 幸書房(1998)
3) Owusu, R. K. and Zhu, Q.-H. : Interfacial parameters for selected Span and Tween at hydrocarbon-water interface, *Food Hydrocolloids,* **10**, 27(1996)

4) 藤田 哲, 鈴木一昭:大豆リゾリン脂質の界面活性研究1, 2, 日農化誌, **64**, 1355 ; **64**, 1361(1990)
5) 藤田 哲, 鈴木一昭:大豆リゾリン脂質の添加による食品用界面活性剤の物性改良, 日食工誌, **39**, 151(1992)
6) Gunstone, F. D. and Padley, F. B. eds. : *Lipid technologies and applications,* p. 523, Marcel Dekker, New York(1997)
7) Krog, N. : The role of low-poler emulsifiers in protein stabilized food emulsions, in *Emulsions, A fundamental and practical approach,* Sjolom, J. ed., p.61, Kluwer, Boston(1992)
8) Cerdeira, M. *et al.* : Effect of sucrose ester addition on nucleation and growth behavior of milk fat/sunflower oil blends, *J. Agr. Food Chem.,* **51**, 6550(2003)
9) Mitra, S. and Dungan, S. R. : Cholesterol solubilization in aqueous micellar solutions of quillaja saponin, bile salts, or nonionic surfactants, *ibid.,* **49**, 384 (2001)
10) 渡辺隆夫:増粘・安定・分散・乳化の基礎, 天然系乳化剤を中心にして, 食品加工技術, **19**(2), 29(1999)
11) 藤田 哲:生体内界面活性物質としてのリゾリン脂質, その性質と作用について, 月刊フードケミカル, No. 12, 31(1989)
12) Fujita, S. and Suzuki, K. : Surface activity of lipid products hydrolyzed with lipase and phospholipase A-2, *J. Am. Oil Chem. Soc.,* **67**, 1008(1990)
13) 藤田 哲, 鈴木一昭:大豆リゾリン脂質／脂肪酸モノグリセリド混合物水溶液の性質と界面活性, 油化学, **40**, 1105(1991)
14) 中井英二他:日特開 昭64-16595.
15) Krog, N. : Food Emulsifiers, in *Lipid technologies and applications,* Gunstone, F. D. and Padley, F. B. eds., p. 530, Marcel Dekker, New York(1997)
16) Wangsakan, A., Chinachti, P. and McClements, D. J. : Effect of different dextrose equivalent of maltodextrin on the interactions with anionic surfactant in an isothermal titration calorimetry study, *J. Agr. Food Chem.,* **51**, 7810(2003)
17) Krog, N. *et al.* : Retrogradation of the starch fraction in wheat bread, *Cereal Foods World,* **34**, 281(1984)

# 第3編　エマルション構成成分間の相互作用

# 1. 蛋白質-低分子界面活性剤間の相互作用とエマルション

## 1.1 蛋白質-低分子界面活性剤(極性脂質)の相互作用の概要

　脂質はトリグリセリドのような非極性(中性)脂質と，両親媒性をもつ極性脂質(複合脂質ともいう)に大別され，食品用乳化剤(界面活性剤)は極性脂質に属する．蛋白質と極性脂質が溶液中に共存する場合，両者の間に相互作用が起こったり，また界面吸着での競合が起こり，界面活性の強いものが弱いものを脱着する．

　蛋白質と極性脂質は，溶液中や生体内で個別に存在する場合と，細胞膜やリポ蛋白質のように，複合または結合して存在する場合がある．複合化の原因は，極性脂質の両親媒性や電荷，蛋白質分子の物理・化学的性質によっている．極性脂質には自己会合性があって界面に配列し，生体膜では膜蛋白質を含む脂質二重層を形成する．蛋白質には，例えば脂肪酸輸送蛋白質のように，疎水性分子を輸送する役割をもったものがある．$\beta$-ラクトグロブリンには疎水性のポケットがあり，ビタミンAの輸送に役立つ．前述のようにこの蛋白質のポケットには，フレーバー物質，脂肪酸その他の疎水性物質が包含される．

　球状蛋白質の分子内部には疎水性アミノ酸が多く，ファンデルワールス力や水素結合，疎水性相互作用で，ペプチド鎖は高密度に充填され，極性アミノ酸の多くは分子の表面に配列している．蛋白質も極性脂質も共に両親媒性があり，蛋白質分子の折り畳み構造が解けること(アンフォールディング)によって，疎水性相互作用で結合する．イオン性脂質の場合は，その極性頭部と反対電荷の蛋白質のアミノ酸残基とが，静電相互作用で容易に結合する．

蛋白質と脂質の相互作用では，蛋白質の構造が変化する．細胞膜に結合した蛋白質は脂質との結合状態で機能しており，膜から分離すると，変性して機能を失ってしまう．

極性脂質と蛋白質の相互作用で複合体ができると，蛋白質の水溶液を安定化したり，また分子をアンフォールディングする．これらの作用は，アニオン性の界面活性剤で顕著である．例えば，水溶性のドデシル硫酸ナトリウム(SDS)を蛋白質混合物に加えると，蛋白質がアンフォールディングされ分離するので，この現象はポリアクリルアミドゲル電気泳動(PAGE)に用いられる(SDS-PAGE)．

食品のエマルション調製や起泡では，蛋白質と極性脂質をそれぞれ個別に用いたり，また複合体で利用したりする．これらの複合体も界面活性を有し，蛋白質単独よりも界面活性が強化される場合がある．界面での蛋白質-脂質間の相互作用は，生化学的にも重要な現象で，リパーゼ作用は油／水界面でのみ進行する．このような蛋白質／脂質複合体は，穀物の貯蔵蛋白質に含まれ，加工食品ではチーズ，クリーム，パン生地とパン，マヨネーズなどにみられる．結合は加熱や撹拌で促進され，特にエクストルージョン(押出)調理では，蛋白質-脂質相互作用が促進される[1]．

## 1.2 食品エマルション系での蛋白質／極性脂質の競合吸着

食品エマルションの調製と安定化に，蛋白質が大きな役割を果たすことはすでに述べた．油／水界面に吸着した蛋白質はアンフォールディングして，種々の相互作用による結合を起こし，界面に粘弾性の膜を形成する．このため油／水界面に吸着した蛋白質は次第に脱着しにくくなる．食品エマルションは，蛋白質と共に低分子の界面活性剤など極性脂質を含み，両者は界面への吸着で競合する．この競合吸着では極性脂質を，非イオン性とアニオン性の界面活性剤に分けて考えた方が都合がよい．非イオン界面活性剤と蛋白質との相互作用は弱いが，アニオン界面活性剤は強い相互作用を示す．

## 1.2.1 蛋白質／極性脂質間に相互作用のない場合の競合吸着

例えばモデル実験で，カゼインナトリウムで乳化したエマルションに，親水性の非イオン界面活性剤(ポリオキシエチレン(8)ドデシルエーテル：$C_{12}E_8$) を加えると，蛋白質は脱着を起こす．界面活性剤濃度が臨界ミセル濃度(cmc)を超えると，蛋白質を完全に置換してしまう．このためエマルションは不安定化する．この状況を，炭化水素油相(テトラデカン)／水界面での界面張力変化として図1.1に示した．0.1%のカゼインナトリウム単独での界面張力は18 mN/m であるが(横軸の$-\infty$の点)，これに$C_{12}E_8$を加えていくと界面張力は低下し(○印)，一定値に達する．このときの$C_{12}E_8$濃度は，$C_{12}E_8$単独(●印)のcmcと同じであり，両者の線は一致する．Gibbsの吸着式によって，この点での$C_{12}E_8$吸着量(表面過剰濃度$\Gamma$)を計算すると，蛋白質の有無にかかわらず$\Gamma=1.27$ mg/m$^2$と一致する．

この関係をヘキサデカンエマルション界面への$\beta$-カゼイン吸着量と，新たにエマルションに添加した$C_{12}E_8$濃度との関連で表したのが図1.2である．$\Gamma=2.7$ mg/m$^2$は$\beta$-カゼインの吸着量であり，$R$は$C_{12}E_8/\beta$-カゼインのモ

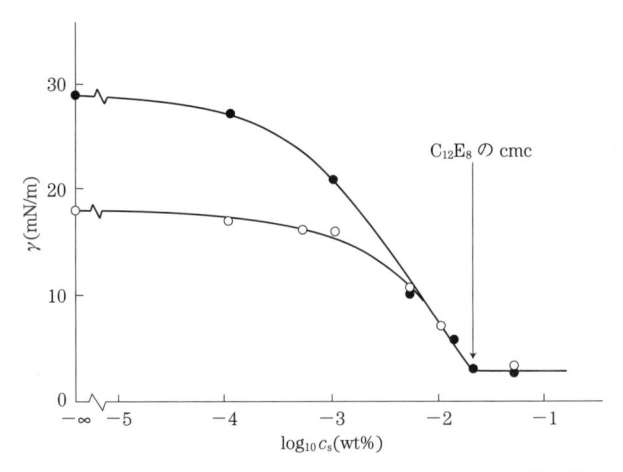

**図1.1** 非イオン界面活性剤$C_{12}E_8$＋カゼインナトリウム混合液のpH 7における油／水界面での界面活性．25℃での界面張力の定常値$\gamma$と，界面活性剤濃度$c_s$の対数の関係を示す．
● 蛋白質無添加，○ 0.1 wt%カゼインナトリウム．
[Dickinson, E. *et al.* : *Prog. Colloid Polym. Sci.*, **82**, 65(1990)]

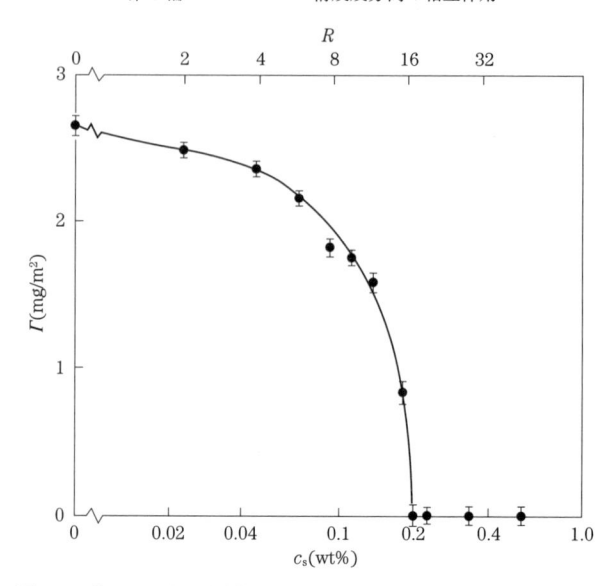

**図 1.2** 非イオン界面活性剤 $C_{12}E_8$ によるエマルションの油滴表面からの $\beta$-カゼインの置換．蛋白質の表面過剰濃度 $\Gamma$ と，添加した界面活性剤の濃度 $c_s$（横軸下），ならびに界面活性剤／蛋白質のモル比 $R$（横軸上）の関係を示す．

[Courthaudon, J.-L. et al. : *J. Colloid Interface Sci.*, **145**, 390 (1991)]

ル比である．$R$ が 18 では $\beta$-カゼインが完全に置換されるが，$R$ が 9 では 2/3 のカゼインが残り，界面活性剤と共に吸着している．この状態のエマルションには，蛋白質による安定化が期待できる．ヘキサデカンなどの炭化水素界面に比べ，大豆油の界面へのカゼイン吸着量は少なく，$\beta$-カゼインの場合 20℃ で $\Gamma = 1.6 \sim 2.0$ mg/m$^2$ 程度である．また温度による吸着量に差があり，10℃ の吸着量が最低で，20℃ と 0℃ での吸着量の 70% 程度に減少する．さらにモノグリセリドなどの存在で，10℃ の蛋白質吸着量は半分から，ゼロに近付くこともある[2]．

図 1.1 と図 1.2 に示した蛋白質の置換は，各種のポリソルベート，親水性のショ糖脂肪酸エステルやポリグリセリン脂肪酸エステル，リゾホスファチジルコリン（静電的に中性）でも起こる[3]．油脂には通常，少量のジグリセリドや脂肪酸を含む．乳化剤がモノ・ジグリセリドや脂肪酸の場合は，低濃度ではこの種の置換は起こらない．乳製品エマルションの安定性向上に，例え

ば，適量のモノ・ジグリセリドなどの乳化剤を添加する．これら乳化剤は油溶性で，油滴に速やかに吸着して界面張力を下げ，エマルションの細分化を助け，乳蛋白質と共に吸着する．

モノグリセリドの多量添加と低温で，蛋白質の置換現象が起こるが，その程度は大きくない．その理由は，親油性乳化剤は主として界面の油相側に配列するので，主に水相側にある蛋白質と脂質単分子層が共存できるためである．さらに油／水界面に吸着したカゼインとモノグリセリドの複合体形成で，吸着層の粘弾性が増加することが知られている．しかし，モノグリセリドと親水性界面活性剤が共存すると，後述のように蛋白質の脱着が促進される．

前記のテトラデカンとは異なり，大豆油などの植物油では界面に吸着した蛋白質は次第に変性し，種々の相互作用で結合するため，極性脂質で置換されにくくなる．

### 1.2.2 蛋白質／極性脂質が相互作用する場合の競合吸着

親水性のアニオン界面活性剤と食品蛋白質は静電相互作用などで結合するので，競合吸着の様子は非イオン界面活性剤よりかなり複雑になる．この相互作用は次の二つのタイプに分けられる．それらはまず，蛋白質に対し界面活性剤の濃度が低い場合，蛋白質の特定箇所に特異的な結合が起こる．次いで界面活性剤濃度を大きく高めると，蛋白質／界面活性剤間に非特異的な結合が起こる．

この関係を，テトラデカン／カゼインナトリウム水溶液にSDSを加えた場合の，界面張力の変化として図1.3に示した．●印はSDS単独の濃度と界面張力の関係を，○印は0.1％カゼインナトリウム溶液にSDSを添加した場合の界面張力変化を示す（−∞ではSDSは無添加）．Ⅰの領域は，界面に蛋白質が吸着し，バルク溶液中の蛋白質にSDSが静電結合する濃度範囲であり，界面張力に変化はない．Ⅱの領域では蛋白質／SDS複合体の蛋白質に構造変化が起こり，疎水性の高まった複合体が密度を増して界面に吸着し，界面張力が低下する．または静電結合サイトが飽和して，遊離のSDSが部分的に存在する．Ⅲの領域ではバルク中の蛋白質へのSDS結合量は増えるが，複合体全体の界面張力低下能は変化しない．しかしⅢ領域の最終段階で

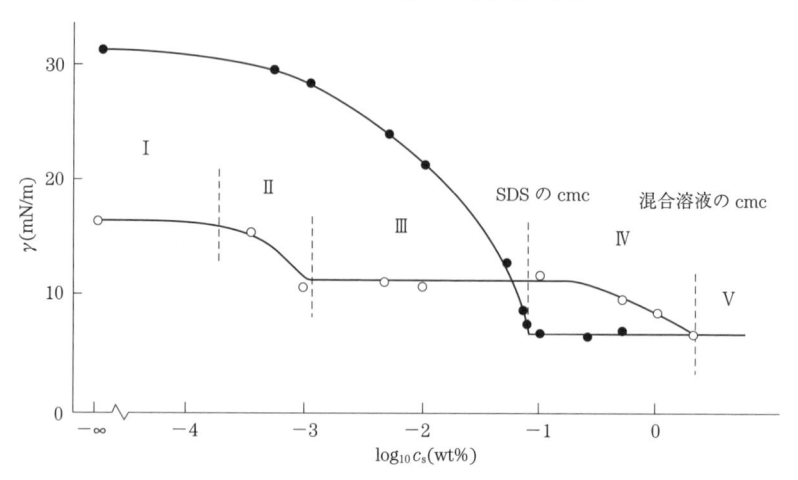

**図1.3** イオン性界面活性剤 SDS＋カゼインナトリウム混合液の pH 7 における油／水界面での界面活性. 25℃ における界面張力 $\gamma$ と界面活性剤の濃度 $c_s$ の対数の関係を示す.
● 蛋白質無添加, ○ 0.1 wt%カゼインナトリウム.
[Dickinson, E.: *ACS Symp. Ser.*, **448**, 114 (1991)]

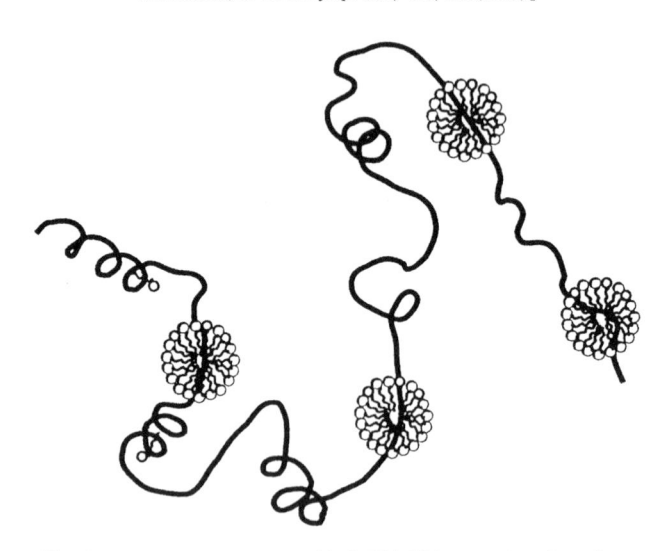

**図1.4** アンフォールディングした蛋白質と SDS 間の相互作用「ネックレスモデル」の模式図[6]. ペプチド鎖は二次構造を保っている. SDS はミセル状に集合している.

は蛋白質に対する結合 SDS が飽和する．Ⅳの段階では SDS で飽和した複合体と単分子の SDS が界面に共存し，次第に複合体が SDS で置換される．Ⅴでは複合体が完全に脱着し SDS の界面張力と同水準になる．

一般にⅠの段階は特異的結合であって，主に両者間の強い静電相互作用による．Ⅱの領域では疎水性相互作用が始まり，Ⅲの段階では非特異的な疎水性相互作用が進んでいる．後者の結合は図 1.4 に示すように，蛋白質の非特異的な位置に界面活性剤がミセル状に結合するものと考えられている．図 1.3 の SDS 単独の cmc と蛋白質／SDS 混合液の cmc の差が，蛋白質に結合した SDS 量に相当する．Ⅲの段階では SDS 濃度差が $\log_{10} c_s$ で 2 桁の間も界面張力が変わらない．この領域では，SDS が界面で蛋白質と置換するよりは，溶液中で蛋白質に結合する方が，自由エネルギーの増加が少ない（より安定である）ことが分かる．このような現象は，ゼラチン，血清アルブミンなど多くの食用蛋白質と SDS で認められる．また同様な現象が，他のアニオン界面活性剤，ステアロイル乳酸ナトリウムや，全体としてアニオン性脂質である大豆リゾリン脂質と，蛋白質との間にも認められる[7]．

## 1.3 個別界面活性剤による吸着蛋白質の置換

次に幾つかの界面活性剤による吸着蛋白質置換の実例を示す．

### 1.3.1 β-カゼイン／Tween 20／GMS・大豆油エマルション

図 1.5 は大豆油 20%，β-カゼイン 0.4%，ステアリン酸モノグリセリド（GMS）0，0.05，0.2%（油中溶解），pH 7 で，300 kg 加圧のホモジナイザーで調製したエマルションに，Tween 20（ポリソルベート 20）を加えた場合の蛋白質脱着である．$R$ は Tween 20／β-カゼインのモル比である．GMS 無添加では完全脱着が $R=32$ 以上であるが，0.2% の GMS の存在で $R=6$ 付近になる．0.05% と 0.2% の GMS と β-カゼインのモル比 $R$ は，それぞれ 8.2 と 33 である．GMS 単独ではこの程度のモル比では蛋白質の脱着はわずかであるが，親水性界面活性剤の共存で，GMS が共同的に作用するようになる[2]．

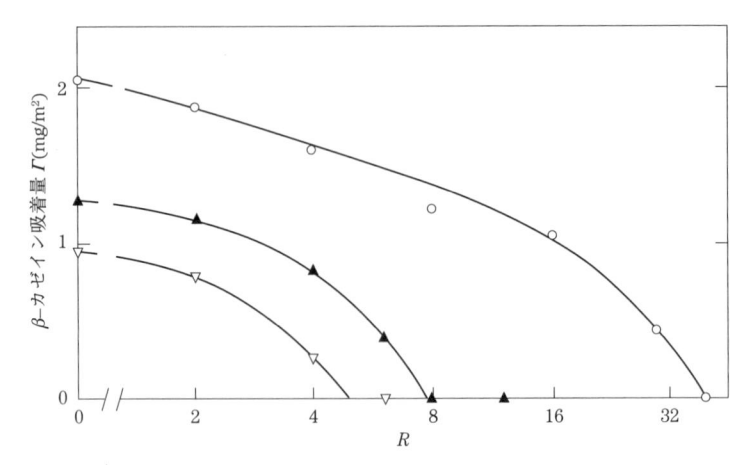

図 1.5 大豆油 20%, β-カゼイン 0.4%, ステアリン酸モノグリセリド(GMS) 0～0.2% からなる pH 7.0 のエマルションに, Tween 20 を添加した場合の蛋白質の脱着[2]
GMS は油に溶解, ○ 0%, ▲ 0.05%, ▽ 0.2%.
$R$ = Tween 20/β-カゼインのモル比.

### 1.3.2 β-ラクトグロブリン／ショ糖脂肪酸モノエステル

図は掲げないが, 中性の 20% テトラデカンエマルションを, 0.4% の β-ラクトグロブリンで調製し, ショ糖モノラウレートを加えた場合, 蛋白質の 50% が置換されるモル比 $R$ は 13 である. これが脂肪酸炭素数 10 のモノカプレートでは, $R$ = 16 になる[3].

### 1.3.3 β-カゼイン／卵黄レシチン・テトラデカンまたは大豆油エマルション

以下の例は, 乳化剤をエマルション調製前に加えている点で, これまでの例と異なる. レシチン(純ホスファチジルコリン)は両性界面活性剤であり, 中性では非イオン界面活性剤と同様に振る舞うことは前に述べた. 油相 20%, β-カゼイン 0.4%, pH 7 のエマルションで, 卵黄レシチンの量を変え油相に加えた. エマルションは, バルブ圧 300 kg でホモジナイズして調製した. 結果を図 1.6-A～C に示したが, ●印はテトラデカン, ○印は大豆油である[4].

図Aのエマルションの平均粒子径は, 炭化水素では大豆油より小さく,

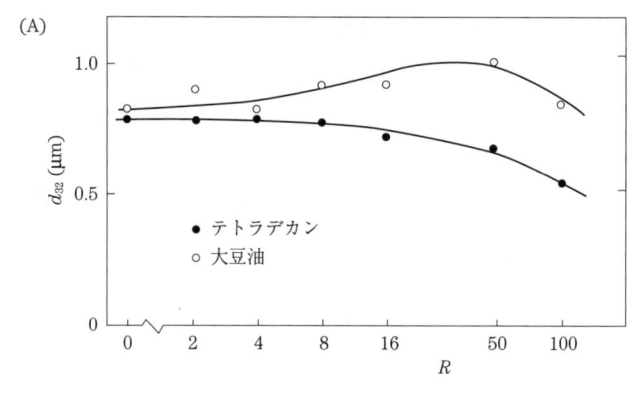

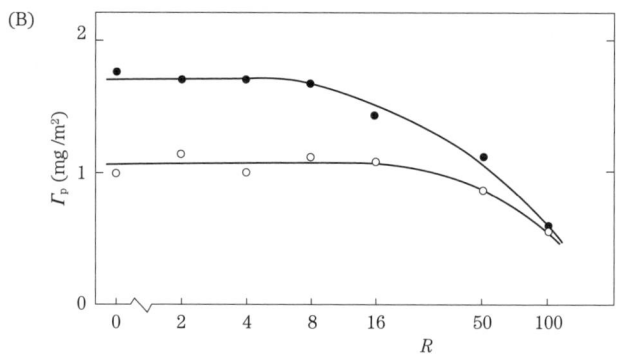

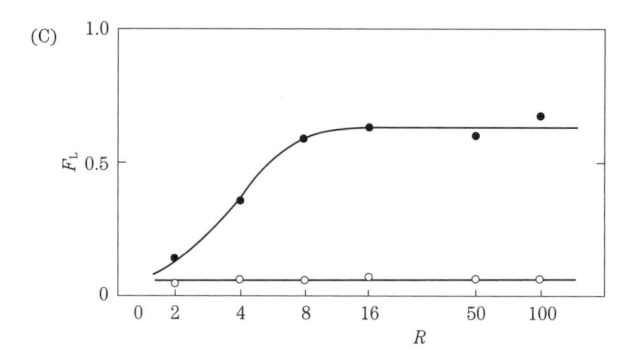

## 1. 蛋白質-低分子界面活性剤間の相互作用とエマルション

**図 1.6** β-カゼインと卵黄レシチンで乳化した pH 7 のテトラデカンまたは大豆油エマルション（油相 20%，蛋白質 0.4%，卵黄レシチン／蛋白質 $R=0 \sim 100$）[5]
(A) $R$ と油滴直径の関係，(B) $R$ と蛋白質の界面吸着量，(C) $F_L$ は界面に吸着したレシチンの全レシチンに対する比率．

モル比 $R$ の増加で小形化するのは界面張力が低いためである．大豆油エマルションにおける，高レシチン濃度比の $R$ での粒子径増加は，油滴周囲にラメラ構造が形成された結果である．図Bのように吸着蛋白質の置換状況は両油相で類似し，$R=10\sim16$ で蛋白質の脱着が始まるが，大豆油の場合は $R=100$ でも半分以上が界面に残存する．図Cに示すように，界面に吸着したレシチン＋蛋白質のレシチン分率は，テトラデカンエマルションがはるかに多い．この理由はレシチンが大豆油には溶解しにくいが，炭化水素溶媒には溶解し吸着量が増加するためである．吸着しないレシチンは水相に溶解／分散している．図Cでは，大豆油エマルションでは界面のレシチン分率は10％以下で，残余は水中に分散している．テトラデカンエマルションでは，$R=10$ 以上でレシチンの60％以上が界面に存在する．このレシチンは界面でラメラ相を形成している．

### 1.3.4 $\beta$-ラクトグロブリン／レシチン・テトラデカンまたは大豆油エマルション

図1.7は蛋白質を変えた以外は，図1.6と同じ条件によるエマルション界面での置換の様相である[5]．表1.1はレシチン／蛋白質モル比変化による，両エマルションの平均粒子径変化と，蛋白質の界面濃度を示す．レシチン／

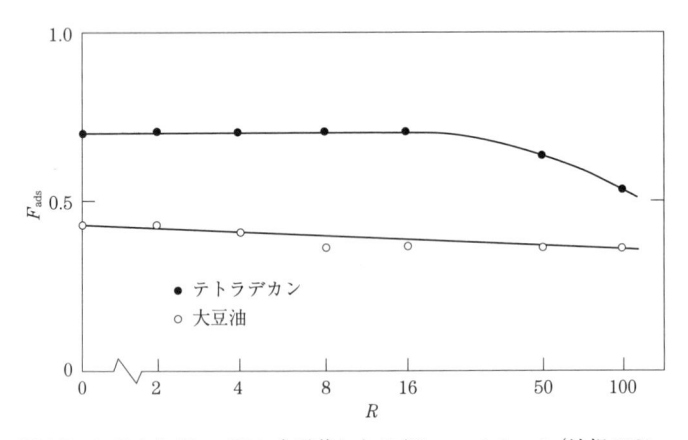

**図1.7** $\beta$-ラクトグロブリンを吸着したO/Wエマルション（油相20％，蛋白質0.4％，pH 7）における添加レシチン／蛋白質モル比（$R$）の影響[5]

$F_{ads}$ は吸着した蛋白質の全蛋白質に対する比率．

**表1.1** $\beta$-ラクトグロブリン 0.4%, レシチン／蛋白質モル比 $R=0\sim100$, 油相 20%, pH 7 のエマルションの $R$ と平均粒子径, 表面吸着量の関係(油相はテトラデカンおよび大豆油)[5]

| レシチン／蛋白質<br>モル比($R$) | テトラデカン | | 大 豆 油 | |
| --- | --- | --- | --- | --- |
| | $d_{32}$ (μm)[a] | $\Gamma$ (mg/m$^2$)[b] | $d_{32}$ (μm)[a] | $\Gamma$ (mg/m$^2$)[b] |
| 0 | 0.68 | 1.01 | 0.75 | 1.00 |
| 2 | 0.66 | 1.11 | 0.72 | 0.95 |
| 4 | 0.63 | 1.11 | 0.73 | 0.92 |
| 8 | 0.61 | 1.10 | 0.75 | 0.83 |
| 16 | 0.60 | 1.08 | 0.75 | 0.82 |
| 50 | 0.57 | 0.95 | 0.73 | 0.81 |
| 100 | 0.51 | 0.65 | 0.71 | 0.78 |

a：推定実験誤差±0.03 μm.
b：推定実験誤差±0.08 mg/m$^2$.

蛋白質モル比 $R=0$ では, テトラデカンエマルションでの蛋白質吸着量 $\Gamma=1.01$ mg/m$^2$ であり, 大豆油では $\Gamma=1.00$ mg/m$^2$ であった. 図 1.6-A と同様に, エマルションの平均粒子径は $R$ の増加で, 炭化水素では最大 25% 減少したが, 大豆油ではわずかであり, 界面張力の差を意味する.

界面に吸着したレシチン／蛋白質分子中の蛋白質分率 $F_{ads}$ は, 炭化水素では大豆油より大きく, $R=16$ 以上で減少し, レシチンによる置換が認められた. 一方, 大豆油の吸着蛋白質分率は炭化水素より小さく, $R$ の増加でも変化しにくい. また大豆油エマルションの界面では, レシチン吸着量が相対的に多いことが分かる. 図 1.6 の $\beta$-カゼインに比べ, $R$ の増加で系内に十分なレシチンがあっても, 界面での蛋白質置換の程度は少なく, $R$ が 100 であってもなお多量の蛋白質吸着がある. データは示さないが, このような系に Tween 20 などの親水性界面活性剤を加えて乳化すれば, $R=20$ では完全に置換が行われる.

このようにレシチンは蛋白質との共存で, エマルションの安定に大きく寄与する性質がある. 特に植物油エマルションでは, レシチンの濃厚な水溶液は $\beta$-ラクトグロブリンと複合体を形成しやすい. またレシチンが油相にあり, $\beta$-ラクトグロブリンが水相にある場合, $R=100$ 付近で両者間に相互作用が起こり, 界面膜の粘度が経日的に増加することが知られている[5].

### 1.3.5 蛋白質／極性脂質の競合吸着のまとめ

(1) 親水性非イオン界面活性剤(Tween, ショ糖脂肪酸エステルなど)は, 油／水界面の蛋白質を容易に置換する. この作用は油溶性の乳化剤, モノグリセリド, ソルビタンエステル, リン脂質よりはるかに強い.

(2) 油相に油溶性乳化剤を含む場合, 蛋白質の完全脱着に要する親水性非イオン界面活性剤の量は(1)より減少する.

(3) 親水性界面活性剤の蛋白質置換効果は, 乳化前添加と乳化後添加で大差はない.

(4) 油／水界面の $\beta$-ラクトグロブリンとレシチン間には相互作用があり, レシチンはモル比で蛋白質の100倍あっても, 大部分の蛋白質は脱着しない.

(5) $\beta$-ラクトグロブリンで安定化したエマルションは経時的に変性し, Tweenなどで置換されにくくなる.

(6) 乳蛋白質を吸着したエマルションは, 10℃で吸着量が最低になる.

## 1.4 食品エマルション系での蛋白質-極性脂質の相互作用

親水性のアニオン界面活性剤は, ほとんどの蛋白質と相互作用を起こす. 球状蛋白質では, 溶液のイオン性乳化剤の濃度を高めると, 両者に結合が起こりアンフォールディングで分子の構造を変化させる. この種の複合体も界面活性があり, 食品コロイドの安定化の点で実用的な価値をもつことは前述した. そこで, この性質を理解することは, 食品エマルションや泡状食品の製造にとって重要である. 一方, 非イオン界面活性剤は蛋白質との相互作用は弱く, 蛋白質の構造に影響することは少ない.

### 1.4.1 アニオン界面活性剤

球状蛋白質とアニオン界面活性剤との相互作用では, まず分子表面のカチオン性のアミノ酸(リジン, ヒスチジン, アルギニン)との結合が起こる. その結果, 蛋白質がアンフォールディングし, 疎水性および静電相互作用によって, 極性脂質との結合が進行する. 図1.8は球状蛋白質のリゾチーム溶液に,

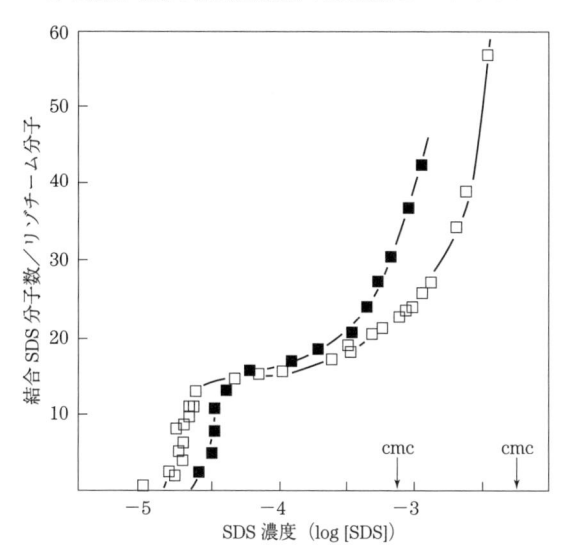

## 1. 蛋白質-低分子界面活性剤間の相互作用とエマルション

**図 1.8** SDS／リゾチームの結合等温線(25℃, pH 3.2)
イオン強度(NaCl)：□ 0.0119M, ■ 0.2119M.
[Jones, M. N. and Brass, A. : *Food polymers, gels and colloids*, p. 70, Royal Soc. Chem.(1991)]

ドデシル硫酸ナトリウム(SDS)を添加した場合の蛋白質1分子当たりの極性脂質の結合曲線を示す．低濃度での急傾斜部分のSDS結合分子数は10〜15である(リゾチームには18個のカチオン残基がある)．しかし，イオン強度の増加(静電作用低下)で，急傾斜領域は高SDS濃度側に移行し結合が弱められる．静電結合が飽和すると，蛋白質のアンフォールディングによって，SDSの非特異的な結合がその臨界ミセル濃度(cmc)に近い領域で進行する．蛋白質1分子に飽和結合する界面活性剤分子数は，50〜100の間とみられ，分子構造と相対的分子量差に依存するが，蛋白質1gに対して界面活性剤1〜2g程度である[6]．類似の現象が，フレキシブル蛋白質のカゼインナトリウムと，アニオン性の大豆リゾリン脂質でもみられる[7]．

極性脂質-蛋白質の相互作用が蛋白質の安定性に与える影響は，両者の量的比率によって異なる．脂質が少ない場合は，両者の結合は強く，熱変性などに対し蛋白質構造を安定化させる．この現象はSDS/$\beta$-ラクトグロブリン，およびSDS／ウシ血清アルブミン(共にモル比5:1〜10:1)の間にみられる．

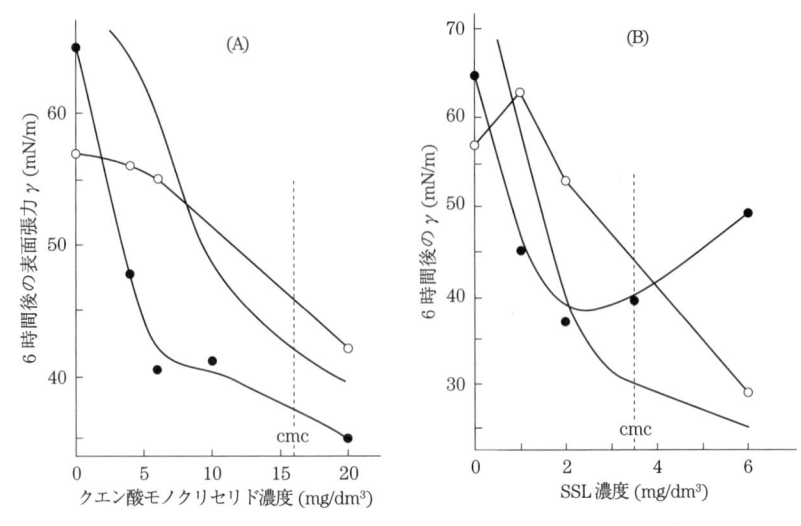

**図 1.9** アニオン界面活性剤／レグミン複合体の表面張力変化（6時間後）（蛋白質 0.05 M, pH 7.2, 25℃）[9]
　—○— 未変性レグミン, —●— 熱変性レグミン, ——— 界面活性剤単独

SDS／ウシ血清アルブミンによるエマルションは，90℃ 30分間の加熱でも熱変性による不安定化が避けられる[8]．リゾチームなどの蛋白質に少数のSDSが静電結合し，表面電荷が失われると蛋白質が沈殿し，さらにSDSを増やしてプラス電荷が中和されると蛋白質は再分散する．溶液のpHを高めると，蛋白質表面のカチオン電荷が減少し，結合アニオン界面活性剤濃度は高めに移動する．また当然のことであるが，蛋白質の等電点の上下で，イオン性界面活性剤の結合挙動が変化する[6]．

　SDSは食品に用いることができないが，有機酸モノグリセリドや，近く食品添加物に指定が見込まれるステアロイル乳酸ナトリウム（SSL）はアニオン界面活性剤である．特にSSLは親水性が大きく利用価値が大きい．図1.9は，未変性と加熱変性したソラマメ種子蛋白質のレグミンに，クエン酸モノグリセリド(A)，およびSSL(B)をcmc以下の濃度で添加した場合の，複合体の表面張力低下を示す．(A)と(B)の低濃度のSSLでは，熱変性レグミンとの複合体の表面張力は，界面活性剤単独の表面張力より低下している．類似する現象は，酸変性のレグミンやカゼインナトリウムと他のアニオン界面活

性剤との複合体でも認められる[9].

### 1.4.2 非イオン界面活性剤

　非イオン界面活性剤と蛋白質の相互作用は一般に弱く，結合は疎水性相互作用に起因する．$\beta$-ラクトグロブリンは，ポリソルベート 20，ショ糖脂肪酸モノエステル，ポリオキシエチレンアルキルエーテルのそれぞれ 1 個と結合する．柔軟構造の $\beta$-カゼインではミセルにショ糖脂肪酸エステルが包まれるとみられ，結合数は 1 個以下である[10]．非イオン界面活性剤の cmc は極めて低濃度で，これが蛋白質との相互作用が弱い理由と考えられている．疎水基の鎖長を短くすると，非イオン界面活性剤の cmc は増加し，蛋白質と疎水性相互作用を起こしやすくなる．両性イオン性のリゾホスファチジルコリン (LPC) は，非イオン界面活性剤と同様に振る舞い，$\beta$-ラクトグロブリンに 1 個結合する．

### 1.4.3 脂質／蛋白質複合体の界面での挙動

　食品エマルションは蛋白質，極性脂質とそれらの混合物で安定化される．普通は蛋白質より極性脂質の界面張力低下能が大きい．蛋白質がより多くの接点で界面に吸着し，吸着蛋白質濃度が高まるほど，エマルションの安定性が高まる．蛋白質／脂質複合体形成と，アンフォールディングで蛋白質の疎水性が高まり，蛋白質の界面吸着濃度が増加するとこの傾向が増大する．しかし，極性脂質濃度が高すぎれば，蛋白質も複合体も脱着するので，極性脂質／蛋白質の分子比が重要である．

### 文　献

1) Blond, G., Haury, E. and Lorient, D. : Effect of batch and extrusion-cooking on lipids-protein interaction of processed cheese, *Sci. Aliments*, **8**, 325 (1988)
2) Dickinson, E. *et al.* : Competitive adsorption in protein-stabilized emulsions containing oil-soluble and water-soluble surfactants, in *Food colloids and polymers : stability and mechanical properties,* Dickinson, E. and Walstra, P. eds., p. 312-322, Royal Society of Chemistry, Cambridge (1993)
3) Dickinson, E. : Recent trends in food colloids research, in *Food macromole-*

*cules and colloids*, Dickinson, E. ed., p. 1-19, Royal Society of Chemistry, Cambridge (1995).
4) Courthaudon, J.-L. and Dickinson, E. : Competitive adsorption of lecithin and β-casein in O/W emulsions, *J. Agr. Food Chem.*, **39**, 1365 (1991)
5) Dickinson, E. and Iveson, G. : Adsorbed films of β-lactoglobulin + lecithin at the hydrocarbon-water and triglyceride-water interface, *Food Hydrocolloids,* **6**, 533 (1993)
6) Nylander, T. and Ericsson, B. : Interaction between proteins and polar lipids, in *Food emulsions,* Friberg, S. E. and Larsson, K. eds., p. 189-233, Marcel Dekker, New York (1997)
7) 藤田 哲, 鈴木篤志, 河合 仁 : 大豆リゾリン脂質と乳蛋白質との相互作用とそのエマルションへの影響, 日食工誌, **41**, 859 (1994)
8) Kelley, D. and McClements, D. J. : Influence of SDS on the thermal stability of BSA stabilized O/W emulsions, *Food Hydrocolloids,* **17**, 87 (2003)
9) Semenova, M. G. *et al.* : Protein + small-molecule surfactant mixtures : thermodynamics of interactions and functionality, in *Food colloids, biopolymers and materials,* Dickinson, E. ed., p. 377-387, Royal Society of Chemistry, Cambridge (2003)
10) Clark, D. C. *et al.* : The interaction of sucrose esters with β-lactoglobulin and β-casein from bovine milk, *Food Hydrocolloids,* **6**, 173 (1992)

# 2. 蛋白質，多糖類，極性脂質などの関わる相互作用

食品コロイドで最も重要な機能性原料は蛋白質と多糖類である．これらは共に生体高分子であり，それらの凝集やゲル化の性質によって，食品コロイドの構造とテクスチャーに貢献している．表2.1は食品に用いられる蛋白質と多糖類の構造と機能について，類似点と相違点の概要を比較した．生体高分子がエマルションを安定化する主な要件は，

① 界面に強く吸着する疎水性領域の存在，
② 界面の十分な被覆，
③ 界面での吸着膜の形成とその水和，

**表 2.1 食品に用いられる蛋白質と多糖類の構造と機能性比較**

| 類 似 点 |
|---|
| 天然高分子である．食品コロイドの主要成分である．分子構造が複雑である．凝集形態が複雑である．ゲル化剤，安定剤として用いられる． |

| 相 違 点 | |
|---|---|
| 蛋 白 質 | 多 糖 類 |
| 多様な分子構造をもつ | 分子は構造的に類似性が多い |
| 反応性に富む | 反応性が少ない |
| 単分散(分子形態が一様)である | 多分散(多様な分子形態)である |
| 分子中に多種類の構成セグメントをもつ | 分子構成セグメントは少ない |
| 単一の線状分子鎖である | 線状分子鎖または枝分かれがある |
| 分子鎖は柔軟で折れ曲がる | 分子鎖は硬直的である |
| 分子量は数万が一般的 | 分子量は数十万～数百万 |
| 両親媒性がある | 親水性である |
| 界面活性あり | 界面活性なし |
| 多電解質性である | 非イオン性または電荷をもつ |
| 乳化性と起泡性あり | 濃厚化性と保水性あり |
| 熱変性を受けやすい | 熱安定性である |
| 極性脂質と強く結合 | 極性脂質と弱い結合 |

文献9)を改変．

④ 吸着膜の電荷による静電斥力,

である.これらの要件は,蛋白質と多糖類の相互作用で複合体ができる場合に満たされることが多い.アラビアガムはこの典型であり,強い可溶化力と乳化性を持つ.また疎水性のある多糖類もある程度の乳化性を示す.例えば,置換率の多いメチルセルロース,グァーガム(少量の蛋白質を含む),低分子化柑橘ペクチンなどである.しかし,ペクチンには少量の蛋白質が含まれており,それが乳化と乳化安定性に関わるとみられている.

食品エマルションでは,天然と合成の極性脂質が活用される.蛋白質は食品の乳化と起泡に関連し,多糖類は食品の保水性と濃厚化に関連している.種々の物理・化学的分析技術の発達で,個々の生体高分子の機能的性質が分子レベルで解明されているが,蛋白質-多糖類間の相互作用の研究は十分でない.多糖類-極性脂質間の相互作用についても,知られていないことが多い.蛋白質-多糖類間の相互作用の概要については,基礎編の4.6.3項で説明した.ここでは,多糖類および蛋白質/多糖類複合体の乳化作用への関わりを,極性脂質を含めて理解するために,幾つかの個別の事例で紹介する.

食品エマルションには,食塩などの無機塩を含む製品が多く,これらの電解質がエマルションの安定性に影響することは周知である.この章の終わりに,代表的食品蛋白質であるカゼインとホエー蛋白質で乳化したエマルションに関し,塩化ナトリウムと塩化カルシウムの影響について述べる.

## 2.1 蛋白質-多糖類間の相互作用

### 2.1.1 $\beta$-ラクトグロブリン/多糖類(デキストラン,デキストラン硫酸エステル,アルギン酸プロピレングリコールエステル)によるエマルション

デキストランは非イオン性,デキストラン硫酸エステル(DXS)とアルギン酸プロピレングリコールエステル(PGA)はアニオン性多糖類である.これらと,$\beta$-ラクトグロブリンとの相互作用を,中性水溶液中で調べた結果がある[1].蛋白質/多糖類を含む水溶液とヘキサデカン間の界面張力測定によって,蛋白質/アニオン性多糖類は複合体を形成し,デキストラン/蛋白質は相互作用しないことが証明された.しかし,蛋白質/多糖類の1:1混合物

によるエマルションの安定性は，蛋白質単独エマルションに劣った．これは溶液中に残存する多糖類によって，油滴の枯渇凝集が起こり，クリーミングが促進されるためである．しかし3種の多糖類中では，蛋白質／PGA混合物の油滴合一防止作用が最良であった．

　一方，乾燥状態の$\beta$-ラクトグロブリンと各多糖類粉末を，60℃で3週間加熱し，メイラード反応による共有結合複合体を作った．蛋白質／デキストラン複合体によるエマルションは，クリーミング，合一，液しょう分離の点で優れた安定効果があった．しかし同じ方法で処理した，DXS／蛋白質複合体は，メイラード反応が弱く乳化性が貧弱であった．PGAの場合はデキストランと同様に，優れた乳化性が得られた．これらの方法では化学的修飾によらない加熱処理で安定なエマルションが得られ，$\beta$-ラクトグロブリン単独使用に優った．蛋白質／多糖類複合体をメイラード反応で作り，乳化剤として利用する試みは，カゼイン／マルトデキストリンでも成功した．この複合体は酸性でも透明に溶解し，優れた乳化剤として利用できるという[2]．

### 2.1.2　カゼインナトリウムエマルション／多糖類(キサンタンガム，カルボキシメチルセルロース：CMC)

　テトラデカン(10～50%)の中性エマルションを，カゼインナトリウムを用いて，300気圧でホモジナイズして調製した．このエマルションに多糖類溶液を加えて，安定性と粘性変化を調べた[3]．CMCでは濃度にかかわらず，凝集によるクリーミングの促進が認められた．キサンタンガムでは低濃度(例えば0.01～0.05%)では，凝集によってクリーミングが促進された．0.25%では増粘によってずり粘性に降伏応力が発生し(ゲル状)，クリーミングは遅延したが，エマルションの安定性は蛋白質単独に劣った．

### 2.1.3　カゼインミセル／グァーガム・$\kappa$-カラギーナン

　牛乳飲料や発酵乳製品には，テクスチャー向上の目的で多糖類が用いられる．牛乳は3～4%の乳脂肪球と，カゼインミセル3%，ホエー蛋白質0.3%を含むコロイド系である．カゼインミセルは直径30～300nmで，性質の異なる4種のカゼイン分子から構成され，$\kappa$-カゼインの糖鎖が表面を被覆し

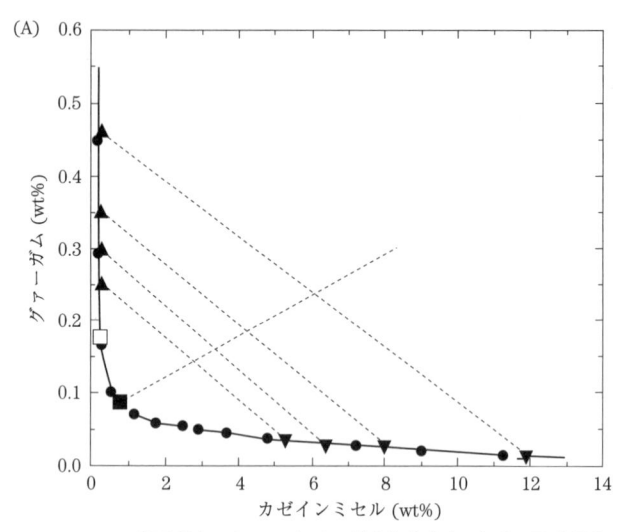

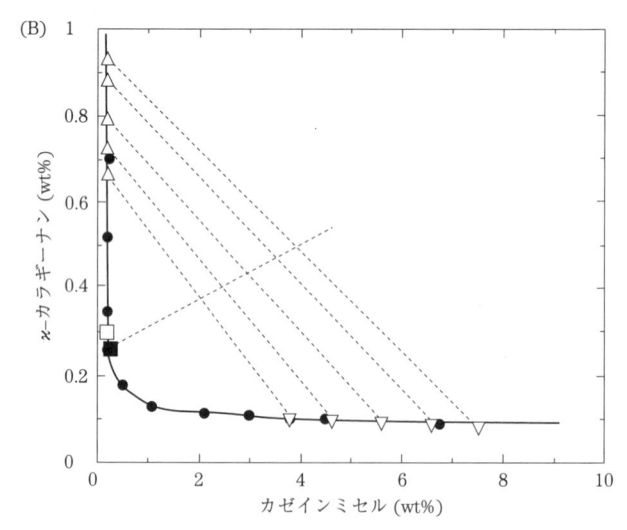

(A)

● 2相分離点，▲---▼ 初めの混合物作成時の組成，■ 臨界点，
□ 不溶化閾点

(B)

● 2相分離点，△---▽ 初めの混合物作成時の組成，■ 臨界点，
□ 不溶化閾点

**図 2.1** カゼイン／グァーガムおよびカゼイン／$\chi$-カラギーナン混合系の相図[4]
(A) カゼイン／グァーガム（NaCl 0.25 M，pH 7，20℃）
(B) カゼイン／$\chi$-カラギーナン（NaCl 0.25 M，pH 7，50℃）

て安定分散することは第1編で述べた．ゲルを形成しない多糖類(グァーガム，キサンタンガム)を脱脂乳に加えると，2相分離が起こる．また脱脂乳に，ゲルを形成する$\varkappa$-カラギーナン加熱溶液を加えても，同様な現象が起こる．ゲル化しないグァーガムおよび，ゲル化する$\varkappa$-カラギーナンとカゼインミセルの相互作用の理解は，乳製品製造にとって重要である．

　種々の組成の2成分混合液を加熱して作り，一定温度に放置すると，単一相である範囲と2相分離を示す範囲が分かれる．図2.1-Aはカゼイン／グァーガム混合液の20℃での相図であり，図2.1-Bはカゼイン／カラギーナンの50℃(この温度でカラギーナンはコイル構造)の相図である．共に両軸に対して非対称形で，グァーガムで0.1%，カラギーナンで0.2%以上では，曲線は多糖類軸上で一致した．混合物が単一相である範囲は狭く，多糖類濃度が0.15～0.2%以上では，すべてのカゼイン濃度で相分離が起きる．牛乳のカゼインは3%であるから，相分離を起こさない範囲は，グァーガムで0.05%，カラギーナンで0.1%以下である．脱脂乳とペクチンでも同様な相図になる．

　以上の相分離では，カゼインミセルのコロイド分散が，多糖類による枯渇凝集によって沈殿を起こし，多糖類は上澄液中に溶解している．凝集したカゼインミセルの沈降は遅いので，実用的にはかなり安定であると思われる．特に多糖類濃度が高いと，溶液の粘性が増大し見かけの安定性が保たれる．ゲル化する多糖類を用いれば，カゼインの沈降は完全に防止できる[4]．

### 2.1.4　カゼイン安定化エマルション／ペクチン

　食品エマルションへの多糖類添加では，粘稠化やゲル形成によるエマルション安定化が可能な一方で，不適切な利用で，油滴の凝集やクリーミングの促進を起こす．$\alpha_{s1}$-カゼインおよび$\beta$-カゼインはカゼインの主要成分であり，乳蛋白質による乳化の主役である．ペクチンもまた乳製品系の食品エマルションに多用され，糖の存在で酸性でゲル化する性質がある．ペクチンはポリガラクツロン酸で，そのメトキシル化度とゲル化速度が相関する．油滴界面に吸着したカゼイン／高メトキシルペクチンの相互作用を，カゼインの等電点(pH 4.6)以上のpH 7.0および5.5で調べた[5,6]．組成は，ひまわり油40%，蛋白質2%で，イオン強度0.01 M(NaCl)，ペクチン濃度を変え，300気圧で

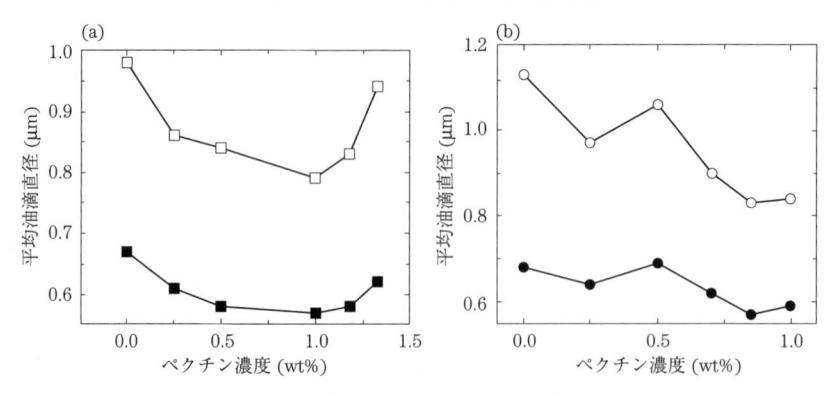

**図 2.2** ひまわり油 40％，蛋白質 2 ％，pH 7，イオン強度 0.01 M のエマルションをペクチン濃度を変えて作った場合の平均油滴直径の変化[6]
(a) $\alpha_{S1}$-カゼインエマルション：□ $d_{43}$, ■ $d_{32}$.
(b) $\beta$-カゼインエマルション：○ $d_{43}$, ● $d_{32}$.

ホモジナイズした．

　pH 7.0 では，界面の吸着蛋白質にペクチンの結合は起こらず，ペクチンの増加で平均粒子径がやや減少した（図2.2-a, -b）．（なお，平均油滴直径の $d_{32}$ は $\Sigma d^3/d^2$ を，$d_{43}$ は $\Sigma d^4/d^3$ を計算したものである．基礎編1.3.2項参照．）ずり応力と見かけ粘度の関係を図2.3-a, -b に示したが，ペクチンの増加で粘性が急増し，ずり流動化がみられた．カゼインだけで安定化したエマルションでは，クリーミングは起こらないが，ペクチンを 0.6～0.8％ 含むエマルションは顕著なクリーミングを起こした．$\alpha_{S1}$-カゼインおよび $\beta$-カゼインと，ペクチン混合液の相図を図2.4に示した．カゼインによるエマルションは，ペクチン含量が限度を超えると，油滴が枯渇凝集して増粘する．そのペクチン濃度の限度は，$\beta$-カゼインエマルションの方が低濃度である．

　等電点以上の酸性条件のカゼインとペクチンは，共に負に荷電するが両者に結合が起こる．pH が 5.5 の場合は，中性に比べてエマルションの粒子径は大きめになる．ゼータ電位測定で蛋白質／ペクチン間の結合が確認でき，ペクチンの一部が界面に吸着し，このため油滴界面の吸着量が増える．ペクチンの増加でエマルションの動的粘弾性が増加するが，その程度は $\alpha_{S1}$-カゼインがはるかに大きい（図2.5）．また，エマルションのクリーミング速度は，

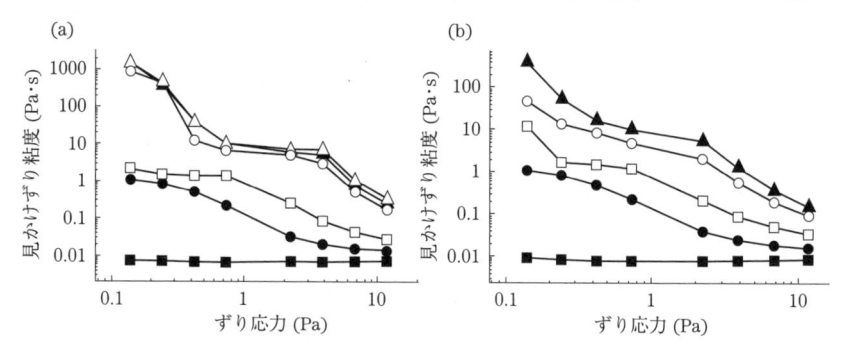

2. 蛋白質, 多糖類, 極性脂質などの関わる相互作用

**図 2.3** ひまわり油 40%, 蛋白質 2%, pH 7, イオン強度 0.01 M のエマルションをペクチン濃度を変えて作った場合の, ずり応力と見かけ粘度の関係(22℃)[6]
(a) $\alpha_{S1}$-カゼインによるエマルション：ペクチン添加量；■ ペクチンなし, 
● 0.25%, □ 0.5%, ○ 1.0%, ▲ 1.175%, △ 1.325%.
(b) $\beta$-カゼインによるエマルション：ペクチン添加量；■ ペクチンなし, 
● 0.25%, □ 0.5%, ○ 0.85%, ▲ 1.0%.

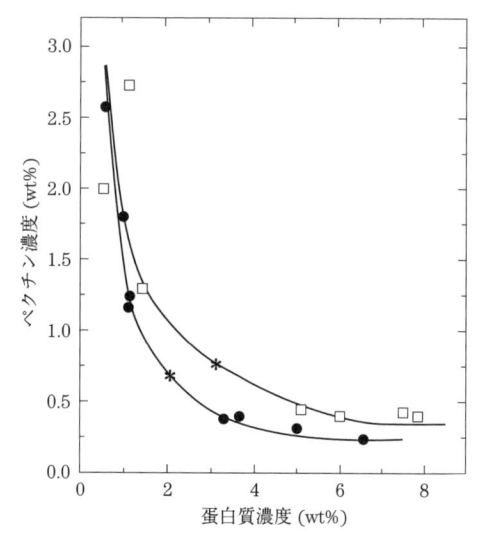

**図 2.4** $\beta$-カゼイン／ペクチン溶液および $\alpha_{S1}$-カゼイン／ペクチン溶液の相図[6]
——●—— $\beta$-カゼイン／ペクチン, ——□—— $\alpha_{S1}$-カゼイン／ペクチンの 2 相分離曲線.
溶液は pH 7.0, イオン強度 0.01 M, ＊は臨界点.

低 pH の方が大きい.

　カゼインナトリウムと高メトキシルペクチンの間にも, 以上とほぼ同様の現象が認められた. 低イオン強度では $\alpha_{S1}$-カゼイン, $\beta$-カゼインとも類似し

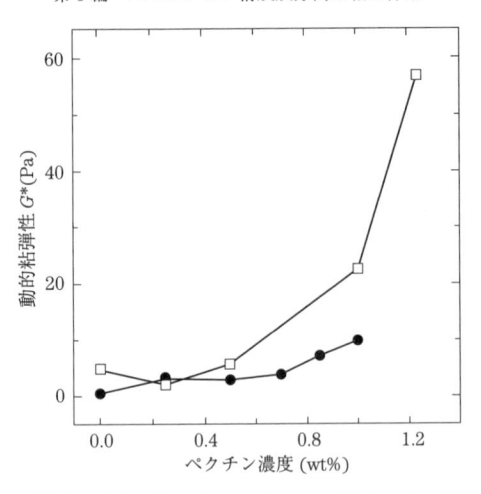

**図2.5** カゼインで安定化したエマルションにペクチンを添加した場合の粘弾性の変化[6)]
エマルション組成は，40% ひまわり油，2% $\beta$-カゼイン(●)，または2% $\alpha_{S1}$-カゼイン(□)．pH 5.5，イオン強度 0.01 M，22℃．
粘弾性は振動測定による動的粘弾性 $G^*$(Pa)．

た乳化効果が得られたが，高イオン強度では，$\beta$-カゼインまたはカゼインナトリウムを用いたエマルションの方が，粒子径が細かく安定性が優れていた[5,6)]．

### 2.1.5 $\beta$-ラクトグロブリン／ペクチンによる酸性エマルション

$\beta$-ラクトグロブリン(BLG)はホエー蛋白質の主成分であり，等電点のpHは5.2である．ペクチンは酸性の食品に利用されることが多い．表題のpH 3.0のエマルションは2段階で調製した．まずコーン油10 wt%，BLG 1 wt%を含む緩衝液90%を，高圧ホモジナイザーで乳化して，平均粒子径0.3 μmの第一のエマルションを得た．これに濃度0～0.44%のペクチン溶液を等量添加して第二のエマルションにした．

ゼータ電位で測定したエマルション油滴の表面電荷は，無ペクチンでは正に荷電(+33 mV)する．ペクチン濃度を高めると電荷が負に移行し，最低-19 mVにまで低下し，ペクチンの界面吸着を示した．ペクチン添加で油滴は凝集するが，ペクチン濃度が0.04%までは凝集粒子径は1 μm以下である．し

かし，濃度と共に急増しペクチン 0.1% で 13 μm に達し，この時の表面電荷はゼロになり，一気に橋かけ凝集が進行した(図2.6-A，B)．

　負電荷が最大になった第二エマルションに，再乳化などの衝撃を与えると，粒子径が数 μm に減少した．この油滴は，第一エマルション油滴がペクチンで結合した小形の凝集体で，低 pH，高イオン強度(数%の NaCl)で安定を保った．この現象は新規エマルションの製造技法につながるとみられる[7]．

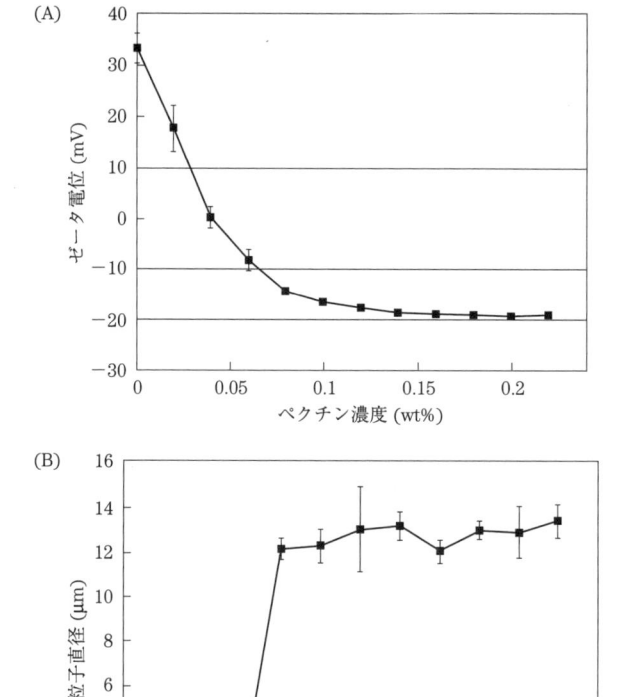

図 2.6　$\beta$-ラクトグロブリン安定化エマルションに添加したペクチン濃度の影響[7]
　　　エマルション組成は，コーン油 5 %，$\beta$-ラクトグロブリン 0.5%，5 mM イミダゾール／酢酸緩衝液(pH 3.0)
　　　(A) ペクチン濃度とゼータ電位の関係，(B) ペクチン濃度と平均粒子径の関係．

## 2.1.6 デンプンとデンプン誘導体／蛋白質／界面活性剤

デンプンとその誘導体-蛋白質-界面活性剤間の相互作用が報告された[8]．デンプン系物質は，アミロース，アミロペクチン，マルトデキストリンであり，蛋白質はソラマメの11Sグロブリンのレグミンで，クエン酸モノグリセリド(CITREM)，カプリン酸ナトリウム($C_{10}Na$)の組み合わせである．

まず，臨界ミセル濃度(cmc=22 mM)以下の$C_{10}Na$濃度0.05～1.0 mMと，アミロースまたはアミロペクチン混合物の25℃の表面張力が経時的に減少して，$C_{10}Na$単独の表面張力より顕著に低下した．同様な現象が低濃度のCITREM(cmc以下の0.0006 wt%)とアミロース，アミロペクチンの混合物でも得られた．この現象は，マルトデキストリンとの混合物でも同様に起こった．これらの現象を熱力学や光散乱で解明した結果，$C_{10}Na$とグルコース鎖間に複合体形成が起こり，顕著な表面疎水性増加のために，グルコース鎖の結合が起こることが示唆された．

次に，レグミン／界面活性剤／デンプン類の混合で，三者間の複合体形成

**表2.2** レグミン(11S)／アミロース，アミロペクチン，マルトデキストリン／カプリン酸ナトリウムまたはクエン酸モノグリセリド混合物の界面活性(pH 7.2, イオン強度0.05 M, 25℃)[8]

| 混合物系 / 表面圧 π | カプリン酸Na <cmc 0.05 mM | <cmc 1.0 mM | <cmc 10 mM | クエン酸モノグリセリド <cmc 0.0006 wt% | <cmc 0.002 wt% |
|---|---|---|---|---|---|
| 界面活性剤のみ | 0 | 8 | 25 | 12 | 30 |
| アミロース | 13 | 15 | 23 | 15 | 19 |
| アミロペクチン | 7 | 21 | 26 | 18 | 6 |
| マルトデキストリン DE 2 | | 11 | | 9 | |
| マルトデキストリン DE 6 | | 15 | | 17 | |
| マルトデキストリン DE 10 | | 24 | | 9 | |
| レグミン | 14 | 20 | 29 | 18 | 34 |
| アミロース／レグミン | 16 | 23 | 33 | 16 | 9 |
| アミロペクチン／レグミン | 14 | 25 | 33 | 22 | 12 |
| マルトデキストリン DE 2／レグミン | | 17 | | 15 | |
| マルトデキストリン DE 6／レグミン | | 15 | | 19 | |
| マルトデキストリン DE 10／レグミン | | 15 | | 7 | |

表面圧 π＝緩衝液表面張力−混合液表面張力(mN/m)．
表面圧測定誤差は±1 mN/m．

が起こり，界面活性の増加が認められた．これらの結果を表2.2に一括して示した．表面圧πは気／水表面張力の約72 mN/mから，試験溶液の表面張力を減じた数字で，界面活性の大きさを示す．cmc以下の濃度の$C_{10}Na$との共存で，πが33 mN/mになることは，表面張力で39 mN/mであり，大幅な界面活性の向上を意味する．

### 2.1.7 アラビアガム（多糖類／蛋白質複合体）とその代替物によるエマルション

アラビアガム（アカシア・セネガル）は優れた乳化・可溶化剤で，水溶性が良好で水に50％程度溶解し，粘性が低く油滴界面に保護膜を形成する．このため，エマルションは酸性でも安定であり，Caイオンの影響を受けにくい．しかし，高価な上に品質にばらつきがあり，界面活性は乳蛋白質などより低いので，乳化にかなりの高濃度（蛋白質の20〜30倍）を要するなどの欠点がある．

アラビアガム分子の主成分はガラクトースで，他にアラビノースとラムノースを含む多糖類であり，側鎖の末端にグルクロン酸をもつ複雑な分枝構造をもつ．この多糖類は，アラビノガラクタンと疎水性蛋白質の複合体である．蛋白質は約2％で，セリン基とヒドロキシプロリン基が多糖類と共有結合している．分子形態の模式図を図2.7に示すが，Aは水溶液中の分子で，油／水界面ではBのように花状の構造をなすとみられる．アラビアガムは疎水性ペプチド鎖で油相に強く吸着し，水相にかさ高な親水性被膜を形成するの

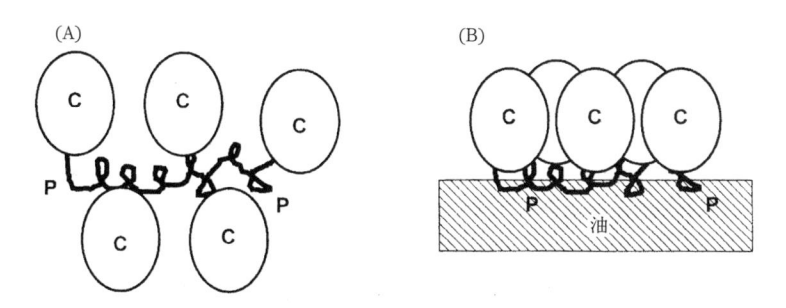

**図 2.7** アラビアガム分子の模式図[9)]
(A) バルク溶液中，(B) 油／水界面に吸着した花状構造．
Cは炭水化物のブロックで分子量は約20万Da，Pは疎水性ペプチド鎖．

で，優れたエマルション安定性が得られる．このエマルション安定性は，厚い多糖類水和層による立体斥力が原因なので，pH変化や塩類の影響を受けにくいほかに，高温に耐える利点がある[9,10]．

長年にわたり高価なアラビアガムの代替物が求められ，香料用乳化剤として，疎水化修飾デンプンが開発された．モチトウモロコシデンプンのアミロペクチンに，オクテニルコハク酸を付加した製品である．疎水化デンプンはアラビアガムの半分程度の濃度で有効である．アラビアガムと共にpH 3～9の間でゼータ電位が負であり，pHによる電位変化がわずかなために，安定なエマルションが得られる．蛋白質によるエマルションは，等電点で凝集し，高温で変性するが，これらの多糖類にはその欠点がない[10]．

## 2.2 多糖類-極性脂質間の相互作用

### 2.2.1 高分子電解質-界面活性剤の相互作用とエマルション安定化

高分子電解質の水溶性のアニオン性多糖類は数が多く，アルギン酸，キサンタンガム，寒天，ペクチン，キチンなどがこれに属する．グァーガム，トラガントガムは中性で，キトサンだけがカチオン性である．界面活性剤の臨界ミセル濃度以下の希薄濃度で，キトサン／アニオン界面活性剤の静電結合による複合体には，強い表面張力低下能を示すものがある[11]．アニオン性多糖類とカチオン界面活性剤との組み合わせも同様であるが，カチオン性の食品用界面活性剤はないので利用できない．臨界ミセル濃度では，ドデシル硫酸ナトリウム(SDS)の表面張力は35 mN/m程度で，$10^{-5}$～$10^{-3}$M溶液の表面張力低下はわずかである．しかし図2.8に示すとおり，同濃度でのキトサンとの複合物の表面張力は20 mN/mと，驚くべき低さである．この混合物で炭化水素を乳化すると，粒子径が0.3 μm程度の細かいエマルションが得られる．図2.9にSDS／キトサンの静電結合複合体の界面吸着を模式的に示した．類似した現象が，デンプン類／アニオン界面活性剤複合体に認められているが[58]，この種の相互作用による複合物の利用は，今後の課題として興味深い．

pH 3のコーン油エマルションを，レシチンとキトサンで安定化した例が

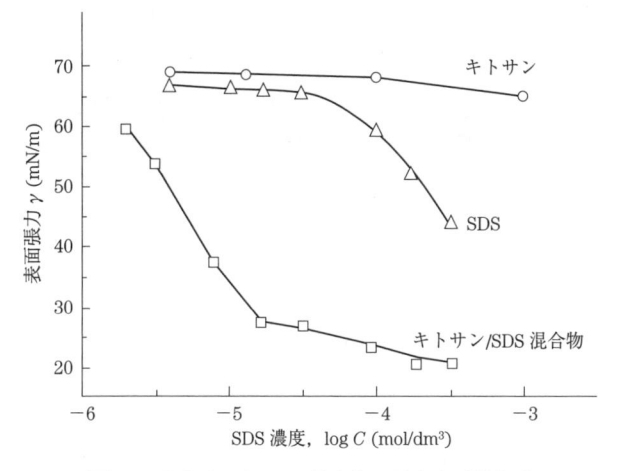

## 2. 蛋白質，多糖類，極性脂質などの関わる相互作用

**図 2.8** キトサンと SDS 混合物の示す表面張力[11]

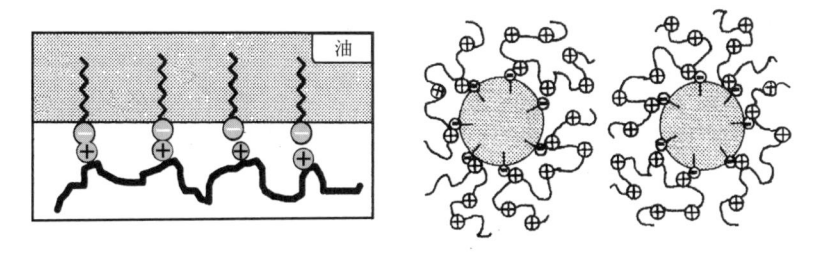

**図 2.9** アニオン界面活性剤／キトサン複合体の油／水界面吸着模式図[11]

ある．レシチンを含む酢酸溶液で油脂を高圧乳化したエマルションを，濃度の異なる pH 3 のキトサン溶液で希釈し，第二のエマルションを得た．このエマルションのキトサン濃度と，粒度分布，電荷，クリーミング安定性の関係を調べた．油滴のゼータ電位は $-49$ mV から $+54$ mV に変化し，レシチンの吸着膜上にキトサンの吸着を示した（図 2.10）．キトサン濃度の増加で電荷がゼロ付近になると，エマルションは不安定化し，フロック凝集でクリーミングが進行した．さらにキトサンを増やすと正電荷が高まった．次いでこれらの第二のエマルションに超音波を照射すると，油滴は細分化され安定分散を示した．このエマルションは，pH 5 以下で，0.5 M のイオン強度でも安定性を保った．この乳化技法の応用も興味深い[12]．

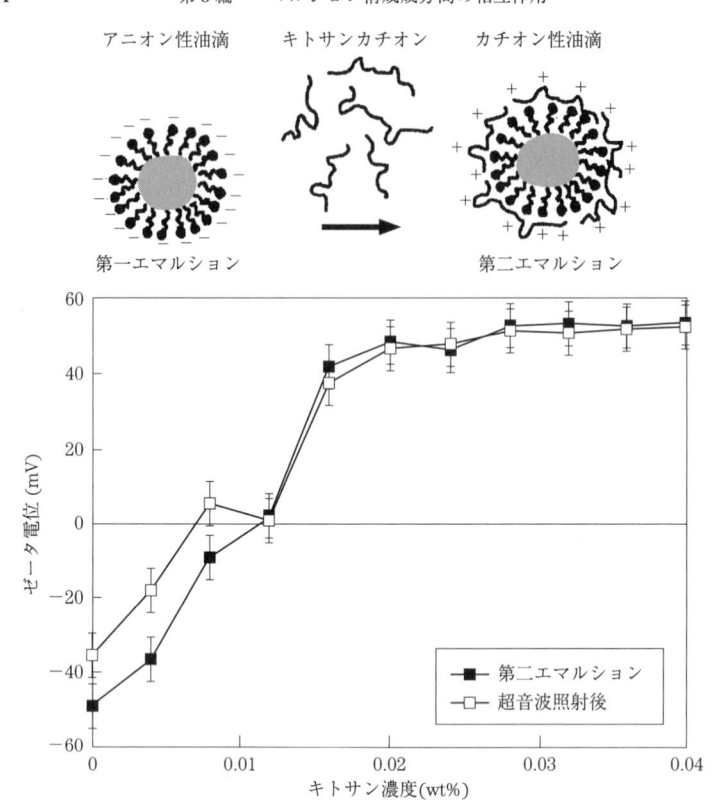

図2.10 0.2%レシチンで安定化したpH 3のコーン油1%エマルション（第一エマルション）にキトサンを加えて第二のエマルションにした場合，および第二のエマルションに超音波照射した場合のキトサン濃度とゼータ電位の関係[12]

## 2.3 蛋白質安定化エマルションへの無機塩の影響

### 2.3.1 カゼインナトリウムエマルションと塩化ナトリウムまたは塩化カルシウム

カゼインナトリウムは乳化性に優れ，多くの食品エマルションに利用される．食品エマルションには，種々の濃度で塩類が用いられ，そのイオン強度はエマルションの製造と安定性に影響する．しかし，油滴界面に吸着した蛋白質への，イオン強度の影響に関する情報は少ない．植物油エマルションでは，少量のカゼインナトリウムを用いると安定であるが，対油10%以上の

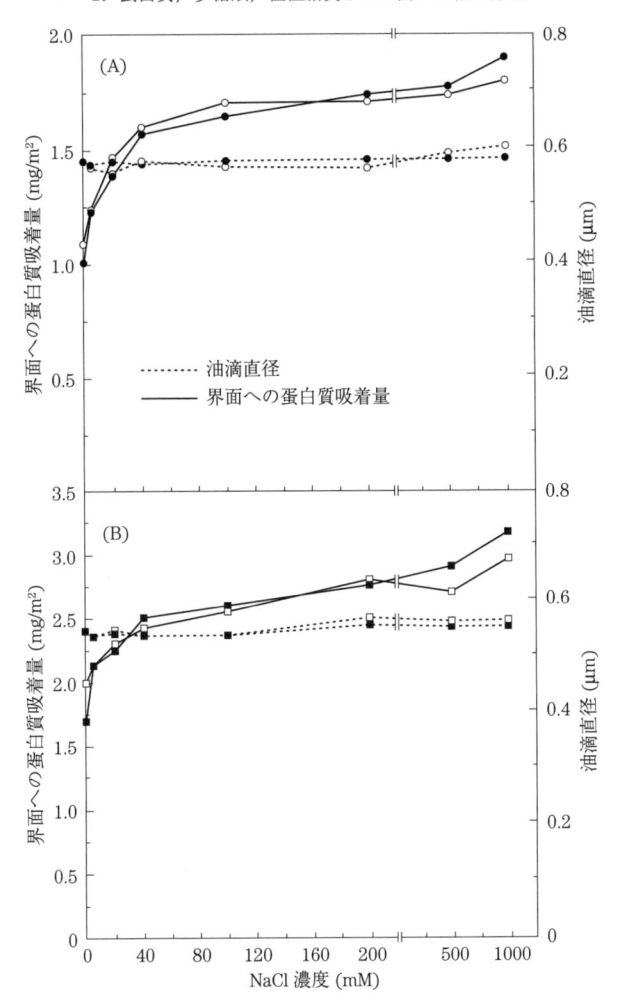

## 2. 蛋白質，多糖類，極性脂質などの関わる相互作用

**図 2.11** 大豆油 30%，カゼインナトリウム 1%(A)，または 3%(B)による pH 7.0 のエマルションに，NaCl を加えた場合の油滴直径および蛋白質吸着量の変化[13]
○，□ NaCl を乳化前に添加，●，■ NaCl を乳化後に添加．

蛋白質を用いると不安定化する．これは，連続相に含まれる未吸着蛋白質による枯渇凝集のためである．

エマルションのクリーミングや，枯渇凝集に対する NaCl の影響が調べられた[13]．大豆油 30%，カゼインナトリウム 0.5〜5% の中性エマルションで，

調製の前または後に 0〜1 000 mM (5.8%) の NaCl を加えた．乳化は 2 段式バルブホモジナイザーで 21+3.4 MPa で行った．カゼインナトリウム 1% (A)，および 3% (B) の例を示したが，エマルションの平均粒子径に対し，NaCl 濃度と添加時期の影響は少なく，蛋白質吸着量はイオン強度を高めると増加した (図 2.11)．カゼインナトリウム中のカゼイン分子種は，1% カゼインナトリウムの場合，低 NaCl 濃度では $\beta$-カゼイン吸着量が多かったが，高 NaCl 濃度では $\alpha$-カゼイン吸着量がやや多くなり，$\kappa$-カゼイン吸着量の変化はなかった．一方 3% カゼインナトリウムの場合，NaCl 濃度の増加で $\alpha$-カゼイン吸着は $\beta$-カゼインの 2 倍程度になり，$\kappa$-カゼイン吸着は減少した．1% 蛋白質のエマルションの安定性は良好で，3% 蛋白質のエマルションは低 NaCl 濃度で枯渇凝集が激しく，顕著なクリーミングを示した．しかし両エマルション共に，NaCl 濃度が 200 mM 付近で安定性が高まった．

対油 2.5〜10% のカゼインナトリウムを含む大豆油エマルションに，9〜16 mM の $CaCl_2$ を加えて撹拌し，油滴が凝集する最低 $CaCl_2$ 濃度を調べた．$CaCl_2$ 濃度が 10 mM 以下では凝集は起こらなかった．凝集を起こす $CaCl_2$ 濃度は蛋白質濃度の増加に伴って高くなり，蛋白質が対油 10% では 14 mM になった．この現象は吸着蛋白質量の増加で，油滴間の立体斥力が高まり，Ca イオンの影響を受けにくくなるためとみられた[14]．

### 2.3.2　ホエー蛋白質エマルションと塩化カルシウム

分離ホエー蛋白質で安定化した大豆油の，希薄エマルションと 10% エマルションの安定性に対する $CaCl_2$ 濃度と pH の影響を調べた例がある[15,16]．蛋白質は対油 5% を使用し，乳化前添加の $CaCl_2$ 濃度は，希薄エマルションで 0〜20 mM，10% エマルションでは 0〜150 mM とし，pH 範囲は 2〜7 である．エマルションの油滴直径，ゼータ電位，クリーミング安定性，ずり粘度を調べた．$CaCl_2$ がないと，pH 5 前後の等電点付近で，両エマルション共に顕著な凝集によるクリーミングを起こした．pH 4.5 以上では $CaCl_2$ 濃度増加で凝集が顕著になるが，pH 4 以下の酸性では，$CaCl_2$ 濃度に関係なく凝集は避けられた．10% エマルションでは，pH 3 ではカルシウムの影響を受けないが，pH 4.5 以上では，3 mM 以上の $CaCl_2$ で激しい凝集とクリー

ミングが起こり,粘度が増加した.特に pH 7 での増粘は著しかった.

塩化カルシウムの影響に関して,30% 大豆油と対油 1.7% および 10% の濃縮ホエー蛋白質による中性エマルションの例がある[17]. CaCl₂ の乳化前添加では,低蛋白質濃度では前の結果[16]と同様に,3 mM 以上で凝集によるクリーミングが起こった.しかし,対油 10% の蛋白質エマルションでは,凝集は 15 mM 以上で起こった.エマルション調製後に CaCl₂ を添加した場合,低蛋白質エマルションでは凝集とクリーミングが起こったが,高蛋白質エマルションではクリーミング安定性への影響が緩和された.

## 文　献

1) Dickinson, E. and Galazka, V. B. : Emulsion stabilization by ionic and covalent complexes of β-lactoglobulin with polysaccharides, *Food Hydrocolloids*, **5**, 281 (1991)
2) Shepherd, R., Robertson, A. and Ofman, D. : Dairy glycoconjugate emulsifiers : casein/maltodextrins, *ibid.*, **14**, 281 (2000)
3) Cao, Y. and Dickinson, E. : Influence of polysaccharides on the creaming of casein-stabilized emulsions, *ibid.*, **5**, 443 (1991)
4) Doublier, J.-L., Bourriot, S. and Garnier, C. : Effect of polysaccharides on colloidal stability in dairy systems, in *Food colloids, fundamentals of formulation*, Dickinson, E. and Miller, R. eds., p. 304-314, Royal Society of Chemistry, Cambridge (2001)
5) Dickinson, E. *et al.* : Effect of high-methoxy pectin on properties of casein-stabilized emulsions, *Food Hydrocolloids*, **12**, 425 (1998)
6) Semenova, M. G. *et al.* : Effect of pectinate on properties of O/W emulsions stabilized by α-casein and β-casein, in *Food emulsions and foams*, Dickinson, E. and Rodriguez Patino, J. M. eds., p. 163-174, Royal Society of Chemistry, Cambridge (1999)
7) Moreau, L. *et al.* : Production and characterizatin of O/W emulsions containing droplets stabilized by beta-lactoglobulin/pectin membranes, *J. Agr. Food Chem.*, **51**, 6612 (2003)
8) Semenova, M. G., Masoedova, M. S. and Atipova, A.S. : Effect of starch components and derivatives on the surface behaviour of a mixture of protein and small-molecule surfactants, in *Food colloids, fundamentals of formulation*, Dickinson, E. and Miller, R. eds., p. 233-241, Royal Society of Chemistry, Cambridge (2001)
9) Dickinson, E. : Hydrocolloids at interfaces and the influence on the proper-

ties of dispersed systems, *Food Hydrocolloids,* **17**, 25(2003)
10) Chanamai, R. and McClements, D. J. : Comparison of gum arabic, modified starch, and whey protein isolate as emulsifiers, *J. Food Sci.,* **67**, 120(2002)
11) Babsk, V. G. : Stabilization of emulsion films and emulsions by surfactant-polyelectrolyte complexes, in *Food colloids, fundamentals of formulation,* Dickinson, E. and Miller, R. eds., p. 91-102, Royal Society of Chemistry, Cambridge(2001)
12) Ogawa, S., Decker, E. A. and McClements, D. J. : Production and characterization of O/W emulsions containing cationic droplets stabilized by lecithin-chitosan membranes, *J. Agr. Food Chem.,* **51**, 2806(2003)
13) Srinivasan, M., Singh, H. and Murno, P. A. : The effect of NaCl on the formation and stability of sodium caseinate emulsions, *Food Hydrocolloids,* **14**, 497 (2000)
14) Schokker, E. P. and Dalgleish, D. G. : Orthokinetic flocculation of caseinate-stabilized emulsions : influence of Ca concentration, shear rate, and protein content, *J. Agr. Food Chem.,* **48**, 198(2000)
15) Kulmyrzaev, A., Chanamai, R. and McClements, D. J. : Influence of pH and $CaCl_2$ on the stability of dilute whey protein stabilized emulsions, *Food Res. Int.,* **33**, 15(2000)
16) Kulmyrzaev, A., Sivestre, M. P. and McClements, D. J. : Rheology and stability of whey protein stabilized emulsions with high $CaCl_2$ concentrations, *ibid.,* **33**, 21(2000)
17) Ye, A. and Singh, H. : Influence of $CaCl_2$ addition on the properties of emulsions stabilized by whey protein concentrate, *Food Hydrocolloids,* **14**, 337 (2000)

# 3. 食品エマルションの最近の研究

　一般に食品エマルションは，水，食用油脂，蛋白質，多糖類と糖類，天然と合成の極性脂質などで構成される．食品エマルションに関する最近の研究は，エマルション構成成分間の相互作用，エマルションの微細構造に関するものが増加している．また，化学合成された乳化剤を用いず，天然由来の物質を用いて，エマルションを構成する研究も進んできた．興味ある研究報告がなされているので，やや断片的になるが，それらの中から幾つかを実際例として紹介する．

## 3.1 乳蛋白質とリン脂質間の相互作用

　生乳の脂肪球は乳腺から分泌されるとき，乳腺の細胞膜由来の乳脂肪球膜(MFGM)で覆われる．MFGMは乳蛋白質とリン脂質で構成され，バターミルク固形分の40～45％を占めており，バターミルクは乳化作用をもつ(第2編2章参照)．MFGMによる乳化では，油／水界面への吸着において，乳蛋白質とリン脂質間の競合が予想される．そこでモデル実験として，$\beta$-カゼイン(BC)または$\beta$-ラクトグロブリン(BLG)とモデル膜脂質間の競合吸着の研究がなされた．研究目的は，リン脂質の分散状態とエマルション調製法が，分子の吸着量と吸着形態に及ぼす影響解明である[1]．

　油脂には中鎖脂肪酸トリグリセリド(MCT)，乳蛋白質，リン脂質にはジオレオイルホスファチジルコリン(DOPC)，ジオレオイルホスファチジルエタノールアミン(DOPE)，牛乳スフィンゴミエリン(SM)，牛乳ホスファチジルセリン(PS)，大豆ホスファチジルイノシトール(PI)を用いた．これらの組成をMFGMの組成に似せて，26：50：17：3.5：3.5に混合して用いた．エマルション6種の調製法は，3 wt％のMCTに対しwt％で，

① 0.5% の BC または BLG で乳化後に，0.5% の混合脂質添加の 2 種，
② 混合脂質 0.5% で乳化後に，0.5% の BC または BLG 添加の 2 種，
③ BC または BLG を 0.5%＋混合脂質 0.5% で乳化の 2 種

とした．なお用いた脂質分散液の粒度は 200 nm 以下で，乳化には高速撹拌と超音波照射を用い，エマルションはアジ化ナトリウムで防腐した．

各エマルションの界面吸着量は 2～5 mg/m$^2$ で，②＞①＞③の順であった．油滴への界面吸着は，多量の蛋白質と脂質の存在のために，②と①では特に多重層の吸着が起こり，③では経時的に吸着量が増加した．また，エマルションの粒子径は，①と③は乳化時に蛋白質があるため細かく，混合脂質による乳化では粗くなった．この原因は，両蛋白質が水溶性であるのに対し，膜脂質がベシクル状で分散し，水溶性が微弱なためと推定された．48 時間後の吸着状態は，①では蛋白質が優先し，②では混合脂質が優先した．リン脂質による蛋白質の脱着は，③の BC／混合脂質の場合だけに認められた．BLG 分子間には時間と共に，システイン間の SH 基→S-S 結合による橋かけが起こり，界面からの脱着が抑制された．

両親媒性物質の油／水界面への吸着速度は，親水性界面活性剤ではミリ秒以下である．蛋白質の界面吸着速度はやや遅いが，リポソームを形成するリン脂質の界面吸着は桁外れに遅く，分単位から時間単位である．したがって通常の界面活性剤と異なり，膜構成脂質と蛋白質間には，競合吸着の関係がほとんど起こらない．以上の実験結果から，乳蛋白質と膜構成脂質が共存する場合，吸着構造は熱力学的平衡よりも吸着速度に支配されることが分かる．そこで，エマルション調製時の混合や乳化の順序が，吸着構造を決定する．

## 3.2　アニオン界面活性剤／ホエー蛋白質の熱処理による相互作用

ホエー蛋白質の食品原料への利用が拡大すると共に，エマルションへの応用も多くなっている．アニオン界面活性剤とホエー蛋白質の相互作用は，数多く研究されている．まず蛋白質表面で，アミノ酸のカチオン基とアニオン界面活性剤との静電結合があり，次いで，界面活性剤のアシル基と蛋白質疎水性領域との疎水性結合が起こる．さらに，蛋白質がアンフォールディング

(変性)すると，分子内部の疎水性領域が現れ，界面活性剤と複雑な相互作用を起こす．そして界面活性剤濃度が臨界ミセル濃度(cmc)に達すると，すべての結合が完了する(第3編1.2.2項参照)．界面活性剤のアニオンが強電解質であるほど，またアシル基の鎖長が長いほど，これらの相互作用は強まる．

　蛋白質／アニオン界面活性剤の混合物に対する熱の影響は複雑で，十分な解明がなされていない．ステアロイル乳酸ナトリウム(SSL)，ジアセチル酒石酸モノグリセリド(DATEM)，ドデシル硫酸ナトリウム(SDS)の濃度を変え，分離ホエー蛋白質(WPI，BLG 73％含有)と共に加熱する研究が行われた[2]．SDSはよく性質が知られた代表的アニオン界面活性剤であり，対照として用いられた．WPIは9％，界面活性剤(S)／蛋白質(P)比が，S＝0～640 μM/gPであり，pH 7.5の水溶液を75℃で30分間加熱し，経時的にWPIの変性を調べた．変性はpH 4.8でのP溶解度(未変性P濃度)で測定し，P間の橋かけ反応はシステインのSH基→S-S結合への反応率で評価した．なお各界面活性剤の分子量は，SDS＝288，SSL＝509，DATEM＝569である．

　Pの熱変性に対するSの安定化効果は，S濃度に依存して増加し，S/P＝80 μM/g付近で最大になりその後は減少し，安定効果はSDS＞SSL＞DATEMの順であった．S/Pが80 μM/g付近ではSがWPIの表面に付着し，P表面の負電荷を増して安定効果を示すが，それ以上ではWPIのアンフォールディングを促進する．SDSの場合640 μM/gPになると，ほぼ完全にWPIを変性した．変性はS/Pが増加すると，加熱なしでも進行した．

　SH→S-SによるWPI間の橋かけは，加熱によって促進され，界面活性剤を含まない場合，75℃5分後にSHの2/3が，30分後にはSHの78％が反応した．S濃度の増加によって，S/P＝80 μM/g付近まではSH→S-Sの反応は促進され，それ以上ではSHの変化は進まなかった．この関係はSDSで最も顕著であり，SDS＞SSL＞DATEMの順であった．

　アニオン界面活性剤の共存で，WPIの熱変性温度が上昇した．Sがなければ WPIの変性温度は71.6℃であるが，S/P＝80 μM/gまでは変性温度が上昇し最高になり，以降は変わらなかった．最高変性温度は，SDSで85.0℃，SSLで81.7℃，DATEMは77.4℃であった．

　以上のとおり，アニオン界面活性剤のWPI安定効果は，熱変性温度の上

昇に随伴しており，また分子直径の減少と関連していた．しかし複合体の物理的性質はS/P比で変化するので，実際の応用では目的により混合比を決める必要がある．以上の現象に関するアニオン界面活性剤間の差異は，HLB値がSDS=40，SSL=22，DATEM=8と異なり，界面活性の差も大きく，WPIとの結合性に大差があることによっている．

ここで参考として，食品に用いられる界面活性剤のHLB値を表3.1に示した．なお界面活性剤は国際的に広く用いられるものを列記し，日本で認可

表3.1 各種食品用界面活性剤のHLB値

| 界面活性剤名 | HLB値 | 日本での指定 |
| --- | --- | --- |
| ドデシル(ラウリル)硫酸ナトリウム，SDS(SLS)* | 40 | 薬局方 |
| ステアロイル乳酸ナトリウム(SSL)* | 22 | 審査中 |
| オレイン酸カリウム* | 20 | なし |
| オレイン酸ナトリウム* | 18 | なし |
| 大豆リゾホスファチジルコリン | 17.5 | |
| ポリオキシエチレン(20)ソルビタンモノラウレート | 16.7 | 審査中 |
| ポリオキシエチレン(20)ソルビタンモノパルミテート | 15.6 | なし |
| ポリオキシエチレン(20)ソルビタンモノオレエート | 15.6 | 審査中 |
| ショ糖モノラウレート | 15.0 | |
| ポリオキシエチレン(20)ソルビタンモノステアレート | 14.9 | 審査中 |
| デカグリセリンモノオレエート | 14 | |
| デカグリセリンモノステアレート | 14 | |
| ポリオキシエチレン(20)ソルビタントリステアレート | 10.5 | 審査中 |
| ソルビタンモノラウレート | 8.6 | |
| ヘキサグリセリンジオレエート | 9 | |
| ジアセチル酒石酸モノグリセリド(DATEM)* | 8 | |
| 大豆レシチン* | 8 | |
| ソルビタンモノパルミテート | 6.7 | |
| グリセリンモノラウレート | 5.2 | |
| ステアロイル乳酸カルシウム | 5.1 | |
| ソルビタンモノステアレート | 4.7 | |
| プロピレングリコールモノラウレート | 4.5 | |
| ソルビタンモノオレエート | 4.3 | |
| グリセリンモノステアレート | 3.8 | |
| グリセリンモノオレエート | 3.4 | |
| プロピレングリコールモノステアレート | 3.4 | |
| ソルビタントリステアレート | 2.1 | |
| グリセリンジオレエート | 1.8 | |
| オレイン酸* | 1.0 | |

＊印はアニオン界面活性剤．［各種資料から作成］

されないものを含む．＊印はアニオン界面活性剤であり，脂肪酸の K および Na 塩は欧米では GRAS 扱いである．

## 3.3　コーン油エマルションへのマルトデキストリン濃度の影響

　マルトデキストリン(MD)と水あめ(コーンシロップ)の区分は，DE＝20 以下か以上であるかで分けられる．エマルションへの MD 添加の影響が調べられた．エマルションは中性で，20 wt% コーン油を 0.8 wt% の Tween 80 で高圧ホモジナイザーを用いて調製し，アジ化ナトリウムで防腐し，希釈して油分 5% にした．エマルションの平均粒子径($d_{32}$) は 0.41 μm であった．エマルションに，DE＝10〜36 の MD 類を 0〜35 wt% まで加えた影響を，クリーミング，平均粒度，ゼータ電位，ずり粘度について調べた[3]．

　エマルションは MD 濃度が一定値を超えると，凝集して急速にクリーミングを起こした．この凝集は枯渇凝集であり，MD の DE が小さいほど(平均分子量が大きいほど)低濃度で起こった．DE＝10 の MD は平均分子量 1 800 で，クリーミングは 13% 添加で起こったが，DE＝36 では平均分子量が 500 で，クリーミングを起こす濃度は 35% であった．平均粒子径に対する MD 添加の影響は少なく，エマルションが凝集した場合，7 日後に最大で 12% の粒子径増加が起こった．ゼータ電位は，低 DE の MD 濃度増加でやや高まったが，これは高分子 MD と界面活性剤の複合体形成が原因とみられた．MD 添加でエマルションのずり粘度は増加し，その程度は低 DE ほど大きかった．

## 3.4　メイラード反応を利用した天然系乳化剤

　蛋白質に多糖類を複合化させると，水溶性，熱安定性，乳化安定性などの機能性が向上することが知られている．乳化安定化効果は，蛋白質の疎水性による油／水界面への吸着と，水和した多糖類による立体斥力によるとされる．メイラード反応を利用した複合体は，両成分を乾燥状態で長時間加熱して作られ，第 3 編 2.1.1 項でも紹介した．

### 3.4.1　β-ラクトグロブリン／分子サイズの異なるデキストラン複合体

　アラビアガムの構造から推定されるように，多糖類の分子サイズが乳化安定性に影響する．β-ラクトグロブリン(BLG，分子量 18.3 kDa)と，分子量 20〜2 000 kDa のデキストラン(DX)の等モル混合物を，メイラード反応で結合させ，アニオン交換カラムで精製し乳化剤とした．ひまわり油 20 wt%，各複合体 0.1 wt%，アジ化ナトリウム入りの中性エマルションを，5 回の高圧ホモジナイザー処理で調製した．エマルション安定性を，粒子径変化とクリーミングによって 90 日間観察した．

　各エマルションの調製直後の平均粒子径は 400 nm 前後であった．経時的な油滴合一による粒子径増加は，BLG 単独が最大で，複合体の DX 分子量の増加で減少し，150 kDa 以上では変化がなくエマルションは安定化した．一方，BLG 蛋白質単独の吸着量は 2.2 mg/m$^2$ であり，複合体の界面吸着は，結合した DX が 87 kDa までは蛋白質吸着量に変化がなかった(複合体吸着量は増加した)．しかし，150 kDa の DX 複合体では蛋白質吸着量が 0.8 mg/m$^2$ に急減し，DX が 2 000 kDa では 0.3 mg/m$^2$ に減少した．この現象は，DX 分子量が一定値以内では，複合体の DX 分子が伸びることで，界面に緊密に配列することを示す．しかし，DX 分子が大形になるとそのバルキーな構造のため，頭部の蛋白質の緻密な配列を阻害し，蛋白質吸着が減少するためと推定された．対照にしたアラビアガムエマルションに比べ，高分子 DX/BLG エマルションの粒子径は約 1/2 であり，良好な安定性を示した[4]．

　同様に分離大豆蛋白質／デキストランの乾熱処理で複合体を作り，その乳化安定性と，界面活性剤(Tween 40 など)との競合吸着を調べた研究がある．蛋白質が単独吸着の場合は Tween で置換されるが，この場合 Tween 添加量を増やしても，かなりの複合体が界面に残り吸着力の向上が示された[5]．

### 3.4.2　分離ホエー蛋白質／ペクチンの複合体

　BLG の食品への利用は高価にすぎるが，安価な分離ホエー蛋白質とペクチンの量的比率を変えて，メイラード反応で複合体にした研究がある[6]．20 wt%の大豆油と 0.4 wt%の複合体で調製したエマルションは，BLG の等電点(pH 5.5)における乳化安定性が増大した．この原因は，ペクチンの負電荷

による静電相互作用と,水和層形成によるとみられた.

## 3.5 食品エマルションへのキトサン利用,新しい食品乳化技術

多くの高分子多糖類はアニオン性であるが,キトサンはカチオン性であり,物理化学的にその利用の可能性は大きい.キトサン利用については第3編2.2節でも触れた.キトサンはアミノ基をもつグルカンで,pH 6.5以下で正に荷電し水溶性がある.エマルション安定化の目的では,アニオン界面活性剤(酸性リン脂質,ステアロイル乳酸ナトリウム(SSL),胆汁酸塩など)との静電相互作用が利用できる.

食用ではないが,代表的アニオン界面活性剤のドデシル硫酸ナトリウム(SDS)を用いて,キトサンとの相互作用を調べた研究がある.SDSはキトサンと発熱的に強く静電結合して不溶性の複合体を作り,最大で0.1 gのキトサンに4 mMのSDS(0.12 g)が結合した[7].

このキトサンの性質を利用して,3段階の操作で多重層の乳化被膜を作り,安定エマルションを得る試みがなされた[8].まず最初にレシチンを用いてコーン油を乳化し,第一のエマルションを作り,次いでこのエマルションに水溶液のキトサンを結合させ,最後にアニオン性多糖類のペクチン水溶液を加えて結合させ,pHを3にした(油/レシチン/キトサン/ペクチンの比は,5:1:0.08:0.2).この多重層エマルションは,pH 4〜8,食塩濃度0.6%で安定を保った.

さらに同じ研究者たちによる,レシチンの代わりにドデシル硫酸ナトリウム(SDS)を用いた報告がある[9].コーン油5%のエマルションを0.14%のSDSで高圧ホモジナイズし,粒子径0.3 μmのエマルションを作った.第一のエマルションに0.024%のキトサン溶液を加えて5倍に希釈し,第二のエマルションとした.これを0.04%のペクチン溶液で5倍に希釈し,油分0.2%の第三のエマルションを得た.第三のエマルションは,pH範囲3〜8,食塩濃度3%,90℃の加熱,凍結解凍に対し安定であった.

以上の界面技術は,新規な食品エマルション製造技術として興味深い.SDSに代えて,ステアロイル乳酸ナトリウム(SSL)や,酸性のリゾリン脂質を用

いれば，特徴ある食品エマルションが得られるであろう．

## 3.6 分別レシチンによる油中水滴型(W/O)エマルションの安定化

大豆レシチンからコリン脂質(PC)を減らし，エタノールアミンやイノシトール脂質(PE, PI)含量を高めると，W/O乳化の安定性が向上することが従来から知られていた．最近は分別した大豆レシチンが市販されるようになり，蛋白質などとの併用によるW/Oエマルション製造の可能性が高まってきた．

W/O/Wエマルションは，最内相に水溶性生理活性物質を含ませることができ，医薬品や機能性食品への利用が期待されている．従来から，安定な液状油のW/Oエマルション調製には，ポリグリセリン縮合リシノール酸エステル(PGPR)が利用された．天然系の乳化剤では，安定なW/Oエマルションの製造は困難なため，W/O/WエマルションにはPGPRが利用された．しかし最近，PC/(PE+PI)の比を0.16にした分別レシチンと，乳蛋白質やガム質を併用した，W/Oエマルションが検討された．その結果，この種の分別レシチンが安定性の優れたW/Oエマルションを作り，PGPRを代替できる可能性が見出された[10]．

蛋白質，ハイドロコロイドを含む水相30 vol%を，2.5%の分別レシチンまたは4%のPGPRを含むひまわり油70 vol%中に，高圧ホモジナイザーで乳化し，W/Oエマルションを得た．製造2時間後と冷蔵7日後，および80℃2分間加熱後のエマルションについて，各種の特性値を測定した．水相への蛋白質などの添加がなくても，エマルションはかなり安定であった．エマルションの粒度分布は，分別レシチンとPGPRでほぼ同様であった．レシチンの場合，エマルションの水滴が凝集したが，撹拌することで分散した．水相に1.5%添加した乳蛋白質の影響は，カゼインナトリウムでは水滴の粒度を増大させて逆効果であったが，分離ホエー蛋白質は水滴粒度を低下させ，エマルションの安定化効果があった．水相への0.2%のキサンタンガム添加も，エマルション安定化効果があり，ホエー蛋白質とキサンタンガムの併用はさらに有効であった．一方ゼラチンの添加は，界面張力を低下しすぎてエ

マルションを不安定化した．この分別レシチンは PGPR と異なって酸性脂質であり，ホエー蛋白質との相互作用が乳化安定に貢献するのであろう．

## 文 献

1) Waninger, R. et al. : Competitive adsorption between beta-casein or beta-lactoglobulin and model milk membrane lipids at oil-water interfaces, *J. Agric. Food Chem.*, **53**, 716 (2005)
2) Giroux, H. J. and Britten, M. : Heat treatment of whey proteins in the presence of anionic surfactants, *Food Hydrocolloids*, **18**, 685 (2004)
3) Klinkesorn, U. et al. : Stability and rheology of corn O/W emulsions containing maltdextrin, *Food Research International*, **37**, 851 (2004)
4) Dunlap, C. A. and Cote, G. L. : beta-lactoglobulin-dextran conjugates : effect of polysaccharide size on emulsion stability, *J. Agric. Food Chem.*, **53**, 419 (2005)
5) Diftis, N. and Kiosseolou, V. : Competitive adsorption between dry-heated soy protein-dextran mixture and surface-active materials in O/W emulsions, *Food Hydrocolloids*, **18**, 639 (2004)
6) Neirynck, N. et al. : Improved emulsion stabilizing properties of whey protein isolate by conjugation with pectins, *Food Hydrocolloids*, **18**, 949 (2004)
7) Thongngam, M. and McClements, D. J. : Characterization of interaction between chitosan and an anionic surfactant, *J. Agric. Food Chem.*, **52**, 987 (2004)
8) Ogawa, S., Decker, E. A. and McClements, D. J. : Production and characterization of O/W emulsions containing droplets stabilized by lecithin-chitosan-pectin multilayered membranes, *J. Agric. Food Chem.*, **52**, 3595 (2004)
9) Aoki, T., Decker, E. A. and McClements, D. J. : Influence of environmental stresses on stability of O/W emulsions containing droplets stabilized by multilayered membranes produced by a layer-by-layer electrostatic deposition technique, *Food Hydrocolloids*, **19**, 209 (2005)
10) Knoth, A., Scherze, I. and Muschiolik, G. : Stability of water-in-oil emulsions containing phosphatidylcholine-depleted lecithin, *Food Hydrocolloids*, **19**, 635 (2005)

# 第4編　食品エマルションの製造

# 1. はじめに

　牛乳をはじめ，エマルション系の食品は実に数が多い．食品エマルションを用途によって大ざっぱに分類すると，エマルション自体が最終製品である場合と，それが食品原料である場合に分けられる．コーヒーホワイトナーや，マヨネーズ，ドレッシングは前者であり，バターやマーガリンは両方の目的に用いられる．これらの食品エマルションには，長期間の安定性が求められる．一方，ホイップクリームやアイスクリームミックスは後者である．これらの中間製品としてのエマルションでは，必ずしも安定性が求められず，むしろ不安定性が必要なものもある．例えば，ホイップクリームでは，流通から保管中までに増粘の起こらない安定性が必要で，使用時には容易にエマルションの部分的破壊が起こる必要がある．アイスクリームの原料ミックスは，凍結撹拌でエマルションが部分的に破壊されて，アイスクリームのボディができる．

　一見してエマルションと無関係と思われる製品にも，エマルションであったり，エマルションを含む製品が多い．それらには，チョコレート，ココア飲料，スープ類，ソース類やたれ，ソーセージ，チーズ，ヨーグルト，ケーキのバッターなど多くの食品が含まれる．

　これらの食品エマルションの製造法については，それぞれ専門書が出版されており，食品成分，配合処方，製造装置を含めてかなり詳細な記述がなされている．また，幾つかの乳化油脂食品については，概略を紹介した成書[1]がある．そこで本編では，過去にあまり取り上げられていない製品である，ホイップクリーム，コーヒーホワイトナー，ダブル(二重乳化)エマルションについて，乳化技術の実際例を含めて紹介する．

## 文　　献

1) 藤田　哲：食用油脂—その利用と油脂食品—, 幸書房(2000)

# 2. 生クリームと代替物，ホイップクリームとコーヒークリーム（ホワイトナー）

## 2.1 クリーム類の概要

　元来クリームといえば，牛乳の脂肪分を濃縮した生クリームを意味した．戦後の食生活の欧風化で，1960年代から洋生菓子の消費が増加した．それまでは洋生菓子のフィリング，トッピングにはバタークリームが用いられてきたが，この頃から従来のバタークリームに代わって生クリームの需要が増加した．当時は，牛乳が不足しており，生クリームは品不足で高価であったため，生クリームを混合した人工的なホイップクリーム（コンパウンドクリーム）や，植物性のホイップクリームが開発された．本書では，これらをクリーム代替物と呼ぶことにした．コーヒーホワイトナーを含めて，これらのクリーム代替物を，非酪クリームと称する場合もある．近年は価格問題以外に，コレステロールなど栄養上の問題もあって，植物性のクリーム代替物の需要が増加してきた．

　日本の生クリーム生産量は近年増加しており，1990年の4.3万トンから，2003年には9万トン弱になった．生クリームは，ホイップ，コーヒー，調理などの多くの用途に用いられ，また，コンパウンドクリーム，アイスクリームなどの原料になる．ホイップクリーム類を油脂内容からみると，純生クリームの他に，純生クリームとバターを原料にした100%乳脂，乳脂と植物油脂混合，純植物性のクリームがあり多様である．生クリームを含めたホイップクリーム類の市場は，約1100億円，15万トン程度と推定されている[1]．包装形態は，1L包装などの業務用が大部分を占めるが，200mL程度の家庭用も市販されている．コーヒー用を含むクリーム類の生産量は18万トン程度で，その約40%が油脂であるから，原料油脂量としては約7万トンになる．

## 2.2 ホイップクリーム

　ホイップクリーム類の品質要求を満たすには，かなり高度な技術が必要である．流通保管時にはエマルションは安定し，ホイップ時には容易に起泡して適度のオーバーラン*があり，保形性が良好で，造花などのデコレーションが美しく，かつ冷凍・解凍などに耐えるなどの要求である．起泡を容易にすることは，エマルションの不安定化を意味し，流通保管中の安定性との両立は簡単でない．ホイップクリームには，エマルションの安定性と不安定性という，矛盾する機能を付与しなければならない．

　日本のホイップクリーム市場では，当初は保形性のよい製品が要求されたため，クリームの脂肪含有率は45〜50%であった．最近は，ソフト化と低カロリーのニーズから低脂肪化が進み，脂肪含有率が35〜45%程度になっている．ホイップクリームは，一般に油脂量が減少するほどオーバランが上昇しやすくなり，ホイップ後のクリームの保形性が弱まる．このため，エアロゾルクリームのように，糊剤などで補強しない限り，油脂30%以下のホイップクリームの商品化は，極めて難しいと考えられている．

　ホイップクリーム類には，高温短時間(HTST)殺菌を行い，冷蔵10日程度の保存性のものと，超高温瞬間(UHT)滅菌とアセプティック包装で，1〜3か月の保存性をもつ製品がある．UHT滅菌される人工的なクリームでは，用途に応じた機能特性と安定性を与えることができる．しかし，生クリームのように製菓用から調理用まで，すべての用途に適するものの製造は，非常に困難である．

**ホイップ用生クリーム**

　生クリームは大変取扱いの難しい原料で，粒子径が1〜15 μmの脂肪滴からなり，クリーミングしやすい．しかも，ホモジナイザー処理で顕著に粘度が増加する．これは脂肪滴の細分化で新しくできた界面に，カゼインミセル

---

　＊　オーバーランは次式で表される．
$$OR = \frac{\text{ホイップ後の体積} - \text{原クリームの体積}}{\text{原クリームの体積}} \times 100$$

が吸着し，脂肪滴間の橋かけで凝集体を作るためである．増粘の程度は脂肪率とホモジナイズ圧力に依存し，脂肪率が10％以下では増粘しないが，18％を超えると必ず凝集し，脂肪濃度増加で急激に粘度が高まる．ホモジナイズによる増粘の程度は，高温ほど弱まるが，80℃以上ではまた増粘する[2]．

生クリームのホモジナイズ温度は，45～60℃(多くは55℃)である．2段式のバルブホモジナイザーを用いると，1段目で凝集した脂肪滴を，2段目で再分散させることが期待できるが十分ではない．また，生クリームのホモジナイズ処理では，ホイップ性能が著しく低下する．そこで，生クリームはホモジナイズ処理を行わないか，または3.5 MPa(35気圧)以下の低圧で行い，殺菌はHTSTで行うことが多い．いずれの場合でも，加熱処理後のクリームは急冷して，エマルションを安定化させる．急冷しない場合，製品エマルションの粘度が上昇するが，この現象を利用して，低脂肪でも高粘度の生クリームを得ることができる

UHT滅菌しアセプティック包装した生クリームは，長期保存によるクリーミング防止のため，ホモジナイズ処理を要する．生クリームのUHT滅菌処理では，少なくともリン酸塩やクエン酸塩などのカルシウム封鎖剤添加が必要である．その上で，ホモジナイズを3.5～7 MPaで行い，さらに低圧の2段バルブ処理が適する．脂肪40％以上の生クリームをUHT滅菌・ホモジナイズすると，通常は凝集固化する．ヨーロッパでは，脂肪率30～35％の生クリームに安定剤を加え，UHT滅菌した製品が販売されているが，ホイップ性能は不十分である．そこで，良好なホイップ性をもつUHT処理生クリームには，乳化剤や安定剤を添加して，エマルション系を再構成する必要がある．これに対し，低温殺菌やHTST殺菌では，生クリームとクリーム代替物の機能性はほとんど失われない．日本では，脂肪45％程度のクリーム代替物(乳脂，コンパウンド，植物性クリーム)のUHT製品が製造されている．詳細は後に述べるが，脂肪率の高い日本のホイップクリーム類は，処方と製造法の点で，技術的に高度な水準にあるといえる．

## 2.3 コーヒークリーム(ホワイトナー)

　今日では，コーヒークリーム(コーヒーホワイトナー)の主流は，脂肪率が多様な粉体のクリーミングパウダーと，脂肪含有量が 10～30% の液状のクリームになっている．日本のコーヒーホワイトナーの市場規模は，粉体が約 380 億円とされ，液体市場は約 200 億円，3 万トン程度とみられている．コーヒー消費は増加中であるが，ホワイトナーの消費は横ばい状態である．これらの原料油脂は共に，乳脂，植物硬化油，および両者の混合物である．また日本では少ないが，生クリームを直接利用した製品もある．

　日本では，液状コーヒーホワイトナー生産量の 2/3 程度は，アセプティックの小形ポーションパックであり，約 1/3 は 500 mL，1 000 mL の大形包装で，喫茶店などの業務用である．コーヒーホワイトナーの油脂含有量は，ホイップクリームの半分程度である．そこで，UHT 滅菌後，比較的高圧でホモジナイズすることができ，製品の安定性は高く，常温で 2～3 か月程度の保存性を有する．

**生クリーム製品**

　コーヒーホワイトナーには，従来から生クリーム，または生クリームに牛乳を加え，脂肪率を 10～20% にしたものが用いられてきた．生クリームと牛乳を混合した低脂肪の製品は，アメリカでハーフアンドハーフの名称で販売される．先進国では，この種のコーヒーホワイトナーが，小形のポーションパックから，250 mL 程度の無菌容器で供給されている．液状コーヒーホワイトナーは，乳脂が 10～25%，無脂乳固形分 6～8% と水からなっている．

　前節で説明したが，生クリームはホモジナイズで粘度が増加する．そこで，脂肪率の低い生クリームに粘性を与えるには，ホモジナイズ処理を 1 段バルブで，55℃，25 MPa 程度で行う．通常は処理後の生クリームを急冷するが，ホモジナイズ圧力と，冷却温度 20～25℃ の組合せで，クリームの粘度を制御することができる．

　コーヒークリームは，コーヒーへの添加で起こるフェザリング(コーヒーの高温と酸性で，主にホエー蛋白質が熱変性し，油滴を伴って凝固し表面に浮くとされる現象)を少なくする必要がある．このための完全な防止法ではないが，

2段式バルブホモジナイザーを用い，1段目を15～20 MPaで，2段目を3.5 MPaで処理する方法がある．さらにUHT滅菌の温度上昇時，次いで温度下降時に，2段バルブホモジナイザー処理を前後2回，1段目20 MPa/2段目5 MPaで行うとよいとされる[3]．またUHT処理前に，あらかじめ温度処理でホエー蛋白質を完全に変性する方法もある．

## クリーミングパウダー

　クリーミングパウダーの組成は，油脂5～30%，油脂以外の固形分65～90%である．クリーミングパウダーの固形分組成で，含有する油脂量に比べ，糖質と蛋白質の合計量が数倍になっているのは，保存期間が長期にわたる粉末油脂の安定化のためである．

　全脂粉乳をコーヒーに加えた場合，溶解と分散が不十分なばかりでなく，表面に油滴と油滴を含んだ蛋白質の凝集体が浮上する．そこで，粉末コーヒーホワイトナーには，粉乳と異なる独特の組成が必要である．原料は，乳脂，植物油脂，脱脂粉乳，コーンシロップなどの糖類，デキストリンなどの多糖類，カゼインナトリウム，乳化剤，増粘安定剤，クエン酸ナトリウム，リン酸塩，重合リン酸塩，酸化防止剤などであ．例えばモデル的な製品は，固形分として，コーンシロップ57%，植物硬化油34%，カゼインナトリウム5.5%，リン酸2カリウム2%，モノグリセリド1.3%，親水性乳化剤0.2%（以上合計100%）と，同量の水からなる濃厚エマルションをホモジナイズして調製する．このエマルションを殺菌，噴霧乾燥し，流動床で粉末を適度に集合させて，顆粒状の粉体が作られる．

## 2.4　クリーム代替物の原料と組成

　ホイップクリームでは，特にUHT製品の場合，エマルションの安定性と，ホイップが容易で保形性や造花性が良好であることが求められる．一方，液体コーヒーホワイトナーでは，UHT滅菌後に長期間にわたって，冷蔵から常温までの温度変化，流通から消費に至る種々の保管条件に耐える必要がある．さらに，高温で酸性の飲料であるコーヒーに添加した場合に，エマルションが均一に分散し，フェザリングなどの現象を起こさないことが要求され

る．

　クリームエマルションに，これらの優れた機能を与えるためには，油脂の選択と配合，乳蛋白質などの種類と量の組合せ，乳化剤(界面活性剤)の選択と組合せ配合，の三要素が重要である．これらの他に，リン酸塩，重合リン酸塩，クエン酸塩，多糖類などのハイドロコロイド，糖類，色素，香料などの少量成分が加えられる．これらのクリームは，油脂含有量が多いほど，またエマルションの平均粒子径が，ブラウン運動を起こさない範囲で大きいほど，安定性の付与が難しくなる．蛋白質はクリーム類の品質と安定化に最大の貢献をなし，乳化剤の質と量(各種乳化剤の配合と添加量)は，ホイップ用やコーヒー用など，クリームに要求される特性に大きく影響する．

### 2.4.1　油脂の選択と組合せ

　クリーム代替物の油脂原料は，生クリーム，乳脂(バター，バターオイル)，植物硬化油(パーム核油，やし油，大豆油，なたね油などの硬化油)，植物油(やし油，パーム油，パーム核油，液状植物油)などである．このほかに，結晶構造調節や乳化機能向上を目的にした，種々のエステル交換油脂，構造脂質(再構成油脂)の利用も始まっている．

　クリーム代替物の性質と機能に及ぼす油脂の影響は大きい．固体脂は，温度による物理的性質の変化が大きく，温度の上下で部分的な融解と結晶化を繰り返すため，脂肪(油)滴中の結晶が大形化する．ホイップクリーム類は貯蔵中の温度変化で，エマルションの凝集による粘度増加が起こりやすい．固体脂を用いたエマルションは，脂肪球の内部に成長する油脂結晶によって，乳化被膜が破れやすく，エマルションの凝集と合一の原因になる．それは，油脂の結晶表面と隣接する油相間の界面張力が極めて小さく，脂肪球は簡単に凝集し，やがては合一するからである(第2編1.4節参照)．

　しかし，ホイップクリームでは，エマルションの脂肪滴に結晶があり，ホイップ時に凝集しやすいことが必須の条件になる．また，破壊した脂肪滴から遊離した油脂は，脂肪滴の解乳化を助け，ホイップの操作を容易にする．大豆油のような液状油は結晶の問題はないが，酸化されやすく風味上の問題が起こる．そこで，この種の製品には，主に酸化されにくい固体脂を用い，

液状油を混合する場合は酸化安定性の大きいものを用いる．

　原料油脂は，乳脂のように脂肪酸が長短，多種類であり，トリグリセリド組成が複雑なほど細かい結晶を得やすい．油脂は急冷するほど結晶が細かくなるので，加熱下で乳化したエマルションは直ちに冷却する．エマルションの安定には，微細で針状の $\beta'$ 形の油脂結晶が適する．クリーム類の流通保管では，温度変化が避けられない．結晶の粗大化防止には，油脂のトリグリセリド組成を，油脂混合などで多様化させるとよい．乳脂は多様な脂肪酸で構成され，天然物中では最も乳化安定に適する油脂であることはすでに述べた．乳脂の結晶化速度は遅く，パーム核油とやし油は早い．やし油とパーム核油の脂肪酸組成は中鎖脂肪酸が多く特異的である．硬化パーム核油はホイップクリーム代替物に多用される．これらの油脂の混合も，結晶安定化に役立つ．

## エマルション脂肪滴中の油脂結晶と SFC

　油脂は結晶核になる不純物を多く含むほど結晶しやすい．そこで，油脂への溶解に限度があり，油相中に結晶を作るモノグリセリドや，親油性のショ糖脂肪酸エステルなどの添加で，油脂は細かく結晶しやすくなる．一方，エマルション中の油脂は，バルク油脂に比べて結晶開始の温度が低い．例えば，硬化パーム核油では，エマルション中での結晶開始温度が，バルク油脂より約 10℃ 低い．また，エマルションの脂肪滴が細かいほど，脂肪滴中の油脂の結晶化温度が下がる．

　油脂の SFC 曲線の傾斜が大きいものほど，温度変化で結晶と融解が起きやすく，結晶は大形化してエマルションは不安定になる．そこで，特にホイップクリームでは急冷して得たエマルションを低温に保ち，温度変化を避ける必要がある．油脂の温度による SFC の変化の視点から，クリーム類の原料油脂適性を考えると，コーヒーホワイトナーでは，常温から低温域の SFC 曲線の傾斜の少ないものが適する．ホイップクリームでは，SFC の傾斜が適当で口溶けがシャープであり，撹拌で脂肪滴の解乳化を促進する結晶の存在が必要である．ホイップクリームの原料油脂は，乳脂の SFC 曲線に類似する範囲で，上記の油脂類を混合するのが適当であろう．

## 2.4.2 乳蛋白質

　クリーム代替物に利用する乳蛋白質は，牛乳，脱脂乳，脱脂粉乳，全粉乳，カゼインナトリウム，ホエー蛋白質，バターミルク粉末などに由来している．目的に応じて，これら原料の中から組合せを選択する．牛乳由来の原料は，クリーム代替物の風味にとって非常に重要である．配合量は蛋白質として，エマルション全量の数％程度であるが，エマルションが微細になり，油滴の表面積が増加するほど蛋白質量（および乳化剤量）を増やす必要がある．

　一般に油脂食品の乳化では，エマルション安定化の主役は蛋白質である．低分子乳化剤も必須の成分であるが，蛋白質や水溶性多糖類を適切に選択して，エマルションを安定化させる必要がある．食品の O/W 乳化とその安定化は，わずかの例外を除くと，蛋白質の存在なしには行い得ない．蛋白質と乳化剤の適切な利用が，コーヒーホワイトナーのように安定なエマルション，またホイップクリームのように安定性と不安定性を要するエマルションを作るための要件になる．

　図2.1 に示したように，ホモジナイズ後の脂肪球には，大小の乳蛋白質や界面活性剤，リン脂質などが吸着して，界面膜を形成し安定化する．他の脂

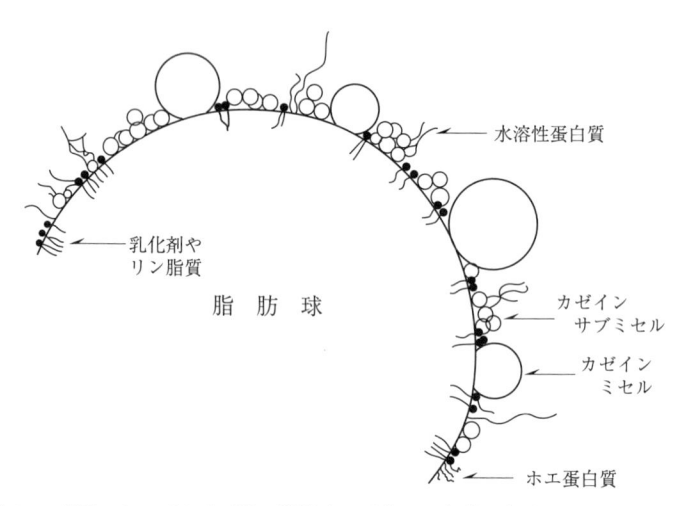

**図 2.1**　高圧でホモジナイズ後の脂肪球に吸着した各種蛋白質と乳化剤の模式図
　　　カゼインミセルが分解し，サブミセルが増加．ホエー蛋白質の吸着量は大きく減少する．

肪球が隣接すると，吸着膜間に立体斥力など種々の相互作用が働き，それ以上の接近が防がれる．蛋白質の量が不十分であると，蛋白質分子内に複数存在する疎水性領域は，隣接する脂肪球にも吸着して橋かけが起こり，凝集の原因になる．この現象は，界面活性剤を用いない生クリームのホモジナイズで起こり，顕著な粘度増加を来す．そこで，蛋白質原料は必要で十分な量の使用が好ましく，特にホイップクリームではこのことに留意する必要がある．第3編1.2節で述べたとおり，乳化剤の使いすぎは蛋白質を表面から脱着し，エマルションの安定性を損なうので，適量を用いなければならない．

ホジナイズ後の脂肪球は，乳化剤，リン脂質，カゼインミセルやカゼインサブミセルなどによって，新たに形成された膜(乳脂肪球膜に代わる蛋白質／脂質被膜)で保護され，UHT滅菌すれば長期間の安定性が保たれる．クリーム代替物の脂肪球構造は，ホモジナイズ牛乳やアイスクリームミックスの構造に類似する．卵黄は優れた乳化力をもつが，大量のリン脂質が蛋白質と結合して，リポ蛋白質を形成している．クリーム代替物でも同様に，エマルション安定化には，蛋白質／脂質の複合体が重要な役割を果たすとされる．乳蛋白質については，第1編2章で詳しく述べた．

カゼインミセルは界面に吸着しやすいが，巨大で水に溶解しない．そこで，カゼインのカルシウムをナトリウムで置換したカゼインナトリウムが，クリーム代替物の原料に用いられることが多い．カゼインナトリウムも，脂肪酸や酸性リゾリン脂質など，イオン性のある脂質と複合体を作る[6]．カゼインナトリウムが吸着した脂肪球の表面は滑らかで，エマルション粒子が接近すると，それらの間に浸透力による強い斥力が働いて，凝集が防止される．

### 2.4.3 乳化剤の選択と配合

クリーム代替物の脂肪球では，リン脂質と乳化剤，リポ蛋白質などで形成される膜と共に，カゼインミセル，カゼインサブミセルなどの蛋白質が吸着し，安定性が保たれる．バター製造の副産物であるバターミルク粉末は，乳化安定性のある乳脂肪球膜成分を多く含み，クリーム代替物の製造に適している．

天然であれ，人造であれ，エマルション脂肪球の表面下の油脂外層は，比

較的固い飽和脂肪酸のトリグリセリドで覆われるとされている（第2編2章，図2.3参照）．この油／水界面への安定な配列には，親油基が飽和脂肪酸である乳化剤が適する．そこで，コーヒークリームの安定化には，ステアリン酸など飽和脂肪酸を親油基とする乳化剤が適する．

　前述のとおりホイップクリームは，流通時には安定で，起泡時に不安定化して脂肪球が凝集する必要がある．脂肪球に，オレイン酸のような不飽和脂肪酸の乳化剤が吸着した場合，機械的撹拌で乳化剤が脱着しやすい．例えば，大豆レシチンの構成脂肪酸にはリノール酸が多く，脂肪球を不安定化し，凝集を促進する．そこでホイップクリーム代替物の乳化剤には，飽和脂肪酸と不飽和脂肪酸をもつ乳化剤を適当な比率で併用する[4]．最も単純なモデルホイップクリームの系は，例えば，融点33℃の油脂40％，脱脂粉乳4％，レシチン0.5％，ショ糖脂肪酸エステル0.2％，飽和脂肪酸モノグリセリド（SMS）0.1％と水で構成可能である[5]．

　親水性乳化剤の使用が一定限度を超えると，界面の蛋白質をすべて脱着（離脱）させ，エマルションの安定性を損なう．クリーム類には親油性のモノグリセリドや大豆レシチンを用いることが多いが，これらも量が多すぎたり，親水性界面活性剤と共存すると，蛋白質脱着の原因になる．蛋白質とイオン性界面活性剤の複合体は，エマルション安定化に貢献する．複合体形成には電荷のある，酵素分解大豆レシチン，有機酸モノグリセリドの少量配合が好ましい．ステアロイル乳酸ナトリウムも蛋白質と複合体を形成しやすい．

### 2.4.4　エマルション粒子の表面積と蛋白質，乳化剤の吸着

　次に，実例を挙げてコーヒーホワイトナーへの蛋白質と乳化剤の吸着を説明する[6]．例えば，平均粒子径1 μmの脂肪球の表面積は，油脂1 g当たり約8 m$^2$である．油脂25 wt％とカゼインナトリウム3.6 wt％を含み，平均粒子径が1 μmのコーヒーホワイトナー100 gでは，脂肪球総表面積は約200 m$^2$になる．蛋白質の界面への一重の吸着量は，温度による変化があるが，カゼインナトリウム（分子量約24 000）で2～3 mg/m$^2$程度とされる．

　乳化剤の界面への最大吸着量は，大豆リゾリン脂質（分子量570）で3.7 mg/m$^2$，HLB＝11のショ糖脂肪酸エステルSE 11（分子量724）で2.4 mg/m$^2$

程度と計算された．これらの吸着量を上記エマルション 100 g に当てはめてみると，大豆リゾリン脂質は 740 mg，ショ糖脂肪酸エステルは 480 mg になる．そこで，ショ糖脂肪酸エステル SE 11 を 480 mg 以上添加すると，界面の蛋白質はすべて脱着し安定性が失われる計算になる．ショ糖脂肪酸エステルは非イオン性であるので，蛋白質と複合体を作らないためである．

一方，酸性脂質の大豆リゾリン脂質の 8 モル程度が，カゼインナトリウムに静電的に結合するとみられる．そこで仮に，カゼインナトリウムの 1 分子に，5 モルの大豆リゾリン脂質が結合したとすれば，エマルション 100 g 中の大豆リゾリン脂質の結合量は約 400 mg になる．この程度の大豆リゾリン脂質添加では，エマルションの安定性は損なわれない．しかし，例えばこのエマルション 100 g に，大豆リゾリン脂質を 800 mg 添加すると，蛋白質は脱着しエマルションは不安定化する．

界面への分子の吸着は，その分子の拡散速度に依存する．蛋白質は高分子であるため界面への吸着速度は遅く，ホモジナイザーで瞬間的に油脂が細分化されると，出現した界面を十分に被覆できない．そこで，出現した広い界面を直ちに保護するために，低分子で吸着速度の早い乳化剤は欠くことができない．このために，モノグリセリド，ソルビタン脂肪酸エステル，ショ糖脂肪酸エステルやポリグリセリン脂肪酸エステルなどの存在が不可欠である．前述のとおり蛋白質と複合体を形成する適量のアニオン性乳化剤と，非イオン性乳化剤の組合せが，クリーム代替物のエマルションの安定に寄与すると考えられる．

以上のとおり，エマルションに対する蛋白質と乳化剤の必要添加量は，油滴の表面積の関数であることを銘記すべきである．蛋白質の過剰による影響は，コーヒークリームでは大きな問題にならないが，乳化剤に関しては過不足のないことが必要である．

## 2.5　クリーム代替物の製造と性質

### 2.5.1　クリーム代替物の製造法

家庭用のクリーム代替物のほとんどは，現在 UHT による滅菌処理後にア

402　第4編　食品エマルションの製造

図2.2　アセプティッククリーム代替物の製造工程模式図

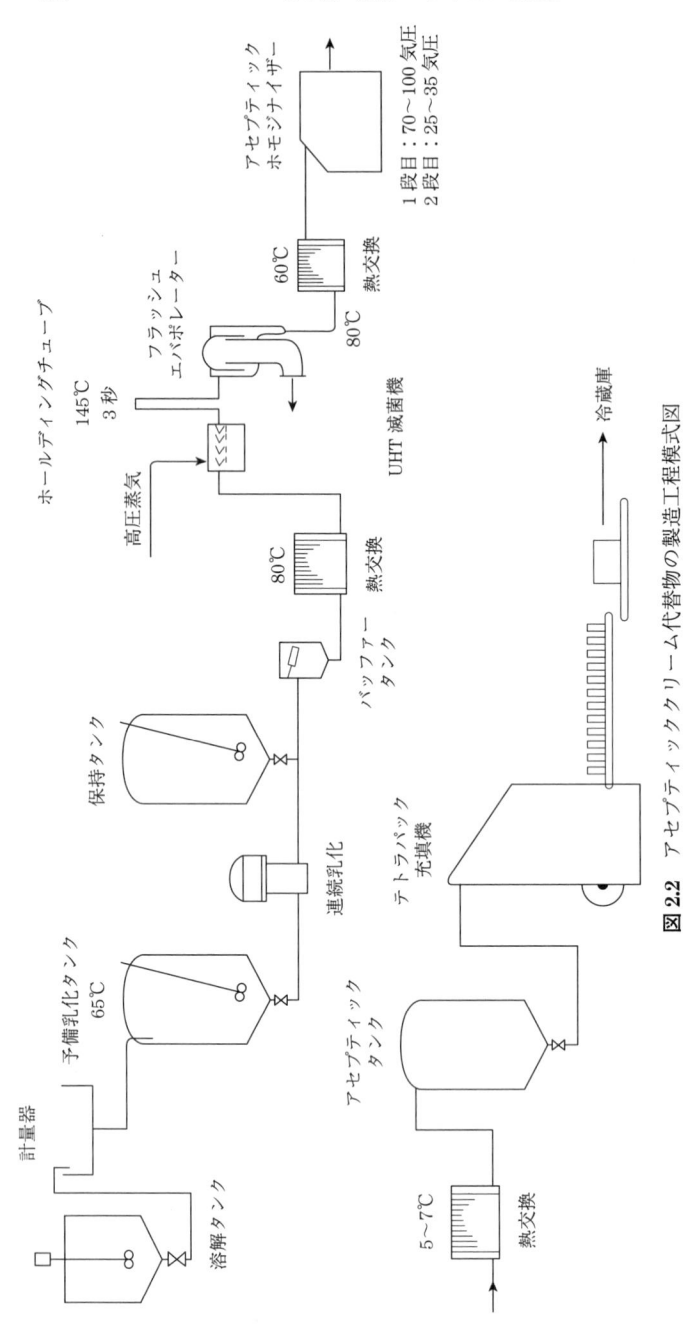

## 2. 生クリームと代替物，ホイップクリームとコーヒークリーム（ホワイトナー）

セプティック包装で販売され，業務用の場合は HTST 殺菌処理か，UHT 滅菌処理の製品である．ホイップクリーム代替物には高水準の機能性が求められ，コーヒーホワイトナーよりも難易度が高く，その製造技術は食品乳化技術の典型例といえる．そこで，原料油脂の選定，蛋白質と乳化剤の選定と配合，製造工程に種々の工夫がなされている．そのために国内だけでも，すでに 300 件を超える特許が出願されている．まず，これらについて製造法を簡単に紹介しよう．

図 2.2 は，UHT 滅菌を行うアセプティッククリーム代替物の工程模式図である．HTST 殺菌の場合は，これよりも工程は単純化されるが，基本的な仕組みは同様であり，その工程はおよそ次のとおりである．

原料計量→加熱溶解(65℃)→撹拌による予備乳化→HTST 殺菌→ホモジナイザー処理→冷却(10℃ 以下)→エージング(約 5℃)→充填→冷蔵→出荷

HTST 殺菌によるホイップクリームの一例は[7]，SFC が乳脂に類似するように調製した混合油脂と，脱脂乳など無脂乳固形分を含むエマルションである．乳化剤として対油脂で総量 2% 程度の，大豆レシチン，ショ糖脂肪酸エステル，飽和／不飽和脂肪酸モノグリセリド，プロピレングリコール脂肪酸エステルなどを用いる．HTST 殺菌によるコーヒーホワイトナーの場合も製法は同様であるが[8]，油脂分を少なめにし，乳化剤は飽和脂肪酸モノグリセリドと親水性ショ糖脂肪酸エステルなどを主剤にし，大豆レシチン，ソルビタン脂肪酸エステルなど加えて総量で対油脂 2% 以上を用いる．水相成分には特にカゼインナトリウムを加えると，安定性を増しフェザリングを防止できる．

アセプティックのクリーム代替物では，特に長期間のエマルション安定性が要求されるため，その配合処方は技術的に複雑になる．安定化のポイントは，脂肪球界面への乳蛋白質の安定的吸着であり，そこで蛋白質と静電相互作用で複合体を作るため，アニオン界面活性剤の適量利用が行われる[4,9,10]．

アセプティック製品の製造工程の一例を示す．原料の計量，配合を終えた混合物を，65℃ で予備的に乳化し，粗エマルションを 80℃ に昇温してから高圧蒸気を注入し，例えば，145℃ に 3 秒間保持して UHT 滅菌する．高温に瞬間保持したエマルションは，フラッシュエバポレーターで脱気して温度

を 80℃ とし，さらに温度を 60℃ にしてアセプティックホモジナイザーで乳化する．エマルションを急冷し，アセプティックタンクに保持後，無菌的に充填包装し，5℃ 程度の冷蔵庫でエージングして製品になる．UHT 滅菌方式には，図 2.2 のように蒸気を直接注入する直接加熱方式と，プレート式熱交換器で間接的に加熱する方式がある．ホイップクリームの品質は，間接加熱方式より直接加熱方式が優れている．ホイップクリームの性能は，加熱とホモジナイズ処理の影響を受けやすいが，直接滅菌方式では熱ダメージを最小化することができる．

製品化されたエマルションの平均粒子径は，ホイップクリームの場合 1～2 μm，コーヒーホワイトナーで 0.5～1.5 μm である．油滴の比重は水相より小さいので，保存中にクリーミングを起こす．ストークスの法則では，粒子濃度が非常に希薄な場合のクリーミング速度 $U$ を次式で与えている．

$$U = 2R^2(\rho_c - \rho_d)g/9\eta_c$$

ここで，$\rho_c$ と $\rho_d$ は連続相と分散相の密度，$R$ は粒子半径，$g$ は重力加速度，$\eta_c$ は連続相の粘度である．ストークスの式はクリーミングを避ける手段を示唆し，エマルションの粒子径を小さくし油滴と水相の密度差を減じ，連続相の粘性を増加させることが安定化につながる．濃厚なエマルションは，この式に当てはまらず，実際のクリーミング速度はかなり減少する．

保管温度 5℃ のクリームでは，油脂の結晶によって脂肪球の密度が変化し，密度差は減少する．また，例えば，脂肪球直径が 0.5 μm であり，緻密に蛋白質が吸着した場合の密度は，水相の密度より高くなり脂肪球はむしろ沈降気味になる．日本でも市販されている瓶詰のコーヒー用クリームでは，実質的にクリーミングは起こらず，1 年程度のシェルフライフがある．また，液をコーヒーに注ぐ時の流動で再分散が行われる．

クリーム代替物に用いられるハイドロコロイドには，ローカストビーンガム，グァーガム，カラギーナン，アルギン酸塩などがある．しかし，多くの場合これらの使用は，高分子による油滴間の橋かけ凝集の原因になりやすい．蛋白質とガム質の間には，水和について競合関係があり，ガム質の濃度が高すぎると，蛋白質が脱水されて枯渇(離液)凝集が起こる．凝集した油滴は，油滴直径が増えたのと同じ効果を現し，単独の油滴より早くクリーミングを

起こす.

　濃厚なエマルションでは，脂肪球が弱い可逆的な凝集(フロック凝集)を起こして，網目構造ができやすく，この場合エマルションは弱いゲル状を呈する．この種のフロック凝集エマルションは，撹拌すれば網目構造が壊れて，再び流動性になる．逆に濃厚エマルションが，撹拌によって増粘したりゲル状を呈するのは，脂肪球間に油脂結晶や高分子の橋かけができ，不可逆的な網目構造を作るためである．

　乳蛋白質の等電点はpH 5程度であり(カゼインは4.7)，それ以上のpHでは負に荷電し斥力が働く．酸を加えてpHを下げたり，カルシウムイオンなどを添加すると，蛋白質は斥力を失って凝集しやすくなる．果汁入りクリームやヨーグルトはこの例である．コーヒー抽出液は高温でしかも酸性であるため，クリーム添加で蛋白質凝集によるフェザリングを起こしやすい．この現象は，カゼインナトリウムの使用や，カルシウム捕捉効果のあるクエン酸ナトリウム，リン酸ナトリウム添加でかなり防止できる．カゼインナトリウムの使用は，エマルション脂肪球の保護と同時に，増粘効果がありコーヒーホワイトナーに適する．

## 2.5.2　ホイップクリームと起泡

　前述のとおり，ホイップクリーム類の製造には，高度の乳化技術が要求される．ホイッピングでは，クリームに機械的衝撃を与えて気泡を抱き込ませ，気泡の周囲に脂肪球を配列させ，脂肪球の連鎖による安定な三次元構造を作る．この時部分的に破壊された脂肪球から油脂が遊離し，脂肪球による構造形成を助ける．基礎編1章の図1.8(p. 15)は，ホイップ後のクリーム代替物の走査電子顕微鏡写真を示したものである．ホイップしたクリームの泡で，表面には脂肪球が凝集している．図2.3は脂肪45％のホイップクリームの，ホイップ時間に対するオーバーランと固さの関係を示している．ホイップクリームでは，オーバーランが頭打ちになっても固さは増加し，やや消泡(チャーンによるバター化)した時に最も固くなる．保形性の点で，ホイップの終了点は，オーバーラン曲線と固さ曲線の交点付近が最適である[11]．

　油脂は乳化されて粒子径が細かくなるほど，平衡状態での結晶量(SFC：固

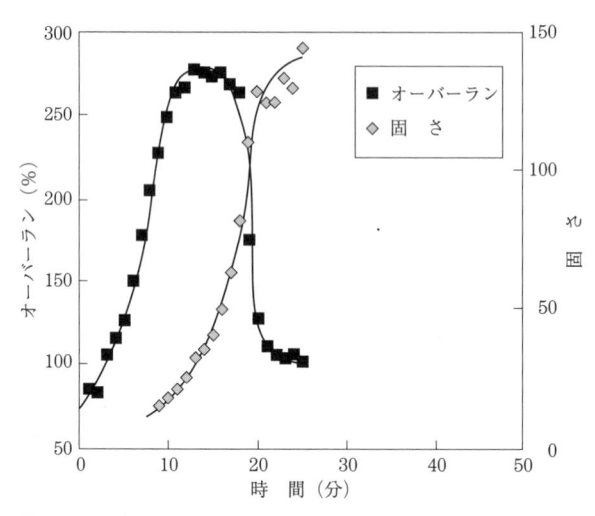

体脂含量)が減少する．図2.4と図2.5は，それぞれ，硬化パーム核油(融点38℃)とやし油について，5℃に静置した場合に経時的に変化するSFCを，バルク油脂とエマルションで比較している．エマルションの平均粒子径は3 μmと1 μmであり，時間の単位は1 000秒である．バルク油脂では結晶化

**図2.3** 脂肪45％のホイップクリームのオーバーランと固さの関係[11]

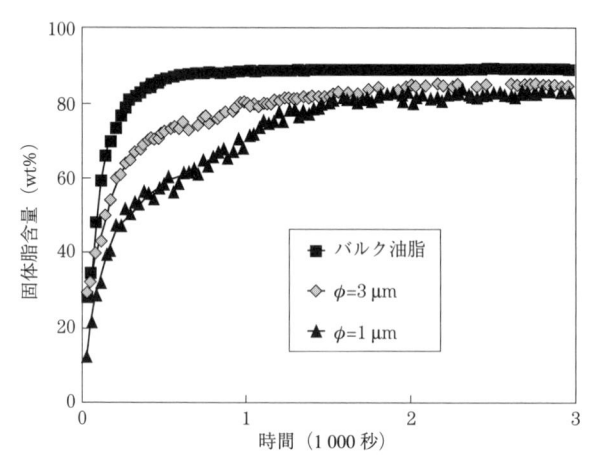

**図2.4** パーム核油のエマルション粒子径($\phi$)と5℃における固体脂含量の変化[11]

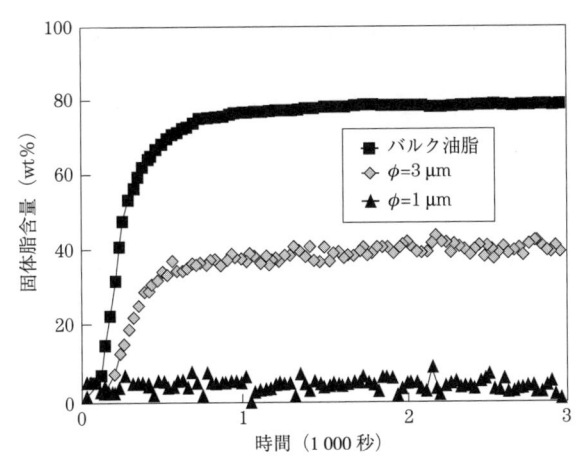

**図 2.5** やし油のエマルション粒子径($\phi$)と 5℃ における固体脂含量の変化[11]

速度も速く,硬化パーム核油で 8 分,やし油で 15 分程度で結晶が成長する.硬化パーム核油では,エマルションの結晶化速度は遅くなるが,平衡状態でのSFCに大きな差はない.しかし,やし油では差異は大きく,粒子径 1 μm のやし油エマルションではほとんど結晶が成長しない.このように原料油脂による脂肪滴の性質の差異も,油脂選定で考慮しておく必要がある.

## 文　献

1) 島田俊裕:ホイップクリーム, *Foods Food Ingredients* (*FFI*)*J. Jpn.*, No. 80, 55 (1999)
2) Walstra, P.: Physical chemisitry of milk fat globules, in *Advanced dairy chemistry*, Vol. 2, *Lipids*, Fox, P. F. ed., p. 163-169, Chapman & Hall, London (1995)
3) Abrahamsson, K. *et al*.: Effects of homogenization and heating conditions on physicochemical properties of coffee cream, *Milchwissenschaft*, **43**, 762 (1988)
4) 日比孝吉,藤田　哲:クリーム状組成物,日特開　平 4-234947.
5) 野田正幸,山本晴敬:ホイップクリームの物性に及ぼす均質処理の影響,日食工誌, **43**, 896 (1996)
6) 藤田　哲,鈴木篤志,河合　仁:大豆リゾリン脂質と乳蛋白質の相互作用とそのエマルションへの影響,同誌, **41**, 859 (1994)

7) 藤田　哲，林　敏弘，和田正稔，榎本正幸：クリーム状組成物，日特公　昭 58-54850.
8) 藤田　哲，金沢四郎：コーヒー用高粘性クリーム状組成物，日特公　昭 59-41689.
9) 安増　毅，三井友毅：水中油滴形乳化物製造法，日特開　平 5-236896.
10) 日比孝吉，藤田　哲：クリーム状組成物，日特開　平 5-23126.
11) Campbell, I. J. and Jones, M. G. : Cream alternatives, in *Lipid technologies and applications,* Gunstone, F. D. and Padley, F. B. eds., p. 359-363, Marcel Dekker, New York (1997)

# 3. 食品用のダブルエマルション

## 3.1 ダブルエマルションの概要

　ダブルエマルション(二重乳化エマルション)は，エマルションを含むエマルションである．これらには，最外相の連続相が水である，水中・油滴中・水滴型(W/O/W)のエマルション(図3.1)と，最外相の連続相が固体脂である，油中・水滴中・油滴型(O/W/O)のエマルションがある．これらのダブルエマルションは，ドラッグデリバリー系への利用が始まっており，少なくとも理論的には，食品にとって種々の利点をもたらす．例えば，酵素，水溶性ビタミンや油溶性ビタミンなど，最内相に溶解する活性物質を中間分散相で保護し，それが連続相に溶出することを防ぐことが期待される．W/O/Wエマルションは，油相がW/Oエマルションであるため，同一体積の油相を含む通常エマルションより，最内相水分に相当するカロリーが減少する．しかし実際的には，ダブルエマルションは多分散の液滴を含み，中間の分散相の粒子径は大きく，通常のエマルションに比べ熱力学的に不安定である．また，最内相からの物質溶出が起こり，凝集，クリーミング，合一を起こしやすい．

　主要な研究対象のダブルエマルションはW/O/W型であって，すでに多くの報告がなされている[1-3]．マーガリン様のO/W/Oエマルションは，最外相が油脂結晶の網目構造であるため，一旦製造

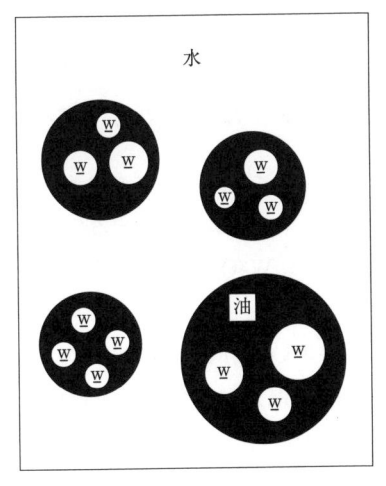

図3.1　W/O/Wダブルエマルション模式図

されたエマルションは比較的安定であり,実際に成功例がある[4]。

上記のような欠点を克服するために,乳化剤,乳化助剤,安定剤などの原料について,多くの改善研究がなされた.しかし,低粘度の W/O/W エマルションでは,常に最内相の活性物質の流失が起こった.ゲル化や濃厚化による半固体状ダブルエマルションでは,安定性が向上して製品のシェルフライフが延長された.また,天然や合成の巨大分子の乳化剤(両親媒性物質)の利用,増粘作用や複合体形成,マイクロカプセル様構造や中間液晶構造の利用などで,製品化が進められてきた.

現在までのところ,食品用ダブルエマルションの安定化と液滴粒度の低減に関して検討された内容は,次のとおりである[3].

① 最内相および中間相界面を安定化する食品用乳化剤の選択.
② 最内相中の活性物質を保護するために,マイクロエマルションまたはリポソームの利用.
③ 液滴の単分散状態を保つための技術の利用(膜乳化).
④ 種々の添加物(担体,複合剤,天然高分子物質)の利用による合一防止.

しかし,日本以外では食品に関して,未だに完成されたダブルエマルションの製品は商品化されていない.日本での成功は主に①によっており,後述の特異的な乳化剤を利用している.

## 3.2 ダブルエマルションの調製と乳化剤の選択

ここでは W/O/W エマルションについて説明する.ダブルエマルションには二つの界面が存在するので,それぞれ異なった乳化剤が必要になる.モデル的な W/O/W エマルションでは,内相の W/O エマルションには親油性乳化剤(Span 80 など),その外側の分散相界面には親水性乳化剤(Tween 80 など)が用いられる.O/W/O エマルションではこの関係が逆になる.いずれの場合も,1種の乳化剤を用いるより,2種以上の乳化剤の組合せが安定化効果が高い.

意図したダブルエマルションとは別に,自然に生成するダブルエマルションもある.この現象は例えば,エマルションの転相時にみることができる.

そこで，初期のダブルエマルション調製では，親油性乳化剤を含む W/O エマルションを作り，これに親水性乳化剤を含む水相を添加し，転相と同時にW/O/W エマルションを得る方法が行われた．

さらに容易にダブルエマルションを得る方法は，W/O エマルションを調製し，これを水相に分散させる 2 段階の乳化法である．2 段階法による初期の W/O/W エマルションの調製では，親油性乳化剤を溶解した油中に水相を混合し，ホモジナイザーなどによって，できるだけ細かいエマルションにする．次いでこの W/O エマルションを，親水性乳化剤を含む水相に加えて撹拌するが，ホモジナイズは行わない．この方法で油滴径が 10〜50 μm のエマルションが得られる．また，W/O エマルションを膜乳化装置を用い，加圧して親水性乳化剤を含む水相中に乳化する方法があり，この場合は単分

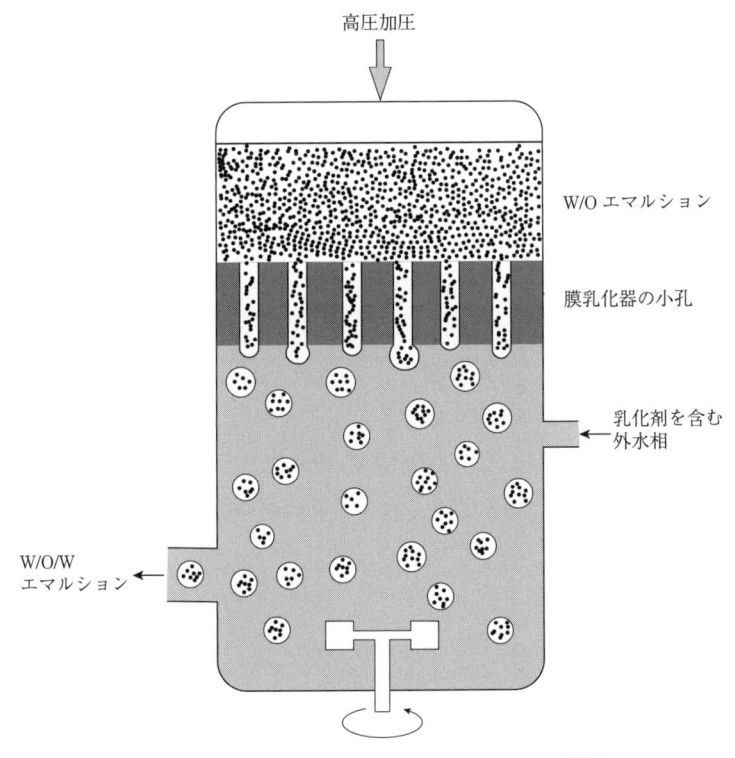

**図 3.2** 膜乳化による W/O/W エマルションの調製

散のダブルエマルションを得ることができる(図3.2).

　さらに巧妙な方法に，含水乳化剤のラメラ相で構成される内相を油相に分散させる方法があり，医薬品などに利用される．この方法は適切な親油性乳化剤の組合せを選定し，油相中に多量に溶解させ，これに水相を加えて撹拌して，中間相のラメラ構造を作る(第2編3.4.2項を参照)．この油相を水相中に分散させてダブルエマルションを得るが，特に激しい乳化工程を要せず，熱力学的にも安定な系である．この系での問題は，乳化剤の選択範囲が狭く，ラメラ中に取り込まれる油相の量が10%を超えない点である．また油溶性の乳化剤を用いて，熱力学的に安定なW/O型のマイクロエマルションを作り，これを水相に乳化分散させる方法がある[5]．しかし，マイクロエマルションは粒子が細かすぎて水相に移した場合に，最内相のマイクロエマルションの存在を証明することが難しい．

　ダブルエマルションの最内相W/O乳化では，親油性乳化剤の使用量が，外相の親水性乳化剤の量に比べ大過剰である．そしてW/O乳化に用いる低分子乳化剤は，内相の界面を離れ常に外相に移動し，外相のHLBを変化させる．さらに水相中の低分子成分は，最内相と最外の連続相との間に浸透圧差があると，油相内を容易に移動して低圧側に溶出する[1]．最内相と連続相の浸透圧差をなくしても，物質移動を防ぐことは不可能で，ダブルエマルションの不安定化要因をなくすることはできない．内相の油相中の親油性界面活性剤ミセルは，内水相と外水相間で水溶性物質の移動の原因になる．

**ポリグリセリン縮合リシノール酸エステル(PGPR)の利用**

　ダブルエマルションの実用化は多くの困難を伴い，食品規制の関係で，日本以外では商品化に成功していない．W/Oエマルションの安定化に最も適した食品用乳化剤は，PGPRである．この乳化剤は親油性で，ひまし油脂肪酸の水酸基とカルボキシル基のエステル化反応で，脂肪酸を4～6モル縮合させた巨大な疎水基と，ポリグリセロールの親水基をもつ．そのため界面では油相に強固に吸着し，水滴の破壊速度が大きく遅延し，W/Oエマルションの安定性が高まる．そこでPGPRの利用によって，ダブルエマルションの製造が可能になり，ホイップクリーム，コーヒークリーム，パン用乳化油脂として販売された[6]．PGPRは，日本では全ての食品に自由に利用できる

が，国際的には利用対象食品と使用量が制限されており，アメリカでは承認されていない．PGPR 利用による W/O/W エマルション製造法は，3.7 節で説明する．

## 3.3 ダブルエマルションの安定性

　多くのダブルエマルション研究は，乳化の容易なパラフィン系や脂肪酸などで行われ，食用油脂の利用例は多くない．食品ダブルエマルションには，大豆油などの植物油も用いられるが，乳化が容易で酸化安定性が大きい，中鎖脂肪酸トリグリセリド(MCT)の利用が多く行われる．
　低分子乳化剤を用いたダブルエマルションは，普通は第 2 段階乳化でホモジナイザーを用いないため，油滴が大形化し熱力学的に不安定で，壊れやすいことはすでに述べた．しかも，最内相は単なる水ではなく，重要な水溶性成分を含有させることを目的にしている．松本らは W/O/W エマルションの調製と，最内相成分の外相への移動について，それらの特徴を解説している[7-9]．内相の水溶性成分は W/O 型の逆ミセル内に取り込まれ，運搬されて連続相に移行する．この現象は，油相内に過剰に存在する親油性乳化剤が，内部に水溶性物質を可溶化した逆ミセルを形成するためである．また，最内相の水滴が油滴面に接近した場合そこにラメラ構造が形成され，このラメラ相を通じて内外相の物質が移動するためと推定された．さらに一方で，最内相の水滴は凝集と合一で粒子径が拡大し，W/O 乳化の不安定化によるエマルションの破壊も進行する．
　ここでダブルエマルションの物性理解と，より安定なダブルエマルション製造のために，エマルションの重要な基礎的性質にふれておきたい．それは，通常の O/W エマルションの油滴間で，常に油相交換が行われていることである．これを実例で示してみよう．オクタデカン(OD)およびヘキサデカン(HD)の微細(平均粒子径 0.33 μm)エマルションを，Tween 20 またはカゼインナトリウムで作る．OD エマルションと HD エマルションを等量混合し，経日的に DSC で結晶温度を測定することで，両者の油相交換が観察できる．Tween 20 によるエマルションの置換速度は，蛋白質エマルションより早く，

数日間でかなり進行してしまう．特に Tween 濃度が高いほど，ミセルによる油相運搬が多いため，交換速度が大きい．一方，油相の交換はパラフィンに比べ大豆油などのトリグリセリドでは起こりにくい．また，両エマルションを混合した後にホモジナイズすると，Tween 20 エマルションではエマルション破壊と再乳化によって油相交換が進行しやすい．しかし，蛋白質によるエマルションは破壊されにくく，油相交換はほとんど起こらない．これは，細分化された安定化エマルションは，機械的衝撃で破壊されにくいことを示す[10]．

## 3.4 両親媒性高分子による安定化

低分子乳化剤単独使用に比べ，適当な蛋白質などの両親媒性物質を用いると，O/W/O の最内相の O/W エマルションや，W/O/W の外相エマルションの安定性を高めることができる．このため多くの試みがなされ，ゼラチン，ホエー蛋白質，血清アルブミン，カゼインナトリウムなどが用いられた．これらは非イオン性乳化剤と共に 0.2% 程度の使用で，ダブルエマルションの安定性に寄与し，Span 80 や PGPR など親油性乳化剤の減量が可能になった．しかし親油性乳化剤と代替することはできなかった[11]．また，内相の W/O 乳化にも蛋白質(ウシ血清アルブミン：BSA)を用いると，水溶性成分の移動を抑制できたり，キトサンや $\alpha$-サイクロデキストリンの利用も有効であることが分かった．

## 3.5 蛋白質-多糖類の相互作用利用

第 3 編 2.1 節で述べたように，蛋白質／多糖類の複合体の界面活性利用による，新食品の開発が期待されている．蛋白質と多糖類は，相互作用(静電結合，pH 変化，イオン強度，加圧，加熱，混合とメイラード反応などの処理)によって複合体を形成し，その機能は単独の場合より強化し得る．例えば，油／水界面への吸着が強まって，厚い安定な膜構造を形成する場合は，優れたエマルションの安定化効果が得られる．この種の複合体の効果は，蛋白質

単独や，合成乳化剤によるエマルションには期待できない．複合体は，$\beta$-ラクトグロブリン，BSA，カゼインナトリウム，ホエー蛋白質などと，ペクチン，デキストラン，アルギン酸塩，キサンタンガムなどの多糖類で構成される．ダブルエマルションの安定化には，蛋白質／多糖類の比が重要である．例えば，ホエー蛋白質／キサンタンガムの場合は，水溶液で 4%：0.5% 程度が適する．また，水相の pH は蛋白質／多糖類の電荷を変化させ，安定性に影響する[3]．これらの組合せの中から，利用可能な複合体を利用すれば，O/W/O エマルションの最内相油滴，W/O/W エマルションの水相中の油滴について，小形化と安定化が可能であろう．

## 3.6 粘度増加による安定化

食品エマルションの油／水界面が，種々の蛋白質と界面活性のある脂質の複合体で覆われた場合，その表面は強い粘弾性を示すと考えられている．この種の粘弾性膜の存在で，結晶の突出，油滴の凝集・合一が防がれ，内相成分の油相中への移動も制限される．他方，物質の移動を制限するための方法として，

① ガムなどのハイドロコロイドの添加で，最内水相の粘度を増加させる．
② ステアロイル乳酸カルシウム (CSL) などの油溶性界面活性剤の添加で，油相粘度を高める．
③ ゼラチン，キサンタンガムなどの添加で，連続水相の粘度を高めるか，ゲル化させる．

などが試みられた．

これらのダブルエマルションは，調製後に冷却して固めるが，その過程や貯蔵中に不安定化することがある．固状化，粘度増加やゲル化では，必ずしもダブルエマルションが安定化するとは限らない[12,13]．最内相の活性物質を固体または半固体の状態で含めば，その流失は大幅に抑制し得る．しかし問題は，最内相中に微粒子を安定分散させることが難しいことである．

## 3.7 ダブルエマルションの製造例

　W/O/Wエマルションの目的は，冒頭に述べたとおり，最内相への水溶性活性物質の閉じ込めと，見かけ上濃厚な低カロリーエマルションの提供である．高橋らは，低油分のホイップクリーム，コーヒーホワイトナー，焼成時に釜伸びの良いパン用乳化油脂について，W/O/Wエマルションの実用化に成功した[6,14]．ホイップクリームの場合，テトラグリセリンヘキサリシノレートおよびオレイン酸モノグリセリドを各2%含む加熱油相20部に，水30部を加えてW/Oエマルションを得る．これを，無脂乳固形分と乳化剤を含む水相50部に加え，適当な乳化処理を行ってW/O/Wエマルションを得た．ダブルエマルションの生成率は，直後で92%，冷蔵1か月後でも87%残存していたという．

　O/W/Oエマルションの応用対象は限られるので，あまり研究がなされていない．筆者のグループが成功した例に，O/W/O型の二重乳化マーガリンがある．これは製菓用フィリング・トッピング用マーガリンで，O/W内相に液状油と乳製品からなるエマルションを用いた．クリーム様風味で口溶けが良好であったが，ホイップクリーム類の普及で販売は中止された．製造法は，最内相クリームを，液状油，乳成分，カゼインナトリウム，親水性ショ糖脂肪酸エステルを用い，高圧のホモジナイズ処理で作った．これをHLB 2〜3のショ糖脂肪酸エステルなど油溶性乳化剤を含む油相に加え，ボテーターで急冷可塑化してマーガリンを得た[4]．1972年にはPGPRが食品添加物に指定されていなかったので，内相のO/Wエマルションが，マーガリンの加熱と冷却練り工程で，ある程度失われるのは避けられなかった．

　また，ビタミンAなど油溶性の活性物質の放出を制御するために，この技術の利用が試みられた．50℃で4週間後に，最内相中ビタミンA残存率は57%であり，これにBHTやビタミンCを添加すると，残存率は77%に向上したという[15]．

## 文　献

1) Matsumoto, S. and Kang, W.W. : Formation and application of multiple

emulsions, *J. Dispersion Sci. Technol.*, **10**, 455(1989)
2) Garti, N. and Bisperink, C. : Double emulsions : progress and applications, *Curr. Opin. Colloid Interf. Sci.*, **3**, 657(1998)
3) Garti, N. and Benichiou, A. : Recent development in double emulsions for food applications, in *Food emulsions*, 4 th Ed., Friberg, S. E. *et al.* eds., p. 353-412, Marcel Dekker, New York(2004)
4) 寺田喜己男, 藤田 哲, 河野博繁, 杉山 宏：乳化油脂組成物の製造方法, 日特公 昭54-15682.
5) Grossiord, J. L. *et al.* : Obtaining multiple emulsions, in *Multiple emulsions, structure, properties, and applications*, Seiller, G. ed., p. 57-80, Editions de Sante, Paris(1998)
6) 高橋康之：W/O/W型複合エマルションの食品への応用, フードケミカル, No.4, 25(1998), W/O/W型複合エマルションの乳製品類似物への応用, 油化学, **35**, 880(1986)
7) Matsumoto, S. *et al.* : An attempt at preparing W/O/W multi-phase emulsions, *J. Colloid Interf. Sci.*, **57**, 353(1976)
8) Matsumoto, S. *et al.* : An attempt to estimate stability of the oil layer in W/O/W emulsions, *ibid.*, **77**, 564(1980)
9) 松本幸雄：W/O/W型エマルション分散小胞粒子のキャラクタリゼーション, *New Food Ind.*, **36** (4), 67(1994)
10) Elwell, M. W., Roberts, R. F. and Coupland, J. N. : Effect of homogenization and surfactant type on the exchange of oil between emulsion droplets, *Food Hydrocolloids*, **18**, 413(2004)
11) Evison, J. and Dickinson, E. *et al.* : Formulation and properties of protein-stabilized W/O/W emulsions, in *Food macromolecules and colloids*, p.235-243, Royal Society of Chemistry, Cambridge(1995)
12) Vazuri, A. and Warburton, B. : Improved stability of W/O/W emulsion by addition of hydrophilic colloid components in the aqueous phase, *J. Microencapsulation*, **12** (1), 1(1995)
13) Clausse, D. : Thermal behavior of emulsions studied by DSC, *J. Therm. Anal. Calorim.*, **51** (1), 191(1998)
14) 高橋康之, 吉田利郎, 高橋 毅：ホイップ用クリームの製造法, 日特公 平 1-16460.
15) Yoshida, K. *et al.* : Stability of vitamin A in O/W/O multiple emulsions, *J. Am. Oil Chem. Soc.*, **76**, 195(1999)

# 参　考　書

筆者がこの本を書く上で，参考にした主要な図書を以下に列記した．食品乳化に関して，さらに理解を深めたいと思われる読者は参考にしていただきたい．

## 1.　食品乳化とコロイドに関するもの

1) McClements, D. J. : *Food emulsions, principles, practice, and techniques*, CRC Press, Boca Raton, London(1999)．本文中に参考書1と記載，全378頁．なお，本書の図表類の使用についてはCRC Press社から許諾を得た．

2) McClements, D. J. : *Food emulsions, principles, practice, and techniques*, 2nd Ed., CRC Press, Boca Raton, London(2005)．全595頁．

3) Dickinson, E. : *An introduction to food colloids*, Oxford University Press, Oxford(1992)，西成勝好監訳，藤田　哲，山本由喜子訳：食品コロイド入門，幸書房(1998)．本文中に参考書2と記載，全240頁．

4) Friberg, S. E. and Larsson, K. eds. : *Food emulsions,* 2nd Ed., Marcel Dekker, New York(1990)．全510頁．

5) Friberg, S. E. and Larsson, K. eds. : *Food emulsions,* 3rd Ed., Marcel Dekker, New York(1997)．全582頁．

6) Friberg, S. E., Larsson, K. and Sjöblon, J. eds. : *Food emulsions,* 4th Ed., Marcel Dekker, New York(2004)．全640頁．

7) Dickinson, E. and McClements, D. J. : *Advances in food colloids*, Blackie Academic & Professional(Chapman & Hall), London(1996)．全333頁．

8) Dickinson, E. and Rodriguez Patino, J. M. eds. : *Food emulsions and foams*, Royal Society of Chemistry, Cambridge(1999)．全390頁．

9) Dickinson, E. and Bergenståhl, B. eds. : *Food colloids, proteins, lipids and polysaccharides*, Royal Society of Chemistry, Cambridge (1997). 全417頁.
10) Dickinson, E. and Lorient, D. eds. : *Food macromolecules and colloids*, Royal Society of Chemistry, Cambridge (1995). 全586頁.
11) Dickinson, E. and van Vliet, T. eds. : *Food colloids, biopolymers and materials*, Royal Society of Chemistry, Cambridge (2003). 全416頁.
12) Dickinson, E. and Miller, R. eds. : *Food colloids, fundamentals of formulation*, Royal Society of Chemistry, Cambridge (2001). 全424頁.
13) Dickinson, E. and Walstra, P. eds. : *Food colloids and polymers, stability and mechanical properties*, Royal Society of Chemistry, Cambridge (1993). 全427頁.
14) Dickinson, E. ed. : *Food polymers, gels and colloids*, Royal Society of Chemistry, Cambridge (1991). 全575頁.
15) Bee, R. D., Richmond, P. and Migins, J. : *Food colloids*, Royal Society of Chemistry, Cambridge (1989). 全406頁.
16) 矢野俊正, 松本幸雄, 林　弘道, 加固正敏：乳化と分散, 光琳 (1988). 全206頁.

## 2. 食用油脂および食品用乳化剤 (界面活性剤) に関するもの

1) 藤田　哲：食用油脂—その利用と油脂食品—, 幸書房 (2000). 全293頁.
2) Gunstone, F. D. and Padley, F. B. eds. : *Lipid technologies and applications*, Marcel Dekker, New York (1997). 全834頁.
3) Fox, P. F. ed. : *Advanced dairy chemistry,* Vol. 2, *Lipids*, 2nd Ed., Chapman & Hall, London (1995). 全443頁.
4) Widlak, N. ed. : *Physical properties of fats, oils and emulsifiers*, AOCS Press, Champaign, Illinois (1999). 全267頁.
5) Hasenhuettle, G. and Hartel, R. W. eds. : *Food emulsifiers and their applications*, Chapman & Hall, New York (1997). 全302頁.

6) 戸田義郎，門田則昭，加藤友治：食品用乳化剤，光琳(1997)．全351頁．
7) 日高　徹：食品用乳化剤，第2版，幸書房(1991)．全291頁．
8) 渡辺隆夫：食品開発と界面活性剤，光琳(1990)．全241頁．
9) 菰田　衛：レシチン—その基礎と応用，幸書房(1991)．全208頁．

## 3. 蛋白質およびハイドロコロイドに関するもの

1) Damodaran, S. and Paraf, A. eds.: *Food proteins and their applications*, Marcel Dekker, New York(1997)．全681頁．
2) Fox, P. F. ed.: *Advanced dairy chemistry,* Vol. 1, *Proteins*, Chapman & Hall, London(1992)．全781頁．
3) Nussinovitch, A. ed.: *Hydrocolloid applications*, Blackie Academic & Professional(Chapman & Hall), London(1997)．全354頁．
4) Williams, P. A. and Phillips, G. O. eds.: *Gums and stabilisers for the food industry 10*, Royal Society of Chemistry, Cambridge(2000)．全470頁．
5) Williams, P. A. and Phillips, G. O. eds.: *Gums and stabilisers for the food industry 11*, Royal Society of Chemistry, Cambridge(2002)．全370頁．
6) 国崎直道，佐野征男：食品多糖類—乳化・増粘・ゲル化の知識，幸書房(2001)．全243頁．
7) 西成勝好，矢野俊正編：食品ハイドロコロイドの科学，朝倉書店(1990)．全328頁．
8) Yada, R. Y.: *Proteins in food processing*, CRC Press, Boca Raton(2004)．全686頁．

# あとがきに代えて
## 筆者と食品加工技術との関わり

　2003年で丁度50年に及ぶ技術者家業の中で，筆者は「これは世界初」との思いで，何回かの胸の高鳴る仕事ができた．パン用酵母の同調培養は興味で試みたが，増殖周期内の菌体成分変化と発酵能変化が分かり，菓子パン用酵母の生産に貢献できた．ショ糖脂肪酸エステルの応用では，分散能など幾つかの優れた機能を見出した．O/W/O マーガリン，ホイップクリーム用油脂，アセプティッククリームの商品化は，筆者の研究グループの成果であった．会社での最後の研究になったのは，油脂とレシチンの消化管内酵素分解産物やリン脂質の酵素分解物が，$in\ vitro$ で示す驚くべき界面活性の発見であった．この現象に関しては，国内外で約35件の組成物特許を得た．幸運もあったのだが，これらの環境を与えて下さった会社，元上司と同僚に深く感謝している．そして何よりも，家族の支援がなければ，このような人生はあり得なかった．

　筆者は1953年からパン用酵母の製造と研究に従事した．1959年から乳化剤のショ糖脂肪酸エステル製造研究の仲間入りし，世界初の商業化が始まった時に，突然，応用開発研究を命ぜられた．界面科学のイロハも知らず困惑したが，上司から「人と金は出す．思うようにやってくれ」と言われて，イヤとは言えずに，界面活性剤や乳化との長いつきあいが始まった．ショ糖脂肪酸エステルは世界初の製品で，応用に関してはほとんど何の教科書もなかった．そこで，可能なつてのすべてを頼って，あちこちの先生方に教えを請い，勉強し実験を重ねた．しかし，最も勉強になったのは，当時の大変優秀な販売関係者のもたらした，多くの応用課題であった．共同研究者によるケーキ起泡剤開発の成功を含めて，種々多様な課題の解決に努めることで，食品の研究開発では，大体のことに対応できる自信のようなものが育った．1968年に，今で言うリストラのために転職し，以来最近まで多くの乳化食品の研

究開発を続けることができた．

　かつて，横浜国立大学の篠田耕三教授は，「乳化はいまだに**サイエンス**よりは**アート**と考えられる」と言われた．*"Food Emulsions"*(S. E. Friberg & K. Larsson eds.)の改訂第三版の序言冒頭の言葉である．当時，界面活性剤の理論や応用研究は，ほとんど化粧品や工業製品を対象にしており，その理論の食品への応用には種々の困難があった．その意味では筆者にとって，食品乳化はまさにアート(**職人技**)であり，また多くの困惑のすえに，試行錯誤を繰り返してきた．転職や勉強不足で職人技を続けた筆者が，目からうろこの思いをしたのは，E. Dickinsonの編著 *"Food Emulsions and Foams"*(1987)との出会いであった．蛋白質の乳化作用など，食品エマルション研究は，すでに，アートから科学に成長しつつあったからである．この時は，不勉強のための非効率で，失われた20年が悔やまれた．

　それ以来，筆者の本格的な食品乳化の勉強が始まった．そこで，E. Dickinson, P. Walstra, S. E. Friberg, D. J. McClementsなど斯界のリーダー達の，論文，著書，編著，その他を片端から入手した．これらは膨大で，現在も全部は読み切れていないが，それらの中から実際に役立つものを顧問先の研究開発に利用し，専門誌や講習会で紹介してきた．また啓蒙書としての，E. Dickinson先生の『食品コロイド入門』が西成勝好教授の監修，山本博士との共訳で出版できたのは幸いであった．この間10年以上温めてきた，筆者の大きな目標の一つが，食品技術者向けのやさしい食品エマルション解説書の提供であった．出来映えはともあれ，この本の出版を，今までに戴いたもろもろの恩恵への報恩と思っている．

# 索　引

## ア

アイスクリーム　85, **196**, 326
アイスクリームミックス製造　275
アインシュタインの式　**220**, 222
アグルチニン　174
アジ化ナトリウム　380, 383, 384
アセチンファット　327
アセプティッククリーム代替物　403
　——の製造工程　402
アセプティック包装　392
アセプティックホモジナイザー　404
厚い安定な膜構造　414
圧縮試験　217
アニオン界面活性剤　92, 312, 320, 356, **381**, 385, 403
　——-ホエー蛋白質の相互作用　380
アニオン界面活性剤／キトサン複合体の吸着　373
アニオン界面活性剤／レグミン複合体　358
アニオン性多糖類　116, 372
アニオン性乳化剤／蛋白質の静電結合　341
アミノ酸間の静電相互作用　108
アミノ酸側鎖の疎水性　256
アミロース　370
アミロペクチン　370
アラビアガム　112, 117, 362, **371**
　——によるエマルション　371
　——の親水性被膜　372
アラビアガムエマルション　384
アラビアガム代替物　372
アラビアガム代替物エマルション　371
アルカン　230
アルギン酸　372
アルギン酸プロピレングリコールエステル　118, **362**
アルコール　55

アルデヒド　230
アルファ($\alpha$)ゲル相　326
$\alpha$-ヘリックス構造　100, 103, **256**, 278
$\alpha$-ラクトアルブミン　106, 257, 258, 264, **277**, 280
泡安定性　285
　——と蛋白質膜の変性　281, **286**
アンフォールディング　28, 62, **102**, 104-107, 278, 345, 346, 356, 380

## イ

イオン　21
　——の水和数　87
　——の離液順列　55
イオン間橋かけ　45
イオン強度　**50**, 53, 259, 374, 376
イオン性界面活性剤　165
イオン性基　55
イオン性脂質の静電相互作用　345
イオン性乳化剤　45, **319**
イオン性溶質　87
イオン-双極子相互作用　85, **86**
位相角　220
位相差顕微鏡　239
EDTA　**184**, 281
イムノグロブリン　**277**, 288
引力　24
　——の相互作用　34

## ウ

ウイルヘルミーの薄板　140
ウイルヘルミーのプレート法　131
ウェーバー数　**147**, 148
ウルトラミキサー　153, 154
運動エネルギー障壁　28, **29**

## エ

液晶　323
液状球体の希薄分散液　221

索　引

液状コーヒーホワイトナー　394
液状油の界面拡散効果　203
液滴(⇨油滴)　127
　　——の界面張力　128
SFI　16
SFC　15, 16, 69, 78, 176, 196, 305, 397
エステルガム　176
エタノール　256, **272**
　　——とオストワルド成長促進　272
　　——のカゼインナトリウムへの影響　272
　　——の表面張力　133
X線界面散乱　141
HLB(値)　97
　　——計算の基数　98
　　——とエマルション安定性　98
　　——に頼りすぎないこと　340
　　——の概念　**98**, 341
　　——の計算　97
HTST殺菌　392
HTST殺菌コーヒーホワイトナー　403
HTST殺菌生クリーム　393
HTST殺菌ホイップクリーム　403
$n$-6/$n$-3脂肪酸比　69
エネルギー障壁　**35**, 60, 182, 203
エマルション　3
　　——系での蛋白質-極性脂質の相互作用　356
　　——中の揮発性フレーバー　227
　　——中のフレーバー分配　**228**, 231
　　——中の油脂の結晶化　80
　　——とフレーバー　227
　　——の界面領域　13
　　——の化学的不安定化　167
　　——の化学的変化　21
　　——の基礎的な性質　9
　　——の凝集　14, **33**
　　——のクリーミング　80
　　——の合一　80, **190**
　　——の合一の測定　195
　　——の合一の防止　193
　　——の構成物質　67
　　——の枯渇凝集　115

　　——の固体脂　15
　　——の最密充填　201
　　——の準安定　169
　　——の水分測定　250
　　——の蛋白質量　398
　　——の定義　4
　　——の電気伝導度測定　**201**, 250
　　——の転相　9, 15, **200**
　　——の凍結　194
　　——の動力学的安定(性)　**8**, 168
　　——の特性測定　235
　　——の熱力学的安定(性)　8, **168**
　　——の粘度変化　201
　　——の破壊　**8**, 237
　　——の微細構造　220, **238**
　　——の物理的不安定化　167
　　——の物理的変化　21
　　——の噴霧乾燥　195
　　——の平均粒子径　**11**, 396
　　——の油分測定　249
　　——の粒子径測定　11
　　——の粒度分布　**10-13**, 195, 238
　　——の粒度分布測定　**238**, 243, 245
　　——の粒度分布と周波数シフト　246
　　——の冷却　397
　　——への電解質の影響　87
　　——への非吸着カゼインナトリウムの影響　272
　　固体脂を用いた——　**304**, 396
エマルション安定化　**8**, 167, 341, 372
　　——に対するイオン強度の影響　50
　　——に対するpHの影響　50
　　——の物理的因子　168
　　生体高分子による——　**111**, 361
　　レシチン／蛋白質による——　355
エマルション安定性　40, **167**, 235
　　遠心分離法による測定　237
　　油滴の合一の測定　237
　　粒度分布変化の測定　237
エマルション安定のエネルギー論　168
エマルション食品の開発　4
エマルション製造
　　——と界面活性物質　6

索　引

——の物理　145
エマルションのレオロジー　188, **205**, 220
　　——とエマルション粒子の大きさ　225
　　——とエマルション粒子の電荷　225
　　——とコロイド相互作用　225
　　——と分散相の体積分率　225
　　——と連続相の粘度　225
　　連続相が半固体の——　224
エマルション不安定化　**167**, 168, 305, 341
エマルション油滴(⇨油滴)　10
　　——中の固体脂含有量　305
　　——の合一　**192**, 304
　　——の総面積　**10**, 236
　　——を含むゲル　224
エマルション粒子(⇨油滴)　14, **16**
　　——間の相互作用　35
　　——の大きさ　225
　　——の静電相互作用　14
　　——の電荷　**14**, 225
　　——の表面積と蛋白質, 乳化剤の吸着　400
塩化カルシウム　280, **376**
塩化ナトリウム　163, **374**
遠心沈降粒度分布測定法　247
円錐と平板型粘度計　216
エンタルピー　26
エントロピー　**26**, 74
エントロピー変化　29
塩類濃度　23

**オ**

応力緩和　**211**, 218
応力緩和時間　219
応力とひずみ　**205**, 207
応力／ひずみ曲線　218
オストワルド成長　80, 128, **199**
　　——とアルコール　199, **272**
　　——とエマルション香料　200
　　——と香料精油　199
　　——と短鎖脂肪酸グリセリド　199

——の物理　199
——の防止　200
オストワルド粘度計　214
O/Wエマルション→水中油滴型エマルション
O/W/O エマルション　6, 159, 202, **409**, 416
オーバーラン　**392**, 405
オボアルブミン　283
　　——の起泡性　285
　　——の吸着　135
　　——のゲル化　284
　　——のゲルネットワーク　285
　　——の性質　284
　　——の熱変性と凝集体　285
オボトランスフェリン　283, **286**
オボムコイド　283, **287**
オボムシン　283, **287**
オレイン酸モノグリセリド　416
オレンジオイル　200

**カ**

会合コロイド　93
回転ずり粘度計　215
解乳化　**164**, 396, 397
　　——とイオン性界面活性剤　165
　　——と多価金属イオン　165
　　——と蛋白質系乳化剤　165
　　——と非イオン界面活性剤　164
　　——の促進　164
　　遠心分離による——　164
　　物理的分離法による——　164
　　ろ過による——　164
界面　121
　　——での脂質混合物の吸着　340
　　——の接触面積の増加　123
　　——の熱力学　125
界面圧勾配　147, **161**
界面域の厚さ　122
界面活性　138
　　——のあるフレーバー物質　232
界面活性剤(⇨乳化剤)　7, 46, **92**, **312**
　　——-デンプンの相互作用　343

索 引

——によるカゼイン分子脱着　273
——による吸着蛋白質の置換　280, 351
——による蛋白質脱着　96
——の過剰濃度　125
——の吸着密度　339
——の曇り点　95
——の形態と界面の曲率　128
——の構造　138
——の自己会合性　93
——の充填状態　98
——の性質　93
——の乳化作用　96
——の分子構造　98
——の分子量　124
——の両親媒性　92
界面活性剤エマルションの合一　191
界面活性剤混合物のHLB　97
界面活性剤／デンプン複合体　343
界面活性剤濃度　126
——と表面張力　127
界面活性剤分子　56
——の界面配列　124
界面活性剤膜　140
——の曲率　194
界面活性剤ミセル　17, 31, 231
——による枯渇凝集　96
界面活性物質　**6**, 123, 136
——の吸着　47
——の吸着速度　**134**, 136
界面吸着膜　136
界面吸着量　380
界面構造の分析　141
界面自由エネルギー　169
界面ずり変形　138
界面ずりレオロジー測定　139
界面張力　55, 121, **123**, 146, 238
——と穴開き　193
——と液滴半径　128
——と温度変化の関係　342
——の測定　130-133
——の低下　96, **124**
純粋な植物油の——　135

純トリグリセリド／純水の——　121
石けんの——　138
蛋白質の——　138
界面張力低下能　151
界面膨張弾性率　139
界面膨張粘度　139
界面膨張変形　138
界面膨張レオロジー　140
界面膜　**136**, 191, 231, 232
——の粘弾性　140
界面力　146
界面レオロジー　**138**, 238
界面レオロジー条件　148
カカオ脂のトリグリセリド構造　**79**, 303
拡散係数　129, **134**
核磁気共鳴(NMR)測定　250
撹拌機　151
——のデザイン　152
化工デンプン　**50**, 51
可視光線　16
加水分解臭　81
——とカプリン酸　81
——とラウリン酸　81
カゼイン　47, 230, **265**
——と乳化剤の併用　273
——の起泡性　274
——の凝集　276
——の乳化作用　268
——の粘弾性　140
——／ペクチン間の結合　366
$α_{S1}$——　264, **267**
$α_{S1}$——の吸着層の構造　270
$α_{S2}$——　264, **267**
$β$——　101, 110, 137, 138, **264**, 267, 379
$β$——の界面吸着量　**274**, 347
$β$——の界面張力低下作用　268
$β$——の吸着構造　270
$β$——の吸着平衡　270
$β$——の置換　347
$β$——の膜厚　274
$β$——の両親媒性　268
$κ$——　117, 264, 267, **276**

索　引

カゼイン安定化エマルション-ペクチンの相
　　互作用　365
カゼイン($\kappa$-)／$\kappa$-カラギーナン複合体
　　117
カゼインサブミセル　108, **265**
カゼイン($\beta$-)／Tween20／GMS・大豆油エマ
　　ルション　351
カゼインナトリウム　112, 230, 262, 267,
　　**272**, 280, 386, 399, 400, 403, 405, 414
　　──の乳化作用　268
　　──の表面張力　268
カゼインナトリウムエマルション　**269**
　　, 270, 280, 347
　　──／多糖類の凝集　363
　　──への塩化カルシウムの影響　374
　　──への塩化ナトリウムの影響　374
カゼインナトリウム／大豆リゾリン脂質複
　　合体　357
カゼイン分子　265
　　──の競合吸着　268
　　──の特徴　266
カゼイン／ペクチン混合液の相図　366
カゼイン／マルトデキストリン複合体
　　363
カゼインミセル　108, 130, 258, 259, **265**,
　　363, 399
　　──中の水分　259
　　──によるエマルション　274
　　──の凝集　276
　　──の構造　266
　　──の四次構造　265
カゼインミセル／グァーガム・$\kappa$-カラギー
　　ナン混合系の相図　364
カゼイン／モノグリセリド複合体　349
カゼイン($\beta$-)／卵黄レシチン・大豆油エマ
　　ルション　352
可塑性(油脂の)　302
　　──と長鎖飽和脂肪酸　303
固い球体の希薄分散液　220
カチオン界面活性剤　93
活性化エネルギー　**75**, 169
カプリン酸ナトリウム　370
ガムベース　176

可溶化　95
可溶化作用　96
カラギーナン($\kappa$-)-カゼインミセルの相互作
　　用　365
カラギーナンのゲル化　114
カルシウムイオン　184, **269**
　　──による分子間橋かけ　114
カルシウム封鎖剤　393
カルボキシメチルセルロース　197, **363**
還元牛乳　144
間接加熱滅菌方式　404
カンチレバー　243
寒天　372
緩和現象　212
緩和時間　211

### キ

キサンタンガム　113, 186, **363**, 365, 372,
　　386, 415
　　──のネットワーク構造　105
擬塑性流動　**210**, 260
　　──系の撹拌　212
既存添加物　313
キチン　372
キトサン　372
　　──／アニオン界面活性剤の静電結合
　　372
　　──のエマルションへの利用　385,
　　414
希薄分散液
　　液状球体の──　221
　　固い球体の──　220
　　不定形粒子の──　221
　　フロック凝集粒子の──　221
Gibbs の自由エネルギー　121
Gibbs の等温吸着式　**126**, 347
Gibbs の分割面　125
Gibbs-Marangoni 効果　193
起泡性　274, **281**, 285
　　──と界面張力低下速度　286
起泡性エマルション　326
キャビテーション　**155**, 158
　　──による乳化　149

球状蛋白質　　**101**, 107, 110, 136, 185, 257, 277
　　——-アニオン界面活性剤の相互作用　356
　　——の吸着　47
　　——の吸着後変性　137
　　——の吸着量　125
　　——の構造　103
　　——の水和量　259
吸着　123
　　——のエントロピー効果　124
　　——の自由エネルギー変化　123
吸着イオン　40
吸着カゼイン層間の相互作用　272
吸着高分子濃度　50
吸着効率　137, **138**
吸着層
　　——の厚さ　48
　　——の弾性率　48
吸着蛋白質
　　——に対するプロテアーゼの作用　141
　　——の置換　**280**, 351
　　——の等電点　14
吸着蛋白質膜　190
吸着乳化剤量　236
牛乳　174, 264, 274, 299, 308, 363
　　——のクリーミング　175
　　——の構造　308
　　——のホモジナイズ　157
牛乳カゼインの相分離　365
牛乳スフィンゴミエリン　379
牛乳蛋白質の組成と性質　264
牛乳ホスファチジルセリン　379
キュービック→立方晶形液晶
競合吸着　**136**, 379
凝集　14, **33**, 173, 180, 195
　　——の防止　182
　　——の分子機構　102
共焦点レーザー(走査)顕微鏡　240
共有結合　**20**, 100
　　——による相互作用　20
共有結合複合体　**117**, 363

極性　　7, **21**, 28
極性アミノ酸の水和　107
極性脂質　345
極性脂質／蛋白質複合体　346
極性フレーバー(分子)　**228**, 229, 231, 232
巨大分子の自由エネルギー　28
キラヤサポニン　314, **333**
　　——の可溶化量　334
均質機→ホモジナイザー
金属封鎖剤　184

## ク

グァーガム　**365**, 372
クエン酸　281
クエン酸モノグリセリド　**328**, 358, 370
　　——の酸化防止作用　328
曇り点　**95**, 163, 164, 332
クラフト点　324
グリアジン　293
グリコマクロペプチド　276
グリシニン　291
　　——の加熱ゲル化　292
グリセリンモノステアレート　317
グリセロリン脂質　**320**, 334
クリープ曲線　218
クリープコンプライアンス　218
クリープ試験　218
クリープ遅延時間　219
クリーミング　80, **170**, 366, 383
　　——とブラウン運動　**172**, 175
　　——に対する吸着層の影響　175
　　——に対する油脂結晶の影響　174
　　——の近赤外単色光ビームによる測定　178
　　——の進行　179
　　——の制御法　175
　　——の促進　180
　　——の測定法　177
　　——の超音波音速測定　180
　　——の物理学　171
　　——の防止　172
　　——の防止と油滴体積分率の増加

索　引

429

　　　　177
　　——の防止と油滴径の小形化　176
　　——の防止と連続水相のレオロジー
　　　　177
クリーミング促進試験　178
クリーミング速度　**173**, 366, 404
　　——と単分散相の体積分率　173
　　——と油相の体積分率　173
　　凝集体の——　174
　　多分散と——　173
クリーミングパウダー　393, **395**
　　——の固形分組成　395
クリーム代替物　391
　　——の原料と組成　395
　　——の製造法　401
　　——の乳蛋白質　398
　　——のハイドロコロイド　404
　　——の油脂原料　396
クリーム代替物エマルション
　　——の安定　401
　　——の平均粒子径　404
クリームチーズ　224
クリームの転相　203
クリームリキュール　134, 176, **273**
クリーム類
　　——の原料油脂適性　397
　　——の生産量　391
グルコノデルタラクトン　276
グルタミン酸　294
グルテニン　293
　　——とグリアジンの水和　294
　　——のサブユニット　294
グルテン　258, **293**
7 S グロブリン→コングリシニン
11 S グロブリン→グリシニン

### ケ

結合水　**86**, 259
結晶（⇨油脂結晶）　73
　　——の単位胞　77
結晶核生成速度　76
結晶成長速度　76
結晶多形　**76**, 78

血清アルブミン　**277**, 351
ケトン　230
ゲル　102, **113**, 180, 260, 276, 284, 323
　　エマルション油滴を含む——　224
ゲル化　**113**, 260, 284, 292
　　加熱による——　**113**, 279
　　ジスルフィド結合による——　114
　　分子間橋かけによる——　114
　　冷却による——　113
健康志向　68
原子間力顕微鏡（AFM）　242

### コ

高圧バルブホモジナイザー　145, 149,
　　**155**, 161, 176, 274
　　——の能力　157
高圧ホモジナイザー　157
合一　35, 60, 64, 80, 150, 180, **190**
　　——と環境条件　194
　　——と蛋白質の利用　194
　　——と乳化剤の構造　194
　　——の SFC 依存性　197
　　——の促進試験　195
　　——の測定　194
　　——の物理学　190
　　——の防止　57, **193**
　　——の粒子径依存性　197
合一要因の排除　193
高温短時間殺菌→HTST 殺菌
光学顕微鏡観察　239
硬化パーム核油　397, **406**
光子相関スペクトル分析　245
合成添加物　313
高速回転式ホモジナイザー　148
高速撹拌機　144, **151**, 161
酵素処理レシチン　321
酵素分解レシチン（リン脂質）　184, **321**
高粘度エマルション　155
降伏応力　188, **213**
降伏値　207, **213**
高分子　46
　　——に対する溶媒効果　48
高分子吸着層　48

――の圧縮　49
――の相互侵入　49
高分子水溶液の構造　111
高分子電解質-界面活性剤の相互作用　372
高分子乳化剤　**46**, 49
高分子立体安定化　**50**, 51
高分子立体相互作用　46, 48, **49**, 61, 184
　　――のエマルションへの利用　50
小形コロイド粒子　51
小形ポーションパック　394
枯渇凝集　**51**, 64, 115, 186, 272, 363, 366, 375, 383, 404
　　――の原理　52
　　界面活性剤ミセルによる――　96
　　多糖類による――　365
　　未吸着蛋白質による――　375
枯渇相互作用　**51**, 63, 64, 186
　　――に対するイオン強度の影響　53
　　――に対するpHの影響　53
　　――の大きさ　52
黒膜　191
固形脂(固体脂)のエマルション　297, **304**, 396
固形発酵乳　224
固体脂含量(SFC)　**15**, 16, 69, 78, 174, 176, **196**, 305
固体脂指数(SFI)　16
固体脂の密度　174
固体微粉末　136
コハク酸モノグリセリド　328
コーヒークリーム　391, **394**, 412
　　――の安定化　400
コーヒーホワイトナー　318, 391, **394**, 397, 398, 400, 416
　　――の市場規模　394
コポリマー　100
小麦粉生地改良剤　328, **333**
小麦粉生地の機能性　294
小麦蛋白質　293
　　――含有量　293
　　――の乳化作用　294
　　――の分類と構造　293

固有粘度　220
コロイド　19
　　――の相互作用　**33**, 58, 64, 186, 222, 225
コロイドミル　144, **154**, 155
コロイド粒子　**33**, 51
　　――間の相互作用　33
　　――の体積分率　52, **53**, 63
コンアルブミン→オボトランスフェリン
コーン形界面活性剤　193
コングリシニン　291, **293**
　　――の加熱ゲル化　292
混合　27
　　――によるエネルギー変化　27
　　――によるエントロピー変化　27
　　――による自由エネルギー変化　27
　　――によるポテンシャルエネルギー変化　27
　　――の熱力学　26
混合脂質　380
コンシステンシー定数→粘稠度定数
コーン油エマルション　**183**, 372, 383

### シ

サイクロデキストリン　414
最小エマルション半径　162
細胞膜　309
　　――の構造　319
最密充塡　188, **201**
酢酸モノグリセリド　317, **327**
サラダドレッシング　144, **289**
サラダ油　73
酸化防止剤　328
三次元ネットワーク構造ゲル　102, **284**
酸性エマルション　368
酸性リン脂質　385
酸ホエー　**277**, 280

### シ

ジアセチル酒石酸モノグリセリド　317, **327**, 381
GRAS　314
CMC→カルボキシメチルセルロース

索　引

cmc→臨界ミセル濃度
ジオレオイルホスファチジルエタノールアミン　379
ジオレオイルホスファチジルコリン　379
自己乳化型モノグリセリド　323
自己類似性　187
示差走査熱量分析(DSC)　**141**, 413
脂質　297, **345**
　　——の過酸化　46
脂質酵素分解混合物の界面活性　337
脂質消化産物　334
　　——の界面活性　336
　　——のミセル溶液　336
脂質／蛋白質複合体→蛋白質／脂質複合体
脂質二重層　**93**, 323, 345
ジスルフィド結合　**106**, 137, 165, 257, 286
　　——の交換　106
湿潤・展着剤　339
湿潤ぬれ時間　339
自動酸化　82
　　——のイニシエーション　83
　　——の速度　83
　　——のターミネーション　83
脂肪球(⇨油滴)　304, 396, **398**
　　——の大きさ　305
　　——の総表面積　400
脂肪酸　314
脂肪酸ナトリウム　314
脂肪滴→油滴
自由エネルギー　19, 74, **169**
　　——の最小化　100
自由エネルギー障壁　74, **75**
自由エネルギー変化　**27**, 29
充填パラメーター　98
シュガーエステル　332
　　——の結晶微細化作用　333
　　——の芽胞菌増殖抑制作用　333
純粋な植物油の界面張力　135
準濃厚溶液　**112**, 115
消化管での脂質類の消化　334
衝突の凝集効率　182

衝突頻度(油滴の)　**181**, 182
蒸留モノグリセリド　322
　　——の液晶構造　324
　　——の融点と結晶転移点　323
　　——の利用　326
食品衛生法　313
食品エマルション(⇨エマルション)　3, 64, **67**, 356
　　——中のコロイド相互作用　64
　　——の安定性　40
　　——の一般的特徴　4
　　——の顕微鏡観察　239
　　——の製造　389
　　——の静電相互作用　46
　　——の分散相　6
　　——の油脂の性質　198
　　——の歴史　3
　　——の連続相　6
　　——へのキトサン利用　385
食品原料知識　68
食品コロイド(⇨コロイド)　3, 205, **361**
食品蛋白質(⇨蛋白質)　255
　　——の機能的性質　258
　　——の機能的役割　259
　　——の水溶性　259
食品添加物　313
　　——の Codex　314
食品のテクスチャー　**69**, 258
食品用界面活性剤→食品用乳化剤
食品用ダブルエマルション(⇨ダブルエマルション)　409
食品用乳化剤(⇨乳化剤)　312
　　——のアメリカ連邦規格(CFR)　314
　　——の EU 規格　314
　　——の HLB 値　382
　　——の構造　**316**, 329
　　——の GMP 規定　314
　　——の市場規模　313
　　——の主要機能　316
　　——の種類　313
　　——の親水基　316
　　——の水和　55
　　——の世界生産量　312

432　　　　　　　　　索　　引

――の内容(日本および世界)　315
　　――の品目別添加限度　314
　　――の法規制　313
植物性クリーム　391
植物性蛋白質　291
食用硬化油の結晶多形　78
食用油脂→油脂
ショ糖酢酸イソ酪酸エステル　176
ショ糖脂肪酸エステル　164, 273, **332**, 400
　　――のHLB範囲　332
ショ糖脂肪酸モノエステル　332
　　――の可溶化能　332
　　――の微粒子分散性　332
親水コロイドによる合一阻害　197
親水性　21, **97**, 256, 257
　　――の頭部　**92**, 128
親水性アニオン界面活性剤　356
親水性界面活性剤　**97**, 273
　　――の吸着速度　380
親水性親油性バランス　**97**, 259, 340
親水性セグメント　49
親水性トリグリセリド　297, **301**, 305
親水性乳化剤　46, 137, 318, 340, 400, 410
浸透圧ポテンシャル　53
振動粘度計　219
浸透力　339
親油性　21, **97**
　　――の尾部　**92**, 128
親油性界面活性剤　97
親油性乳化剤　318, 340, 410
　　――の使用量　412

## ス

水蒸気の構造　84
水相　4, 122
　　――間の物質移動　412
水素結合　**30**, 84, 85, 103, 256, 261
　　――の静電引力　30
水中油滴型(O/W)エマルション　4, 80, 144, 159
　　――の乳化剤　328
　　――の油滴間の油相交換　413

垂滴法　132
スイートホエー　**277**, 280
水溶液　85
水溶性生体高分子
　　――の希薄溶液　111
　　――の粘度　111
水和　55
水和イオン　55
水和斥力　109
水和相互作用　54, **55**
スクリーニング　37, 39, 109
スクリーニング効果　59, **184**
ステアリン酸ナトリウム　137, **138**
ステアリン酸モノグリセリド　351
ステアロイル乳酸カルシウム　333
ステアロイル乳酸ナトリウム　314, **333**, 358, 381, 385
ストークスの法則　**171**, 404
　　――の修正　172
Span　332
　　――80　**202**, 410
スポンジケーキの起泡剤　326
ずり応力　188, **209**, 210, 366
　　――の単位　209
ずり速度　174, 182, **209**, 210
ずり粘稠化　210
ずり粘度　383
ずり濃厚化現象　188
ずり流動化　**112**, 174, 188, 210, 366
スルフヒドリル基　106

## セ

精製大豆レシチン　321
生体高分子　99
　　――によるエマルション安定化　111
　　――のエマルション安定化要件　361
　　――の界面膜　140
　　――の機能　99
　　――の凝集の分子機構　102
　　――のゲル化　113
　　――のジスルフィド結合　106
　　――の準安定状態　108
　　――の水素結合　103

## 索引

——の水溶性　109
——のずり流動化　112
——の静電相互作用　105
——のセグメント　104
——の疎水性相互作用　102
——の等電点　105
——の特徴　100
——の熱力学的不和合性　115
——の橋かけ　**185**, 405
——の複合コアセルベーション　115
——の分子量　100
——の溶解度　87
——の立体斥力相互作用　106
——の立体配置エントロピー　107
——のレオロジー特性　112
生体高分子溶液のチキソトロピー　112
生体内脂質の界面活性作用　334
生体内での脂質加水分解　334
静的光散乱粒度分布測定　243
静的光散乱粒度分布測定器　244
静電安定化　51
静電スクリーニング　37, 45, 56, 60
静電斥力　**60**, 223
静電相互作用　**21**, 25, 37, 39, 45, 50, 58, 60, 62-64, 105, 109, 114, 183, 345
——に対する塩類濃度の影響　23
——に対するpHの影響　23
——の双極子モーメント　22
イオン-イオン間の——　22
イオン-双極子間の——　22
双極子-双極子間の——　22
静電遅延　38
斥力　25
——の相互作用　34
セグメント　**49**, 104
ゼータ電位　**251**, 269, 366, 368, 373, 383
石けんの界面張力　138
接触角　**129**, 339
ゼラチン　112, 118, **260**, 351, 386, 414
ゼラチン／アラビアガム複合体　117
ゼラチン／ジェランガム複合体　117
繊維状ゲル　113
せん断　**148**, 152, 154, 182

——の効果　148
せん断応力→ずり応力

## ソ

双極子　**22**, 55
双極子性溶質　**88**, 89
——の水への溶解度　88
双極子-双極子相互作用　88
双極子モーメント　**22**, 24
双極性　21
相互作用エネルギー変化　29
相互作用ポテンシャル　34, **58**
走査型電子顕微鏡　241
走査型トンネル顕微鏡　242
層流による乳化　147
疎水化デンプン　372
疎水性(⇨親油性)　**256**, 257, 267
疎水性効果　91
疎水性水和　87, **90**
疎水性セグメント　49, **185**
疎水性相互作用　30, **31**, 47, 53, 62, 91, 102, 108, 109, 114, 185, 257, 345
疎水性蛋白質　267
塑性　208, **213**
塑性エマルション　212
塑性物質　213
塑性流動　213
ソフトシェルの立体斥力　25
ゾル-ゲル転移　113
ソルビタン脂肪酸エステル　331
——の界面吸着　318
——の結晶改善効果　331
損失コンプライアンス　220
損失弾性率　214

## タ

対イオン　37, 41, 43
台形界面活性剤　192, **320**
大豆蛋白質　230, **291**
——の機能性　292
——のゲル化　292
——の構造　291
——のサブユニット構造　291

――の乳化性　292
大豆ホスファチジルイノシトール　**321**,
　　379, 386
大豆油の物理化学的性質　72
大豆リゾレシチン(リゾリン脂質)　124,
　　**321**, 400
　　――／カゼインナトリウムの静電結合
　　401
　　――の性質　321
　　――の耐酸・耐塩性　322
大豆リゾレシチン／脂肪酸等モル混合物の
　　界面活性　338
大豆レシチン(リン脂質)　312, 314, **320**
　　――の性質　321
　　――の乳化性　318
体積／表面積・平均直径　11, 232, 236
ダイラタンシー→ずり粘稠化
ダイラタント流動　210
多価アルコール脂肪酸エステル　328
多価イオン性高分子の橋かけ　45
多価不飽和脂肪酸　339
　　――の酸化　81
濁度スペクトル粒度分布測定法　244
脱脂大豆粉　291
多糖類　99
　　――-極性脂質の相互作用　372
　　――による枯渇凝集　365
　　――による油滴間の橋かけ　115
　　――の構造と機能性　361
　　――の特徴　100
　　――の物理的機能性　108
　　――の分子間部分凝集　104
多糖類水溶液　104
タービン撹拌翼　152
W/Oエマルション→油中水滴型エマルション
W/O型マイクロエマルション　412
W/O/Wエマルション　6, 159, 202, 386, **409**
　　――最内相成分の外相への移動　413
　　――最内相の活性物質の流失　410
WPI→分離ホエー蛋白質
WPC→濃縮ホエー蛋白質

ダブルエマルション　409
　　――と乳化剤　410
　　――の安定化と蛋白質／多糖類比
　　415
　　――の安定性　413
　　――の製造　416
　　――の調製　410
　　――の熱力学的不安定　409
　　――の粘度増加による安定化　415
　　――の両親媒性高分子による安定化
　　414
　　――へのサイクロデキストリンの利用
　　414
　　――への中間液晶の利用　410
　　――へのマイクロカプセルの利用
　　410
多分散(系)　10
　　――と凝集　173
　　――とクリーミング　173
多分散エマルション　11, 173, 182
胆汁酸塩　**334**, 339
蛋白質　7, 46, **99**, 398
　　――／アニオン界面活性剤の競合吸着
　　349
　　――間の立体斥力　110
　　――吸着量とイオン強度　376
　　――／極性脂質の競合吸着　**346**, 356
　　――-極性脂質の相互作用　**346**, 356
　　――／親水性非イオン界面活性剤の競合
　　吸着　356
　　――-多糖類の結合的相互作用　116
　　――-多糖類の相互作用　115, **362**
　　――-多糖類の相互作用の利用　414
　　――-多糖類の反発的相互作用　115
　　――／多糖類の不和合性　116
　　――-蛋白質相互作用　**107**, 292
　　――-低分子界面活性剤の相互作用
　　345
　　――-ドデシル硫酸ナトリウムの相互作用
　　350
　　――によるエマルション生成　110
　　――のアンフォールディング　**102**,
　　104-107, 257, 345, 346, 380

## 索引

──の一次構造　**101**, 256
──の界面活性　**138**, 280
──の界面吸着　124
──の界面吸着速度　380
──の界面張力　138
──の凝集　108
──の極性領域　110
──の結晶化　107
──のゲル化　**260**, 284
──の構造と安定性　255
──の構造と機能性　361
──の構造変化時間　262
──の最大界面吸着量　262
──の三次構造　101, **102**, 106, 257
──の三次構造と疎水性相互作用　257
──の三次構造のジスルフィド結合　257
──の等電点　**23**, 163, 259
──の特徴　100
──のドメイン（領域）　257
──の二次構造　**101**, 256
──の熱変性　**100**, 260
──の非極性領域　110
──の表面吸着　101
──のフォールディング　**102**, 104, 105, 257
──の物理的機能性　108
──の分子間凝集　106
──の保水性　259
──の四次構造　101, 102, **257**
──の離脱　198
──／非イオン界面活性剤の競合吸着　347
──-非イオン界面活性剤の相互作用　359
──-水の相互作用　**107**, 258
──利用の物理・化学　255
蛋白質／アニオン性多糖類複合体　362
蛋白質安定化エマルションへの無機塩の影響　374
蛋白質／イオン性界面活性剤複合体　400
蛋白質吸着
　──のテール　110
　──のトレーン　110
　──のループ　110
蛋白質凝集ゲル　260
蛋白質ゲル　260
　──の構造　261
蛋白質ゲルネットワークの安定性　261
蛋白質サブユニット　102, **257**
蛋白質／脂質複合体　**346**, 359, 399
蛋白質脱着　347
蛋白質／多糖類複合体　**117**, 362
蛋白質／デキストラン複合体　363
蛋白質透明ゲル　260
蛋白質溶液の粘度　260
単分散（系）　**10**, 173
単分散エマルション　**11**, 158, 180

### チ

遅延現象　38
チキソトロピー　112, **211**
チキソトロピー現象　212
チャーニング　203
中間相（中間液晶）　**323**, 410
中鎖脂肪酸　339
中鎖脂肪酸トリグリセリド　379, **413**
中性電解質イオン　40
超音波スペクトル粒度分布測定　248
超音波パルス／エコー粒度分布測定機　249
超音波ホモジナイザー（乳化機）　145, 149, 157
超高温瞬間滅菌→UHT滅菌
直接加熱滅菌方式　404
貯蔵コンプライアンス　220
貯蔵弾性率　214
貯蔵蛋白質（穀物）　346
　小麦の──　293
　大豆の──　291

### ツ

対の静電ポテンシャル　43
対のポテンシャル　22, 34, **48**, 58, 63, 64

## 436 索　引

強い凝集　64

### テ

DSC→示差走査熱量分析
低温殺菌生クリーム　393
低分子界面活性剤(⇨低分子乳化剤)
　　46, 57, 136, 191, **345**
　──の蛋白質との置換　262
低分子界面活性剤エマルションの合一
　　191
低分子乳化剤　191, 273, **312**
　──の吸着　136
dilatometer→膨張計
滴下容量法　132
デキストラン　362, **384**
デキストラン硫酸エステル　362
テトラグリセリンヘキサリシノレート
　　416
テトラデカン／カゼインナトリウム／SDS
　の界面張力変化　349
デバイ長さ　**42, 43**, 60
デバイのスクリーニング長さ→デバイ長さ
Debye-Hückel の近似式　42
DLVO 理論　**58**, 59
　──の欠点　60
電位決定イオン　**40**, 45
電解質　37, **87**, 165
電解質イオン　109
電解質濃度　37, 44, 55, 60
電解質臨界凝集濃度　184
電荷調節　44
電気二重層　41
電気パルス粒度分布計測　246
電子顕微鏡　240
電子ビーム　241
転相　9, 15, **200**
　──時のエマルション型　202
　──と乳化剤　201
　──と油相体積分率　201
　──とレシチン／コレステロール比
　　202
　──の物理化学　201
　──の臨界体積分率　202

天然系乳化剤　383
天然添加物　313
デンプン／アニオン界面活性剤複合体
　　372
デンプン食品の老化防止剤　326
デンプン誘導体-蛋白質-界面活性剤の相互
　作用　370

### ト

Tween(類)　95, 194, 201, **332**
　──20　273, **351**, 413
　──40　384
　──80　**383**, 410
透過型電子顕微鏡　241
同心円筒回転粘度計　216
動的光散乱粒度分布測定　245
動的弾性係数　214
動的弾性率　214
動的粘弾性測定　219
等電点　14, 23, 105, 183, 259
豆腐　292
豆腐製造の消泡剤　326
動力学的安定(性)　8, **168**
突出相互作用　54, **56**
ドップラーシフトスペクトル分析　245
ドップラーシフト粒度分布測定　246
ドデシル硫酸ナトリウム　194, 346, **381**,
　　385
　──／リゾチームの結合等温線　357
ドデシル硫酸ナトリウム／ウシ血清アルブ
　ミン複合体　357
ドデシル硫酸ナトリウム／カゼインナトリ
　ウム混合液の界面活性　350
ドデシル硫酸ナトリウム／キトサン複合体
　　372
ドデシル硫酸ナトリウム／β-ラクトグロブ
　リン複合体　357
トマトケチャップ　211
トラガントガム　372
ドラッグデリバリー　409
トランス脂肪酸　300
トリオレインの物理化学的性質　72
トリグリセリド(トリアシルグリセロール)

索　引

**69**, 345
　——の結晶と融解　74
　——の結晶多形　77
　——の構造　70
　親水性のある——　**297**, 301, 305
トリグリセリド分子　69
　——のエンタルピー　74
　——のエントロピー　74
　——の自由エネルギー　74
ドレッシング　154
曇点→曇り点

## ナ

生クリーム　**391**, 394
　——のホモジナイズ温度　393

## ニ

二重乳化エマルション→ダブルエマルション
二重乳化マーガリン　416
2段階ホモジナイズ　144
2段式バルブホモジナイザー　376, **393**, 395
乳化　7
　——の前処理工程　143
　　キャビテーションによる——　149
　　層流による——　147
　　乱流による——　148
乳化安定剤(⇨濃厚化剤)　8
乳化機→ホモジナイザー
乳化剤(⇨界面活性剤)　6, **92**, 96
　——-蛋白質の相互作用　341
　——-デンプンの相互作用　343
　——としての蛋白質　262
　——と食品成分の相互作用　341
　——の界面(表面)吸着　**123**, 134, 316
　——の撹拌による脱着　400
　——の吸着　**134**, 150, 400
　——の吸着時間　150
　——の吸着速度　134, 140, 146, 149, 150
　——の吸着量　149, **236**
　——の極性部分　123

——の効果測定　235
——の最大界面吸着量　400
——の最大表面吸着濃度　318
——の最低量　236
——の親水基　316
——の親油基　316
——の選択と配合　399
——の置換　137
——の非極性部分　123
——の表面(界面)吸着量　**236**, 400
——の利用上の留意事項　340
乳化剤／生体高分子複合体形成　341
乳化剤濃度　162
乳化剤膜の保護効果　151
乳化作用　96
乳化容量　235, **236**
乳酸発酵　276
乳酸モノグリセリド　317, **327**
乳脂　**297**, 397
——のエマルションの特徴　303
——の可塑性　301
——の機能改善　302
——の結晶状態　301
——の構造　70
——の脂肪酸結合位置　300
——の脂肪酸組成　**299**, 300
——の伸展性　301
——の組成と特徴　298
——のトリグリセリド　72
——の分別　301
——の$\beta'$形結晶　301, **305**
——の利用　301
乳脂エマルション　305
——の油滴直径と固体脂含有率　306
乳脂結晶　74
乳脂肪球　308
——の構造模式図(冷却結晶化)　310
——の成長と分泌　308
——の直径　309
——のホモジナイズ後の構造　304
乳脂肪球膜　**309**, 379
——の組成　309
——の表面構造　309

――のリン脂質　309
――表面の糖鎖　310
乳蛋白質　**264**, 398
　　――の構成　264
　　――-リン脂質の相互作用　379
ニュートン流体　208
ニュートン流動　209

## ヌ

ぬれ　128
ぬれやすさ　128

## ネ

熱波動相互作用　56
熱力学的安定(性)　8, **168**
ネーティブ蛋白質　**102**, 257
粘弾性　208
粘弾性物質　214
粘稠度定数　211
粘度履歴曲線　212

## ノ

濃厚エマルション　**173**, 180, 222
　　――の凝集体　174
　　――のクリーミング速度　174
　　――のフロック凝集　**174**, 405
濃厚化剤　8, 148, 174
濃厚分散液のレオロジー　222
　　――とコロイド相互作用　222
　　フロック凝集した――　223
濃縮大豆蛋白質　**291**, 293
濃縮ホエー蛋白質　279
　　――の表面張力　280

## ハ

ハイドロコロイド　8, **111**, 177, 404
　　――の増粘効果　112
　　――のヘリックス構造　28
　　――のランダムコイル構造　28
パイプラインミキサー　**153**, 154
橋かけ　45, 108, 114, 115, 174, **185**, 261
橋かけ凝集　**108**, 369, 404
バター　73, 80, 145, **297**

――中のビタミン類　299
――中の$\beta$-カロテン　299
バターオイル　297
　　――の利用　298
バター製造　196, **203**
バターミルク　203, **310**, 379
破断応力　208
破断ひずみ　208
波動運動相互作用　54, **56**
ハードシェルの立体斥力　25
ハーフアンドハーフ　394
バブコック法　165
Hamaker 定数　36, **37**
　　――の周波数依存性　37
パーム核油　397
　　――のエマルション粒子径と固体脂含量　406
バルク水　90
　　――の物理化学的性質　85
バルク油脂　305
　　――の性質　72
パルス／エコー　248
バルブホモジナイザー→高圧バルブホモジナイザー
バンクロフトの法則　97
パンの老化(硬化)防止　343
パン用乳化油脂　412

## ヒ

非イオン界面活性剤　61, **92**, 164, 332, 347, 359
　　――による$\beta$-カゼインの置換　348
　　――の水和性　89
非イオン界面活性剤／カゼインナトリウム混合液の界面活性　347
非イオン性乳化剤　319
pH　23, **50**, 53, 105, 259
　　――変化とホエー蛋白質　278
非極性　7, **21**, 28
非極性アミノ酸　103
非極性基　31
　　――の溶解性　90
非極性球状分子　26

索　引　　　　　　　　　　　　　439

非極性(中性)脂質　345
非極性フレーバー(分子)　**228**, 232
非極性分子　31
非極性溶質　90
　　——の自由エネルギー変化　90
　　——-水の相互作用　90
ヒステリシスループ→粘度履歴曲線
ひずみ　**205**, 207
　　——の正弦波　219
引張試験　217
ヒドロペルオキシド　83
ピーナッツバター　155
非ニュートン流動　210
微分干渉顕微鏡　239
表面圧(π)　**127**, 371
表面過剰濃度　**125**, 134, 162
　　——の測定　126
表面積・平均直径　12
表面張力　92, 121, **126**
　　——の測定　**130**, 131, 133
　　——の単位　121
　　——の低下　339
　　　エタノールの——　121, **133**
　　　純液体の——　121
　　　純水の——　121
表面張力測定装置　132
表面電位(油滴の)　**43**, 45
　　——の計算　41
表面電荷(油滴の)　**39**, 43, 44
　　——の濃度　**41**, 45
　　——の発生　39
表面付近のイオン分布　40
非酪クリーム　391
非理想液体　209
　　時間依存性の——　211
非理想弾性体　207
微粒子ゲル　113
ビンガム流動　213

**フ**

ファンデルワールス相互作用　**23**, 36, 37, 39, 46, 58, 60-62, 64
　　——に対する静電スクリーニングの影響

　　　37
　　——に対する静電遅延の影響　38
　　——に対する界面膜の影響　38
　　——の周波数依存性　38
ファンデルワールスポテンシャル　22, **36**, 37
ファンデルワールス力　**23**, 25, 36, 54
　　——の配向力　24
　　——の分散力　23
　　——の分子間力　23
　　——の誘導力　23
フェザリング　**394**, 395
　　——の防止　403
　　蛋白質凝集による——　405
フォールディング　**102-105**, 257
複屈折(偏光)顕微鏡　239
複合脂質　345
複素弾性率　214
フックの法則　206
物体のレオロジー特性　206
不定形粒子の希薄分散液　221
部分水素添加油脂　79
部分的合一　195
　　——の物理的背景　196
　　——の防止　197
不飽和脂肪酸の界面吸着　318
不飽和脂肪酸／飽和脂肪酸比　69
不溶性コアセルベート　116
ブラウン運動　170, **172**, 175, 396
　　——による衝突頻度　181
　　——による油滴の衝突　305
フラクタル次元　**187**, 188
プラスチックエマルション→塑性エマルション
プランジャーポンプ　156
フレキシブル生体高分子　136
フレーバー　227
　　——と蛋白質の相互作用　233
　　——に対する界面活性剤ミセルの影響　231
　　——の界面吸着　232
　　——の感知　233
　　——の発散　233

フレーバー(匂い)感覚の物理化学的因子 227
フレーバー発散速度の測定 233
フレーバー物質 46, **227**
　──の平衡分配係数 228
　界面活性のある── 232
フレーバー分子 227
　──に対するイオン化の影響 229
　──の可溶化 231
　──の食品成分との結合 229
フレーバー分配係数 228
フロック凝集 9, 34, 53, 56, 60, 171, **180**, 223
　──と枯渇(離液)現象 186
　──とコロイド相互作用 186
　──と静電相互作用 183
　──と生体高分子の橋かけ 185
　──と疎水性相互作用 185
　──とフラクタル幾何学 187
　──と分散相の体積分率 180
　──に対するクリーミングの影響 182
　──に対するずり(せん断)の影響 182
　──に対するブラウン運動の影響 181
　──によるクリーミングの促進 174, 180
　──の顕微鏡観察 189
　──の構造とエマルションの性質 188
　──の制御(防止) 182
　──の相互作用自由エネルギー 180
　──の測定 189
　──の物理 181
　──の防止と高分子立体相互作用 184
　網目構造の── 174, **187**
　緊密充填の── 187
フロック凝集エマルション 405
　──の構造 186
フロック凝集速度 181
　──とクリーミング 174

フロック凝集粒子の希薄分散液 221
プロテアーゼ 141
プロピレングリコール脂肪酸エステル 330
プロリン 268, **294**
分散液の粘度 **220**, 221
分散相 6
　──の重量分率 10
　──の体積分率 **10**, 162, 180, 188, 201, 225
　──の体積分率測定 249
　──の溶解度 199
分子 19
　──から見た界面 122
　──間の対のポテンシャル 22, **25**
　──の極性 **21, 28**
　──の構造形成 26
　──の三次構造(蛋白質) 106
　──の柔軟性 28, **29**
　──の双極子モーメント 24
　──の疎水性相互作用 114
　──の非極性 **21, 28**
　──の立体構造の自由エネルギー 28
　──の立体配置 28
　──の両親媒性 28
分子間凝集(蛋白質) 106
分子間相互作用 **19**, 28, 103
　──の原因 20
　──の性質 20
分子間部分凝集(多糖類) 104
分子間力の不均衡 123
分子内水素結合 103
粉体蛋白質の水和 109
分別乳脂 302
　──の配合 303
分別レシチン 386
粉末コーヒーホワイトナー 195, **395**
分離大豆蛋白質 **291**, 292, 293
分離大豆蛋白質／デキストラン複合体 384
分離ホエー蛋白質 **277**, 279, 381, 386
分離ホエー蛋白質／ペクチン複合体 384

索引

## へ

平均粒子径　**11**, 12, 366, 396
平均粒度　383
平行円板型粘度計　216
並進拡散係数　245
ベーカリー製品　258, **289**, 322
ヘキサゴナル→六方晶形液晶
ペクチン　**365**, 372
　——とエマルションの動的粘弾性　366
　——の橋かけ凝集　369
ペクチン水溶液　385
ベシクル　**93**, 257, 320
$\beta$-シート構造　100, **104**, 256, 277
$\beta$-ラクトグロブリン　101, 106, 137, 165, 230, 258, 264, **277**, 280, 345, 379
　——の吸着量　384
　——の構造変化　278
$\beta$-ラクトグロブリン／ショ糖脂肪酸モノエステルエマルション　352
$\beta$-ラクトグロブリン／多糖類エマルション　362
$\beta$-ラクトグロブリン／デキストラン複合体　384
$\beta$-ラクトグロブリン／ペクチン酸性エマルション　368
$\beta$-ラクトグロブリン／レシチン・大豆油エマルション　354
ヘッドスペース分析　234
ペプチド鎖　**103**, 261, 345
　——のテール(尾部)　47
　——のループ　47
ヘリックス構造　**29**, 100, 114
変性蛋白質　102
変敗臭　81

## ホ

Poisson-Boltzmannの式　41
ホイップクリーム(類)　15, 73, 196, 203, 273, 318, 326, 391, **392**, 395, 396, 398, 412, 416
　——と起泡　405
　——のオーバーランと固さ　**405**, 406
　——の市場　391
　——の品質要求　392
　——の保形性　392
ホイップクリーム代替物　403
ホイップ用生クリーム　392
膨張計　250
飽和脂肪酸の界面吸着　318
ホエー蛋白質　51, 62, 230, 259, 274, **277**, 380, 414
　——とpH　278
　——の機能　278
　——の起泡性　281
　——の吸着量　280
　——の構造　277
　——の水溶性と吸水　279
　——の乳化性　279
　——の熱変性　**275**, 381
　——の粘度とゲル化　279
ホエー蛋白質エマルションへの塩化カルシウムの影響　280, **376**
ホエー蛋白質O/Wエマルション　183
ホスビチン　288
ホスファチジルイノシトール　**321**, 386
ホスファチジルエタノールアミン　**321**, 386
ホスファチジルコリン　**320**, 321
ホスホセリン基　267
ホスホリパーゼ$A_2$　**321**, **334**
母乳(ヒト)　299
保泡性→泡安定性
ホモジナイザー　3, 6, 143, 144, **151**
　——の効率　161
　——の選択　161
　——の投入エネルギー　162
　——の特徴比較　161
ホモジナイズ　6, 136, **143**, 274
　——後の脂肪球の界面膜　398
　——による増粘　393
　滅菌後——　275
　滅菌前——　275
ホモジナイズ牛乳　130, 155, **176**, 275, 399

442　　　　　　　索　引

ホモジナイズ効果　152
ホモジナイズ方式　145
ホモミキサー　152
ポリオキシエチレン基　61, **95**, 163
ポリオキシエチレン(POE)ソルビタン脂肪酸エステル　314, **331**
ポリガラクツロン酸　365
ポリグリセリン　61
ポリグリセリン脂肪酸エステル　184, **330**
　——のHLB範囲　330
　——の曇り点　95, **163**
　——の耐酸・耐塩性　330
ポリグリセリン縮合リシノール酸エステル　314, 316, **331**
　——の巨大疎水基　331
　——の利用　386, **412**
ポリソルベート　184, 273, 314, 319, **331**
　——の曇り点　332

**マ**

マイクロエマルション　16, 95, 169, 320
　——の粒度分布　245
マイクロカプセル　410
マイクロフルイダイザー　145, **158**, 159, 274
マーガリン　80, 145, 322
膜乳化　158
　——によるW/O/Wエマルション　411
膜乳化装置　145
マクロエマルション　169
マヨネーズ　**144**, 154, 289, 303, 321
マランゴニ効果　134
マルトデキストリン　370, **383**
マントン-ゴーリン型ホモジナイザー　155

**ミ**

見かけ弾性率　208
見かけ粘度　**210**, 366
水　83
　——-イオン性溶質の相互作用　86

　——-双極子性溶質の相互作用　88
　——-蛋白質の相互作用　258
　——の水素結合　84
　——の分子構造　83
　——-非極性溶質の相互作用　90
　——-溶質の相互作用　86, **87**
水分子　83
　——の構造秩序　87
　——の水素結合　85
　——の双極子　86
ミセル　17, 31, **93**, 332
　——の形成と崩壊　136
ミセル溶液　334
ミートペースト　155
ミルクチョコレート　303

**ム**

無水乳脂　297
　——の規格　298

**メ**

メイラード反応　363, **383**, 384
メイラード反応複合体　117, **383**
メゾフェース→中間相
滅菌後ホモジナイズ　275
滅菌前ホモジナイズ　275
β-メルカプトエタノール　**106**, 165, 190

**モ**

毛管上昇法　130
モデルホイップクリーム系　400
モノグリセリド　273, 305, **322**
　——と水混合物の2相図　325
　——の液晶　323
　——の結晶多形　322
　——のゲル状構造　324
　——の物理的性質　322
モノグリセリド／乳蛋白質水溶液の界面張力　342
モノ・ジグリセリド　322
モルテングロビュール　257, 258, **284**

## ヤ

山羊乳　299
やし油　397
　——のエマルション粒子径と固体脂含量　407
やし油エマルションの結晶成長　407
ヤングの式　129

## ユ

有機酸モノグリセリド　**326**, 358
融点　72
　カカオ脂の——　73
　牛脂の——　73
　純トリグリセリドの——　73
　食用油脂の——　79
　やし油の——　73
遊離脂肪酸　81
UHT滅菌　392, 399, **403**
UHT滅菌製品　395
UHT滅菌コーヒーホワイトナー　394
UHT滅菌生クリーム　393
油脂　68
　——のエマルション中での結晶化　80
　——の化学変化　81
　——の加水分解　81
　——の過冷却　74
　——の結晶　73
　——の結晶化　75, **76**, 79, 305, 397
　——の結晶核生成　75
　——の結晶形　73
　——の結晶形と冷却速度　78
　——の結晶形変化　78
　——の結晶多形　78
　——の構成脂肪酸　71
　——の酸化　81
　——の自動酸化　82
　——の消化と吸収　335
　——の摂取量　68
　——の分子構造　69
　——の密度　72
　——の融解　**76**, 79, 305, 397
　——の融点　**72**, 79

——の粒子径と固体脂含量　405
油脂結晶　15, **69**, 397
　——による油滴の凝集　195
　——の網目構造　15, **80**, 301
　——の成長　76
　——の粗大化防止　305
　——の多形　76
　——の突出　304
油/水界面へのカゼイン分子吸着　271
油/水間の界面張力　**98**, 146, 149
油相　4, 122
　——の体積分率　163, 167, 173, 187, **201**
油相/水相間のフレーバー分配　234
油相/水相間の密度差　175
油中水滴型(W/O)エマルション　4, **80**, 145, 159
　——の分別レシチンによる安定化　386
油滴(⇨エマルション油滴・粒子)　6
　——間の衝突エネルギー　35
　——間の静電相互作用　40, 41, **43**
　——間の相互作用　**34**, 36
　——間の対のポテンシャル　**34**, 48
　——間の橋かけ凝集　**45**, 404
　——間の油相交換　96, **413**
　——間のラメラ形成　191
　——中の固体脂(結晶)測定　250
　——中の油脂結晶とSFC　397
　——中の油脂の結晶化温度　397
　——の穴開け防止　193
　——の大きさ　167
　——の過冷却　305
　——の凝集　**33**, 59, 195
　——の結晶性　15
　——の合一の測定　237
　——の合一と乳化剤の作用　150
　——の合一防止　57
　——の枯渇凝集　**52**, 164, 363, 366
　——の細分化→油滴細分化
　——の衝突　190
　——の衝突時間　150
　——の生成と細分化　145

――のゼータ電位 **251**, 368, 373
――の長時間接触 190
――の電荷測定 251
――の表面積 **11**, 232, 236
――の粒度分布 **10**, 167
――の粒度分布測定 238
――の粒度分布と圧力 157
油滴界面の性質 13
油滴界面膜(⇨油滴膜,界面膜) 190
――の穴開き 190
――の界面張力 194
――の厚み 194
油滴径 **10**, 146, 147
――と界面張力 148
油滴細分化 144, **146**, 157
――と固体脂 163
――と乳化剤 149
――と乳化剤の種類と濃度 162
――とハイドロコロイド 163
――と油相／水相の界面張力 163
――と油相の体積分率 163
――に対するエマルション成分の影響 163
――に対する温度の影響 163
――のエネルギー消費 163
油滴細分化因子 162
油滴直径→油滴径
油滴膜の穴開き 190-193
ユニバーサル試験機 217

## ヨ

溶質と水の相互作用 **86**, 87
羊乳 299
予備乳化 144

## ラ

酪酸 **297**, 299, 300, 305
ラクトフェリン 277
ラジカルの発生 83
ラプラス圧 146
ラプラス圧勾配 161
ラメラ(液晶)構造 191, 274, 320, **323**, 324, 413

ラメラ相内相の油相分散 412
卵黄 283
――の内部構造 284
――の表面張力 288
卵黄グラニュール **287**, 288
卵黄脂質 287
――の組成 288
卵黄蛋白質 **287**, 288
卵黄プラズマ 287, **288**
卵黄レシチン **312**, 320, 352
ランダムコイル構造 **29**, 100, 102, 104
ランダムコイル生体高分子 107
ランダムコイル蛋白質 110
――の吸着 110
――の吸着量 124
卵蛋白質 283
――の起泡作用 289
――の乳化作用 289
――の利用 289
卵白 283
――中の蛋白質 283
乱流 148, 155
――による乳化 **148**
――の渦 148

## リ

離液凝集→枯渇凝集
離液相互作用→枯渇相互作用
理想液体 208
理想塑性体 213
理想弾性体 206
リゾチーム 283, **286**
立体安定化相互作用 46
立体斥力 **60**, 62, 106, 110, 223
立体相互作用 25, **49**, 50, 60, 61
立体配置エントロピー 107-109
立方晶形液晶 **323**, 324
リノール酸／リノレン酸・魚油比 69
リパーゼ 81, **335**
リベチン 288
リポソーム 319
――のダブルエマルションへの利用 410

リポビテリン　288
リポビテレニン　288
硫酸デキストラン　117
粒子径→油滴径
粒状ゲル　**113**, 188
粒度分布測定　238
粒度分布測定装置　189
両親媒性　28, 92, 268, **345**
両親媒性極性脂質　345
両親媒性高分子　414
両親媒性物質　**7**, 320, 380, 414
両性イオン性乳化剤　**319**-321
両性界面活性剤　92
臨界ミセル濃度　94, **126**, 137, 347, 381
リン脂質　309
　　——の化学構造と集合構造　319
　　——の消化と吸収　335

## レ

レオロジー測定法　214
レオロジー特性　69
レグミン　**358**, 370
レグミン／界面活性剤／デンプン複合体　370
レーザービーム　**240**, 244-246

レシチン　273, **320**, 385
　　——のHLB値　340
　　——の分泌(生体内)　334
　　——のホスホリパーゼ$A_2$分解物　339
レシチン／蛋白質モル比　354
レシチン／$\beta$-ラクトグロブリン複合体　355
レモンオイル　200
連続相　6
　　——が半固体のエマルションのレオロジー　224
　　——の粘度　225
　　——の非ニュートン粘性　174
　　——の溶媒効果　50
　　——のレオロジー　167
レンネット　265, **276**

## ロ

ロータースーテーター型ホモミキサー　154
六方晶形液晶　**323**, 324
ロバ乳脂肪球　310

## ワ

わん曲液体界面の性質　127

**著者略歴**

藤田 哲(ふじた さとし)

1929 年 東京に生まれる
1953 年 東京大学農学部農芸化学科(旧制)卒業
1953-68 年 大日本製糖(株)勤務,パン酵母および蔗糖脂肪酸エステルの研究開発
1969-90 年 旭電化工業(株)勤務,各種乳化油脂食品,天然系界面活性剤,酵素生産・利用の研究開発
1988 年 技術士(農学部門,農芸化学),食品衛生管理士
1990 年 藤田技術士事務所開業
1991 年 農学博士(東京大学)
現 在 食品化学,食品・農産製造分野の研究開発コンサルタント

著　書　『食用油脂―その利用と油脂食品』(幸書房)
　　　　『これからの酪農と牛乳の栄養価』(幸書房)
　　　　『新訂版食品のうそと真正評価』(エヌ・ティー・エス)
翻訳書　『コーヒーの生理学』(めいらくグループ)
　　　　『食品コロイド入門』(幸書房)
編　著　『新世紀の食品加工技術』(シー・エム・シー出版)
分担執筆　『乳化・分散プロセス』(サイエンスフォーラム)
　　　　　『食品乳化剤と乳化技術』(工業技術会)
　　　　　『新食感事典』(サイエンスフォーラム)
　　　　　『食の安全』(エヌ・ティー・エス)
その他報文,総説多数.

---

食品の乳化　―基礎と応用―

2006 年 2 月 10 日　初版第 1 刷発行
2024 年 10 月 1 日　初版第 2 刷発行

著　者　藤　田　　哲
発行者　田　中　直　樹
発行所　株式会社 幸書房
〒101-0051 東京都千代田区神田神保町 2-7
Printed in Japan 2006　TEL 03-3512-0165　FAX 03-3512-0166
Copyright Satoshi Fujita　http://www.saiwaishobo.co.jp

(株)平文社

本書を引用または転載する場合は必ず出所を明記して下さい.

ISBN4-7821-0261-5　C3058